高等学校教材

分析化学

（第2版）

苏星光 田媛 贾琼 季桂娟 齐菊锐 编

高等教育出版社·北京

内容提要

本书以定量化学分析为主要内容，共分九章，包括绪论、滴定分析法概述、分析化学中的误差与数据处理、酸碱滴定法、配位滴定法、氧化还原滴定法、重量分析法和沉淀滴定法、吸光光度法、分析化学中常用的分离和富集方法。

本书可作为普通高等学校化学化工类专业及其他相关专业的分析化学教材，也可供其他相关人员参考。

图书在版编目(CIP)数据

分析化学 / 苏星光等编. -- 2版. -- 北京：高等教育出版社，2021.7（2023.12重印）

ISBN 978-7-04-056223-1

Ⅰ. ①分… Ⅱ. ①苏… Ⅲ. ①分析化学-高等学校-教材 Ⅳ. ①O65

中国版本图书馆CIP数据核字(2021)第112629号

FENXI HUAXUE

策划编辑	李 颖	责任编辑	李 颖	封面设计	王 鹏	版式设计	杨 树
插图绘制	于 博	责任校对	刘丽娟	责任印制	田 甜		

出版发行	高等教育出版社	网　址	http://www.hep.edu.cn
社　址	北京市西城区德外大街4号		http://www.hep.com.cn
邮政编码	100120	网上订购	http://www.hepmall.com.cn
印　刷	涿州市京南印刷厂		http://www.hepmall.com
开　本	787mm×1092mm 1/16		http://www.hepmall.cn
印　张	17.75	版　次	2015年1月第1版
字　数	380千字		2021年7月第2版
购书热线	010-58581118	印　次	2023年12月第3次印刷
咨询电话	400-810-0598	定　价	33.90元

本书如有缺页、倒页、脱页等质量问题，请到所购图书销售部门联系调换
版权所有　侵权必究
物　料　号　56223-00

第二版前言

《分析化学》自 2015 年 1 月出版至今一直作为吉林大学化学、生物科学、环境科学等专业的基础课教材,也被其他高校用作教材或教学参考书。在本书出版发行六年多的时间里,无论是分析化学还是其他相关领域都有新的发展,同时我们在教学过程中也发现书中存在一些不足之处。在征求了所有参编教师和部分读者的意见后,我们认为为了适应分析化学学科发展的新形势和教学的需要,有必要对本书进行修订。本次修订是对第一版内容加以审核、修改和补充,修订工作主要集中在以下两个方面:(1) 在原有各章的基础上增加一些新知识、新内容,并对原有内容进行适当拓展,以反映分析化学知识与一些新技术的联系。(2) 补充一些与生产生活实际联系较紧密的内容,以及例题与习题。

参与本书编写的教师都是吉林大学各个校区长期从事分析化学教学和科研工作的一线教师,具有丰富的教学经验和较高的学术水平,同时都有编写分析化学教材的经验和参加教学改革项目的基础。在编写过程中,各位编者根据自己多年的教学和实践经验,吸收国内外许多同类教材的主要优点,对本书内容进行了精心组织和合理编排。

本书由苏星光担任主编,全书共九章,前言和第 1、6 章由苏星光编写,第 2、9 章由贾琼编写,第 3、5 章由季桂娟编写,第 4 章由齐菊锐编写,第 7、8 章由田媛编写,最后由苏星光整理并定稿。本书在编写过程中得到了吉林大学化学学院有关领导、老师和高等教育出版社的大力支持,编者在此表示由衷的感谢!同时,在本书编写的过程中参考了国内外出版的一些优秀教材,编者在此向有关作者表示由衷的谢意!

由于编者水平有限,书中难免会有错误和不妥之处,恳请读者批评指正。

编 者

2021 年 3 月于吉林大学

第一版前言

  1996年吉林大学化学学院邹明珠教授等人编写了一本《分析化学》教材,并由吉林大学出版社出版。在此教材基础上,2008年邹明珠教授等人结合教学需求,又编写了一本《化学分析教程》,此教材作为吉林大学化学学院本科分析化学课程教学用书,一直使用至今。吉林大学2000年合校以来,化学学院化学专业本科生和公共化学教学中心的化学相关专业(生物、医学、地学、环境等)的分析化学课程还是使用各自不同的教材,考虑到教学效果和教学内容的统一,我们与公共化学教学中心各个校区从事分析化学教学工作的教师都有个共同的想法,就是在现有分析化学教材基础上重新编写一本适合各个校区化学及相关专业的分析化学新教材。

  本书就是在这个想法的基础上进行编写的。参与编写的教师都是我校各个校区长期从事分析化学教学和科研工作的一线教师,具有丰富的教学实践经验和较高的学术水平,同时都有参编分析化学教材的经验和参加教改项目的基础。在编写过程中,各位编者根据自己多年的教学和实践经验,并结合相关专业的特点,吸收国内外许多同类教材的主要优点,对内容进行精心组织和合理编排,紧扣基本原理,阐明分析方法,精选应用实例,便于教师研究性教学和学生自主式学习。

  全书共九章,前言和第1、6章由苏星光编写,第2、9章由贾琼编写,第3、5章由季桂娟编写,第4章由齐菊锐编写,第7、8章由田媛编写,最后由苏星光整理并定稿。在本书编写过程中得到了邹明珠教授和吉林大学化学学院有关教师的帮助和支持,编者在此表示由衷的感谢!同时,在本书编写过程中参考了国内外出版的一些优秀的教材和专著,编者在此向有关作者表示由衷的谢意!此外,也感谢吉林大学给予本书"十二五"规划教材建设经费的支持。

  由于编者水平有限,书中肯定会有不足之处,恳请有关专家和读者批评指正。

编 者

2014年于吉林大学

目 录

第 1 章
绪论 / 2

1.1 分析化学的任务和作用 / 3
1.2 分析化学发展简史 / 3
1.3 分析方法的分类 / 4
1.4 定量分析过程 / 5
 1.4.1 取样 / 5
 1.4.2 试样的分解 / 6
 1.4.3 消除干扰 / 6
 1.4.4 测定 / 6
 1.4.5 计算分析结果 / 7
1.5 本课程的基本任务和要求 / 7

第 2 章
滴定分析法概述 / 8

2.1 滴定分析法的基本概念 / 9
2.2 滴定分析法的类型 / 9
2.3 滴定分析法对化学反应的要求 / 10
2.4 滴定方式 / 10
2.5 标准溶液 / 12
 2.5.1 标准溶液的配制 / 12
 2.5.2 标准溶液浓度的表示方法 / 13
2.6 滴定分析结果的计算 / 14
 2.6.1 计算方法 / 14
 2.6.2 质量分数的计算 / 15
 2.6.3 计算示例 / 16
习题 / 18

第 3 章
分析化学中的误差与数据处理 / 20

3.1 分析化学中的误差 / 21
 3.1.1 误差及其产生的原因 / 21
 3.1.2 误差与偏差的表示方法 / 23
3.2 准确度与精密度 / 26
3.3 提高分析结果准确度的方法 / 26
 3.3.1 选择合适的分析方法 / 26
 3.3.2 减少测量误差 / 27
 3.3.3 消除系统误差 / 27
3.4 误差的传递 / 28
 3.4.1 系统误差的传递公式 / 29

3.4.2 随机误差的传递 / 29
3.4.3 极值误差 / 31

3.5 有效数字及其运算规则 / 32
3.5.1 有效数字 / 32
3.5.2 有效数字的修约规则 / 32
3.5.3 运算规则 / 33

3.6 分析化学中的数据处理 / 34
3.6.1 随机误差的正态分布 / 34
3.6.2 总体平均值的估计 / 39
3.6.3 少量实验数据的统计处理 / 43
3.6.4 显著性检验 / 45
3.6.5 可疑值取舍 / 50

习题 / 52

第 4 章

酸碱滴定法 / 56

4.1 酸碱质子理论 / 57
4.1.1 水的解离平衡 / 58
4.1.2 离子的活度与活度系数 / 58

4.2 分布分数 / 60
4.2.1 一元弱酸 / 60
4.2.2 多元弱酸 / 61

4.3 酸碱溶液 pH 的计算 / 63
4.3.1 质子条件式 / 63
4.3.2 强酸(强碱)溶液 pH 的计算 / 64
4.3.3 一元弱酸(弱碱)溶液 pH 的计算 / 65
4.3.4 多元弱酸溶液 pH 的计算 / 67
4.3.5 多元弱碱溶液 pH 的计算 / 68
4.3.6 两性物质溶液 pH 的计算 / 69
4.3.7 混合溶液 pH 的计算 / 71

4.4 对数图解法 / 72
4.4.1 浓度对数图的绘制方法 / 73
4.4.2 对数图解法的应用 / 75

4.5 酸碱缓冲溶液 / 75
4.5.1 缓冲溶液的组成和作用机理 / 76
4.5.2 缓冲溶液 pH 的计算 / 76
4.5.3 缓冲容量 / 77
4.5.4 缓冲范围 / 79
4.5.5 缓冲溶液的配制 / 80

4.6 酸碱指示剂 / 80
4.6.1 酸碱指示剂的作用原理 / 80
4.6.2 指示剂的用量 / 82
4.6.3 指示剂的选择 / 83

4.7 酸碱滴定的基本原理 / 83
4.7.1 强酸强碱的滴定 / 84
4.7.2 一元弱酸弱碱的滴定 / 85
4.7.3 多元酸或混合酸的滴定曲线 / 88

4.8 终点误差 / 89
4.8.1 强碱滴定强酸的终点误差 / 89
4.8.2 强碱滴定一元弱酸的终点误差 / 91
4.8.3 强碱滴定多元弱酸的终点误差 / 93
4.8.4 强碱滴定混合酸的终点误差 / 95

4.9 酸碱滴定的应用 / 97
4.9.1 混合碱的测定 / 97
4.9.2 极弱酸(碱)的测定 / 98
4.9.3 氮的测定 / 99
4.9.4 磷的测定 / 100
4.9.5 硅的测定 / 100

习题 / 101

第 5 章

配位滴定法 / 106

5.1 分析化学中常用的配体 / 107
5.1.1 无机配体 / 107
5.1.2 有机配体 / 108

5.1.3 乙二胺四乙酸 / 108
5.2 配位化合物的平衡常数 / 110
　5.2.1 配位化合物的稳定常数 / 110
　5.2.2 配位化合物各型体在溶液中的分布 / 111
5.3 副反应系数 / 113
　5.3.1 EDTA(Y)的副反应系数 / 114
　5.3.2 金属离子(M)的副反应系数 / 116
　5.3.3 配位化合物 MY 的副反应及副反应系数 / 117
5.4 条件稳定常数 / 118
5.5 配位滴定的基本原理 / 119
　5.5.1 配位滴定曲线 / 119
　5.5.2 金属离子指示剂 / 122
　5.5.3 终点误差 / 126
5.6 准确滴定的条件 / 128
　5.6.1 单一离子准确滴定的条件 / 128
　5.6.2 混合离子分别滴定的条件 / 128
5.7 配位滴定的酸度控制 / 130
　5.7.1 单一离子配位滴定的酸度控制 / 130
　5.7.2 混合离子分别滴定的酸度控制 / 132
5.8 提高配位滴定选择性的方法 / 132
　5.8.1 利用控制溶液酸度法提高选择性 / 133
　5.8.2 利用掩蔽法提高选择性 / 133
　5.8.3 利用改变配体法提高选择性 / 137
5.9 配位滴定方式及其应用 / 137
　5.9.1 直接滴定法 / 138
　5.9.2 返滴定法 / 138
　5.9.3 置换滴定法 / 138
　5.9.4 间接滴定法 / 139

习题 / 140

第 6 章

氧化还原滴定法 / 144

6.1 氧化还原平衡 / 145
　6.1.1 标准电极电位 / 145
　6.1.2 条件电极电位 / 146
　6.1.3 影响条件电极电位的因素 / 147
　6.1.4 氧化还原反应进行的程度 / 150
　6.1.5 氧化还原反应的速率及其影响因素 / 152
6.2 氧化还原滴定 / 154
　6.2.1 氧化还原滴定曲线 / 154
　6.2.2 氧化还原滴定中的指示剂 / 157
　6.2.3 氧化还原滴定的预处理 / 159
　6.2.4 氧化还原滴定结果的计算 / 161
6.3 常用的氧化还原滴定法 / 162
　6.3.1 高锰酸钾法 / 163
　6.3.2 重铬酸钾法 / 165
　6.3.3 碘量法 / 166
　6.3.4 其他氧化还原滴定法 / 169

习题 / 170

第 7 章
重量分析法和沉淀滴定法 / 174

7.1 重量分析法概述 / 175
　7.1.1 重量分析法的分类和特点 / 175
　7.1.2 沉淀重量法的分析过程及对沉淀形和称量形的要求 / 176
　7.1.3 沉淀重量法结果的计算 / 176
7.2 沉淀的溶解度及其影响因素 / 177

7.2.1 溶解度、溶度积和条件
溶度积 / 177
7.2.2 影响沉淀溶解度的因素 / 179
7.3 沉淀的形成 / 184
7.3.1 沉淀的类型 / 184
7.3.2 沉淀的形成过程 / 185
7.4 影响沉淀纯度的因素及沉淀的
后处理 / 186
7.4.1 共沉淀现象 / 187
7.4.2 后沉淀 / 188
7.4.3 沉淀沾污对分析结果的影响 / 188
7.4.4 沉淀的后处理 / 189
7.5 沉淀条件的选择 / 190
7.5.1 晶形沉淀 / 190
7.5.2 无定形沉淀 / 190
7.5.3 均匀沉淀法 / 191
7.6 有机沉淀剂 / 191
7.6.1 有机沉淀剂的特点 / 192
7.6.2 有机沉淀剂的分类 / 192
7.7 沉淀滴定法 / 194
7.7.1 滴定曲线 / 194
7.7.2 莫尔法 / 196
7.7.3 福尔哈德法 / 197
7.7.4 法扬司法 / 199
习题 / 201

第 8 章
吸光光度法 / 204

8.1 吸光光度法基本原理 / 205
8.1.1 物质对光的选择性吸收 / 205
8.1.2 光吸收的基本定律 / 207
8.2 吸光光度法的方法和仪器 / 211
8.2.1 吸光光度法的方法 / 211
8.2.2 分光光度计 / 212

8.2.3 分光光度计的类型 / 214
8.3 显色反应与显色条件的
选择 / 215
8.3.1 显色反应和显色剂 / 215
8.3.2 显色反应条件的选择 / 216
8.4 吸光光度法的准确度及
测量条件的选择 / 219
8.4.1 影响准确度的因素 / 219
8.4.2 测量条件的选择 / 223
8.5 吸光光度法的应用 / 224
8.5.1 单组分的测定 / 224
8.5.2 多组分的测定 / 224
8.5.3 示差分光光度法 / 225
8.5.4 弱酸(碱)解离常数的测定 / 227
8.5.5 配位化合物组成及稳定
常数的测定 / 228
8.5.6 双波长分光光度法 / 231
习题 / 232

第 9 章
分析化学中常用的分离和
富集方法 / 236

9.1 概述 / 237
9.2 沉淀分离法 / 237
9.2.1 无机物沉淀分离 / 238
9.2.2 有机沉淀剂沉淀分离 / 239
9.2.3 共沉淀分离法 / 239
9.3 溶剂萃取分离法 / 240
9.3.1 溶剂萃取分离法的基本原理 / 241
9.3.2 溶剂萃取分离法的操作方式
及其在分析化学中的应用 / 246
9.4 离子交换分离法 / 246
9.4.1 离子交换树脂的种类和性质 / 247
9.4.2 离子交换分离法的操作方式

    及应用 / 248
 9.5 色谱分离法 / 250
  9.5.1 柱色谱法 / 251
  9.5.2 纸色谱法 / 252
  9.5.3 薄层色谱法 / 252
 9.6 其他分离方法简介 / 253
  9.6.1 固相微萃取法 / 253
  9.6.2 基质固相分散萃取法 / 254
  9.6.3 微波萃取分离法 / 254
  9.6.4 浮选分离法 / 255
  9.6.5 挥发和蒸馏分离法 / 255
  9.6.6 膜分离法 / 255
习题 / 256

附录 / 258

 表1 离子的体积参数 a 值 / 258
 表2 水溶液中的离子活度系数（25 ℃）/ 259
 表3 弱酸、弱碱在水中的解离常数（25 ℃）/ 260
 表4 金属配位化合物的稳定常数 / 261
 表5 EDTA 的 $\lg\alpha_{Y(H)}$ / 263
 表6 金属离子的 $\lg\alpha_{M(OH)}$ / 264
 表7 标准电极电位（18～25 ℃）/ 264
 表8 某些氧化还原电对的条件电极电位 / 266
 表9 微溶化合物的溶度积（18～25 ℃）/ 266
 表10 一些化合物的相对分子质量 / 268
 表11 一些元素的相对原子质量 / 270

主要参考书 / 271

第1章

绪论

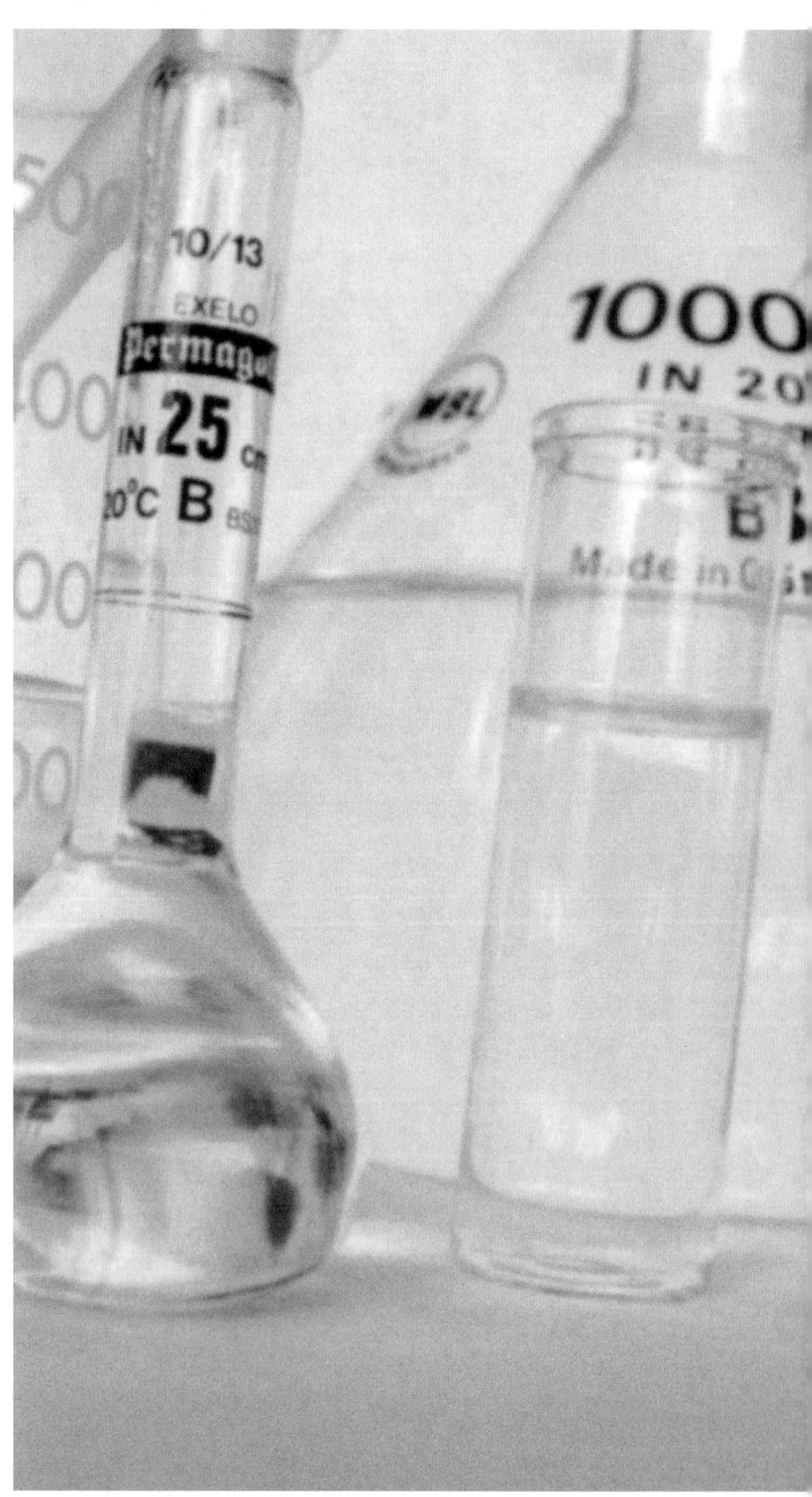

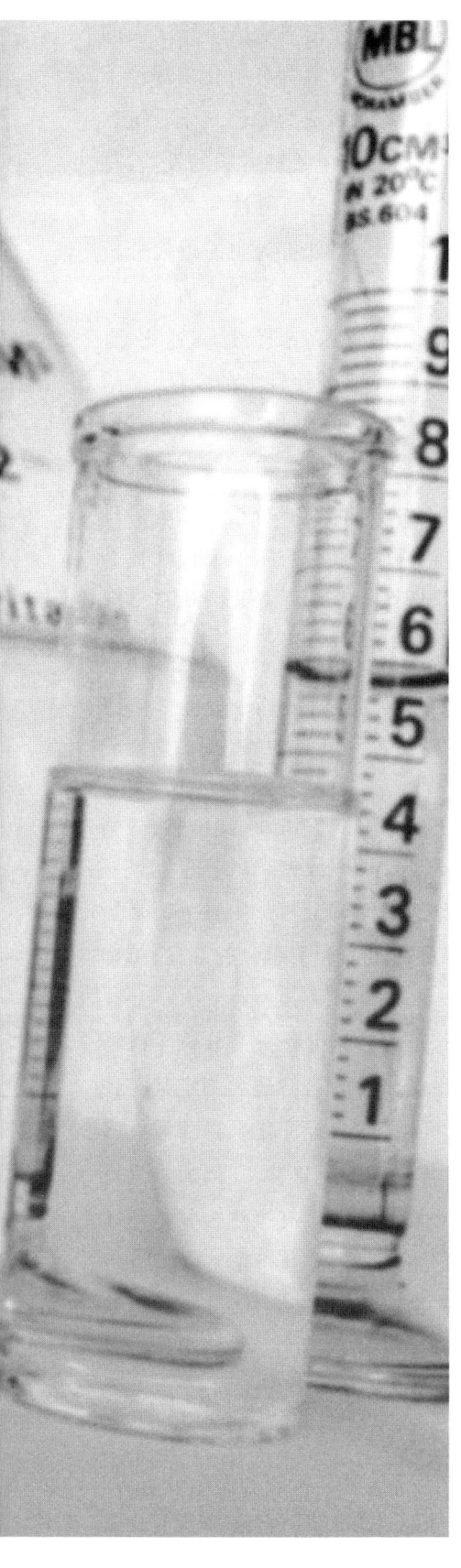

1.1 分析化学的任务和作用

分析化学是研究测定物质化学组成的分析方法及其相关理论的一门科学。分析的目的是提供关于物质组成的信息。它的任务可以归纳为三个主要部分：鉴定物质的化学成分，包括元素、离子、基团、化合物等，为定性分析；测定各组分的含量，为定量分析；确定物质的结构，为结构分析。

分析化学是化学学科的一个重要分支，是发展和应用各种方法、仪器和策略以获得有关物质在空间和时间方面的组成和性质的信息科学。分析化学对化学各学科及其他相关学科的发展起着重要的作用。在化学学科各领域的研究中，物质的人工合成、反应机理的探讨及理论的形成等都要运用各种分析手段。与化学有关的各学科，如生命科学、临床医学、环境科学、材料科学乃至考古学等都要应用分析化学，总之，只要涉及化学过程的科学研究工作都离不开分析化学。

分析化学不仅在科学研究中具有重要作用，而且在工农业生产、国防建设和人民生活等各方面都发挥着重要的作用。如矿产资源的勘探和开采，工业生产使用的原料、生产流程的控制、产品的检验要靠分析测定；农业生产中对土壤、水质、化肥、农药、农作物等的了解要靠分析测定提供的结果；在国防建设中各类武器装备的研制、生产及公安侦破等也都需要分析测定提供依据；环境监测、食品和药品的质量保证更是离不开分析检测。所以可以说，分析化学在科学技术、经济建设和人民生活等诸多方面都发挥着重要作用。因此，人们常把分析化学比喻为生产和科研的"眼睛"。

1.2 分析化学发展简史

分析化学具有悠久的发展历史，它始于定性分析，在发现和鉴定新元素、新化合物及化学基本定律的确立中都起着不可取代的作用。但直到 19 世纪末，分析化学因缺少独立的理论体系,只被看作一门技术。进入20世纪后,分析化学经历了三次大的变革。第一次变革在20世纪初到30年代。物理化学中溶液理论的发展为分析化学提供了理论基础,建立了溶液中四大平衡理论,这使分析化学从一门技术发展成为一门科学。第二次变革在20世纪40年代后的几十年里,物理学和电子学的发展促进了物理方法的发展,科学技术的发展对分析方法提出快速、灵敏、准确的要求,这使各种仪器分析方法和分离技术应运而生,分析化学从以化学分析为主的经典分析化学发展到以仪器分析为主的近代分析化学。20世纪70年代末到现在,分析化学进入第三次变革,以计算机应用为代表的信息技术的发展,一方面促进了分析化学的发展,为分析化学提供了高灵敏、高选择性、高速化、自动化、智能化等新的手段;同时,材料科学、环境科学和生命科学等综合性科学的发展,又给分析化学提出更多的课题和更高的要求,除了要了解物质的化学组成、结构外,还要了解形态、分布,以及表面、微区和短寿命反应中间产物的状态和生命化学物理过程中的激发态等更多的信息,要求用新方法及新技术,如无损分析、快速反应追踪分析、在线分析等来解决日益发展的生产和科学技术提出的问题。21世纪是生命和信息科学的世纪,科学发展和社会生产发展的需要,要求现代分析化学尽可能快速、全面和准确地提供丰富有效的信息。因此,分析化学面临的任务更为复杂和艰巨。

1.3 分析方法的分类

分析化学的应用领域非常广泛,采用的方法也多种多样。根据分析任务、分析对象、试样用量和操作方法、分析方法测定原理的不同,可将分析方法进行以下分类。

根据分析任务分类,分析方法可以分为定性分析、定量分析和结构分析。定性分析是鉴定物质由哪些元素、离子、基团或化合物组成;定量分析是测定物质中有关组分的含量;结构分析是研究物质的分子结构和晶体结构。

根据分析对象分类,分析方法可以分为无机分析和有机分析。无机分析是分析无机物的组成,即由哪些元素、离子、原子团或化合物组成,以及含量是多少。有时还要测定某一种元素的不同存在价态,如 Fe^{2+}、Fe^{3+}。有机分析的对象是有机化合物,有机化合物种类极多又极其复杂,有机分析包括元素分析和结构分析。组成有机化合物的元素并不多,通常只有 C、H、O、N、S、P 等,元素分析就是测定这些元素的含量。但是还不能确定有机化合物是什么物质,要进行官能团分析和结构分析才能知道是什么物质,这主要靠仪器分析来完成。

根据试样用量和操作方法分类,分析方法可以分为以下几类:称样量大于 0.1 g 的为常量分析;0.01~0.1 g 的为半微量分析;0.1~10 mg 的为微量分析;小于 0.1 mg 的为超微量分析(痕量分析)。对于称样量不同的分析,所使用的器皿和操作方法都有所区别。

根据分析方法测定原理分类,分析方法可以分为化学分析法和仪器分析法两大类。

化学分析法是以物质的化学反应为基础的分析方法,主要有重量分析法和滴定分析法。其中通过称量产物的质量来计算待测组分含量的方法称为重量分析法;通过滴定的方式将已知准确浓度的试剂定量地加到待测试液中与待测组分按化学计量关系刚好反应完全,从而计算出其含量的方法称为滴定分析法。

仪器分析法是使用比较复杂或特殊的仪器设备,以物质的某些物理或物理化学性质为基础的分析方法。由于可测量的物理性质比较多,仪器分析法大致可分为三大类:光学分析法、电化学分析法、色谱分析法。利用物质所发射的辐射或辐射与物质的相互作用进行分析的一类方法称为光学分析法,包括分光光度法、红外光谱法、原子吸收光谱法、发射光谱法、荧光光谱法、X射线光谱法等;根据待测试液的各种电化学性质来进行分析的方法称电化学分析法,包括电位法、电导法、库仑法、极谱法、伏安法等;根据物质的色谱分离特性进行测定的方法称为色谱法,包括气相色谱法、液相色谱法、毛细管电泳法等。除此三大类外还有其他分析方法,如质谱法、核磁共振波谱法、热分析法、中子活化分析法、光声光谱法等。但是,有时化学分析法与仪器分析法并无明显的界限,仪器分析法中也有不少涉及重量分析和滴定分析,如热重量分析法、电重量分析法、电位滴定法、库仑滴定法、光度滴定法等。

仪器分析法具有快速、灵敏的特点,适合微量和痕量组分的测定。尽管仪器分析法近年来应用越来越广泛,但化学分析法尤其是定量化学分析仍因其操作简单、准确度高的特点而具有不可替代的作用。

还有些根据要求而特殊命名的分析方法,如仲裁分析、例行分析、微区分析、无损分析、表面分析、在线分析等。也有以应用领域来命名的分析方法,如环境分析、生化分析、食品分析、药物分析、临床分析等。总而言之,分析方法的分类是多种多样的,有各种不同的分类方法。

1.4 定量分析过程

定量分析的任务是测定物质中待测组分的含量,由于所测定试样的组成不同,有的组分少、形态简单,有的组分多、组成复杂,因此即使测定同一待测组分,对于不同的试样所采取的分析方法及具体分析步骤也不相同。但是,对于定量分析来说,大体要进行下面几个步骤。

1.4.1 取样

定量分析时,一般称样量为几克或零点几克。取样的关键是试样具有代表性,用作分析的试样应能代表被分析对象的平均组成,这样分析的结果才有意义。如果是一个很大的分析对象,如一座矿山、一个水系、一个地区的粮食、工厂的一批原料或产品,等等,采样时要注意从不同的位置采集才能代表一个整体。采集来的较大量的试样要处理成均匀的少量的分析试样,对固体试样通常用粉碎、过筛、混合的办法使其均匀,并通过缩分的方法(四分法)反复多次进行,最后得到所需要的少量分析试样,这一过程称为制样。在称取分析试样前要根据试样的大致组成和性质在不同的温度下进行烘干处理,除去湿存水而不改变其组成和形态,处理好的试样应保存在干燥器中待称量。当然,对于不同的分析对象和分析目的及要求,如地质矿样、食品、生物试样等的取样和制样方法也是不相同的,对于具体分析对象应以各行业标准为准。

1.4.2 试样的分解

试样有固体、液体和气体,定量分析一般采用湿法分析,通常将试样分解后转入溶液中,然后进行测定。因此,固体、气体试样都要转入溶液中。由于遇到的大量试样是固体试样,所以存在试样分解的问题。根据试样组成和性质的不同,可以用溶解或熔融的方法使待测组分定量地转入溶液。溶解法所用的试剂有酸和碱,相应地称为酸溶法和碱溶法。用得最多的是酸溶法,这是一种简单、方便的方法,只需选择合适的酸,通常通过加热即可将试样分解。最常用的酸有盐酸、硝酸、硫酸、高氯酸、磷酸、氢氟酸等。对某些试样可用两种混合酸来分解或加入某种强氧化性物质,如用 H_2O_2、$KClO_3$、Br_2 等作为混合溶剂。例如,铁矿石试样用盐酸分解,铜合金试样用 $HCl-H_2O_2$ 溶液溶解,水泥试样则比较特殊,首先将试样与 NH_4Cl 混合均匀,再加浓盐酸及几滴浓硝酸加热分解后,用水浸取可溶盐。碱溶法中常用的试剂有氢氧化钠、氢氧化钾溶液。熔融法利用酸性或碱性助熔剂与试样在高温下进行复分解反应,使待测组分转变为可溶于酸或水的物质。熔融过程在适当材质的坩埚中进行,如铂、镍、石英、聚四氟乙烯等坩埚。常用的酸性熔剂有 $K_2S_2O_7$、$KHSO_4$ 等,碱性熔剂有 Na_2CO_3、$NaOH$、Na_2O_2 等,并且常用混合熔剂以达到更好的效果。

还有些其他的分解试样方法,如半熔法(烧结法)、干法灰化、微波消解等,这里就不一一介绍了。

1.4.3 消除干扰

分析的对象常常是比较复杂的,除待测组分外还含有许多其他组分,尤其矿物、天然产物中伴生元素多而且性质相近,这就给分析测定带来了干扰问题,需在测定前将干扰组分除去,或采取措施使其转变成不干扰的形式存在。采用掩蔽剂消除干扰是一种比较简单、有效的方法,即向试样中加入一种称为掩蔽剂的试剂,它与干扰组分进行化学反应使其转化为不干扰的形式。常用的掩蔽方法有配位掩蔽法、沉淀掩蔽法、氧化还原掩蔽法等。例如,用 EDTA 滴定法测定水的硬度(Ca^{2+}、Mg^{2+}总含量)时,水中少量的 Fe^{3+}、Al^{3+} 均干扰测定,可加入一定量的三乙醇胺使之与 Fe^{3+}、Al^{3+} 配位,不再干扰 Ca^{2+}、Mg^{2+} 的测定。但在许多情况下,如没有合适的掩蔽方法,就需要将待测组分与干扰组分进行分离。分离的最基本要求是待测组分的损失可忽略不计,而干扰组分分离得越彻底越好。常用的分离方法有沉淀分离法、溶剂萃取分离法、离子交换分离法和色谱分离法等,这些方法将在本书第9章中详细论述。

1.4.4 测定

对待测组分进行测定,首先要根据待测组分的性质、大致含量和对分析结果准确度的要求选择合适的分析方法。各种分析方法在准确度、灵敏度、选择性和使用范围等方面有很大差别,化学分析法准确度高,适合常量组分(含量≥1%)的测定;而仪器分析法灵敏度高,适合微量组分的测定。选择的原则是分析操作尽量简单、快速,准确度符合要求,所用试剂便宜、易得也是附带要考虑的。本书的主要内容就是介绍各种分析方法的原理、特点,为正确选择分析方法提供理论依据。

1.4.5 计算分析结果

分析的结果通常用待测组分的含量表示,根据试样的用量、测定所得的数据和分析过程中有关反应的计量关系,计算出试样中待测组分的含量。普遍使用的表示待测组分含量的是质量分数 w,即待测组分的质量占试样质量的百分数。液体试样一般以 mg/L(或 mg·L^{-1})表示测定结果;气体试样常以 mg/m^3(或 mg·m^{-3})表示测定结果。

分析测定一般都要平行测定几次,对这些平行测定的结果要用数理统计的方法进行处理,合理取舍实验数据,使结果得到最恰当的表达。分析结果的误差和实验数据处理的理论及方法将在本书第 3 章中详细论述。

1.5 本课程的基本任务和要求

化学分析是高校化学及化学相关专业的一门基础课,内容主要是定量化学分析。通过这门课程的学习,目的是要使学生掌握定量化学分析的方法及有关理论和分析实验基本技能,树立准确的量的概念。同时,分析化学亦是一门实验性很强的课程,与相应的实验课紧密配合,在学习过程中一定要理论联系实践,加强实验训练,培养严密细致的科学实验技能,正确掌握分析化学实验的基本操作,培养严谨、认真、实事求是的科学作风,提高分析和处理实际问题的能力,为后续课程的学习和今后的工作打下基础。

第 2 章

滴定分析法概述

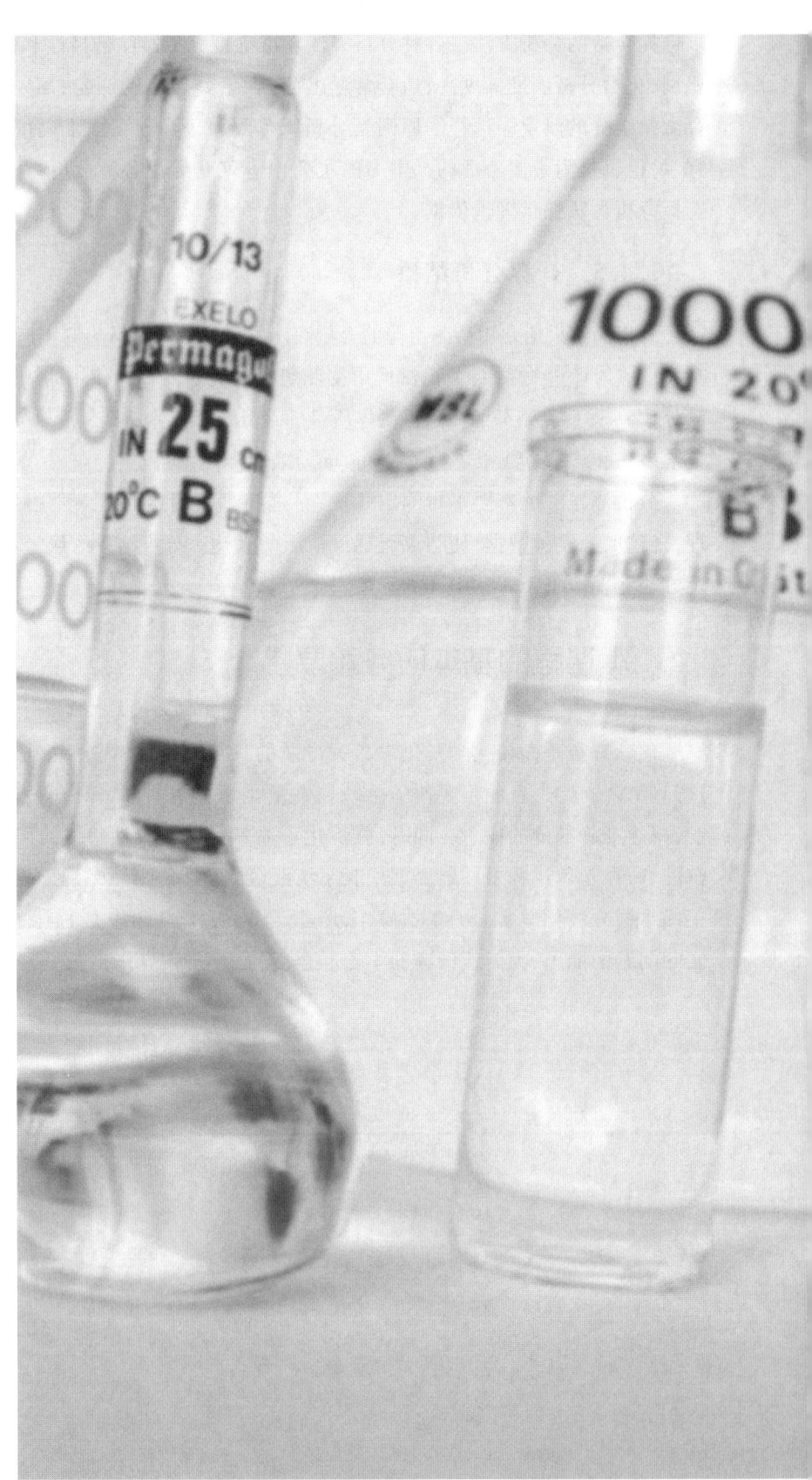

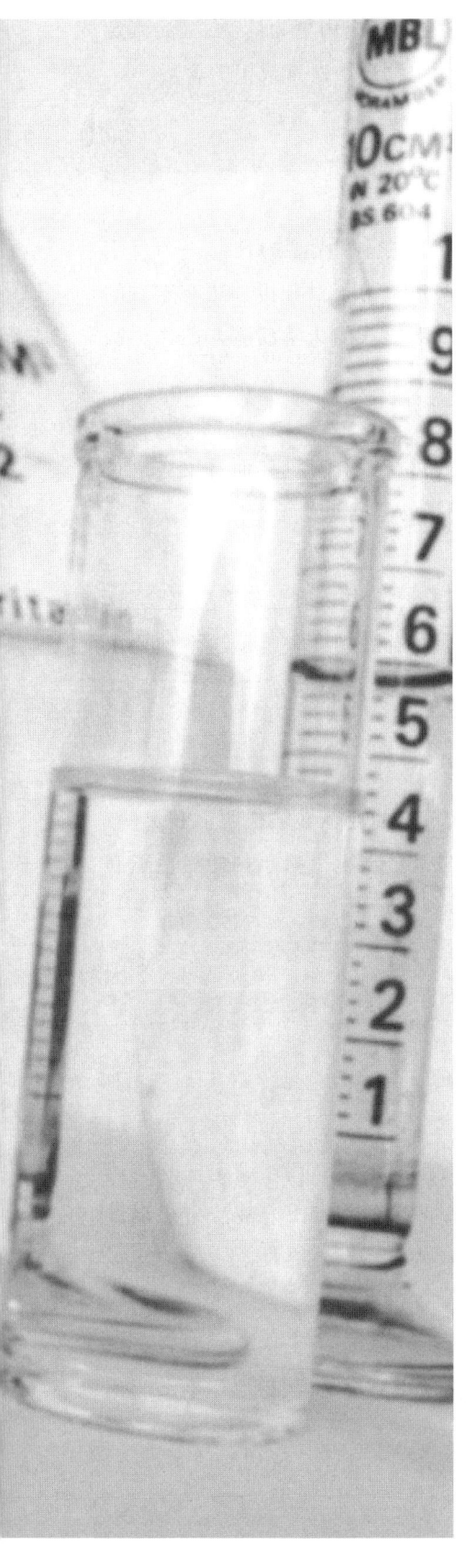

2.1 滴定分析法的基本概念

滴定分析法是定量分析中常用的化学分析法之一,又称容量分析法。该方法是将一种已知准确浓度的溶液——标准溶液装入滴定管,慢慢滴加到含有待测物质的溶液中,直到所加的标准溶液与待测物质按化学计量关系完全反应为止,所消耗标准溶液的体积可以从滴定管刻度准确读数,由此可以计算出待测物质的含量。这种定量分析方法称为滴定分析法。由滴定管滴加标准溶液到待测溶液中的操作过程称为滴定。已知准确浓度的标准溶液称为滴定剂。当加入的标准溶液与待测物质按照滴定反应方程式的化学计量关系反应完全时,称为达到了化学计量点。在实际滴定过程中,化学计量点是通过加入的指示剂颜色的变化来确定的,指示剂正好发生颜色转变的点称为滴定终点。指示剂的种类是有限的,难以找到变色点与化学计量点一致的指示剂。这种由滴定终点与化学计量点不一致所引起的误差称为终点误差或滴定误差。

滴定分析适用于常量分析,它的准确度高,相对误差可小于 0.1%。滴定分析法具有操作简单、快速、所需设备简单及成本较低等优点,是一种很有实用价值的分析方法。在仪器分析法已飞速发展的今天,滴定分析法仍在被广泛地使用着。

2.2 滴定分析法的类型

滴定分析法是以化学反应为基础的分析方法,根据反应的类型,即酸碱反应、配位反应、氧化还原反应、沉淀反应,滴定分析法可分为相应的四大类:酸碱滴定法、配位滴定法、氧化还原滴定法、沉淀滴定法。酸碱滴定法以质子传递反应为基础,用来测定各类酸碱的酸碱度和酸碱的含量,它是滴定分析法中最简单的一种滴定方法;配位滴定法以配位反应为基础,主要用于测定金属离子的含量;氧化还原滴定法以氧化还原反应为基础,用来测定具有氧化或还原性质的物质,尤其是对有机化合物的测定应用更为广泛;沉淀滴定法以沉淀反应为基础,具有实际应用价值的是银量法,用于测定物质中卤素或银的含量。

2.3 滴定分析法对化学反应的要求

滴定分析法是依据化学反应进行滴定的,那么是否符合上述反应类型的任何一个反应都可以建立一种滴定分析方法呢?什么样的反应可以进行滴定?由于对分析方法有定量的要求,因此不是任何一个化学反应都能用于分析,只有符合以下要求的化学反应才能作为滴定分析反应。

一、反应定量地进行

滴定剂与待测组分之间的反应按一定的化学反应方程式进行,无副反应,而且反应进行得要完全(通常要求到99.9%左右)。这是进行定量分析计算的基础。

二、反应速率快

由于整个滴定过程在几分钟内完成,滴定剂加到待测组分溶液中必须立刻反应完全,这样才能判断终点,否则指示剂变色时可能滴定剂早已过量了。当有些反应速率达不到要求时,可采取加热或加催化剂的办法使反应速率加快,尤其在氧化还原滴定中经常遇到这种情况。

三、滴定反应要有适当的指示剂指示终点

滴定反应是否定量完成是由指示剂的变色来判断的,指示剂的变色必须很明显和灵敏,如果变色过程拖得很长,就不容易判断何时是终点,会造成较大的误差。指示剂的变色点必须靠近化学计量点以减小终点误差。如果没有合适的指示剂,滴定就不能实施。

2.4 滴定方式

根据化学反应的具体情况,滴定方式一般分为以下四种。

一、直接滴定法

能够同时满足滴定反应三点要求的反应,都可以采用直接滴定法。直接滴定法是用滴定剂标准溶液直接滴定待测组分的一种方法。例如,用已知浓度的NaOH溶液滴定食醋试样中乙酸的含量,以酚酞为指示剂,终点为粉红色。滴定反应为

$$HAc + OH^- \rightleftharpoons Ac^- + H_2O$$

反应进行得很完全,而且反应速率很快。

用乙二胺四乙酸(EDTA)标准溶液在pH=5.5的缓冲溶液中滴定Zn^{2+},以二甲酚橙为指示剂,终点由红色变为黄色,可测定Zn^{2+}的含量。滴定反应为

$$Zn^{2+} + H_2Y \rightleftharpoons ZnY + 2H^+$$

式中,H_2Y表示在pH=5.5时EDTA的简化式。

用 $K_2Cr_2O_7$ 标准溶液在酸性介质中滴定 Fe^{2+}，以二苯胺磺酸钠为指示剂，终点为紫红色，可测定 Fe^{2+} 的含量。滴定反应为

$$Cr_2O_7^{2-} + 6Fe^{2+} + 14H^+ \rightleftharpoons 2Cr^{3+} + 6Fe^{3+} + 7H_2O$$

用 $AgNO_3$ 标准溶液在中性介质中滴定氯离子，以 K_2CrO_4 为指示剂，终点为砖红色沉淀，可测定氯离子的含量。滴定反应为

$$Ag^+ + Cl^- \rightleftharpoons AgCl \downarrow$$

直接滴定是滴定分析中最常用和最基本的滴定方式。但是，有许多反应不能满足滴定反应的三点要求，或者反应进行得不完全，有副反应发生，或者反应速率慢，误差太大，无法进行直接滴定。因此，需通过改变滴定方式才能使滴定得以实施。

二、返滴定法

对于反应速率慢或者由于试样为固体、气体而无法直接滴定的情况，可采用返滴定的方式。返滴定法是先将已知浓度的滴定剂标准溶液按过量准确加入一定体积的待测试样溶液中，采取一定的措施使反应定量完成后，再用另一种已知浓度的标准溶液来滴定过量的滴定剂，则可算出过量多少，然后从总量中减去过量的部分，就得到了与待测组分反应所消耗的滴定剂的物质的量，即可计算出结果。例如，Al^{3+} 与 EDTA 反应速率慢，不能直接滴定，可以在 pH≈3.5 时先加入一定体积的过量 EDTA 标准溶液，加热使反应完全后，再调节 pH≈5.0，用 Zn^{2+} 标准溶液滴定剩余的 EDTA，从而计算出 Al^{3+} 所消耗的 EDTA，即可计算 Al^{3+} 含量。测定有机化合物中氮含量时通常先用浓 H_2SO_4 消解，使其转化为 NH_4^+，然后加入过量浓 NaOH 溶液进行蒸馏，使其生成 NH_3 并蒸馏出来，可用准确体积的 H_2SO_4 标准溶液吸收，反应完成后，过量的 H_2SO_4 再用 NaOH 标准溶液返滴定。对于不溶于水的 $CaCO_3$ 固体试样不能用酸来直接滴定，可先加入一定体积的过量盐酸标准溶液，溶解后用标准 NaOH 溶液滴定剩余的盐酸。

三、置换滴定法

对于某些不能直接滴定的物质，也可以使它先与另一种物质起反应，置换出一定量能被滴定的物质来，然后再用适当的滴定剂进行滴定。这种滴定方法称为置换滴定法。在氧化还原反应中许多反应是不按化学计量关系进行的，如 $Na_2S_2O_3$ 与许多氧化剂（$K_2Cr_2O_7$、$KMnO_4$、KIO_3、$KBrO_3$ 等）反应均有副反应发生，或者有些反应没有合适的指示剂，遇到这些情况可以采用置换滴定法。已知 $Na_2S_2O_3$ 与 I_2 的反应是定量进行的，这样可以使许多氧化剂在一定条件下与 KI 作用生成 I_2，再用 $Na_2S_2O_3$ 溶液滴定生成的 I_2，如用 $K_2Cr_2O_7$ 标定 $Na_2S_2O_3$ 溶液浓度时就是先在酸性介质中使 $K_2Cr_2O_7$ 与过量 KI 反应：

$$Cr_2O_7^{2-} + 6I^- + 14H^+ \rightleftharpoons 2Cr^{3+} + 3I_2 + 7H_2O$$

然后再用 $Na_2S_2O_3$ 溶液滴定生成的 I_2，以求得 $Na_2S_2O_3$ 溶液的浓度：

$$I_2 + 2S_2O_3^{2-} \rightleftharpoons 2I^- + S_4O_6^{2-}$$

四、间接滴定法

不能与滴定剂发生反应的物质可以通过其他反应来进行间接滴定，如 Ca^{2+}、Zn^{2+} 等是不

能用氧化还原滴定法测定的物质,所以不能直接用氧化还原法滴定。可将其分别以 CaC_2O_4、ZnC_2O_4 的形式沉淀出来,过滤、洗涤后,用稀 H_2SO_4 溶液溶解,用 $KMnO_4$ 标准溶液滴定 $C_2O_4^{2-}$,即可计算出 Ca^{2+}、Zn^{2+} 的含量。

显然,返滴定法、置换滴定法、间接滴定法的应用大大扩展了滴定分析的应用范围。

2.5 标准溶液

滴定分析法主要通过标准溶液的浓度和用量来确定待测组分的含量。因此,正确地配制标准溶液,准确地标定标准溶液的浓度,以及对某些标准溶液进行妥善保存,对提高滴定分析的准确度具有重要意义。

2.5.1 标准溶液的配制

标准溶液的配制一般有两种方法。

一、直接法

直接法即准确称量一定质量的试剂,溶解并稀释至一定体积的容量瓶中,其浓度可以直接计算出来。但是,并非任何试剂都可以直接配制成标准溶液,能够直接配制或用来标定标准溶液的物质称为基准物质。

基准物质必须具备如下条件:

(1) 组成恒定。实际组成与化学式相符,包括结晶水的数目也必须严格一致,如 $H_2C_2O_4 \cdot 2H_2O$、$Na_2B_4O_7 \cdot 10H_2O$ 等。

(2) 纯度高。纯度一般要求在 99.9% 以上。

(3) 性质稳定。保存或称量过程中不分解、不吸水、不吸收 CO_2、不易被空气氧化等,这样才能保证组成一定。

(4) 最好具有较大的摩尔质量。称样量相应较大,以减少称量误差。

下面将常用的基准物质列于表 2.1 中,使用前必须干燥至恒重。

表 2.1 常用的基准物质

基准物质名称	分子式	干燥条件(温度/℃)	标定对象
无水碳酸钠	Na_2CO_3	270~300	酸
硼砂	$Na_2B_4O_7 \cdot 10H_2O$	置于盛有 NaCl-蔗糖饱和溶液的保湿器中	酸
草酸	$H_2C_2O_4 \cdot 2H_2O$	室温空气干燥	碱
邻苯二甲酸氢钾	$KHC_8H_4O_4$	105~110	碱
重铬酸钾	$K_2Cr_2O_7$	140~150	还原剂
溴酸钾	$KBrO_3$	130	还原剂
碘酸钾	KIO_3	130	还原剂

续表

基准物质名称	分子式	干燥条件(温度/℃)	标定对象
草酸钠	$Na_2C_2O_4$	130	氧化剂
三氧化二砷	As_2O_3	室温干燥器中保存	氧化剂
锌	Zn	室温干燥器中保存	乙二胺四乙酸二钠（EDTA）
碳酸钙	$CaCO_3$	110	EDTA
氯化钠	NaCl	500~600	$AgNO_3$
硝酸银	$AgNO_3$	220~250	氯化物

二、间接法

许多物质如盐酸、氢氧化钠、高锰酸钾、硫代硫酸钠等都不具备作为基准物质的条件。用这些物质配制标准溶液时,先粗略地称取一定量物质或量取一定量体积溶液,大致配成所需浓度,再用合适的基准物质或标准溶液确定其准确浓度(标定一般要求至少进行3~4次平行测定,相对偏差为0.1%~0.2%),即通过滴定的数据计算出来。这种确定浓度的过程称为标定。

2.5.2 标准溶液浓度的表示方法

一、物质的量

物质的量是国际单位制(SI)七个基本单位相应的七个基本量之一,符号是 n。物质 B 的物质的量 n_B 是比例于系统中单元 B 的数目 N_B 的量(定义),即 $n_B \propto N_B$,或

$$n_B = \frac{1}{L} N_B \tag{2.1}$$

式中,L 是阿伏伽德罗(Avogadro)常数。

定义中的单元亦称基本单元,它可以是分子、原子、离子、电子及其他粒子,或者是这些粒子的特定组合。所谓特定组合可以是已知的客观存在的,也可以是根据需要拟定存在的独立单元或含非整数粒子的组合,如 H_2、H、$\frac{1}{2}H_2SO_4$、$\frac{1}{5}KMnO_4$ 等都可以作为基本单元。凡是说到物质的量时必须指明单元,并规定按下列形式注明单元:n_{H_2}、n_H、$n_{\frac{1}{2}H_2SO_4}$、$n_{\frac{1}{5}KMnO_4}$ 等,以 B 泛指单元时则表示为 n_B。物质的量是一个物理量的整体名称,不能以任何形式将其四个字拆开。不能把物质 B 的物质的量 n_B 与 B 的质量 m_B 混同起来,如写成

$$n_{NaOH} = 0.1 \text{ mol} = 3.9997 \text{ g}$$

式中第二个等号是错的,mol 和 g 分别是两个物理量的单位符号。

物质的量的单位名称是摩尔,符号是 mol,是 SI 基本单位,在化学领域中是一个十分重要的单位。

二、摩尔质量

摩尔质量定义为物质的质量除以物质的量,符号为 M,即

$$M = \frac{m}{n} \tag{2.2}$$

由于摩尔质量是物质的量的导出量,所以使用时也应指明单元。

摩尔质量的单位是千克每摩尔,符号是 $kg \cdot mol^{-1}$,分析化学中常使用它的十进分数单位克每摩尔,如 $M_{HCl} = 36.46 \ g \cdot mol^{-1}$,而不用 $0.03646 \ kg \cdot mol^{-1}$,摩尔质量在计算待测组分含量时经常使用。

三、物质的量的浓度

物质 B 的物质的量浓度亦称物质 B 的浓度,是分析化学中最重要的物理量之一,它定义为溶液中物质 B 的物质的量 n_B 除以混合物的体积 V,符号为 c_B,也可用 [B] 表示平衡浓度:

$$c_B = \frac{n_B}{V} \tag{2.3}$$

物质的量浓度的单位是摩尔每立方米,符号为 $mol \cdot m^{-3}$,化学中常用十进分数单位摩尔每立方分米,符号为 $mol \cdot dm^{-3}$,我国法定计量单位可用摩尔每升,符号为 $mol \cdot L^{-1}$。

由于物质的量浓度是物质的量的导出量,故使用时也应指明单元。如 H_2SO_4 溶液的浓度是 $0.1 \ mol \cdot L^{-1}$ 时应表示为

$$c_{H_2SO_4} = 0.1 \ mol \cdot L^{-1}$$

如果以 $\frac{1}{2}H_2SO_4$ 为基本单元,则

$$c_{\frac{1}{2}H_2SO_4} = 0.2 \ mol \cdot L^{-1}$$

故有以下的换算公式:

$$c_{bB} = \frac{1}{b} c_B \tag{2.4}$$

2.6 滴定分析结果的计算

2.6.1 计算方法

滴定分析的计算主要是计算浓度和待测组分的含量,都是根据滴定反应方程式中待测组分与滴定剂间物质的量的关系来计算的。下面介绍两种计算方法。

一、按化学计量关系计算

滴定反应是按化学计量关系进行的,可以表示为

$$x\text{X} + t\text{T} = p\text{P}$$

X 为待测组分,T 为滴定剂,则滴定反应进行完全时有

$$\frac{n_X}{x} = \frac{n_T}{t}$$

$$n_X = \frac{x}{t} n_T \tag{2.5a}$$

所以
$$c_X V_X = \frac{x}{t} c_T V_T \tag{2.5b}$$

$\frac{x}{t}$ 称为化学计量数。由于物质 T 的浓度和体积都是知道的,这样就可以计算出物质 X 的物质的量 n_X 或浓度 c_X。

二、等物质的量反应规则

对于滴定反应:
$$xX + tT \Longleftrightarrow pP + qQ$$

选 xX、tT、pP、qQ 这些特定组合为基本单元,即反应方程式中各项的系数乘以"反应单元"为基本单元,这样做就会使任何反应在任何时刻消耗的各反应物的物质的量与各产物的物质的量相等:

$$n_{xX} = n_{tT} = n_{pP} = n_{qQ} \tag{2.6}$$

这个规则称为等物质的量反应规则,这一规则给复杂的分析滴定反应的结果计算带来很大的方便。

式(2.6)可变换为
$$\frac{1}{x} n_X = \frac{1}{t} n_T$$

代入式(2.3)则得
$$\frac{1}{x} c_X V_X = \frac{1}{t} c_T V_T \tag{2.7}$$

2.6.2 质量分数的计算

由式(2.2)和式(2.7)即可计算含量,根据含量的概念,待测组分的含量应该用质量分数 w 表示,物质 B 的质量分数定义为物质 B 的质量除以混合物的质量,通常用百分数表示:

$$w_X = \frac{m_X}{m_S} \times 100\% \tag{2.8}$$

式中,m_S 表示试样的质量。根据式(2.2)和式(2.7)得

$$m_X = n_X M_X$$
$$= \frac{x}{t} n_T M_X$$
$$= \frac{x}{t} c_T V_T M_X$$

式中,M_X 为待测组分的摩尔质量。代入式(2.8)得

$$w_X = \frac{\frac{x}{t} c_T V_T M_X}{m_S} \times 100\% \tag{2.9}$$

式中,V_T 单位是 L,式(2.9)即为计算结果的公式。

2.6.3 计算示例

例 2.1 用无水碳酸钠标定某盐酸溶液,称取 1.2587 g 无水 Na_2CO_3 溶于纯水,转移至 250 mL 容量瓶中,定容。取 25.00 mL 该溶液用 HCl 溶液滴定,消耗 23.63 mL HCl 溶液,计算 HCl 溶液的浓度。

解 标定反应为

$$2HCl + Na_2CO_3 === 2NaCl + H_2O + CO_2\uparrow$$

HCl 与 Na_2CO_3 的化学计量数为 2,即

$$n_{HCl} = 2n_{Na_2CO_3}$$

则

$$\frac{c_{HCl} \cdot V_{HCl}}{1000} = 2 \frac{m_{Na_2CO_3} \times \frac{25}{250}}{M_{Na_2CO_3}}$$

$$c_{HCl} = 2\frac{m_{Na_2CO_3} \times \frac{25}{250} \times 1000}{M_{Na_2CO_3} V_{HCl}}$$

$$= \frac{2 \times 1.2587 \times \frac{25}{250} \times 1000}{106.0 \times 23.63} \text{mol} \cdot \text{L}^{-1}$$

$$= 0.1005 \text{ mol} \cdot \text{L}^{-1}$$

例 2.2 称取 0.6216 g 工业硼砂试样,用 0.1058 $\text{mol} \cdot \text{L}^{-1}$ HCl 溶液滴定,消耗 27.73 mL,计算以 $Na_2B_4O_7$ 和 B_2O_3 形式表示的含量。

解 滴定反应为

$$B_4O_7^{2-} + 2H^+ + 5H_2O === 4H_3BO_3$$

反应的化学计量数为 $\frac{1}{2}$,故根据式(2.9):

$$w_{Na_2B_4O_7} = \frac{\frac{1}{2}c_{HCl}V_{HCl}M_{Na_2B_4O_7}}{m_S} \times 100\%$$

$$= \frac{\frac{1}{2} \times 0.1058 \times 27.73 \times 201.32}{0.6216 \times 1000} \times 100\%$$

$$= 47.51\%$$

若以 B_2O_3 的形式表示结果,$Na_2B_4O_7$ 与 B_2O_3 的化学计量关系是 1 个 $Na_2B_4O_7$ 相当于 2 个 B_2O_3,因此 B_2O_3 与 HCl 的化学计量数为 1,故

$$w_{B_2O_3} = \frac{c_{HCl}V_{HCl}M_{B_2O_3}}{m_S} \times 100\%$$

$$= \frac{0.1058 \times 27.73 \times 69.62}{0.6216 \times 1000} \times 100\%$$

$$= 32.86\%$$

例 2.3 称取 1.0000 g 铁矿石试样,溶解后还原为 Fe^{2+},在 H_2SO_4 介质中用 0.02158 $\text{mol} \cdot \text{L}^{-1}$ $KMnO_4$ 溶液滴定,消耗 20.64 mL,求以 Fe 和 Fe_2O_3 表示的含量。

解 滴定反应为
$$5Fe^{2+} + MnO_4^- + 8H^+ =\!=\!= 5Fe^{3+} + Mn^{2+} + 4H_2O$$

按等物质的量反应规则有
$$n_{5Fe^{2+}} = n_{MnO_4^-}$$
$$\frac{1}{5}n_{Fe^{2+}} = n_{MnO_4^-} = c_{MnO_4^-} V_{MnO_4^-}$$
$$w_{Fe} = \frac{5c_{MnO_4^-} V_{MnO_4^-} M_{Fe}}{m_S} \times 100\%$$
$$= \frac{5 \times 0.02158 \times 20.64 \times 55.85}{1.0000 \times 1000} \times 100\%$$
$$= 12.44\%$$

又
$$2n_{Fe_2O_3} = n_{Fe}$$

所以
$$n_{Fe_2O_3} = \frac{5}{2} n_{MnO_4^-}$$

故
$$w_{Fe_2O_3} = \frac{\frac{5}{2} c_{MnO_4^-} V_{MnO_4^-} M_{Fe_2O_3}}{m_S} \times 100\%$$
$$= \frac{\frac{5}{2} \times 0.02158 \times 20.64 \times 159.69}{1.0000 \times 1000} \times 100\%$$
$$= 17.78\%$$

例 2.4 称取 2.0000 g 铜合金试样,溶解后稀释至 250 mL 容量瓶中,取 25.00 mL 加入 NH_4HF_2 缓冲溶液,调 pH 至 3.5~4.0,再加过量 KI 溶液,用 $Na_2S_2O_3$ 溶液滴定,消耗 24.38 mL,该 $Na_2S_2O_3$ 溶液是用 25.00 mL 0.01000 mol·L^{-1} $K_2Cr_2O_7$ 溶液标定的,消耗 $Na_2S_2O_3$ 溶液 14.63 mL,求铜合金中铜的含量。

解 首先计算 $Na_2S_2O_3$ 溶液的浓度,标定反应为
$$Cr_2O_7^{2-} + 6I^- + 14H^+ =\!=\!= 2Cr^{3+} + 3I_2 + 7H_2O$$
$$I_2 + 2S_2O_3^{2-} =\!=\!= 2I^- + S_4O_6^{2-}$$

根据等物质的量反应规则:
$$n_{Cr_2O_7^{2-}} = n_{3I_2} = n_{6S_2O_3^{2-}}$$

故
$$n_{Cr_2O_7^{2-}} = \frac{1}{6} n_{S_2O_3^{2-}}$$
$$c_{Cr_2O_7^{2-}} V_{Cr_2O_7^{2-}} = \frac{1}{6} c_{S_2O_3^{2-}} V_{S_2O_3^{2-}}$$

所以
$$c_{S_2O_3^{2-}} = \frac{6 c_{Cr_2O_7^{2-}} V_{Cr_2O_7^{2-}}}{V_{S_2O_3^{2-}}}$$
$$= \frac{6 \times 0.01000 \times 25.00}{14.63} \text{mol·L}^{-1}$$
$$= 0.1025 \text{ mol·L}^{-1}$$

然后计算铜合金中铜含量,有关滴定反应为

$$2Cu^{2+} + 4I^- = 2CuI\downarrow + I_2$$

$$I_2 + 2S_2O_3^{2-} = 2I^- + S_4O_6^{2-}$$

根据等物质的量反应规则:

$$n_{2Cu^{2+}} = n_{I_2} = n_{2S_2O_3^{2-}}$$

则

$$\frac{1}{2}n_{Cu^{2+}} = \frac{1}{2}n_{S_2O_3^{2-}}$$

故

$$w_{Cu} = \frac{c_{S_2O_3^{2-}} \cdot V_{S_2O_3^{2-}} \cdot M_{Cu}}{m_S \times \frac{25}{250}} \times 100\%$$

$$= \frac{0.1025 \times 24.38 \times 63.55}{2.000 \times \frac{25}{250} \times 1000} \times 100\%$$

$$= 79.40\%$$

习 题

1. 如何配制下列溶液?

(1) 用浓盐酸[密度 1.19 g·mL^{-1},37%(质量分数)]配制 2.0 L 约 0.12 mol·L^{-1} HCl 溶液;

(2) 用 2.170 mol·L^{-1} HCl 溶液配制 500 mL 0.1200 mol·L^{-1} HCl 溶液;

(3) 用固体 NaOH 配制 500 mL 0.10 mol·L^{-1} NaOH 溶液;

(4) 用浓 NaOH 溶液[密度 1.525 g·mL^{-1},50%(质量分数)]配制 500 mL 0.10 mol·L^{-1} NaOH 溶液。

2. 计算 HCl 标准溶液的浓度。

(1) 滴定 0.2056 g 基准物质 Na_2CO_3(产物 CO_2) 消耗 37.84 mL HCl 溶液。

(2) 滴定由 0.3458 g 基准物质 $Na_2C_2O_4$ 得到的 Na_2CO_3(产物 CO_2) 消耗 45.88 mL HCl 溶液。

3. 标定下列物质时消耗滴定剂均为 20~25 mL,则应称取基准物质多少克?

(1) 用 Na_2CO_3 标定 0.1 mol·L^{-1} HCl 溶液;

(2) 用 $Na_2B_4O_7 \cdot 10H_2O$ 标定 0.08 mol·L^{-1} HCl 溶液;

(3) 用草酸 $H_2C_2O_4 \cdot 2H_2O$ 标定 0.15 mol·L^{-1} NaOH 溶液;

(4) 用邻苯二甲酸氢钾 $KHC_8H_4O_4$ 标定 0.10 mol·L^{-1} NaOH 溶液。

4. 某一元酸的相对分子质量为 80.00,1.6000 g 含此酸的试样用标准 NaOH 溶液滴定,如果试样中酸的百分含量正好是 NaOH 溶液浓度的 50 倍,问滴定时将消耗 NaOH 溶液多少毫升?

5. 将 0.2500 g 石灰试样用 0.2495 mol·L^{-1} HCl 溶液滴定,消耗 27.65 mL,计算试样中钙

的含量。

6. 将 25.00 mL 食醋试样(密度 1.06 g·mL^{-1})准确稀释至 250.0 mL,每次取 25.00 mL,以酚酞为指示剂,用 0.09000 mol·L^{-1} NaOH 标准溶液滴定,结果平均消耗 NaOH 溶液 21.25 mL,计算试样中乙酸的含量。

7. 测定铁矿石中铁的含量时,称取 0.3029 g 试样,使之溶解并将 Fe^{3+} 还原成 Fe^{2+} 后,用 0.01643 mol·L^{-1} $K_2Cr_2O_7$ 溶液滴定,消耗 35.14 mL,计算试样中铁的含量。

8. 滴定 0.7050 g 含 $Na_2C_2O_4·H_2O$ 和 $H_2C_2O_4·2H_2O$ 及惰性物质的试样,消耗 0.1070 mol·L^{-1} NaOH 溶液 34.40 mL。滴定后将溶液蒸发至干,并灼烧至 Na_2CO_3,残渣溶于水后,用 50.00 mL 0.1250 mol·L^{-1} HCl 溶液处理,之后中和过量的 HCl 消耗 2.59 mL 上述 NaOH 标准溶液。计算试样中 $Na_2C_2O_4·H_2O$ 和 $H_2C_2O_4·2H_2O$ 的含量。

9. 测定氮肥中氨的含量,称取 2.000 g 试样,定容于 250 mL 容量瓶中,取 25 mL 置于蒸馏瓶中,加入过量浓 NaOH 溶液,加热蒸馏,用 50.00 mL 0.05080 mol·L^{-1} H_2SO_4 标准溶液吸收,再用 0.1002 mol·L^{-1} NaOH 溶液滴定,消耗 21.30 mL,计算氮肥中 NH_3 的含量。

第 3 章

分析化学中的误差与数据处理

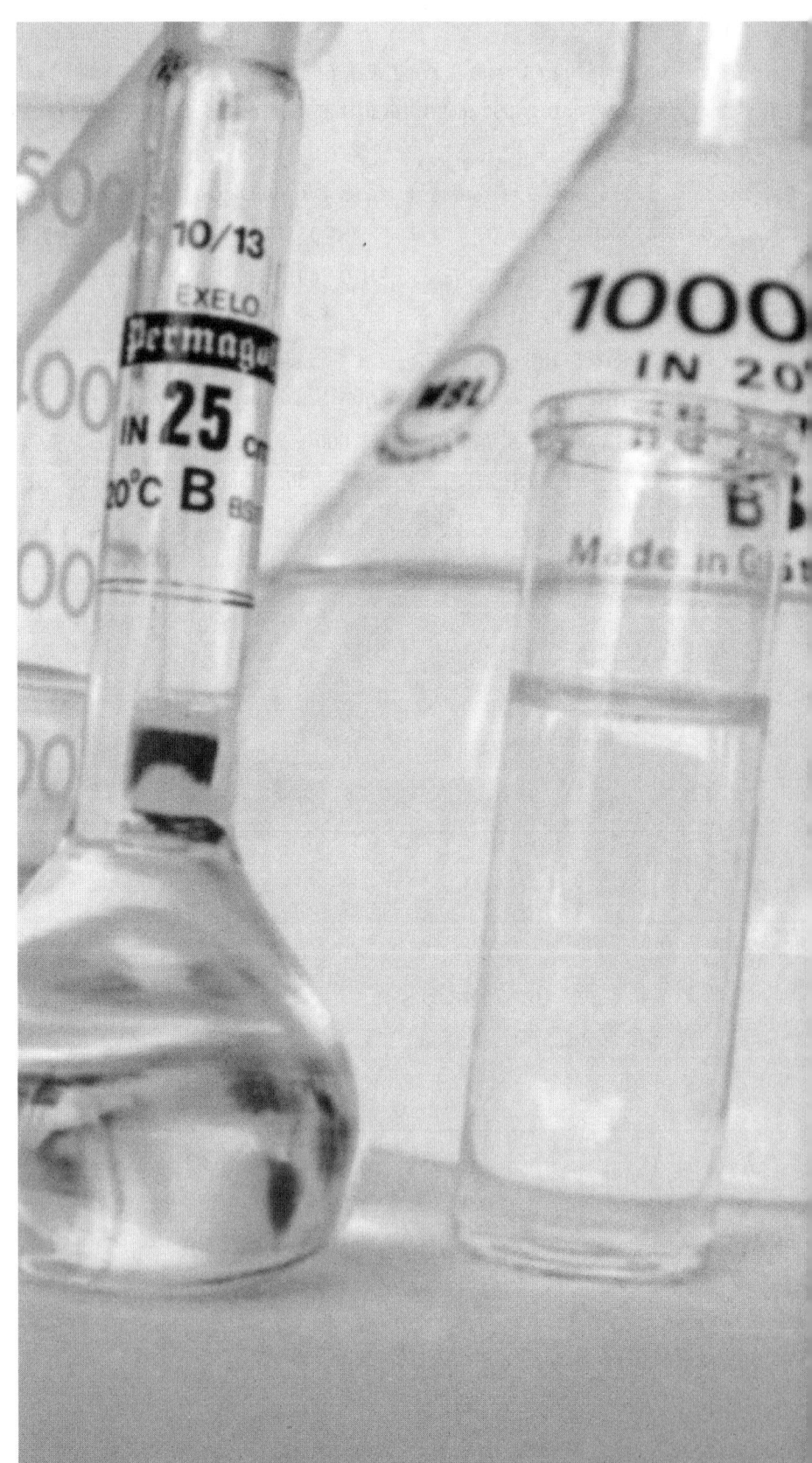

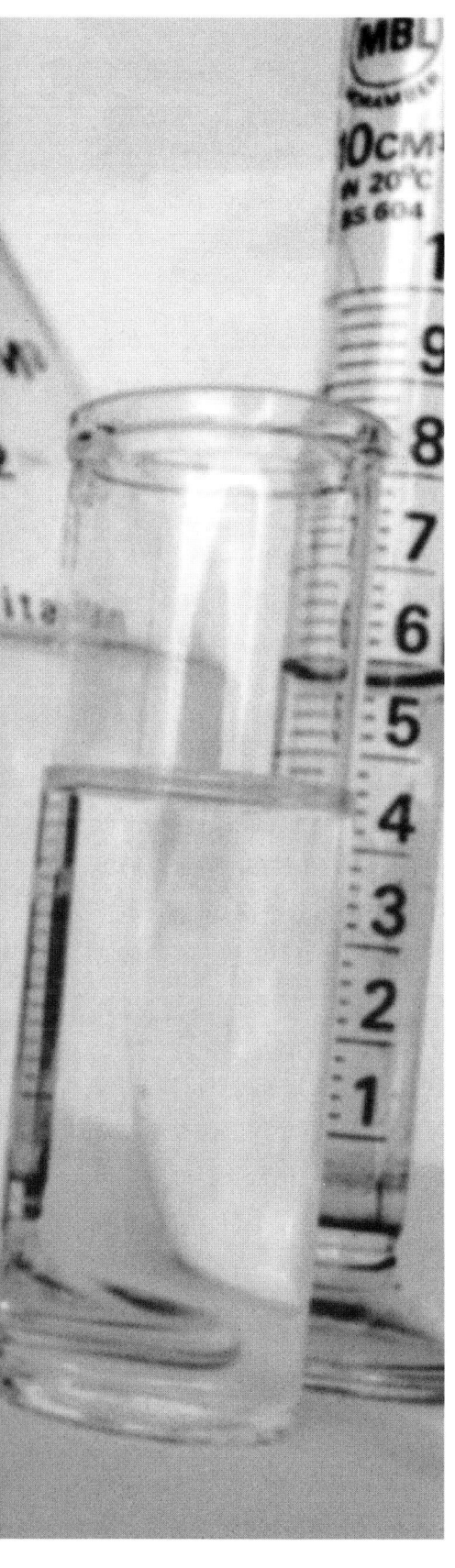

3.1 分析化学中的误差

准确测定试样中各组分的含量是定量分析的目的和任务。不准确的分析结果会导致生产上的损失、资源上的浪费、科学上的错误结论等。但是,在分析过程中,受某些主观因素和客观条件的限制,所得结果不可能和真实含量完全一致,即使是技术很熟练的分析人员,在相同条件下用同一方法对同一试样仔细地进行多次测量,也不可能得到完全一致的分析结果。这表明存在误差,且它是不可能完全避免或消除的。因此,在进行定量测定时,必须对分析结果的可靠性和准确度作出合理的判断和正确的表达。了解分析过程中误差产生的原因及其特点,有助于采取相应措施尽量减少误差,使分析结果达到一定的准确度。

3.1.1 误差及其产生的原因

分析结果与真实值之间的差值称为误差。在定量分析中,对于各种原因导致的误差,根据其来源和性质的不同,可以分为系统误差和随机误差两大类。

一、系统误差

系统误差是由某种固定的原因造成的,总是以相同的大小和正负号重复出现,其大小是可以测量出来的,通过校正的方法能将系统误差消除。系统误差是由下面这些原因造成的。

1. 仪器误差

仪器误差来源于仪器本身不够精确,如天平砝码由于长期使用造成轻微的磨损和表面腐蚀沾污,使其真实质量与所标数值不完全符合,而在使用时未进行校准,这样只要使用这个砝码就一定会造成固定的误差;又如分析中所使用的量器,如滴定管、容量瓶、移液管等的体积刻度均不是绝对准确的,在刻蚀的操作中会有误差存在,刻度一经刻定,误差就固定了,使用它们都会带来系统误差。因此,对准确度要求较高的实验必须在实验前对所使用的仪器进行校准。

2. 试剂误差

如果实验所使用的蒸馏水或去离子水和各种试剂不够纯,含有少量待测组分或干扰物质,测定结果就会偏高或偏低。由于平行实验所使用的试剂量及用水量大致相同,所以带来的误差也大致相同,尤其在做低含量物质的测定中这种影响就显得很大。例如,用配位滴定法测定水的硬度时,所使用水的纯度是很重要的,如果水的纯度不够高,常含有少量钙离子,这就给测定带来较大的误差。

3. 方法误差

这种误差是由于不适当的实验设计或所选择的分析方法不恰当所造成的。例如,在重量分析中,沉淀的溶解损失、共沉淀和后沉淀、灼烧时沉淀的分解或挥发等;在滴定分析中,反应不完全、副反应发生、干扰离子的影响、滴定终点与化学计量点不一致等,都会引起测定结果系统偏高或偏低。

4. 操作误差

在进行分析测定时,由于分析人员的操作不正确所引起的误差称为操作误差。例如,称样前对试样的预处理不当;对沉淀洗涤次数过多或不够;灼烧沉淀时温度控制得过高或过低导致沉淀分解或杂质未完全除去;滴定时终点的颜色控制不正确等。操作误差包含分析人员的个人误差,如每个人对颜色的深浅和色调敏感程度不一样;在读滴定管刻度时个人习惯性地偏高或偏低;这些都会引起个人的系统误差。没有分析工作经验的人往往以第一次测量的结果为依据,第二次测量时主观上尽量想向第一次的结果靠近,因此引起误差,其实第一次测量往往因为条件控制不好所得结果的误差较大,最好只作为参考。需要特别指出的是,实验中由于不细心所出现的过失或错误,绝不能当误差对待。如操作过程中有沉淀的溅失或沾污;试样溶解、转移时不完全或损失;称样时试样洒落在容器外;各种读数记错;不按操作规程加错试剂等都是不允许的,一旦发生只能重做实验,这种结果绝不能纳入平均值的计算中。

二、随机误差

随机误差亦称偶然误差,是由某些难以控制且无法避免的偶然因素造成的。例如,测定过程中环境条件(温度、湿度、气压等)的微小变化;分析人员对各份试样处理时的微小差别等。这些不可避免的偶然因素,使分析结果在一定范围内波动而引起随机误差。由于随机误差是由一些不确定的偶然原因造成的,其大小和正负不定,有时大,有时小,有时正,有时负。因此,随机误差是无法测量的,是不可避免的,不能加以校正。例如,一个很有经验的人,进行很仔细的操作,对同一试样进行多次平行分析,得到的分析结果却不能完全一样,而是有高有低。随机误差的产生难以找出确定的原因,似乎没有规律性,但是当测量次数足够多时,从整体看随机误差是服从统计分布规律的,因此可以用数理统计的方法来处理。即小误差出现的概率大,大误差出现的概率小,正负误差出现的概率基本上相等。这就是说,很多随机误差在统计加和时会彼此抵消,使多次测量的平均值的随机误差比单次测量的随机误差来得小,因此随机误差要用数理统计的方法来处理。这将在后面详细讨论。

3.1.2 误差与偏差的表示方法

一、误差

误差有两种表示方法,绝对误差(E_a)和相对误差(E_r)。绝对误差是测量值(x)与真实值(x_T)之间的差值,即

$$E_a = x - x_T \tag{3.1a}$$

绝对误差的单位与测量值的单位相同。误差越小,表示测量值与真实值越接近,准确度越高;反之,误差越大,准确度越低。当测量值大于真实值时,误差为正值,表示测定结果偏高;反之,误差为负值,表示测定结果偏低。

相对误差是指绝对误差相当于真实值的百分数,表示为

$$E_r = \frac{E_a}{x_T} \times 100\% = \frac{x - x_T}{x_T} \times 100\% \tag{3.1b}$$

相对误差有大小和正负之分。相对误差反映的是绝对误差在真实值中所占的比例大小,因此在绝对误差相同的条件下,待测组分含量越高,相对误差越小;反之,相对误差越大。

无论是计算绝对误差还是相对误差,都涉及真实值x_T,用测量的方法是得不到真实值的,那么如何计算误差呢? 在分析中常将以下的值当作真实值来处理。

(1) 纯物质的理论值。

(2) 各国家标准局和相应的国际组织提供的标准物质(或标准参考物质)证书上给出的数值。标准物质已超过万种以上,最早的标准物质如冶金系统制备并发售的标钢试样。我国一级标准物质就有13大类,分类编号为GBW01—GBW13。分析测定中根据试样的特性和要求来选择标准物质。

(3) 有经验的人用可靠的方法多次测量结果的平均值,在确认消除了系统误差的前提下当作真实值处理。

例3.1 用重量分析法测定纯$BaCl_2 \cdot 2H_2O$试剂中Ba的含量,结果为56.12%、56.16%、56.19%、56.13%,计算测定结果的绝对误差和相对误差。

解 先求4次测定结果的平均值:

$$\bar{x} = \frac{56.12\% + 56.16\% + 56.19\% + 56.13\%}{4} = 56.15\%$$

纯$BaCl_2 \cdot 2H_2O$中Ba的理论含量为真实值,查得Ba的相对原子质量为137.33,$BaCl_2 \cdot 2H_2O$的相对分子质量为244.27,则

$$x_T = \frac{137.33}{244.27} \times 100\% = 56.22\%$$

绝对误差

$$\begin{aligned} E_a &= \bar{x} - x_T \\ &= 56.15\% - 56.22\% \\ &= -0.07\% \end{aligned}$$

相对误差

$$E_r = \frac{E_a}{x_T} \times 100\%$$

$$= \frac{-0.07\%}{56.22\%} \times 100\% = -0.12\%$$

二、偏差

在实际分析工作中,一般要对试样进行多次平行测定,以求得分析结果的算术平均值,但分析结果的真实值无法得到。在这种情况下,通常用偏差来衡量所得结果的精密度。偏差(d)表示测量值(x)与平均值($\bar{x}$)的差值:

$$d = x - \bar{x} \tag{3.2}$$

若 n 次平行测定的数据为 $x_1, x_2, \cdots, x_n$,则 n 次测量数据的算术平均值 $\bar{x}$ 为

$$\bar{x} = \frac{x_1 + x_2 + \cdots + x_n}{n} = \frac{1}{n} \sum_{i=1}^{n} x_i \tag{3.3}$$

在数理统计中常使用中位数 $\tilde{x}$ 的概念,即把一组数据从小到大排列起来,当测量值的个数 n 是奇数时,排在正中间的那个值是中位数;当 n 为偶数时,中间的两个测量值的平均值是中位数。中位数与平均值相比受离群值的影响较小,且当 n 很大时,求中位数就简单多了,其缺点是不能充分利用测量数据。

一组数据中各单次测定的偏差分别为

$$d_1 = x_1 - \bar{x}$$

$$d_2 = x_2 - \bar{x}$$

$$\cdots\cdots$$

$$d_n = x_n - \bar{x}$$

显然这些偏差必然有正有负,还有一些偏差可能为零。如果将各单次测定的偏差相加,其和应为零或接近零。即 $\sum_{i=1}^{n} d_i = 0$。 (3.4)

为了说明分析结果的精密度,将各单次测定偏差的绝对值的平均值称为单次测定结果的平均偏差($\bar{d}$):

$$\bar{d} = \frac{1}{n}(|d_1| + |d_2| + \cdots + |d_n|) = \frac{1}{n} \sum_{i=1}^{n} |d_i| \tag{3.5a}$$

平均偏差代表一组测量值中任何一个数据的偏差,没有正负号。因此,它最能表示一组数据间的重现性。在一般分析工作中平行测定次数不多时,常用平均偏差来表示分析结果的精密度。

单次测定结果的相对平均偏差($\bar{d}_r$)为

$$\bar{d}_r = \frac{\bar{d}}{\bar{x}} \times 100\% \tag{3.5b}$$

当测定次数多时,常使用标准偏差(s)或相对标准偏差(s_r)来表示一组平行测量值的精密度。

单次测定的标准偏差的表达式为

$$s = \sqrt{\frac{\sum_{i=1}^{n}(x_i - \bar{x})^2}{n-1}} \tag{3.6a}$$

相对标准偏差亦称变异系数,表达式为

$$s_r = \frac{s}{\bar{x}} \times 100\% \tag{3.6b}$$

标准偏差通过平方运算,它能将较大的偏差更显著地表现出来,因此,标准偏差能更好地反映测量值的精密度。实际工作中,都用 s_r 表示分析结果的精密度。

偏差也可以用全距(R)或称极差表示,它是一组测量数据中最大值与最小值之差:

$$R = x_{\max} - x_{\min} \tag{3.7}$$

用该法表示偏差,简单直观,便于运算。它的不足之处是没有利用全部测量数据。

例 3.2 用光度法测定某试样中微量铁的含量,4 次测定结果分别为 0.21%、0.23%、0.24%、0.25%,试计算平均偏差、相对平均偏差、标准偏差、相对标准偏差及极差。

解 先求平均值:

$$\bar{x} = \frac{1}{n}\sum_{i=1}^{n} x_i = \frac{0.21\% + 0.23\% + 0.24\% + 0.25\%}{4} = 0.23\%$$

各次测定的偏差分别为

$$d_1 = 0.21\% - 0.23\% = -0.02\%$$
$$d_2 = 0.23\% - 0.23\% = 0$$
$$d_3 = 0.24\% - 0.23\% = 0.01\%$$
$$d_4 = 0.25\% - 0.23\% = 0.02\%$$

平均偏差

$$\bar{d} = \frac{\sum_{i=1}^{n}|d_i|}{n} = \frac{0.02\% + 0 + 0.01\% + 0.02\%}{4} = 0.012\%$$

相对平均偏差

$$\bar{d}_r = \frac{\bar{d}}{\bar{x}} \times 100\% = \frac{0.012\%}{0.23\%} \times 100\% = 5.2\%$$

标准偏差

$$s = \sqrt{\frac{\sum_{i=1}^{n}(x_i - \bar{x})^2}{n-1}} = \sqrt{\frac{(0.02\%)^2 + (0.01\%)^2 + (0.02\%)^2}{4-1}} = 0.017\%$$

相对标准偏差

$$s_r = \frac{s}{\bar{x}} \times 100\% = \frac{0.017\%}{0.23\%} \times 100\% = 7.4\%$$

极差

$$R = x_{max} - x_{min} = 0.25\% - 0.21\% = 0.04\%$$

3.2 准确度与精密度

对一个分析方法的评价首先要看准确度如何。准确度表示测量值与真实值的接近程度，因此可以用误差来衡量。误差越小，分析结果的准确度越高；反之，误差越大，准确度越低。

精密度表示几次平行测定结果之间的相互接近程度，用偏差来衡量。偏差越小，表示精密度越好。在分析化学中，有时用重现性和再现性表示不同情况下分析结果的精密度。前者表示同一分析人员在同一条件下所得分析结果的精密度，后者表示不同分析人员或不同实验室之间在各自的条件下所得结果的精密度。

准确度与精密度的关系可通过射击打靶的例子形象地加以说明。多次射击可能出现这样几种情况，第一种都击中靶心附近，第二种都击中了某一个部位但不是靶心，第三种击中点分布在全靶各处。这几种情况如图3.1所示。图中（a）的准确度和精密度都很高；（b）的精密度高，但准确度低；（c）的准确度和精密度都不高。

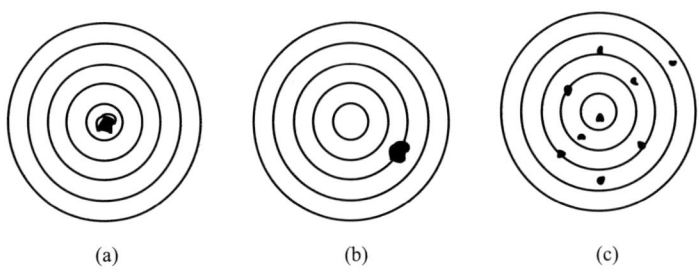

图 3.1　准确度与精密度关系示意图

由以上例子说明：当精密度很高，但若有系统误差存在的话，则准确度不一定高，如图3.1中（b）的情况；精密度低，说明测定结果不可靠，再考虑准确度就没有意义了。因此，精密度是保证准确度的必要条件，在确认消除了系统误差的情况下精密度即可表达测定的准确度。

3.3 提高分析结果准确度的方法

从上述有关误差的讨论中可知，在分析测定过程中，会不可避免地存在误差。为了减少分析过程中的误差，可以从以下几个方面来考虑。

3.3.1　选择合适的分析方法

各种分析方法在准确度和灵敏度两方面各有侧重，在实际工作中要根据具体情况和要求来选择分析方法。化学分析法中的滴定分析法和重量分析法的相对误差较小（0.1%~0.2%），故准确度高，但灵敏度较低，适于高含量组分的分析；而仪器分析法的相对误差较大，故准确度较低但灵敏度高，适于微量组分的分析。选择分析方法时主要根据试样中待测组分是常量组分还是微量组分来决定选择化学分析法还是仪器分析法。如光度法相对误差为2%~3%，由于含量很小即使误差较大也对结果影响不大。此外，还要考虑试样的组成情况，有哪些共存组分，选择的方法要尽量使干扰少，或者能采取措施消除干扰以保证一定的准确度。在这样的前提下再考虑方法尽量步骤少，操作简单、快速，使随机误差产生的机会少。当然，所用试剂是否易得、价格是否便宜等也是选择方法时所要考虑的。

3.3.2 减少测量误差

测量时不可避免地会有误差存在，但是如果对测量对象的量进行合理的选取，则会减少测量误差，提高分析结果的准确度。例如，一般分析天平的一次称量误差为±0.0001 g，无论是直接称量还是间接称量，都要读两次平衡点，则两次称量可能引起的最大误差为±0.0002 g。为了使称量的相对误差小于0.1%，则称样量为

$$\frac{0.0002 \text{ g}}{0.1\%} = 0.2 \text{ g}$$

也就是说，如果要使称量的相对误差小于0.1%，称样量应大于0.2 g，试样质量越大，称量的相对误差越小。同样，在滴定分析中，一般滴定管一次读数误差为±0.01 mL，在一次滴定中，需要读数两次，因此，可能造成的最大误差是±0.02 mL。所以，为了使滴定时的相对误差小于0.1%，消耗滴定剂的体积必须大于20.00 mL，最好使体积在25.00 mL左右，以减小相对误差。

3.3.3 消除系统误差

系统误差是可测的，因此可用校准的办法消除。如使用的天平砝码要用标准砝码进行校准，将每一个砝码的校正值记下来，使用时加上校正值即为真实值了。容量仪器一般不用绝对校准的办法来求出真实的体积，常常采用相对校准的办法。例如，250.0 mL容量瓶总是与25.00 mL移液管配套使用，容量瓶和移液管的真实体积是否为250.0 mL和25.00 mL并不重要，只要容量瓶的体积能是移液管体积的10倍就行了，那么每移取一次溶液就是总量的1/10，因此就对所使用的容量瓶和移液管作相对校准，做好标记，这样就可消除体积的误差。

在实际工作中重要的是检查系统误差是否存在，可以用下面这些办法来检查。

一、对照试验

为了检验某种分析方法是否有系统误差存在，做对照试验是最常用的方法。对照试验一般可分为两种。一种是用该分析方法对标准试样进行测定，将所得到的标准试样的测定结果与标准值进行对照，用显著性检验判断是否有系统误差。进行对照试验时，应尽量选择

与试样组成相近的标准试样进行对照分析。由于标准试样的种类有限,所以有时也用有可靠结果的试样或自己制备的"人工合成试样"来代替标准试样进行对照试验。另一种是用其他可靠的分析方法进行对照试验以判断是否有系统误差,作为对照试验所用的分析方法必须可靠,一般选用国家颁布的标准分析方法或公认的经典分析方法来对照,这样得出的结论才可信。有时也采取不同分析人员、不同实验室用同一方法对同一试样进行对照试验,将所得结果加以比较。这样也能说明一定的问题,能检查操作误差、试剂药品及环境的影响。

当对试样的组成不清楚时,对照试验也难以检查出系统误差的存在,这时可进行回收试验,即向试样中加入已知量的待测组分进行测定,将结果减去未加标试样的测定结果后再与加入量对比,看加入的待测组分是否被定量回收,以判断分析过程是否存在系统误差。对回收率的要求主要根据待测组分的含量而异,对常量组分回收率要高,一般为99%以上,对微量组分回收率可要求在90%~110%。

二、空白试验

为了检查蒸馏水、试剂是否有杂质,所用器皿是否被沾污等造成的系统误差,可以做空白试验。所谓空白试验,就是在不加待测组分的情况下,按照与待测组分同样的分析条件和步骤进行试验,把所得结果作为空白值,从试样的分析结果中扣除空白值后,就得到比较可靠的分析结果。当空白值较大时,应找出原因,加以消除,如对试剂、水、器皿进一步提纯、处理或更换。在做微量分析时空白试验是必不可少的。

三、校准仪器

校准仪器可以减少或消除由仪器不准确引起的系统误差。例如,砝码、移液管、滴定管、容量瓶等,在要求精确的分析中,必须对这些计量仪器进行校准,并在计算结果时采用校正值。

四、分析结果的校正

分析过程的系统误差,有时可采用适当的方法进行校正。例如,用电重量法测定纯度为99.9%以上的铜,要求分析结果十分准确,因电解不完全而引起负的系统误差。为此,可用光度法测定溶液中未被电解的残余铜量,将用光度法得到的结果加到电重量分析法的结果中去,即可得到试样中铜的较准确的结果。

五、减少随机误差

在消除系统误差的前提下,增加平行测定次数可以减少随机误差,平行测定次数越多,平均值就越接近真实值,因此,增加测定次数,可以提高分析结果的准确度。在一般化学分析工作中平行测定3~5次就可以了。

3.4 误差的传递

在定量分析中,分析结果是通过各测量值按一定的公式运算得到的,该结果也称为间接测量值。既然每个测量值都有各自的误差,因此各测量值的误差将要传递到分析结果中去,影响分析结果的准确度。那么如何由这些测量值的误差来估算分析结果的误差?这就需要研究运算过程中误差传递规律。误差传递的规律依系统误差和随机误差有所不同,还与运算的方法有关,下面分别加以说明。

设测量值为 A、B、C,其绝对误差为 E_A、E_B、E_C,相对误差为 $\frac{E_A}{A}$、$\frac{E_B}{B}$、$\frac{E_C}{C}$,标准偏差为 s_A、s_B、s_C,计算结果用 R 表示,R 的绝对误差为 E_R,相对误差为 $\frac{E_R}{R}$,标准偏差为 s_R。

3.4.1 系统误差的传递公式

一、加减法

若分析结果的计算公式为

$$R = A + B - C$$

则

$$E_R = E_A + E_B - E_C \tag{3.8a}$$

即在加减法运算中,分析结果的绝对系统误差等于各测量值的绝对系统误差的代数和。如果有关项有系数,如 $R = A + mB - C$,则为

$$E_R = E_A + mE_B - E_C \tag{3.8b}$$

二、乘除法

若分析结果的计算公式为 $R = \frac{AB}{C}$,则

$$\frac{E_R}{R} = \frac{E_A}{A} + \frac{E_B}{B} - \frac{E_C}{C} \tag{3.9a}$$

如果计算公式带有系数,如 $R = m\frac{AB}{C}$,同样可得到

$$\frac{E_R}{R} = \frac{E_A}{A} + \frac{E_B}{B} - \frac{E_C}{C} \tag{3.9b}$$

即在乘除运算中,分析结果的相对系统误差等于各测量值相对系统误差的代数和。

3.4.2 随机误差的传递

随机误差用标准偏差 s 来表示最好,因此均以标准偏差来传递。

一、加减法

若分析结果的计算公式为

$$R = A + B - C$$

则

$$s_R^2 = s_A^2 + s_B^2 + s_C^2 \tag{3.10a}$$

即在加减运算中,不论是相加还是相减,分析结果的标准偏差的平方(称为方差)都等于各测

量值的标准偏差平方和。

对于一般情况 $R=aA+bB-cC$，应为

$$s_R^2 = a^2 s_A^2 + b^2 s_B^2 + c^2 s_C^2 \tag{3.10b}$$

二、乘除法

若分析结果的计算公式为

$$R = \frac{AB}{C}$$

则

$$\frac{s_R^2}{R^2} = \frac{s_A^2}{A^2} + \frac{s_B^2}{B^2} + \frac{s_C^2}{C^2} \tag{3.11}$$

即在乘除运算中，不论是相乘还是相除，分析结果的相对标准偏差的平方等于各测得值的相对标准偏差的平方之和。

若有关项有系数，如 $R = m\dfrac{AB}{C}$，其误差传递公式与式(3.11)相同。

例 3.3 计算下面结果的标准偏差，并修约结果为正确的有效数字位数（圆括号内为标准偏差）。

$$\frac{[14.3(\pm 0.2) - 11.6(\pm 0.2)] \times 0.050(\pm 0.001)}{[820(\pm 10) + 1030(\pm 5)] \times 42.3(\pm 0.4)} = 1.725(\pm ?) \times 10^{-6}$$

解 首先按式(3.10a)计算方括号内的和与差的标准偏差，分式分子方括号内差的标准偏差：

$$s_A = \sqrt{0.2^2 + 0.2^2} = 0.28$$

分母方括号内和的标准偏差：

$$s_C = \sqrt{10^2 + 5^2} = 11$$

这样可将原来的式子写成

$$\frac{2.7(\pm 0.28) \times 0.050(\pm 0.001)}{1850(\pm 11) \times 42.3(\pm 0.4)} = 1.7 \times 10^{-6}$$

此式中只有乘与除的运算了，首先计算每个数的相对标准偏差，暂取两位有效数字（见后文有效数字）：

$$\frac{s_A}{A} = \frac{0.28}{2.7} = 0.10$$

$$\frac{s_B}{B} = \frac{0.001}{0.050} = 0.020$$

$$\frac{s_C}{C} = \frac{11}{1850} = 0.0059$$

$$\frac{s_D}{D} = \frac{0.4}{42.3} = 0.0095$$

运算结果的相对标准偏差：

$$\frac{s_R}{R} = \sqrt{\frac{s_A^2}{A^2} + \frac{s_B^2}{B^2} + \frac{s_C^2}{C^2} + \frac{s_D^2}{D^2}}$$

$$= \sqrt{0.10^2 + 0.020^2 + 0.0059^2 + 0.0095^2}$$

$$= 0.10$$

结果的标准偏差：

$$s_R = R \frac{s_R}{R} = 1.7 \times 10^{-6} \times 0.10 = 1.7 \times 10^{-7}$$

结果的有效数字位数应为两位，故结果应表示为 $1.7(\pm 0.2) \times 10^{-6}$。

例 3.4 用 $0.1000\ \text{mol} \cdot \text{L}^{-1}(c_2)$ HCl 标准溶液标定 $20.00\ \text{mL}(V_1)$ NaOH 溶液的浓度，耗去 HCl 溶液 $25.00\ \text{mL}(V_2)$，已知用移液管取溶液时的标准偏差为 $s_1 = 0.02\ \text{mL}$，每次读取滴定管读数时的标准偏差为 $s_2 = 0.01\ \text{mL}$，假设 HCl 溶液的浓度是准确的，计算 NaOH 溶液的浓度。

解 首先计算 NaOH 溶液的浓度 c_1：

$$c_1 = \frac{c_2 V_2}{V_1} = \frac{0.1000\ \text{mol} \cdot \text{L}^{-1} \times 25.00\ \text{mL}}{20.00\ \text{mL}} = 0.1250\ \text{mol} \cdot \text{L}^{-1}$$

V_1 及 V_2 的偏差对 c_1 的影响，以随机误差的乘除法运算方式传递，且滴定管有两次读数误差。

移液管体积 V_1 的标准偏差　　$s_{V_1} = s_1 = 0.02$

滴定管体积 V_2 的标准偏差　　$s_{V_2}^2 = s_2^2 + s_2^2 = 0.01^2 + 0.01^2 = 2 \times 0.01^2$

以上两项标准偏差传递至计算结果 c_1 的标准偏差为

$$\frac{s_{c_1}^2}{c_1^2} = \frac{s_{V_1}^2}{V_1^2} + \frac{s_{V_2}^2}{V_2^2} = \frac{0.02^2}{20.00^2} + \frac{2 \times 0.01^2}{25.00^2} = 1.32 \times 10^{-6}$$

$$s_{c_1}^2 = c_1^2 \times 1.32 \times 10^{-6} = 0.1250^2 \times 1.32 \times 10^{-6} = 2.06 \times 10^{-8}$$

$$s_{c_1} = 0.0001\ \text{mol} \cdot \text{L}^{-1}$$

$$c_1 = (0.1250 \pm 0.0001)\ \text{mol} \cdot \text{L}^{-1}$$

3.4.3 极值误差

在分析化学中，当不需要严格地定量计算，只需要简单地估计一下整个过程可能出现的最大误差时，可用极值误差来表示。它是假设在最不利的情况下各种误差都是最大的，而且是相互累积的。在实际分析工作中不一定会出现这种最不利的情况，但作为一种粗略的估计还是比较方便的，且保险性大。例如，分析天平的绝对误差为 ±0.1 mg，称量试样时无论是间接称量还是直接称量都要读取两次平衡点（包括零点），那么估计的最大可能误差为 0.2 mg。滴定操作中，滴定前调一次零点，滴定至终点时读取一次体积。若滴定管读取误差为 ±0.01 mL，则读取滴定体积的最大可能误差为 0.02 mL。

如果分析结果 R 是 A、B、C 三个测量值相加减的结果，如 $R = A + B - C$，则极值误差为

$$|E_R|_{\max} = |E_A| + |E_B| + |E_C| \tag{3.12}$$

即在加减法运算中，分析结果可能的极值误差是各测量值绝对误差的绝对值加和。

如果分析结果 R 是 A、B、C 三个测量数值相乘除的结果，如 $R = \frac{AB}{C}$，则相对极值误差为

$$\left|\frac{E_R}{R}\right|_{\max} = \left|\frac{E_A}{A}\right| + \left|\frac{E_B}{B}\right| + \left|\frac{E_C}{C}\right| \tag{3.13}$$

即在乘除运算中，分析结果的相对极值误差等于各测量值相对误差的绝对值之和。

应该指出，以上讨论的是分析结果的最大可能误差，即考虑在最不利的情况下，各步测

量带来的误差互相累加在一起。但在实际工作中,个别测量误差对分析结果的影响可能是相反的,因此彼此部分地抵消,这种情况在定量分析中是经常遇到的。

3.5 有效数字及其运算规则

在定量分析中,分析结果所表达的不仅仅是试样中待测组分的含量,同时还反映了测量的准确度。因此,在实验数据的记录和结果的计算中,保留几位数字不是任意的,要根据测量仪器、分析方法的准确度来确定,这就涉及有效数字的概念。

3.5.1 有效数字

用来表示量的多少,同时反映测量准确度的各数字称为有效数字。在有效数字中除最后一位数字是不确定的以外,其他各数字都是确定的。因此,有效数字是实际上能测得到的数字,不确定的那一位数字是由标尺的最小分刻度间或数字式仪表最后一位波动的值估计出来的。有效数字的位数包括不确定的数字在内。

有效数字的位数直接影响测定的相对误差。在测量准确度的范围内,有效数字位数越多,表明测量越准确,但超过了测量准确度的范围,过多的位数不仅是没有意义的,而且是错误的。确定有效数字位数时应遵循以下原则:

(1) 一个量值只保留一位不确定的数字,在记录测量值时必须记一位不确定的数字,且只能记一位。

(2) 数字0~9都可作为有效数字,只用于定小数点位置的0不是有效数字。例如,35.070是五位有效数字,0.056则是两位有效数字。

(3) 不能因为变换单位改变有效数字的位数。例如,1.0 L是两位有效数字,不能写成1000 mL,正确的写法是1.0×10^3 mL,仍是两位有效数字。1000 mL这个量值的有效数字位数不确定,这样表示较含糊,如果是四位有效数字应写成1.000×10^3 mL。

(4) 在运算式子中的常数(π、e等)、系数都是自然数而不是量值,它们的有效数字位数可以认为没有限制。

(5) 在分析化学中还经常遇到pH、pM、lg$K$等对数值,其有效数字位数取决于小数部分(尾数)数字的位数,因整数部分(首数)只代表该数的方次。例如,pH=10.28,换算为H^+浓度时,应为$[H^+]=5.2\times10^{-11}$ mol·L^{-1},有效数字的位数是两位,不是四位。

3.5.2 有效数字的修约规则

许多结果是由直接测量的基本物理量经过公式计算得到的,为了正确地表达这个结果的准确度,在计算时要对代入的数值和计算得到的数值进行修约,即舍去多余的数字。修约的原则是既不因保留过多的数字使计算复杂,也不因舍掉任何数字使准确度受损。舍去多余的数字时按"四舍六入五成双"的规则,若被修约的数字是5且后面还有不是"0"的任何数,则此时无论 5 的前面是奇数还是偶数,均应进位。否则要看 5 前面的数字是奇数则进位,是偶数则舍掉 5。例如,0.10574、0.10575、0.10576、0.10585、0.105851 五个数均修约为四位有效数字时分别为 0.1057、0.1058、0.1058、0.1058、0.1059。修约数字时只允许一次修约到所要求的位数,不能分几次修约。例如,0.105749 这个数修约为四位有效数字时,不能先修约为 0.10575,再修约为 0.1058,而只能一次修约为 0.1057。

3.5.3 运算规则

不同位数的几个有效数字在进行运算时,所得结果应保留几位有效数字与运算的类型有关。

一、加减法

几个数据相加或相减时,有效数字位数的保留,应以小数点后位数最少的数据为准,其他的数据均修约到这一位。其根据是小数点后位数最少的那个数的绝对误差最大。例如,计算 529.78+5.2+24.537,因为不确定数字与确定数字相加减仍为不确定数字,而最后结果只能保留一位不确定数字。

$$
\begin{array}{r}
529.78 \\
5.2 \\
+\ 24.537 \\
\hline
559.517 \\
???
\end{array}
$$

这三个数中小数点后位数最少的数是 5.2,只有一位,由于每个数据中最后一位数有 ±1 的绝对误差。即 529.78±0.01,5.2±0.1,24.537±0.001,其中以小数点后位数最少的 5.2 的绝对误差最大,在加和的结果中总的绝对误差取决于该数,所以有效数字位数应以它为准,其他各数都要修约至小数点后一位,然后再相加;529.8+5.2+24.5 = 559.5。也可以将每个数字先多保留一位,运算后再修约至应保留的位数:

$$529.78+5.2+24.54 = 559.52 = 559.5$$

二、乘除法

几个数据相乘除时,有效数字的位数应以几个数据中有效数字位数最少的那个数据为准。其根据是有效数字位数最少的那个数据的相对误差最大。例如,算式:

$$\frac{0.1056 \times 7.36 \times 159.69}{0.2568 \times 2 \times 1000}$$

其中 2 和 1000 属于自然数,有效数字位数不限,因此只考虑 0.1056、7.36、159.69 和 0.2568 四个数的相对误差,它们分别为

$$\pm \frac{1}{1056} \times 100\% = \pm 0.09\%$$

$$\pm \frac{1}{736} \times 100\% = \pm 0.1\%$$

$$\pm \frac{1}{15969} \times 100\% = \pm 0.006\%$$

$$\pm \frac{1}{2568} \times 100\% = \pm 0.04\%$$

其中 7.36 的相对误差最大,因此结果的相对误差也要与此相当,故取三位有效数字。一般运算前可将多余的数字修约为四位运算更好些,最后结果再修约为三位,这样可避免各数字均一次修约为三位后再计算会带来较大的误差。上式计算的结果如下:

$$\frac{0.1056 \times 7.36 \times 159.7}{0.2568 \times 2 \times 1000} = 0.2417 = 0.242$$

如果各数字都修约为三位再计算,结果为 0.243。现在由于普遍使用计算器运算,所以运算前可先不必修约,原式运算结果为 0.24165425,一次修约为三位数字 0.242。

当首位数字是 8 或 9 时,有效数字位数可按多一位处理,如 9.00、9.86 等。它们的相对误差的绝对值约为 0.1%,与 10.06 和 12.08 这些四位有效数字的数值的相对误差绝对值接近,所以通常将它们当作四位有效数字的数值处理。

在计算分析结果时,组分含量等于或大于 10% 时用四位有效数字表示,含量在 1% ~ 10% 时用三位有效数字表示。含量小于 1% 的组分只要求两位有效数字。分析中的各类误差通常取 1 ~ 2 位有效数字。

3.6 分析化学中的数据处理

凡是测量都有误差存在,用数字表示的测量结果都具有不确定性。一位有经验的分析工作者用最好的方法和可靠的仪器对一个试样进行多次测定,得到的结果也不可能完全一致。那么,就会提出如何更好地表达分析结果,使其既能显示出测量的精密度,又能表达出结果的准确度;如何对测量的可疑值或离群值有根据地进行取舍;如何比较不同人不同实验室间的结果,以及用不同实验方法得到的结果等一系列问题。这些问题需要用数理统计的方法加以解决。用这种方法来处理实验数据能更准确地表达结果,能给出更多的信息。因此,近年来,分析化学中越来越广泛地采用统计学方法来处理各种分析数据。

在统计学中,将所考察对象的某特性值的全体称为总体(或母体)。自总体中随机抽取的一组测量值,称为样本(或子样)。样本中所含测量值的数目,称为样本的容量。例如,对某批矿石的铁含量进行分析,经取样、细碎、缩分后,得到一定数量(如 400 g)的试样供分析用。这就是分析试样,是供分析用的总体。如果我们从中称取 10 份试样进行平行分析,得到 10 个分析结果,则这一组分析结果就是该矿石分析试样总体中的一个随机样本,样本容量为 10。

3.6.1 随机误差的正态分布

前面已指出,随机误差是由某些难以控制且无法避免的偶然因素造成的,它的大小、正负都不定,具有随机性。尽管单个随机误差的出现极无规律,但进行多次重复测定,会发现随机误差是服从一定的统计规律的,因此可以用数理统计的方法研究随机误差的分布规律。首先讨论测量值的频数分布。

一、频数分布

学生测定 $BaCl_2 \cdot 2H_2O$ 试剂中 Ba 含量的结果共 190 个数据,其中最大值为 56.46%,最小值为 55.48%,这些值都是独立存在的,完全是随机出现的,属随机变量。将这些数据按组距 0.1 来分成 10 个组,为了避免骑墙值跨在两个组中重复计算,分组时各区间范围多取一位数字。现将分组结果列于表 3.1 中,每组出现的数据个数称为频数,频数与数据总数之比为相对频数,即概率密度。

表 3.1　190 个 Ba 含量结果的频数分布表

组号	区间	频数	相对频数
1	55.475% ~ 55.575%	4	0.021
2	55.575% ~ 55.675%	7	0.037
3	55.675% ~ 55.775%	12	0.063
4	55.775% ~ 55.875%	25	0.132
5	55.875% ~ 55.975%	39	0.205
6	55.975% ~ 56.075%	48	0.253
7	56.075% ~ 56.175%	31	0.163
8	56.175% ~ 56.275%	18	0.095
9	56.275% ~ 56.375%	4	0.021
10	56.375% ~ 56.475%	2	0.011

以上各组区间为底,相对频数为高作成一排矩形的相对频数分布直方图(图 3.2)。如果测量数据非常多,各组矩更小一些,这样组就分得更多一些,直方图的形状将趋于一条平滑的曲线。

观察图 3.2 会发现它有两个特点。

1. 离散特性

全部数据是分散的、各异的,具有波动性,但这种波动是在平均值周围,或比平均值稍大些,或比平均值稍小些,所以离散特性应该用偏差来表示,最好的表示方法当然是标准偏差 s,它更能反映出大的偏差,即离散程度。当测量次数为无限多次时,其标准偏差称为总体标准偏差,用符号 σ 来表示,计算公式为

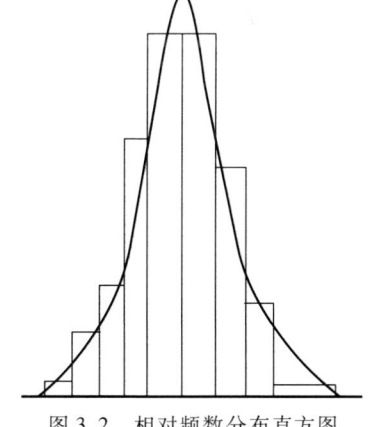

图 3.2　相对频数分布直方图

$$\sigma = \sqrt{\frac{\sum\limits_{i=1}^{n}(x_i - \mu)^2}{n}} \tag{3.14}$$

式中,μ 为总体平均值,将在下面予以讲述。

2. 集中趋势

各数据虽然是分散的、随机出现的,但当数据多到一定程度时就会发现它们存在一定的规律,即它们有向某个中心值集中的趋势,这个中心值通常是算术平均值。当数据无限多时将无限多次测定的平均值称为总体平均值,用符号 μ 表示,则有

$$\lim_{n\to\infty} \frac{1}{n} \sum_{i=1}^{n} x_i = \mu \tag{3.15}$$

二、正态分布

在分析化学中,如果测量数据很多,数据一般符合正态分布规律。正态分布是德国数学家高斯首先提出的,故正态分布曲线又称为高斯曲线。图 3.3 即为正态分布曲线,正态分布曲线的数学表达式称为正态分布密度函数,其数学表达式为

$$y = f(x) = \frac{1}{\sigma\sqrt{2\pi}} e^{-\frac{(x-\mu)^2}{2\sigma^2}} \tag{3.16}$$

式中,y 表示概率密度,x 表示测量值,μ 是总体平均值,σ 为总体标准偏差。

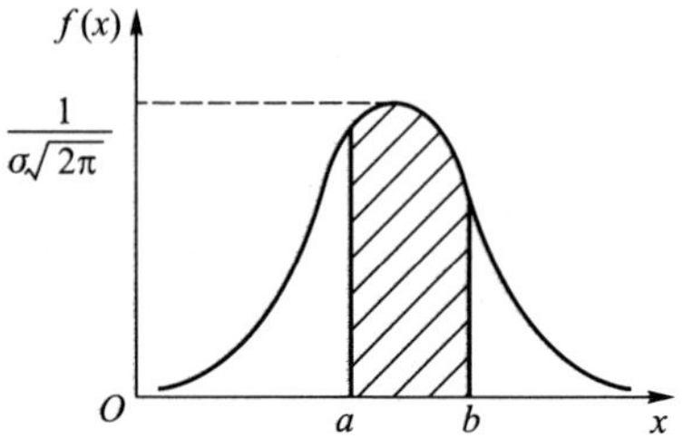

图 3.3 正态分布曲线

μ、σ 是正态分布密度函数的两个重要参数,μ 是正态分布曲线最高点的横坐标值,σ 是从总体平均值 μ 到曲线拐点间的距离(图 3.4)。μ 决定曲线在 x 轴的位置,如 σ 相同 μ 不同时,曲线的形状不变,只是在 x 轴平移。σ 决定曲线的形状,σ 小,数据的精密度好,曲线瘦高;σ 大,数据分散,曲线较扁平。μ 和 σ 的值一定,曲线的形状和位置就固定了,正态分布就确定了,这种正态分布曲线以 $N(\mu, \sigma^2)$ 表示。$x-\mu$ 表示随机误差,若以 $x-\mu$ 作横坐标,则曲线最高点对应的横坐标为零,这时曲线成为随机误差的正态分布曲线。

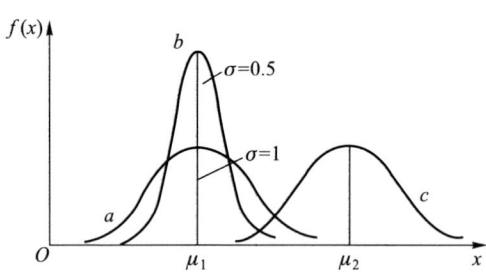

图 3.4 正态分布的两个参数

讨论正态分布是为了研究误差分布的特征,既然随机误差符合正态分布,所以它应具有如下特点:

(1)绝对值相等的正、负误差出现的概率相等。

(2)大误差出现的概率小,小误差出现的概率大。

(3)误差为零的测量值出现的概率最大。

如何计算某区间变量出现的概率,即如何计算某取值范围误差出现的概率?先从数学的角度来考察正态分布密度函数。正态分布曲线和横坐标之间所夹的总面积,就是概率密

度函数在 $-\infty \leqslant x \leqslant \infty$ 区间的积分值,代表了具有各种大小偏差的测量值出现的概率总和,其值为 1,即概率为

$$P(-\infty, \infty) = \frac{1}{\sigma\sqrt{2\pi}} \int_{-\infty}^{\infty} e^{-\frac{(x-\mu)^2}{2\sigma^2}} dx = 1 \quad (3.17a)$$

在任一区间 $(a \leqslant x \leqslant b)$ 样本值出现的概率就等于该区间的曲线与横坐标间所夹的面积,即图 3.3 中阴影部分的面积,也即正态分布密度函数由 a 至 b 的积分值:

$$P(a,b) = \frac{1}{\sigma\sqrt{2\pi}} \int_a^b e^{-\frac{(x-\mu)^2}{2\sigma^2}} dx \quad (3.17b)$$

由于式(3.17b)的积分计算与 μ 和 σ 有关,计算相当烦琐,为此,在数学上经过一个变量转换。令

$$u = \frac{x-\mu}{\sigma} \quad (3.18)$$

代入式(3.16)得

$$y = f(x) = \frac{1}{\sigma\sqrt{2\pi}} e^{-\frac{u^2}{2}}$$

由式(3.18)得到

$$du = \frac{dx}{\sigma} \qquad dx = \sigma \cdot du$$

$$f(x)dx = \frac{1}{\sqrt{2\pi}} e^{-\frac{u^2}{2}} du = f(u) du$$

故

$$y = f(u) = \frac{1}{\sqrt{2\pi}} e^{-\frac{u^2}{2}} \quad (3.19)$$

这样,曲线的横坐标就变为 u,纵坐标为概率密度,用 u 和概率密度表示的正态分布曲线称为标准正态分布曲线(图 3.5),用符号 $N(0,1^2)$ 表示。这样,曲线的形状与 σ 大小无关,即不论原来正态分布曲线是瘦高还是扁平的,经过这样的变换后都得到相同的一条标准正态分布曲线。标准正态分布曲线较正态分布曲线应用起来更方便些。

标准正态分布曲线与横坐标由 $-\infty$ 到 $+\infty$ 之间所夹面积即为正态分布密度函数在区间 $-\infty \leqslant u \leqslant +\infty$ 的积分值,代表了所有数据出现的概率的总和,其值应为 1,即概率 P 为

$$P = \int_{-\infty}^{+\infty} f(u) \cdot du = \int_{-\infty}^{+\infty} \frac{1}{\sqrt{2\pi}} e^{-\frac{u^2}{2}} du \quad (3.20)$$

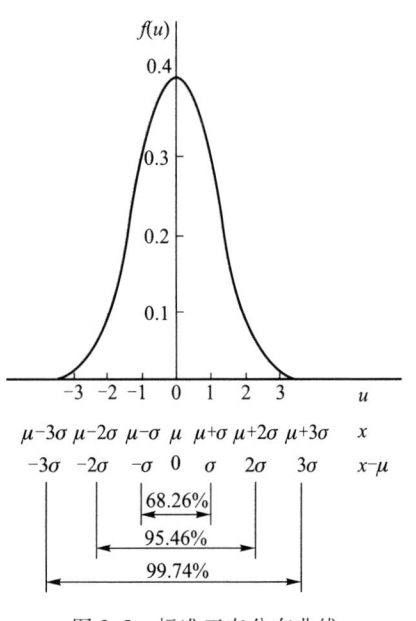

图 3.5 标准正态分布曲线

为使用方便,可将不同 u 值对应的积分值(面积)做成表,称为正态分布概率积分表,简称 u 表。由 u 值可查表得到面积,即某一区间的测量值或某一范围随机误差出现的概率。

由于积分上下限不同,表的形式有很多种,为了区别,一般在表头绘有示意图,用阴影部分指示面积,所以在查表时一定要仔细看,不要查错。本书采用的正态分布概率积分表如表 3.2 所示。

表 3.2 正态分布概率积分表

$$\text{面积} = \frac{1}{\sqrt{2\pi}} \int_0^u e^{-\frac{u^2}{2}} du$$

$|u|$	面积	$|u|$	面积	$|u|$	面积
0.0	0.0000	1.0	0.3413	2.0	0.4773
0.1	0.0398	1.1	0.3643	2.1	0.4821
0.2	0.0793	1.2	0.3849	2.2	0.4861
0.3	0.1179	1.3	0.4032	2.3	0.4893
0.4	0.1554	1.4	0.4192	2.4	0.4918
0.5	0.1915	1.5	0.4332	2.5	0.4938
0.6	0.2258	1.6	0.4452	2.6	0.4953
0.7	0.2580	1.7	0.4554	2.7	0.4965
0.8	0.2881	1.8	0.4641	2.8	0.4974
0.9	0.3159	1.9	0.4713	2.9	0.4987

关于表的使用,用下面例子说明。

例 3.5 求 x 在区间 $(\mu-\sigma, \mu+\sigma)$ 出现的概率。

解 此题亦即求误差在 $(-\sigma, \sigma)$ 区间出现的概率。由于

$$u = \frac{x-\mu}{\sigma}$$

当 $x = \mu - \sigma$,则

$$u = -1$$

当 $x = \mu + \sigma$,则

$$u = +1$$

因此也就是求 $-1 \leq u \leq 1$ 区间的面积,即求下面的积分值:

$$P(-1, 1) = \frac{1}{\sqrt{2\pi}} \int_{-1}^{1} e^{-\frac{u^2}{2}} du$$

$$= 2 \int_0^1 \frac{1}{\sqrt{2\pi}} e^{-\frac{u^2}{2}} du$$

$$= 2P(0, 1)$$

查表 3.2 可知,$P(0,1) = 0.3413$,则

$$P(-1, 1) = 2 \times 0.3413 = 0.6826$$

即 x 在区间 $(\mu-\sigma, \mu+\sigma)$ 出现的概率为 68.26%。

同理,当 $-2 \leqslant u \leqslant 2$ 时,有

$$P(-2,2) = 2 \times 0.4773 = 0.9546$$

即 x 在区间 $(\mu-2\sigma, \mu+2\sigma)$ 出现的概率为 95.46%。

当 $-3 \leqslant u \leqslant 3$ 时,有

$$P(-3,3) = 2 \times 0.4987 = 0.9974$$

即 x 在区间 $(\mu-3\sigma, \mu+3\sigma)$ 出现的概率为 99.74%。

以上的计算结果如图 3.5 所示。

由这些结果可以说明,在一组测量值中偏差大于 2σ 的测量值出现的概率小于 5%,即大体是 20 次测量中只出现 1 次;偏差大于 3σ 的测量值出现的概率小于 0.3%,即测量 1000 次,大体仅有 3 次是偏差大于 3σ 的值能出现。也就是说,在多次重复测量中,出现特别大的误差的概率是很小的。所以在实际工作中,如果多次重复测量中的个别数据的误差的绝对值大于 3σ,可以认为不是由于随机误差造成的,一定是操作中出现了错误,则这个极端值可以舍去(见 3.6.5 节中的 $4\bar{d}$ 法)。

例 3.6 按照正态分布求 x 在区间 $(\mu-0.5\sigma, \mu+1.5\sigma)$ 出现的概率。

解 根据

$$u = \frac{x-\mu}{\sigma}$$

可将

$$\mu - 0.5\sigma \leqslant x \leqslant \mu + 1.5\sigma$$

变换为

$$-0.5 \leqslant u \leqslant 1.5$$

查表 3.2 可知:$u = 0.5$,面积为 0.1915;$u = 1.5$,面积为 0.4332。那么在 $-0.5 \leqslant u \leqslant 1.5$ 区间的总面积即为 x 在区间 $(\mu-0.5\sigma, \mu+1.5\sigma)$ 出现的概率,其值为 $P = 0.1915 + 0.4332 = 0.6247$,所以 x 在区间 $(\mu-0.5\sigma, \mu+1.5\sigma)$ 出现的概率为 62.47%。

例 3.7 已知某试样中 Cu 含量的标准值为 1.48%,$\sigma = 0.10\%$,求分析结果落在 $(1.48 \pm 0.10)\%$ 范围内的概率。

解

$$|u| = \frac{|x-\mu|}{\sigma} = \frac{|x-1.48\%|}{0.10\%} = \frac{0.10\%}{0.10\%} = 1.0$$

查表 3.2,求得概率为

$$2 \times 0.3413 = 0.6826 = 68.26\%$$

3.6.2 总体平均值的估计

用数理统计的方法来处理分析测定所得到的结果,目的是将这些结果作一个科学的表达,使人们能够认识到它的精密度、准确度、可信度如何。最好的方法是对总体平均值进行估计,在一定的置信度下给出一个包含总体平均值的范围。

一、平均值的标准偏差

用统计方法处理分析数据时经常用到平均值的标准偏差。什么是平均值的标准偏差?当我们从总体中分别抽出 m 个样本(通常进行分析只是从总体中抽出一个样本进行 n 次平行测定),每个样本各进行 n 次平行测定。因为有 m 个样本,也就有 m 个平均值,$\bar{x}_1, \bar{x}_2, \cdots, \bar{x}_m$,由 m 个样本计算得到的平均值 $\bar{\bar{x}}$ 来估计总体平均值比用一个样本(做 n 次测定)求得的平

均值要好。很显然,由 $\bar{x}_1,\bar{x}_2,\cdots,\bar{x}_m$ 计算得到的平均值的标准偏差 $s_{\bar{x}}$ 一定比单个样本内做 n 次测定所得的标准偏差 s 小,即 m 个样本的平均值之间的接近程度一定比单次测定的要好些,精密度高些。

用 m 个样本,每个样本做 n 次测定的平均值的标准偏差 $s_{\bar{x}}$ 与单次测定结果的标准偏差 s 的关系推导如下。

设一组测量值 $x_1,x_2,\cdots,x_n$,样本平均值为 $\bar{x}$,样本标准偏差为 s。则

$$\bar{x} = \frac{x_1+x_2+\cdots+x_n}{n}$$

$$= \frac{1}{n}x_1 + \frac{1}{n}x_2 + \cdots + \frac{1}{n}x_n$$

$x_1,x_2,\cdots,x_n$ 的标准偏差均为 s,按照误差传递的公式(3.10),若结果由下式计算而得:

$$y = f(A,B,C,\cdots)$$

则

$$s_y^2 = \left(\frac{\partial f}{\partial A}\right)^2 s_A^2 + \left(\frac{\partial f}{\partial B}\right)^2 s_B^2 + \left(\frac{\partial f}{\partial C}\right)^2 s_C^2 + \cdots$$

代入平均值的表达式中,则

$$s_{\bar{x}}^2 = \left(\frac{\partial \bar{x}}{\partial x_1}\right)^2 s^2 + \left(\frac{\partial \bar{x}}{\partial x_2}\right)^2 s^2 + \cdots + \left(\frac{\partial \bar{x}}{\partial x_n}\right)^2 s^2$$

$$= \left(\frac{1}{n}\right)^2 s^2 + \left(\frac{1}{n}\right)^2 s^2 + \cdots + \left(\frac{1}{n}\right)^2 s^2$$

$$= n\left(\frac{1}{n}\right)^2 s^2$$

$$= \frac{1}{n}s^2$$

$$s_{\bar{x}} = \frac{s}{\sqrt{n}} \tag{3.21a}$$

对于无限个测量值,同理可得

$$\sigma_{\bar{x}} = \frac{\sigma}{\sqrt{n}} \tag{3.21b}$$

由此可见,平均值的标准偏差与测定次数的平方根成反比,当测定次数增加时,平均值的标准偏差减小。这说明平均值的精密度会随着测定次数的增加而提高。

由图 3.6 可见,开始时随着测定次数 n 的增加,$s_{\bar{x}}$ 的相对值迅速减小;当 $n>5$ 时,$s_{\bar{x}}$ 的相对值减小的趋势就减弱了;$n>10$ 时,$s_{\bar{x}}$ 的相对值改变已很小了。对于一般的分析工作,平行测定 3~5 次就可以了,对于重要的分析工作,平行测定 10 次左右也就够了。

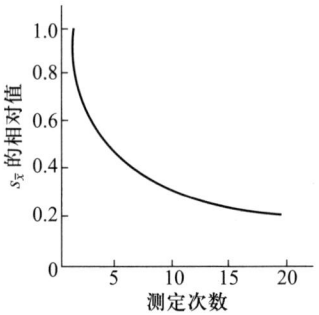

图 3.6 平均值的标准偏差与测定次数的关系

二、置信区间与置信度

从前面的讨论应得出这样的结论:当总体平均值 μ 和总体标准偏差 σ 已知时,若在同样条件下再做一次测定,则测量值 x 落在 μ 附近给定区间的概率是多少应该可以算出来。例如,x 落在区间 $(\mu-\sigma, \mu+\sigma)$ 的概率为 68.26%,x 落在区间 $(\mu-2\sigma, \mu+2\sigma)$ 的概率为 95.46%。在实际分析测定中,人们比较关注的是总体平均值 μ,通过测量值对总体平均值进行估计。

由于

$$\frac{x-\mu}{\sigma} = \pm u$$

则

$$\mu = x \pm u\sigma \tag{3.22}$$

与 $\mu - u\sigma \leq x \leq \mu + u\sigma$ 区间相对应的区间为

$$x - u\sigma \leq \mu \leq x + u\sigma$$

从代数上说这两式是完全等效的,但是从概率的意义上说这两式是有区别的。前一个式子的含义是随机变量 x 落在指定区间 $(\mu-u\sigma, \mu+u\sigma)$ 的概率;后一个式子的含义是宽度一定而其中心值作随机变动的区间 $(x-u\sigma, x+u\sigma)$ 中包含恒定值 μ 的概率。μ 是个客观存在的恒定值,没有随机性,谈不上什么概率问题,不能说 μ 落在某一区间的概率是多少。具有随机性的是区间,只能说在全部区间里包含 μ 的区间的概率是多少。我们将在一定的概率下以测量值为中心包含总体平均值 μ 在内的区间称为置信区间。置信区间的 u 值是由所设定概率决定的。

如果设定概率为 95%,则 $|u|=1.96$,置信区间为 $\mu = x \pm 1.96\sigma$。它的含义是有 95% 的可能该区间把总体平均值 μ 包含在内。

如果做 n 次平行测定,平均值比单次测定值更可靠,用平均值来估计总体平均值 μ 更为合理,则 μ 的置信区间为

$$\mu = \bar{x} \pm u \frac{\sigma}{\sqrt{n}} \tag{3.23}$$

同样,u 值是由设定的概率决定的。

这个概率就是作某种判断的把握性,如果置信区间是 $\bar{x} \pm \frac{\sigma}{\sqrt{n}}$,则有 68.3% 的把握认为此区间会将总体平均值 μ 包含在内;如果置信区间是 $\bar{x} \pm \frac{2\sigma}{\sqrt{n}}$,则认为有 95.5% 的把握认为该区间将 μ 包含在内。我们把 68.3%、95.5% 称为置信度,它是人们所作判断的可靠程度,把握性有多大的尺度,也称置信水平或置信概率,以 P 表示。此区间以外的概率称为显著性水平,以 α 表示。

置信度既然是对所作判断的把握程度,那么是否置信度定得越高越好呢? 并不是这样。因为置信度与所作判断是相互联系的,置信度定得越高,判断失误的机会就越小,但置信度过高会使置信区间过宽,往往这种判断就失去意义了;置信度定得太低,判断失误的可能性就增大。因此,置信度的高低应定得合适,在分析化学中通常把置信度定为 95%,而定为

90%和99%也是常有的。

常用的置信度对应的u值列于表3.3中。这些特殊面积如图3.7所示,应将它们所对应的u值记住,在作统计检验时经常用到。

表3.3 某些置信度对应的u值

置信度P/%	显著性水平α	u
90	0.10	1.64
95	0.05	1.96
99	0.01	2.58

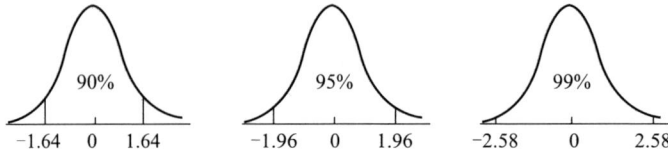

图3.7 正态分布曲线下几种特殊面积

三、显著性水平

显著性水平以α表示,α是指数据落在置信区间以外的概率,因此α与置信度P的关系是

$$\alpha = 1 - P \tag{3.24}$$

如图3.8所示,α是指两块阴影面积的加和,每块阴影面积各为$\dfrac{\alpha}{2}$。

以95%置信度为例,置信区间为$x \pm \dfrac{1.96\sigma}{\sqrt{n}}$,假如

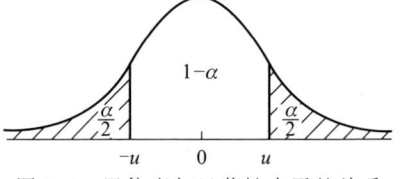

图3.8 置信度与显著性水平的关系

一个人重复使用95%置信区间来估计总体平均值μ,每次都说区间包含μ,那么他能预期在全部结论中有5%是错误的。

例3.8 已知测定氯化钠试剂中氯含量方法的标准偏差为0.05%,若分析结果为60.60%,计算95%置信度时总体平均值的置信区间。设(1)此结果为单次测定值;(2)此结果为4次测定的平均值。

解 已知总体标准偏差$\sigma = 0.05\%$,故此题用u分布来解答。95%置信度时,查表3.3,u值为1.96。

(1)单次测定:μ的置信区间为

$$\mu = x \pm u\sigma$$
$$= 60.60\% \pm 1.96 \times 0.05\%$$
$$= (60.60 \pm 0.10)\%$$

95%置信度时,μ的置信区间为60.50%~60.70%。

(2)4次测定:μ的置信区间为

$$\mu = \bar{x} \pm u\dfrac{\sigma}{\sqrt{n}}$$
$$= 60.60\% \pm \dfrac{1.96 \times 0.05\%}{\sqrt{4}}$$
$$= 60.60\% \pm 0.05\%$$

95%置信度时,μ的置信区间为60.55%~60.65%。

由以上计算结果可见,增加测定次数,同一置信水平下的总体平均值的置信区间变窄了,说明用平均值来估计 μ 的置信区间更好。

3.6.3 少量实验数据的统计处理

正态分布是无限次测定数据的随机误差的分布规律,而在实际分析工作中,测定次数都是有限的,其随机误差的分布不服从正态分布。如何以统计的方法处理有限次测定数据,使其能合理地推断总体的特征? 这是下面要讨论的问题。

当测定数据不多时,无法求得总体平均值 μ 和总体标准偏差 σ,只能用样本的标准偏差 s 来估计测定数据的分散情况。用 s 代替 σ,必然引起分布曲线变得平坦,从而引起误差。为了得到同样的置信度(面积),必须用一个新的因子代替 u,这个因子是由英国统计学家兼化学家 Gosset 用笔名 Student 提出来的,称为置信因子 t,定义为

$$t = \frac{\bar{x} - \mu}{s_{\bar{x}}} \tag{3.25}$$

以 s 为统计量的分布为 t 分布。t 分布不再是正态分布,它是随自由度 $f = n - 1$ 而改变的,t 分布曲线如图 3.9 所示。当 $f < 10$ 时,与正态分布曲线差别较大;当 $f > 20$ 时,与正态分布曲线接近;当 $f \to \infty$ 时,t 分布曲线与正态分布曲线严格一致。

与正态分布曲线一样,t 分布曲线下面一定区间内的积分面积,就是该区间内随机误差出现的概率。不同的是,对于正态分布曲线,

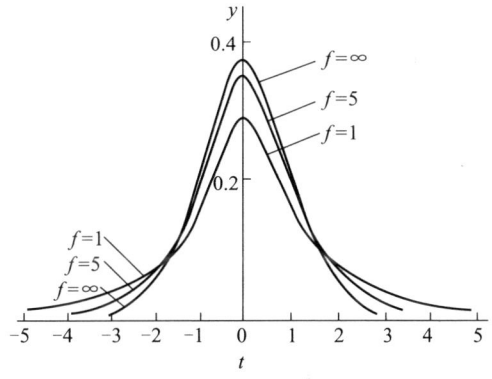

图 3.9 t 分布曲线($f = 1, 5, \infty$)

只要 u 值一定,相应的概率也一定;但对于 t 分布曲线,当 t 值一定时,由于 f 值的不同,相应曲线所包括的面积也不同,即 t 分布中的区间概率不仅随 t 值而改变,还与 f 值有关。不同 f 值及概率所对应的 t 值已由统计学家计算出来。表 3.4 列出了最常用的部分 t 值,即为 t 分布表。

t 分布表有不同的表示方法,常用的有图 3.10 所示的两种,(a)为双侧,(b)为单侧。在统计学专著中都有详细的这类表,通常在表头有示意图标识或注明双侧、单侧字样,使用时要予以注意,不要用错,并注意概率的换算。表 3.4 是双侧表,每侧的显著性水平为 $\frac{\alpha}{2}$,在表的最后一行列出单侧概率作对照,说明双侧概率和单侧概率的关系。由表 3.4 中的值可以看出,随着自由度 f 的增加,t 值与 u 值逐渐接近。

对于少量测定数据,必须根据 t 分布进行统计处理,按 t 的定义式,总体平均值 μ 的置信区间为

$$\mu = \bar{x} \pm t s_{\bar{x}} = \bar{x} \pm t \frac{s}{\sqrt{n}} \tag{3.26}$$

表 3.4　t 分布表

f	α(双侧)		
	0.10	0.05	0.01
1	6.31	12.71	63.66
2	2.92	4.30	9.92
3	2.35	3.18	5.84
4	2.13	2.78	4.60
5	2.02	2.57	4.03
6	1.94	2.45	3.71
7	1.90	2.36	3.50
8	1.86	2.31	3.36
9	1.83	2.26	3.25
10	1.81	2.23	3.17
11	1.80	2.20	3.11
12	1.78	2.18	3.06
13	1.77	2.16	3.01
14	1.76	2.15	2.98
15	1.75	2.13	2.95
16	1.75	2.12	2.92
17	1.74	2.11	2.90
18	1.73	2.10	2.88
19	1.73	2.09	2.86
20	1.73	2.09	2.85
30	1.70	2.04	2.75
∞	1.64	1.96	2.58
	0.05	0.025	0.005
f	α(单侧)		

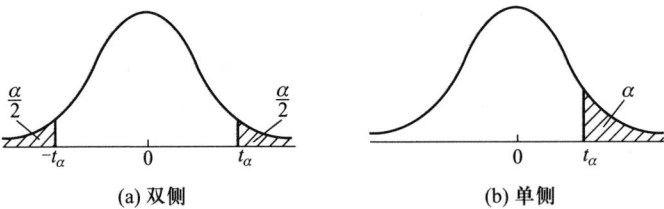

(a) 双侧　　(b) 单侧

图 3.10　t 分布表示意图

例 3.9　测定某铜矿中铜含量的 4 次结果分别为 40.53%、40.48%、40.57%、40.42%,计算置信度为 90% 和 95% 时总体平均值的置信区间。

解　此题应用 t 分布来处理,先求平均值 $\bar{x}$ 和标准偏差 s:

$$\bar{x} = \frac{1}{n}\sum_{i=1}^{n} x_i = \frac{40.53\% + 40.48\% + 40.57\% + 40.42\%}{4} = 40.50\%$$

$$s = \sqrt{\frac{\sum_{i=1}^{n}(x_i - \bar{x})^2}{n-1}} = 0.06\%$$

实验次数 $n=4$,故自由度 $f=n-1=3$,查 t 分布表(表3.4), $P=90\%$, $\alpha=0.10$, $t_{0.10,3}=2.35$,故

$$\mu = \bar{x} \pm t_{0.10,3} \frac{s}{\sqrt{n}}$$

$$= 40.50\% \pm 2.35 \times \frac{0.06\%}{\sqrt{4}}$$

$$= (40.50 \pm 0.07)\%$$

有90%的可能 $40.43\% \sim 40.57\%$ 区间将 μ 包含在内。同理 $P=95\%$, $\alpha=0.05$,则 $t_{0.05,3}=3.18$,故

$$\mu = \bar{x} \pm t_{0.05,3} \frac{s}{\sqrt{n}}$$

$$= 40.50\% \pm 3.18 \times \frac{0.06\%}{\sqrt{4}}$$

$$= (40.50 \pm 0.10)\%$$

有95%的可能 $40.40\% \sim 40.60\%$ 区间将 μ 包含在内。

由此可知,总体平均值的置信区间与 P、s、f 有关,当 s、f 一定时置信度定得越高,置信区间就越宽。

例3.10 例3.9中如果 $\bar{x}=40.50\%$ 为6次测定的平均值, s 仍为0.06%,计算95%信度时 μ 的置信区间。

解 查表3.4,当 $\alpha=0.05$, $f=6-1=5$ 时, $t_{0.05,5}=2.57$,则

$$\mu = \bar{x} \pm t_{0.05,5} \frac{s}{\sqrt{n}}$$

$$= 40.50\% \pm 2.57 \times \frac{0.06\%}{\sqrt{6}}$$

$$= (40.50 \pm 0.06)\%$$

95%置信度时, μ 的置信区间为 $40.44\% \sim 40.56\%$ 。显然比例3.9中计算的结果 $40.40\% \sim 40.60\%$ 窄了,因为随着测定次数的增加不仅平均值的标准偏差 $s_{\bar{x}}$ 减小, t 值也减小。

3.6.4 显著性检验

在分析工作中常常遇到下面的问题:在进行对照试验时对标准试样(标准参考物质)的测定结果与标签或证书上的值的比较问题,在例行分析中样本值与标准值的比较问题,这些都可归纳为测定的平均值 $\bar{x}$ 与真实值 μ 的比较问题;不同人、不同实验室和用不同方法对同一总体进行测量,得到的样本值 $\bar{x}_1$ 与 $\bar{x}_2$ 的比较问题;革新、改造生产工艺后的产品分析指标与原指标的比较问题;同一总体两个样本值的精密度 s_1 与 s_2 的比较问题;在多个测量值中出现偏差较大的离群值或可疑值的取舍问题,等等。这些问题都涉及被比较的二者是否有显著性差异,因为测量都有误差存在,数据之间存在差异是毫无疑问的,这种差异从统计学的观点来看,是否显著?若不显著说明它们来自同一总体,这种差异是由随机误差造成的;若显著则说明有系统误差存在。以上这些比较问题都可采用一种称为显著性检验或统计检验的统计方法进行处理,对于不同的检验对象及要求须采取不同的检验方法,下面将分别予以介绍。

一、显著性检验的步骤

为了将统计检验的方法方便地用于分析测量的实际中去,这里没有严格地按照统计学

中检验的程序和术语进行,而从适用角度出发简化了步骤,以能够达到进行判断的目的。

显著性检验的步骤如下:

(1)首先提出一个原假设 H_0:假设被比较的二者之间不存在显著性差异,二者相等。也就是说,虽有差异,但这个差异是由随机误差造成的,它们都来自同一总体。如果检验的结果否定了原假设,说明差异是由系统误差造成的,或不属于同一总体,这样就接受另一个备择假设 H_1:二者不相等或有大小区别。

(2)根据要求确定是单侧检验还是双侧检验,这就可确定备择假设了,并且能决定用什么样的表来查统计量的值或由给定的表换算。

(3)根据所给的条件和被比较的对象选定所用的检验统计量,决定用什么检验方法,如 u 检验法、t 检验法、F 检验法等。

(4)选定显著性水平 α,由相应的表查出所确定的统计量的表值。要特别注意单、双侧检验与单、双侧表的一致或换算。

(5)由样本值计算统计量的值,然后与查得的表值进行比较。当计算值小于表值时接受原假设,无显著性差异;当计算值大于表值时则拒绝原假设,有显著性差异而接受备择假设。

图 3.11 是双侧检验和单侧检验示意图。当 $\alpha=0.05$ 时,如果计算的 u 值落在图中阴影部分,结果便是显著的。对于其他统计量也是如此。双侧检验每一阴影面积各为 0.025,单侧检验阴影面积为 0.050。

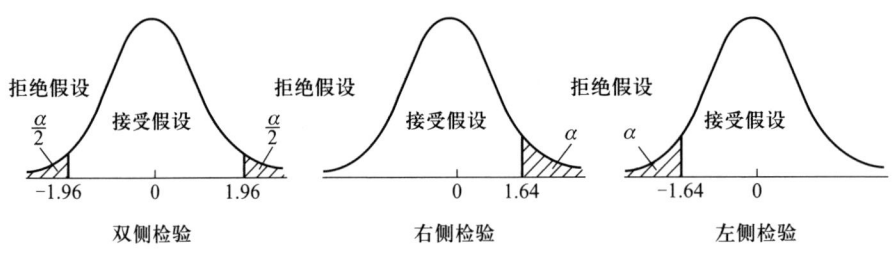

图 3.11 双侧检验与单侧检验示意图

下面按不同要求和所给条件介绍几种检验法。

二、u 检验法

这种检验法适用于已知总体标准偏差时欲检验 $\bar{x}$ 与 μ 是否有显著性差异的情况,所选用的统计量是 u,用下式计算 u 值:

$$u=\frac{|\bar{x}-\mu|}{\dfrac{\sigma}{\sqrt{n}}} \tag{3.27}$$

例 3.11 某炼铁厂在生产正常的情况下产品碳含量服从 $N[4.55\%,(0.11\%)^2]$,某天某炉铁水碳含量的分析结果为 4.28%、4.40%、4.42%、4.35%、4.30%,置信度为 95% 时,这炉铁水是否正常?

解 该题已知总体标准偏差 σ,因此可用 u 检验法来检验 $\bar{x}$ 与 μ 是否有显著性差异,碳含量比正常情况下高或低都属不正常,因此该检验为双侧检验。即

原假设 H_0: $\bar{x}=\mu$

备择假设 H_1: $\bar{x} \neq \mu$

选定的检验统计量为 u,显著性水平 $\alpha=0.05$,查表 3.3, $u_{0.05}=1.96$。

由测量值求出 $\bar{x}=4.35\%$,且 $n=5$。计算统计量:

$$u=\frac{|\bar{x}-\mu|}{\frac{\sigma}{\sqrt{n}}}=\frac{|4.35\%-4.55\%|}{\frac{0.11\%}{\sqrt{5}}}=4.07$$

与表值比较 $u>u_{0.05}$,则否定原假设,接受备择假设,$\bar{x}$ 与 μ 有显著性差异。因此可以得出结论,有 95% 的可能认为此炉铁水碳含量不正常。

三、t 检验法

1. 平均值($\bar{x}$)与标准值(μ)的比较

当只有测量的样本值而不知道总体标准偏差的情况下来检验 $\bar{x}$ 与 μ 是否显著时用 t 检验法,因为由样本值可计算样本标准偏差,就可计算统计量 t,其公式为

$$t=\frac{|\bar{x}-\mu|}{\frac{s}{\sqrt{n}}} \tag{3.28}$$

再根据置信度和自由度由 t 分布表(表 3.4)查出相应的 $t_{\alpha,f}$ 值。若算出的 $t>t_{\alpha,f}$,则认为 $\bar{x}$ 与 μ 之间存在显著性差异,说明该分析方法存在系统误差;否则可认为 $\bar{x}$ 与 μ 之间的差异是由随机误差引起的正常差异。在分析化学中,通常以 95% 置信度为检验标准,即显著性水准为 5%。

例 3.12 采用一种新方法测定基准物质明矾中铝的含量,9 次测定结果为 10.74%、10.77%、10.77%、10.77%、10.81%、10.82%、10.73%、10.86%、10.81%。已知明矾中铝含量的标准值(以理论值代替)为 10.77%。试问采用新方法后,是否引起系统误差(置信度 95%)?

解 $n=9$, $f=9-1=8$, $\bar{x}=10.79\%$, $s=0.042\%$

$$t=\frac{|\bar{x}-\mu|}{\frac{s}{\sqrt{n}}}=\frac{|10.79\%-10.77\%|}{0.042\%}\sqrt{9}=1.43$$

查表 3.4, $P=0.95$, $f=8$ 时, $t_{0.05,8}=2.31$, $t<t_{0.05,8}$,故 $\bar{x}$ 与 μ 之间不存在显著性差异,即采用新方法后,没有引起明显的系统误差。

例 3.13 某药厂产品中杂质铁含量为 0.14%,改革生产工艺后取样分析,结果为 0.12%、0.14%、0.14%、0.13%、0.12%,问杂质铁含量是否明显降低?

解 此题是比较 $\bar{x}$ 与 μ,并且不知道总体标准偏差,要用 t 检验法。问的是铁含量是否降低,因此为单侧检验。

选定 $\alpha=0.05$,因为 $n=5$ 则 $f=4$。由于是单侧检验,查表 3.4 双侧 t 表时要查 $\alpha=0.10$ 的值,即 $t_{0.10,4}=2.13$。

由样本值求出 $\bar{x}=0.13\%$, $s=0.01\%$。计算统计量 t:

$$t=\frac{|\bar{x}-\mu|}{\frac{s}{\sqrt{n}}}=\frac{|0.13\%-0.14\%|}{\frac{0.01\%}{\sqrt{5}}}=2.24$$

与表值比较 $t>t_{0.10,4}$,故拒绝原假设,$\bar{x}$ 与 μ 有显著性差异,接受备择假设,$\bar{x}<\mu$。即有 95% 把握认为改革后

产品中杂质铁含量明显降低。

2. 两组平均值 $\bar{x}_1$ 与 $\bar{x}_2$ 的比较

不同分析人员、不同实验室或同一分析人员采用不同方法分析同一试样,所得到的平均值经常是不完全相等的。要从这两组数据的平均值来判断它们之间是否存在显著性差异,亦可采用 t 检验法。

设两组分析数据的测定次数、标准偏差及平均值分别为 n_1、s_1、$\bar{x}_1$ 和 n_2、s_2、$\bar{x}_2$,用 t 检验法检验两组平均值有无显著性差异时,首先要计算合并标准偏差:

$$\bar{s}^2 = \frac{(n_1-1)s_1^2 + (n_2-1)s_2^2}{n_1+n_2-2} \tag{3.29}$$

然后计算出 t:

$$t = \frac{|\bar{x}_1-\bar{x}_2|}{\sqrt{\bar{s}^2\left(\frac{1}{n_1}+\frac{1}{n_2}\right)}} = \frac{|\bar{x}_1-\bar{x}_2|}{\bar{s}}\sqrt{\frac{n_1 n_2}{n_1+n_2}} \tag{3.30}$$

在一定置信度时,查出表值 $t_{\alpha,f}$(总自由度 $f=n_1+n_2-2$),若 $t<t_{\alpha,f}$,说明两组数据的平均值不存在显著性差异,可以认为两个平均值属于同一总体,即 $\mu_1=\mu_2$;若 $t>t_{\alpha,f}$,则存在显著性差异,说明两个平均值不属于同一总体,两组平均值之间存在着系统误差。

但是必须注意,两个标准偏差 s_1 与 s_2 只有在无显著性差异时才能合并,而检验 s_1 与 s_2 是否显著的方法将在下面 F 检验法中介绍。

四、F 检验法

当检验两个样本的精密度 s_1 与 s_2 是否有显著性差异时要用 F 检验法,统计量 F 定义为两种数据的方差的比值,分子为大的方差,分母为小的方差,即

$$F = \frac{s_{大}^2}{s_{小}^2} \tag{3.31}$$

将计算所得 F 值与表 3.5 所列 F 表值进行比较。在一定的置信度及自由度时,若 F 值大于表值,则认为这两组数据的精密度之间存在显著性差异(置信度 95%),否则不存在显著性差异。还要注意 F 表是单侧表,当用单侧表进行双侧检验时,要将显著性水平选定为 2α。如果用 $\alpha=0.05$ 的 F 分布表即表 3.5 进行双侧检验,必须选定显著性水平 $\alpha=0.10$,也即置信度选定为 90%,通常对 s_1 与 s_2 的显著性检验都是双侧检验。

表 3.5 置信度 95% 时的 F 值(单边)

$f_{小}$	$f_{大}$									
	2	3	4	5	6	7	8	9	10	∞
2	19.00	19.16	19.25	19.30	19.33	19.36	19.37	19.38	19.39	19.50
3	9.55	9.28	9.12	9.01	8.94	8.88	8.84	8.81	8.78	8.53
4	6.94	6.59	6.39	6.26	6.16	6.09	6.04	6.00	5.96	5.63
5	5.79	5.41	5.19	5.05	4.95	4.88	4.82	4.78	4.74	4.36

续表

$f_{小}$	$f_{大}$									
	2	3	4	5	6	7	8	9	10	∞
6	5.14	4.76	4.53	4.39	4.28	4.21	4.15	4.10	4.06	3.67
7	4.74	4.35	4.12	3.97	3.87	3.79	3.73	3.68	3.63	3.33
8	4.46	4.07	3.84	3.69	3.58	3.50	3.44	3.39	3.34	2.93
9	4.26	3.86	3.63	3.48	3.37	3.39	3.33	3.18	3.13	2.71
10	4.10	3.71	3.48	3.33	3.32	3.14	3.07	3.02	2.97	2.54
∞	3.00	2.60	2.37	2.21	2.10	2.01	1.94	1.88	1.83	1.00

注：$f_{大}$是大方差数据的自由度；$f_{小}$是小方差数据的自由度。

例 3.14 某试样用两种方法测定，结果如下：

方法 1	方法 2
$\bar{x}_1 = 32.34$	$\bar{x}_2 = 32.54$
$s_1 = 0.10$	$s_2 = 0.16$
$n_1 = 5$	$n_2 = 6$

试检验$\bar{x}_1$与$\bar{x}_2$是否有显著性差异。

解 先检验s_1与s_2是否显著。假设s_1与s_2无显著性差异，此为双侧检验。

选定显著性水平$\alpha = 0.10$，$n_1 = 5$，$n_2 = 6$，则$f_1 = 4$，$f_2 = 5$。因 F 表为单侧表，故可用$\alpha = 0.05$的 F 表，查表 3.5，$F_{0.05, 5, 4} = 6.26$。计算统计量：

$$F = \frac{s_2^2}{s_1^2} = \frac{0.16^2}{0.10^2} = 2.56$$

与表值比较，则$F < F_{0.05, 5, 4}$，故有 90% 的可能认为s_1与s_2无显著性差异。

在s_1与s_2不显著的前提条件下即可比较$\bar{x}_1$与$\bar{x}_2$了。先计算合并标准偏差：

$$\bar{s} = \sqrt{\frac{(n_1-1)s_1^2 + (n_2-1)s_2^2}{n_1 + n_2 - 2}}$$

$$= \sqrt{\frac{4 \times 0.1^2 + 5 \times 0.16^2}{5 + 6 - 2}} = 0.14$$

此为双侧检验，选定$\alpha = 0.05$，$f = n_1 + n_2 - 2 = 9$，查表 3.4，$t_{0.05, 9} = 2.26$。计算统计量：

$$t = \frac{|\bar{x}_1 - \bar{x}_2|}{\bar{s}}\sqrt{\frac{n_1 n_2}{n_1 + n_2}}$$

$$= \frac{|32.34 - 32.54|}{0.14}\sqrt{\frac{5 \times 6}{5 + 6}}$$

$$= 2.36$$

与表值比较，$t > t_{0.05, 9}$，故有 95% 的可能认为$\bar{x}_1$与$\bar{x}_2$有显著性差异。

例 3.15 在吸光光度分析中，用一台旧仪器测定溶液的吸光度 6 次，得标准偏差$s_1 = 0.055$；再用一台性能稍好的新仪器测定 4 次，得标准偏差$s_2 = 0.022$。试问新仪器的精密度是否显著地优于旧仪器的精密度？

解 在本例中,已知新仪器的性能较好,它的精密度不会比旧仪器的差,因此,这属于单边检验问题。

已知 $n_1=6, s_1=0.055; n_2=4, s_2=0.022$。

$$s_1^2 = 0.055^2 = 0.0030; s_2^2 = 0.022^2 = 0.00048$$

$$F = \frac{s_1^2}{s_2^2} = \frac{0.0030}{0.00048} = 6.25$$

查表 3.5, $f_1=6-1=5, f_2=4-1=3, F_表=9.01, F<F_表$,故有 95% 的可能认为两种仪器的精密度之间不存在统计学上的显著性差异,即不能得出新仪器显著地优于旧仪器的结论。

3.6.5 可疑值取舍

在一组测量值中出现与其他的值相差较大的可疑值(也称离群值或极端值)时,如果不能确定是否由于过失所造成,则不能随意舍弃或保留,应该用统计的方法来进行判断,确定该可疑值与其他数据是否来源于同一总体,以决定取舍。统计学中对可疑值的取舍有几种方法。下面简单介绍处理方法较简单的 $4\bar{d}$ 法、Q 检验法及效果较好的格鲁布斯(Grubbs)法。

一、$4\bar{d}$ 法

根据正态分布规律,偏差超过 3σ 的测量值的概率小于 0.3%,故这一测量值通常可以舍去。而 $\delta=0.80\sigma, 3\sigma \approx 4\delta$,即偏差超过 4δ 的个别测量值可以舍去。

对于少量实验数据,可以用 s 代替 σ,用 $\bar{d}$ 代替 δ,故可以粗略地认为,偏差大于 $4\bar{d}$ 的个别测量值可以舍去。采用 $4\bar{d}$ 法判断可疑值取舍虽然存在较大误差,但该法比较简单,不必查表,至今仍为人们所采用。当 $4\bar{d}$ 法与其他检验法判断的结果发生矛盾时,应以其他检验法为准。

采用 $4\bar{d}$ 法判断可疑值取舍时,首先应求出除可疑值外的其余数据的平均值 $\bar{x}$ 和平均偏差 $\bar{d}$,然后将可疑值与平均值进行比较,如绝对差值大于 $4\bar{d}$,则将可疑值舍去,否则保留。

例 3.16 测定某药物中钼的含量,4 次测定结果分别为 1.25 $\mu g \cdot g^{-1}$、1.27 $\mu g \cdot g^{-1}$、1.31 $\mu g \cdot g^{-1}$、1.40 $\mu g \cdot g^{-1}$,试问 1.40 $\mu g \cdot g^{-1}$ 这个数据是否应保留?

解 首先求出除 1.40 $\mu g \cdot g^{-1}$ 外的其余数据的平均值 $\bar{x}$ 和平均偏差 $\bar{d}$:

$$\bar{x} = 1.28\ \mu g \cdot g^{-1};\quad \bar{d} = 0.023\ \mu g \cdot g^{-1}$$

可疑值与平均值之间的绝对差值为 $|1.40-1.28|=0.12>4\bar{d}(0.092)$,故 1.40 $\mu g \cdot g^{-1}$ 这个数据应舍去。

二、格鲁布斯(Grubbs)法

首先将测量值由小到大按顺序排列:$x_1, x_2, \cdots, x_n$,并求出平均值 $\bar{x}$ 和标准偏差 s,再根据统计量 T 进行判断。若 x_1 为可疑值,则

$$T = \frac{\bar{x}-x_1}{s} \tag{3.32a}$$

若 x_n 为可疑值,则

$$T=\frac{x_n-\bar{x}}{s} \tag{3.32b}$$

将计算所得 T 值与表 3.6 中查得的 $T_{\alpha,n}$ 值(对应某一置信度)相比较。若 $T>T_{\alpha,n}$,则应舍去可疑值,否则保留。

表 3.6 $T_{\alpha,n}$ 值表

测定次数 n	显著性水准 α		
	0.05	0.025	0.01
3	1.15	1.15	1.15
4	1.46	1.48	1.49
5	1.67	1.71	1.75
6	1.82	1.89	1.94
7	1.94	2.02	2.10
8	2.03	2.13	2.22
9	2.11	2.21	2.32
10	2.18	2.29	2.41
11	2.23	2.36	2.48
12	2.29	2.41	2.55
13	2.33	2.46	2.61
14	2.37	2.51	2.63
15	2.41	2.55	2.71
20	2.56	2.71	2.88

格鲁布斯法最大的优点是在判断可疑值的过程中,引入了正态分布中的两个最重要的样本参数:平均值 $\bar{x}$ 和标准偏差 s,故方法的准确性较好。此方法的缺点是需要计算 $\bar{x}$ 和 s,步骤稍烦琐。

例 3.17 例 3.16 中的实验数据,用格鲁布斯法判断时,1.40 $\mu g \cdot g^{-1}$ 这个数据应保留否(置信度 95%)?

解 $\bar{x}=1.31, s=0.066, T=\dfrac{x_n-\bar{x}}{s}=\dfrac{1.40-1.31}{0.066}=1.36$

查表 3.6, $T_{0.05,4}=1.46$,$T<T_{0.05,4}$,故 1.40 $\mu g \cdot g^{-1}$ 这个数据应保留。此结论与前一例中用 $4\bar{d}$ 法判断所得结论不同。在这种情况下,一般取格鲁布斯法的结论,因这种方法的可靠性较高。

三、Q 检验法

首先将一组数据由小到大按顺序排列: $x_1, x_2, \cdots, x_{n-1}, x_n$,若 x_n 为可疑值,则统计量 Q 为

$$Q=\frac{x_n-x_{n-1}}{x_n-x_1} \tag{3.33a}$$

若 x_1 为可疑值,则

$$Q = \frac{x_2 - x_1}{x_n - x_1} \tag{3.33b}$$

统计学家已计算出不同置信度时的 $Q_表$ 值(表 3.7),当计算所得 Q 值大于表中的 $Q_表$ 值时,则可疑值可舍去,反之则保留。

表 3.7 Q 值表

测定次数 n		3	4	5	6	7	8	9	10
置信度	90%($Q_{0.90}$)	0.94	0.76	0.64	0.56	0.51	0.47	0.44	0.41
	96%($Q_{0.96}$)	0.98	0.85	0.73	0.64	0.59	0.54	0.51	0.48
	99%($Q_{0.99}$)	0.99	0.93	0.82	0.74	0.68	0.63	0.60	0.57

例 3.18 例 3.16 中的实验数据,用 Q 检验法判断时,1.40 $\mu g \cdot g^{-1}$ 这个数据应保留否(置信度 90%)?

解 $Q = \dfrac{1.40 - 1.31}{1.40 - 1.25} = 0.60$

已知 $n = 4$ 时,查表 3.7,$Q_{0.90} = 0.76$,$Q < Q_{0.90} = 0.76$,故 1.40 $\mu g \cdot g^{-1}$ 这个数据应保留。

习 题

1. 根据有效数字运算规则,计算下列算式:

(1) $19.469 + 1.537 - 0.0386 + 2.54$;

(2) $3.6 \times 0.0323 \times 20.59 \times 2.12345$;

(3) $\dfrac{45.00 \times (24.00 - 1.32) \times 0.1245}{1.0000 \times 1000}$;

(4) $11.05 + 1.3153 + 1.225 + 25.0678$;

(5) $pH = 0.06$,求 $[H^+]$。

2. 称取 210 mg 草酸钠($Na_2C_2O_4$),溶解后用待标定的高锰酸钾溶液滴定,用去 30.10 mL。如果天平的精度为 0.1 mg,滴定管读数误差为 ±0.01 mL,求高锰酸钾溶液浓度的极值误差。

3. 一种测定铜含量的方法得到的结果偏低 0.5 mg,若用此法分析含铜约 5.0% 的矿石,且要求由此损失造成的相对误差小于 0.1%,那么试样最少应称多少克?

4. 用光度法测定微量铁的含量,4 次测定结果分别为 0.21%、0.23%、0.24%、0.25%,试计算分析结果的平均值、单次测定值的平均偏差、相对平均偏差、标准偏差和相对标准偏差。

5. 反复称量一个质量为 1.0000 g 的物体,若标准偏差为 0.4 mg,那么称量值为 1.0000 ~ 1.0008 g 的概率为多少?

6. 按正态分布 x 落在区间 $(\mu - \sigma, \mu + 0.5\sigma)$ 的概率是多少?

7. 某光度法测定铬的 $\sigma = 0.12\%$，若测定 $w_{Cr} = 2.52\%$ 的标准试样，得到结果的平均值为 2.62% 时，要使置信区间将真实值包含在内，至少需测定几次？（置信度90%，$u = 1.64$。）

8. 用某法测定铅锡合金中锡的含量，已知标准偏差为 0.08%，重复测定 4 次，质量分数 w_{Sn} 的平均值为 62.32%，试比较置信度为 95%（$u = 1.96$）和 99%（$u = 2.58$）时平均值的置信区间。计算结果说明置信区间与置信度有何关系？

9. 测定黄铁矿中硫的含量，6 次测定结果分别为 30.48%、30.42%、30.59%、30.51%、30.56%、30.49%，计算置信水平 95% 时总体平均值的置信区间。

10. 设分析某铁矿石中铁的含量时，所得结果符合正态分布，已知测定结果平均值为 52.43%，标准偏差 σ 为 0.06%，试证明下列结论：重复测定 20 次，有 19 次测定结果落在 52.32% 至 52.54% 范围内。

11. 下列两组实验数据的精密度有无显著性差异（置信度 90%）？
（1）9.56、9.49、9.62、9.51、9.58、9.63；
（2）9.33、9.51、9.49、9.51、9.56、9.40。

12. 铁矿石标准试样中铁含量的标准值为 54.46%，某分析人员分析 4 次，平均值为 54.26%，标准偏差为 0.05%，问在置信度为 95% 时，分析结果是否存在系统误差？

13. 用两种不同分析方法对矿石中铁的含量进行分析，得到两组数据如下：

	$\overline{x}$	s	n
方法 1	15.34%	0.10	11
方法 2	15.43%	0.12	11

（1）置信度为 90% 时，两组数据的标准偏差是否存在显著性差异？
（2）在置信度分别为 90%、95% 及 99% 时，两组分析结果的平均值是否存在显著性差异？

14. 某分析人员提出一种测定氯的方法，他分析了一个标准试样得到下面数据：4 次测定结果平均值为 16.72%，标准偏差为 0.08%，标准试样的值是 16.62%，问置信度为 95% 时所得结果与标准值的差异是否显著？对新方法作一评价。

15. 标定某 NaOH 标准溶液的浓度为 0.2034 mol·L^{-1}、0.2031 mol·L^{-1}、0.2036 mol·L^{-1}、0.2046 mol·L^{-1}，与参考值 0.2030 mol·L^{-1} 比较是否差异显著（显著水平 0.05）？若再测定一次为 0.2035 mol·L^{-1}，用格鲁布斯法检验 0.2046 mol·L^{-1} 这个值是否应舍掉，然后与参考值比较是否有显著差异？已知 $T_{0.05,5} = 1.67$，$t_{0.05,3} = 3.18$，$t_{0.05,4} = 2.78$。

16. 用某种方法多次分析含镍的铜样，已确定其含镍量为 0.0520%，某一化验员对此试样进行 4 次平行测定，平均值为 0.0534%，标准偏差为 0.0007%。问此结果是否明显偏高（置信度 95%）？

17. 为提高光度法测定微量 Pd 的灵敏度，改用一种新的显色剂。设同一溶液，用原显色剂及新显色剂各测定 4 次，所得吸光度分别为 0.128、0.132、0.125、0.124 及 0.129、0.137、0.135、0.139。判断新显色剂测定微量 Pd 的灵敏度是否有显著提高（置信度 95%）。

18. 某学生标定 HCl 溶液的浓度时，测得下列数据：0.1011 mol·L^{-1}、0.1010 mol·L^{-1}、0.1012 mol·L^{-1}、0.1016 mol·L^{-1}，根据 $4\overline{d}$ 法，问第 4 次数据是否应保留？若再测定一次，得到

$0.1014\ mol\cdot L^{-1}$,再问上面第 4 次数据应不应该保留?

19. 一组测量值为 20.04、20.01、20.05、20.07、20.00、20.20。分别用格鲁布斯法和 Q 检验法检验 20.20 是否为异常值(显著水平 0.05)。已知 $T_{0.05,6} = 1.82$,$Q_{0.95,6} = 0.64$。

20. 用某法分析烟道中 SO_2 的含量,得到下列结果:4.88%、4.92%、4.90%、4.88%、4.86%、4.85%、4.71%、4.86%、4.87%、4.99%。

(1) 用 $4\bar{d}$ 法判断有无异常值需舍弃。

(2) 用 Q 检验法判断有无异常值需舍弃(置信度 99%)。

第 4 章

酸碱滴定法

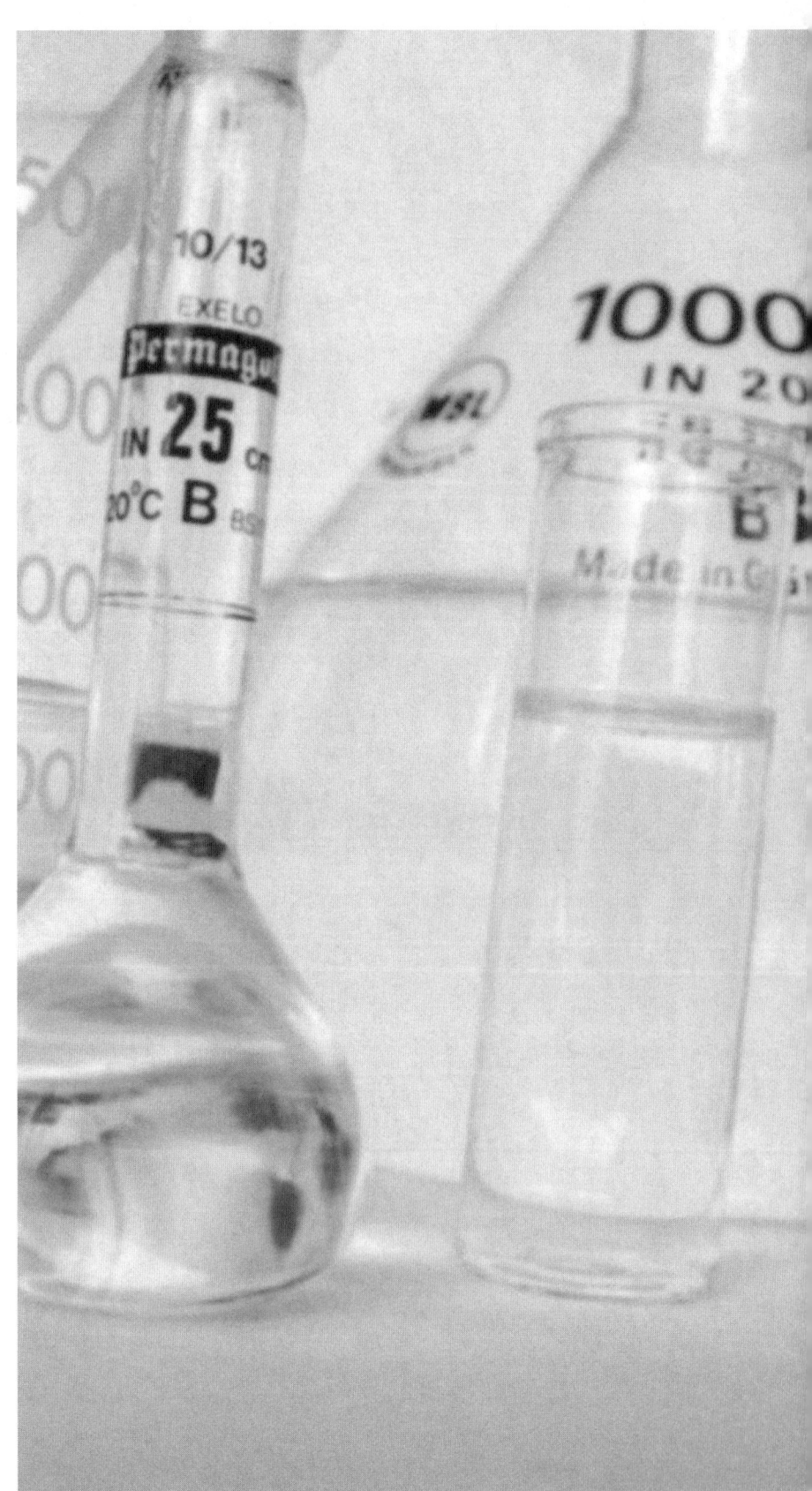

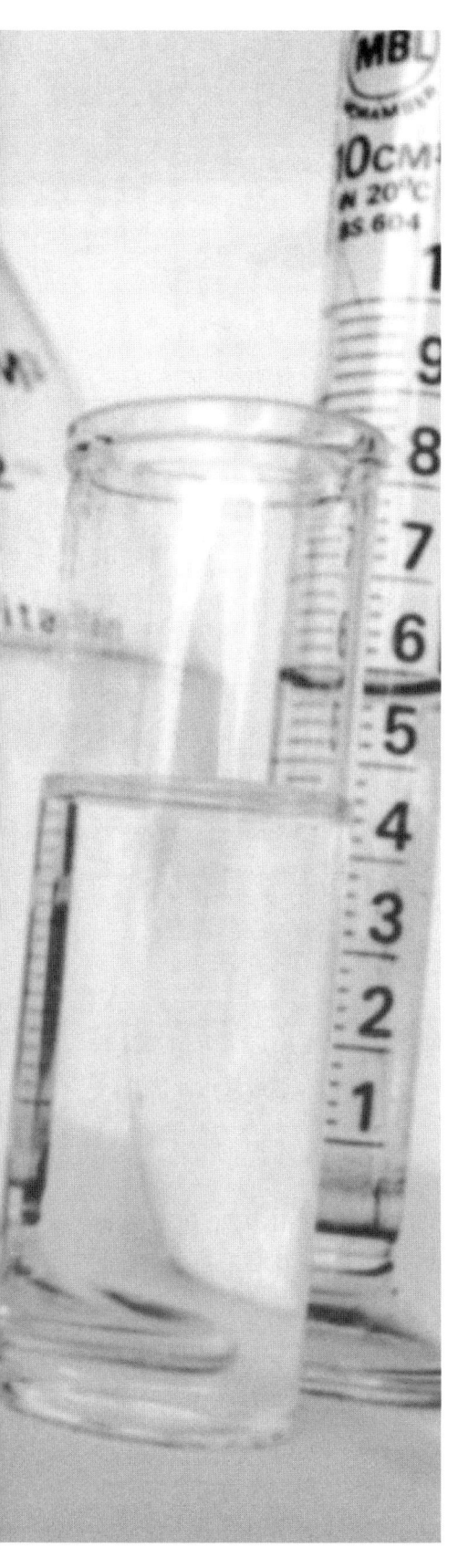

酸碱滴定法是依据酸碱反应建立起来的滴定分析方法。酸碱滴定反应由于过程简单、反应速率快、滴定终点指示剂的选择范围广等优点,在化学分析中得到广泛应用。本章将以酸碱质子理论为基础,讨论各类酸碱溶液 pH 的计算;溶液 pH 对弱酸、弱碱各种型体分布的影响;缓冲溶液的性质、组成和应用;常见的酸碱滴定法及其应用。

4.1 酸碱质子理论

依据布朗斯特(Brönsted)酸碱质子理论:凡能给出质子的物质是酸;凡能接受质子的物质是碱。可表示为

$$酸 \rightleftharpoons 碱 + 质子$$

例如:
$$HCl \rightleftharpoons Cl^- + H^+$$
$$HAc \rightleftharpoons Ac^- + H^+$$
$$NH_4^+ \rightleftharpoons NH_3 + H^+$$
$$H_3PO_4 \rightleftharpoons H_2PO_4^- + H^+$$
$$H_2PO_4^- \rightleftharpoons HPO_4^{2-} + H^+$$
$$HPO_4^{2-} \rightleftharpoons PO_4^{3-} + H^+$$

由上述例子可见,酸碱可以是中性分子、阳离子或阴离子。酸与其释放 H^+ 后形成的相应碱组成共轭酸碱对,如 HCl 和 Cl^-,NH_4^+ 和 NH_3,以及 $H_2PO_4^-$ 和 HPO_4^{2-} 均互为共轭酸碱对。在 H_3PO_4 和 $H_2PO_4^-$ 共轭体系中,$H_2PO_4^-$ 是碱;在 $H_2PO_4^-$ 和 HPO_4^{2-} 共轭体系中,$H_2PO_4^-$ 是酸,这种既能接受质子又可以给出质子的物质称为两性物质。各个共轭酸碱对的质子得失反应,称为酸碱半反应。质子理论认为,酸碱反应的实质是质子在共轭酸碱对之间的转移(得失)。为了实现酸碱反应,例如为了使 HAc 转化为 Ac^-,它给出的质子必须被同时存在的另一物质碱接受。因此,酸碱反应实际上是两个共轭酸碱对共同作用的结果。

例如,HAc 在水溶液中的解离由下面两个平衡组成:

$$HAc \rightleftharpoons H^+ + Ac^-$$
酸 1　　　　碱 1

$$H_2O + H^+ \rightleftharpoons H_3O^+$$
碱 2　　　　酸 2

总反应为
$$HAc + H_2O \rightleftharpoons H_3O^+ + Ac^-$$
酸 1　　碱 2　　　酸 2　　碱 1

通常简写为
$$HAc \rightleftharpoons H^+ + Ac^-$$

由此可见,从质子理论来看,任何酸碱反应都是两个共轭酸碱对之间的质子传递反应。即

$$酸1 + 碱2 \rightleftharpoons 碱1 + 酸2$$

而质子的传递,并不要求反应必须在水溶液中进行,只要质子能从一种物质传递到另一种物质上就可以了。因此,酸碱反应可以在非水溶剂、无溶剂等条件下进行。例如 HCl 和 NH_3 的反应,无论是在水溶液中,还是在气相或苯溶液中,其实质都是一样的,都是 H^+ 转移的反应。

质子理论大大拓宽了酸碱的概念和应用范围,并把水溶液和非水溶液统一起来。在酸碱反应过程(即质子传递的过程)中,必然存在着争夺质子的竞争,其结果必然是碱夺取酸的质子,且强碱夺取质子的能力大于弱碱夺取质子的能力,酸失去质子,强酸失质子能力大于弱酸失质子能力;碱接受质子而转化为它的共轭酸——弱酸,强酸给出质子后,转变为它的共轭碱——弱碱。也就是说,酸碱反应总是由较强的酸与较强的碱作用,向着生成较弱的酸和较弱的碱的方向进行,相互作用的酸碱越强,反应进行得越完全。

4.1.1　水的解离平衡

酸碱强弱不仅决定于酸碱本身释放质子和接受质子的能力,同时也决定于溶剂接受和释放质子的能力,因此,要比较各种酸碱的强度,必须选定同一种溶剂,水是最常用的溶剂。

作为溶剂的纯水,其分子与分子之间也有质子的传递:

$$H_2O + H_2O \rightleftharpoons H_3O^+ + OH^-$$

其中一个水分子放出质子作为酸,另一个水分子接受质子作为碱而形成 H_3O^+ 和 OH^-,这种溶剂分子之间存在的质子传递反应称为质子自递反应。反应的平衡常数称为水的质子自递常数,以 K_w 表示,$K_w = [H^+][OH^-] = 10^{-14}$(25 ℃)。

4.1.2　离子的活度与活度系数

当溶液中有大量强电解质存在时,它们在溶液中均解离为阳离子与阴离子。在阴、阳离子间存在着库仑引力,一个阴离子的周围吸引着许多阳离子,在阳离子周围吸引着许多阴离子。中心的离子被异性离子所包围(周围的离子称为离子氛),因而减弱了中心离子的反应

能力。使得离子参加化学反应的有效浓度要比实际浓度低。这种离子在化学反应中起作用的有效浓度称为活度。一般用下式表示浓度与活度的关系：

$$a_i = \gamma_i [i] \tag{4.1}$$

式中，a_i 表示 i 离子的活度，γ_i 表示 i 离子的活度系数，$[i]$ 表示 i 离子的平衡浓度。

为了衡量溶液中阴、阳离子作用情况，人们引入了离子强度 I 的概念：

$$I = \frac{1}{2} \sum c_i z_i^2$$

式中，c_i 为 i 离子的浓度，z_i 是 i 离子的电荷数。

上式表明，溶液的浓度越大，离子所带的电荷越多，离子强度也就越大。离子强度越大，离子间相互牵制作用越大，离子活度系数也就越小，相应离子的活度就越低。目前，对于高浓度电解质溶液中的活度系数，由于情况比较复杂，还没有较好的定量计算方法。对于电解质稀溶液（$<0.1 \text{ mol·L}^{-1}$），可采用德拜-休克尔（Debye-Hückel）公式表示，即

$$-\lg \gamma_i = 0.512 z_i^2 \frac{\sqrt{I}}{1 + B\mathring{a}\sqrt{I}} \tag{4.2}$$

式中，z_i 是 i 离子的电荷数；B 为常数，25 ℃时为 0.00328；$\mathring{a}$ 为离子的体积参数，约等于其水合离子的有效半径，以 pm（10^{-12} m）计，一些离子的 $\mathring{a}$ 值和 γ 值列于附录表 1 和表 2 中；I 为溶液的离子强度。当离子强度较小（$I<0.01 \text{ mol·L}^{-1}$）时，可不考虑水合离子的大小，活度系数可按德拜-休克尔极限式计算，即

$$-\lg \gamma_i = 0.512 z_i^2 \sqrt{I} \tag{4.3}$$

例 4.1 求 0.010 mol·L^{-1} NaCl 溶液中 Na^+ 和 Cl^- 的活度。

解 先求出 I，再计算 γ。

$$\begin{aligned} I &= \frac{1}{2} \sum c_i z_i^2 \\ &= \frac{1}{2} (c_{Na^+} z_{Na^+}^2 + c_{Cl^-} z_{Cl^-}^2) \\ &= \frac{1}{2} (0.010 \text{ mol·L}^{-1} \times 1^2 + 0.010 \text{ mol·L}^{-1} \times 1^2) = 0.010 \text{ mol·L}^{-1} \end{aligned}$$

已知 Na^+ 的 $\mathring{a}=400$，$B=0.00328$，由德拜-休克尔公式可知

$$-\lg \gamma_{Na^+} = 0.512 \times 1^2 \times \frac{\sqrt{0.010}}{1+0.00328 \times 400 \times \sqrt{0.010}} = 0.0453$$

$$\gamma_{Na^+} = 0.901$$

$$a_{Na^+} = \gamma_{Na^+} [Na^+] = 0.901 \times 0.010 \text{ mol·L}^{-1} = 0.00901 \text{ mol·L}^{-1}$$

已知 Cl^- 的 $\mathring{a}=300$，$B=0.00328$，由德拜-休克尔公式可知

$$-\lg \gamma_{Cl^-} = 0.512 \times 1^2 \times \frac{\sqrt{0.010}}{1+0.00328 \times 300 \times \sqrt{0.010}} = 0.0466$$

$$\gamma_{Cl^-} = 0.898$$

$$a_{Cl^-} = \gamma_{Na^+} [Na^+] = 0.898 \times 0.010 \text{ mol·L}^{-1} = 0.00898 \text{ mol·L}^{-1}$$

严格地讲,电解质溶液中的离子浓度应该用活度来代替。当溶液中的离子强度较小($I<10^{-4}$ mol·L^{-1})时,离子间牵制作用就降低到极微弱的程度,一般近似认为活度系数 $\gamma=1$,所以对于稀溶液(尤其是弱电解质溶液),为了简便起见,通常就用浓度代替活度进行计算。此外,通常可认为中性分子的活度系数近似等于1。

4.2 分布分数

酸度是指溶液中 H$^+$ 的浓度或活度,用 pH 表示,pH = $-\lg$[H$^+$]。酸的浓度又称为酸的分析浓度,指单位体积溶液中所含某种酸的物质的量,包括未解离的和已解离的酸的量。同样,碱的浓度和碱度在概念上也是不同的。碱度用 pOH 表示,有时也用 pH。本书用 c 表示酸或碱的分析浓度,而用 [i] 表示物质 i 的平衡浓度。例如,H$^+$ 的平衡浓度用 [H$^+$] 表示。

溶液中某酸碱组分的平衡浓度占其总浓度的分数称为分布分数,以 δ 表示。分布分数的大小能定量说明溶液中的各种酸碱组分的分布情况,这在分析化学中是十分重要的。例如,CaC$_2$O$_4$ 沉淀的生成与溶液中游离 C$_2$O$_4^{2-}$ 的浓度有关,而 C$_2$O$_4^{2-}$ 的浓度不仅与草酸的总浓度有关,而且还与溶液中 H$^+$ 的浓度有关。因此,了解酸度对溶液中酸或碱各种存在型体分布规律的影响,对掌握反应条件具有指导意义。

4.2.1 一元弱酸

一元弱酸只有一级解离,如乙酸,它在溶液中以 HAc 和 Ac$^-$ 两种型体存在。设 c 为乙酸及其共轭碱的总浓度,[HAc] 和 [Ac$^-$] 分别为 HAc 和 Ac$^-$ 的平衡浓度,δ_1 和 δ_0 分别为 HAc 和 Ac$^-$ 的分布分数,则

$$\delta_1 = \frac{[\text{HAc}]}{c} = \frac{[\text{HAc}]}{[\text{HAc}]+[\text{Ac}^-]} = \frac{[\text{H}^+]}{[\text{H}^+]+K_a} \tag{4.4}$$

$$\delta_0 = \frac{[\text{Ac}^-]}{c} = \frac{[\text{Ac}^-]}{[\text{HAc}]+[\text{Ac}^-]} = \frac{K_a}{K_a+[\text{H}^+]} \tag{4.5}$$

$$\delta_1 + \delta_0 = 1$$

若将不同 pH 时的 δ_1 和 δ_0 计算出来,并对 pH 作图,可得到图 4.1 所示的曲线,称为分布分数曲线。分布分数曲线清楚地说明 δ_{HAc} 和 δ_{Ac^-} 与溶液 pH 的关系。δ_{Ac^-} 随 pH 的升高而增大,δ_{HAc} 随 pH 的升高而减小。当 pH = pK_a(4.74)时,$\delta_{\text{Ac}^-} = \delta_{\text{HAc}} = 0.5$,两种型体各占一半;pH < p$K_a$ 时,主要存在型体是 HAc;pH > pK_a 时,主要存在型体是 Ac$^-$。这种情况可以推广到其他一元弱酸。

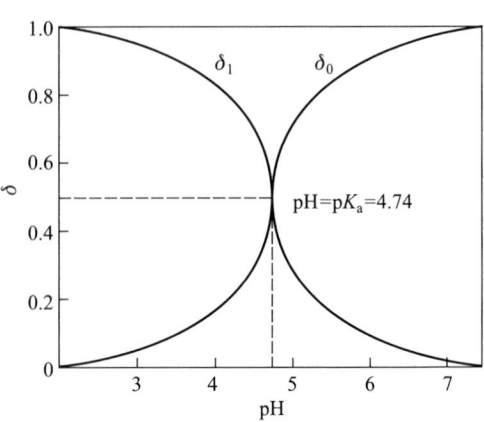

图 4.1 HAc 和 Ac$^-$ 的分布分数与溶液 pH 的关系

从上面的讨论可知,分布分数与酸及其共轭碱的总浓度 c 无关,它仅是 pH 和 pK_a 的函数。

由于[HAc] = $c\delta_{HAc}$ 和[Ac$^-$] = $c\delta_{Ac^-}$,当 c 为一定值(如 0.1 mol·L^{-1})时,[HAc] 和[Ac$^-$]与总浓度 c 有关。

例 4.2 计算 pH = 5.0 时,HAc 和 Ac$^-$ 的分布分数 δ。

解
$$\delta_1 = \frac{[H^+]}{[H^+] + K_a} = \frac{10^{-5.00}}{10^{-5.00} + 1.8 \times 10^{-5}} = 0.36$$
$$\delta_0 = 1 - 0.36 = 0.64$$

4.2.2 多元弱酸

多元酸存在多级解离,溶液中酸碱组分较多,其分布要复杂一些。例如,草酸在溶液中以 $H_2C_2O_4$、$HC_2O_4^-$ 和 $C_2O_4^{2-}$ 三种型体存在,设草酸的总浓度为 c,则

$$c = [H_2C_2O_4] + [HC_2O_4^-] + [C_2O_4^{2-}]$$

如果以 δ_2、δ_1 和 δ_0 分别表示 $H_2C_2O_4$、$HC_2O_4^-$ 和 $C_2O_4^{2-}$ 的分布分数,则

$$[H_2C_2O_4] = \delta_2 c, \quad [HC_2O_4^-] = \delta_1 c, \quad [C_2O_4^{2-}] = \delta_0 c$$

而且

$$\delta_0 + \delta_1 + \delta_2 = 1$$

$$\delta_2 = \frac{[H_2C_2O_4]}{c} = \frac{[H_2C_2O_4]}{[H_2C_2O_4] + [HC_2O_4^-] + [C_2O_4^{2-}]}$$

$$= \frac{1}{1 + \frac{[HC_2O_4^-]}{[H_2C_2O_4]} + \frac{[C_2O_4^{2-}]}{[H_2C_2O_4]}}$$

$$= \frac{1}{1 + \frac{K_{a_1}}{[H^+]} + \frac{K_{a_1}K_{a_2}}{[H^+]^2}}$$

$$= \frac{[H^+]^2}{[H^+]^2 + K_{a_1}[H^+] + K_{a_1}K_{a_2}} \tag{4.6}$$

同样可以求得

$$\delta_1 = \frac{K_{a_1}[H^+]}{[H^+]^2 + K_{a_1}[H^+] + K_{a_1}K_{a_2}} \tag{4.7}$$

$$\delta_0 = \frac{K_{a_1}K_{a_2}}{[H^+]^2 + K_{a_1}[H^+] + K_{a_1}K_{a_2}} \tag{4.8}$$

若以 δ 对 pH 作图,则得到图 4.2 所示的分布分数曲线,情况较一元酸要复杂一些。

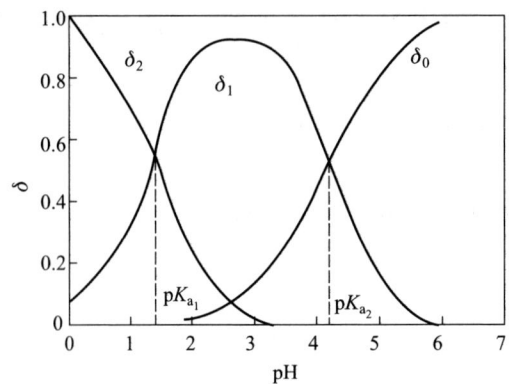

图 4.2 草酸的三种型体的分布分数与 pH 的关系

例 4.3 计算 pH = 5.0 时，0.10 mol·L^{-1} 草酸溶液中 C$_2$O$_4^{2-}$ 的浓度。

解
$$\delta_0 = \frac{[C_2O_4^{2-}]}{c} = \frac{K_{a_1}K_{a_2}}{[H^+]^2 + K_{a_1}[H^+] + K_{a_1}K_{a_2}}$$

$$= \frac{5.9 \times 10^{-2} \times 6.4 \times 10^{-5}}{(10^{-5})^2 + 5.9 \times 10^{-2} \times 10^{-5} + 5.9 \times 10^{-2} \times 6.4 \times 10^{-5}}$$

$$= 0.86$$

$$[C_2O_4^{2-}] = \delta_0 c = 0.086 \text{ mol·L}^{-1}$$

如果是三元酸（如 H$_3$PO$_4$），情况就会更复杂一些，但可采用同样的方法处理，得到各组分的分布分数（图 4.3）：

$$\delta_3 = \frac{[H_3PO_4]}{c} = \frac{[H^+]^3}{[H^+]^3 + K_{a_1}[H^+]^2 + K_{a_1}K_{a_2}[H^+] + K_{a_1}K_{a_2}K_{a_3}} \quad (4.9)$$

$$\delta_2 = \frac{[H_2PO_4^-]}{c} = \frac{K_{a_1}[H^+]^2}{[H^+]^3 + K_{a_1}[H^+]^2 + K_{a_1}K_{a_2}[H^+] + K_{a_1}K_{a_2}K_{a_3}} \quad (4.10)$$

$$\delta_1 = \frac{[HPO_4^{2-}]}{c} = \frac{K_{a_1}K_{a_2}[H^+]}{[H^+]^3 + K_{a_1}[H^+]^2 + K_{a_1}K_{a_2}[H^+] + K_{a_1}K_{a_2}K_{a_3}} \quad (4.11)$$

$$\delta_0 = \frac{[PO_4^{3-}]}{c} = \frac{K_{a_1}K_{a_2}K_{a_3}}{[H^+]^3 + K_{a_1}[H^+]^2 + K_{a_1}K_{a_2}[H^+] + K_{a_1}K_{a_2}K_{a_3}} \quad (4.12)$$

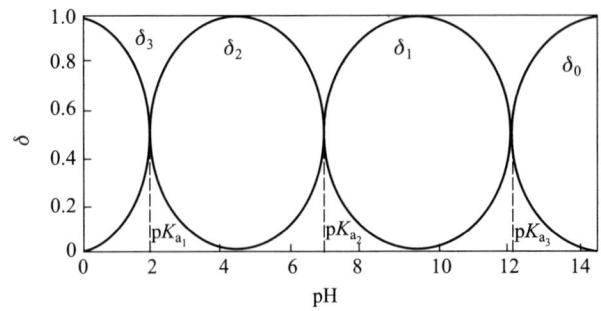

图 4.3 磷酸的四种型体的分布分数与 pH 的关系

n 元酸将会有 $(n+1)$ 种分布。其他多元酸的分布分数可依此类推。

什么是优势组分？一般是指 $\delta \geq 0.95$ 的组分。换言之,该组分的平衡浓度近似等于分析浓度,使其在简化计算中不致带来大的误差。是否有优势组分存在,主要取决于相邻两级反应平衡常数对数值的差值是否足够大。按 $\delta \geq 0.95$ 要求,反应体系则应满足 $\Delta \lg K_a \geq 2.6$ 的要求。在上面例题中,H_3PO_4 的解离满足此要求,可以找出优势组分存在的 pH 范围；各型体优势区域图能方便地展示优势组分存在的区域。这里推荐一种简便绘制优势区域图的方法(图 4.4)。利用直尺在纸上画一条横线,作 0~14 的分度并将其作为 pH 轴,将 pK_{a_i} 标在相应的位置上,再于 pK_{a_i} 的位置上找出 $pK_{a_i} \pm 1.3$ 的位置,进而很容易在标尺下标记出优势组分的形态和存在的区域。

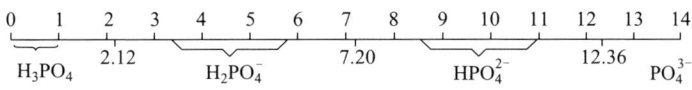

图 4.4 H_3PO_4 的各型体优势区域图

4.3 酸碱溶液pH的计算

在水溶液中发生的各种化学反应与溶液的 pH 密切相关,因此溶液 pH 的计算对于酸碱滴定及指示剂的选择具有重要的理论指导和现实意义。本书主要根据酸碱各组分在溶液中达到平衡状态时的质子条件式来推导 pH 的精确计算式,然后根据具体条件,合理取舍,推导 pH 的简化计算式。由于对 pH 的计算一般允许 5% 的误差,因此计算过程中忽略离子强度的影响。

4.3.1 质子条件式

按照酸碱质子理论,酸碱反应的结果是,有些物质失去质子,有些物质得到质子,当反应达到平衡状态时,碱得到的质子的量与酸失去质子的量相等,这就是质子条件平衡式,又称质子平衡方程,简称质子条件式。它是处理酸碱平衡有关计算问题的基本关系式,是酸碱平衡的核心内容。书写质子条件式的一般步骤如下：① 选择参考水准,即以溶液中大量存在并参与质子转移的物质作为参考水准；② 以参考水准为参照,分别写出得质子的产物和失质子的产物,并注意得失质子的数目；③ 将得到质子的产物写在等式左边,失去质子的产物写在等式右边,并且在平衡浓度前乘以相应的得失质子数。

例如,HAc 溶液的质子条件式,以 HAc 和 H_2O 为参考水准：

$$[H^+] = [Ac^-] + [OH^-]$$

Na_2S 溶液的质子条件式,以 S^{2-} 和 H_2O 为参考水准：

$$[H^+] + [HS^-] + 2[H_2S] = [OH^-]$$

$NaHCO_3$ 溶液的质子条件式,以 HCO_3^- 和 H_2O 为参考水准：

$$[H^+] + [H_2CO_3] = [CO_3^{2-}] + [OH^-]$$

H_2CO_3 溶液的质子条件式,以 H_2CO_3 和 H_2O 为参考水准:

$$[H^+] = [HCO_3^-] + 2[CO_3^{2-}] + [OH^-]$$

书写质子条件式时注意的几个问题:

(1) 质子条件式中均有$[H^+]$和$[OH^-]$,而无参考水准项。

(2) 有强酸、碱存在时,要考虑物料平衡。

HCl 溶液的质子条件式,以 H_2O 为参考水准:

$$[H^+] - c_{HCl} = [OH^-]$$

NaAc 和 NaOH 溶液的质子条件式,以 Ac^- 和 H_2O 为参考水准:

$$[H^+] + [HAc] = [OH^-] - c_{NaOH}$$

H_2SO_4 溶液的质子条件式,以 HSO_4^- 和 H_2O 为参考水准:

$$[H^+] - c_{H_2SO_4} = [OH^-] + [SO_4^{2-}]$$

(3) $HA-A^-$ 共轭体系有两种写法。

以 HA 和 H_2O 为参考水准:

$$[H^+] = [A^-] - c_{A^-} + [OH^-]$$

以 A^- 和 H_2O 为参考水准:

$$[H^+] + [HA] - c_{HA} = [OH^-]$$

溶液 pH 常用 pH 计来测量。如果酸的浓度及其 pK_a 已知,还可以用计算的方法求得 pH。酸的种类繁多,如强酸、弱酸、多元酸、混合酸、两性物质等。下面简要介绍常见酸溶液 pH 的计算方法。

4.3.2 强酸(强碱)溶液 pH 的计算

强酸在溶液中全部解离,酸度的计算很简单。例如,1.0 mol·L^{-1} HCl 溶液中,$[H^+] = 1.0 \text{ mol·L}^{-1}$,pH = 0.0。但是,当其浓度很低时(如在强碱滴定强酸的计量点附近),除考虑由 HCl 解离出来的 H^+,还要考虑由水解离出来的 H^+。

对于浓度为 c 的盐酸溶液,其质子条件式为

$$[H^+] = [OH^-] + c$$

$$[H^+] = \frac{K_w}{[H^+]} + c$$

$10^{-8} \text{ mol·L}^{-1} < c < 10^{-6} \text{ mol·L}^{-1}$ $\qquad [H^+] = \frac{c + \sqrt{c^2 + 4K_w}}{2}$ (4.13)

$c \geq 10^{-6} \text{ mol·L}^{-1}$ $\qquad [H^+] = c$ (4.14)

$c \leq 10^{-8} \text{ mol·L}^{-1}$ $\qquad [H^+] = \sqrt{K_w}$ (4.15)

同理,可以求出浓度为 c 的 NaOH 溶液的 pH:

$10^{-8} \text{ mol·L}^{-1} < c < 10^{-6} \text{ mol·L}^{-1}$ $\qquad [OH^-] = \frac{c + \sqrt{c^2 + 4K_w}}{2}$ (4.16)

$c \geq 10^{-6}\ \mathrm{mol\cdot L^{-1}}$	$[\mathrm{OH^-}] = c$	(4.17)
$c \leq 10^{-8}\ \mathrm{mol\cdot L^{-1}}$	$[\mathrm{OH^-}] = \sqrt{K_\mathrm{w}}$	(4.18)

4.3.3　一元弱酸（弱碱）溶液 pH 的计算

设弱酸 HA 溶液的浓度为 c，参考水准为 HA 和 H_2O，其质子条件式为

$$[\mathrm{H^+}] = [\mathrm{A^-}] + [\mathrm{OH^-}]$$

HA 的解离常数为 K_a，根据解离平衡得

$$[\mathrm{H^+}] = \frac{K_\mathrm{a}[\mathrm{HA}]}{[\mathrm{H^+}]} + \frac{K_\mathrm{w}}{[\mathrm{H^+}]}$$

$$[\mathrm{H^+}] = \sqrt{K_\mathrm{a}[\mathrm{HA}] + K_\mathrm{w}} \tag{4.19}$$

因：

$$[\mathrm{HA}] = c\delta_\mathrm{HA} = c \times \frac{[\mathrm{H^+}]}{[\mathrm{H^+}] + K_\mathrm{a}}$$

将上式代入式(4.19)中，整理后得

$$[\mathrm{H^+}]^3 + K_\mathrm{a}[\mathrm{H^+}]^2 - (K_\mathrm{a}c + K_\mathrm{w})[\mathrm{H^+}] - K_\mathrm{a}K_\mathrm{w} = 0 \tag{4.20}$$

这是计算一元弱酸溶液 H^+ 浓度的精确公式。可用代数法求解，数学处理十分烦琐，更主要的是在实际工作中也没有必要如此精确。更常见的是根据计算 H^+ 浓度时的允许误差，视弱酸的 K_a 和 c 值的大小，采用近似方法进行计算。弱酸、弱碱在水中的解离常数(25℃)见附录表 3。

式(4.19)中，当 $K_\mathrm{a}[\mathrm{HA}] \geq 10K_\mathrm{w}$ 时，K_w 可忽略，此时计算结果的相对误差绝对值不大于 5%。考虑到弱酸的解离度不是很大，为简便起见，就以 $K_\mathrm{a}[\mathrm{HA}] \approx K_\mathrm{a}c \geq 10K_\mathrm{w}$ 进行判断。这样，当 $K_\mathrm{a}c \geq 10K_\mathrm{w}$ 时，可忽略 K_w，即由 H_2O 解离出来的小部分 H^+ 可忽略不计，由式(4.19)得

$$[\mathrm{H^+}] \approx \sqrt{K_\mathrm{a}[\mathrm{HA}]} \tag{4.21}$$

根据解离平衡原理，对于浓度为 c 的弱酸 HA 溶液，$[\mathrm{HA}] \approx c - [\mathrm{H^+}]$，以此代入式(4.21)得

$$[\mathrm{H^+}] = \sqrt{K_\mathrm{a}(c - [\mathrm{H^+}])} \tag{4.21a}$$

$$[\mathrm{H^+}]^2 + K_\mathrm{a}[\mathrm{H^+}] - K_\mathrm{a}c = 0$$

故

$$[\mathrm{H^+}] = \frac{-K_\mathrm{a} + \sqrt{K_\mathrm{a}^2 + 4K_\mathrm{a}c}}{2} \tag{4.21b}$$

式(4.21b)是计算一元弱酸溶液 H^+ 浓度的近似公式。若平衡时溶液中 H^+ 的浓度远小于弱酸的原始浓度，即 $\dfrac{c}{K_\mathrm{a}} \geq 100$，则式(4.21a)中的 $c - [\mathrm{H^+}] \approx c$，可由式(4.21a)得

$$[\mathrm{H^+}] = \sqrt{K_\mathrm{a}c} \tag{4.22}$$

式(4.22)是计算一元弱酸溶液 H^+ 浓度的最简单公式。

当 $K_a c \geqslant 10 K_w$,且 $\dfrac{c}{K_a} \geqslant 100$ 时,即可采用最简单公式进行计算,实际上,它也是计算一元弱酸的 pH 最常用的公式。

例 4.4 计算 $0.010\ \text{mol} \cdot \text{L}^{-1}$ HAc 溶液的 pH。

解 查附录表 3 可知 HAc 的 $K_a = 1.8 \times 10^{-5}$,$c_{\text{HAc}} = 0.010\ \text{mol} \cdot \text{L}^{-1}$,$cK_a > 10 K_w$,又因 $\dfrac{c}{K_a} \geqslant 100$,故采用最简单公式计算:

$$[H^+] = \sqrt{K_a c} = \sqrt{1.8 \times 10^{-5} \times 0.010}\ \text{mol} \cdot \text{L}^{-1} = 4.2 \times 10^{-4}\ \text{mol} \cdot \text{L}^{-1}$$

$$\text{pH} = 3.38$$

例 4.5 计算 $0.10\ \text{mol} \cdot \text{L}^{-1}$ 一氯乙酸(CH_2ClCOOH)溶液的 pH。

解 已知 $c = 0.10\ \text{mol} \cdot \text{L}^{-1}$,查附录表 3 可知一氯乙酸的 $K_a = 1.4 \times 10^{-3}$,$cK_a > 10\ K_w$,但此时 $\dfrac{c}{K_a} < 100$,故采用近似公式计算:

$$[H^+] = \dfrac{-K_a + \sqrt{K_a^2 + 4 K_a c}}{2}$$

$$= \dfrac{-1.4 \times 10^{-3} + \sqrt{(1.4 \times 10^{-3})^2 + 4 \times 1.4 \times 10^{-3} \times 0.10}}{2}\ \text{mol} \cdot \text{L}^{-1}$$

$$= 1.1 \times 10^{-2}\ \text{mol} \cdot \text{L}^{-1}$$

$$\text{pH} = 1.96$$

在以上两例的计算过程中都忽略了 H_2O 的解离,这在许多情况下是可以的,也只有这样才能简化计算。可是对于极稀或极弱的酸溶液,由于溶液中 H^+ 的浓度非常小,这时就不能忽略由 H_2O 解离出来的 H^+,甚至它有时还是 H^+ 的主要来源。在这种情况下,应采用近似计算方法。例如,当 $cK_a < 10\ K_w$ 时,说明此时水解离出来的 H^+ 不能忽略。但因为是极弱的酸,其解离度很小,因此,只要 $\dfrac{c}{K_a} \geqslant 100$,弱酸的平衡浓度就近似等于它的原始浓度 c,即 $[HA] = c - [H^+] \approx c$。此时,由式(4.19)得

$$[H^+] = \sqrt{K_a c + K_w} \tag{4.23}$$

例 4.6 计算 $1.0 \times 10^{-4}\ \text{mol} \cdot \text{L}^{-1}$ HCN 溶液的 $[H^+]$。

解 查附录表 3 可知 HCN 的 $K_a = 6.2 \times 10^{-10}$,$cK_a < 10 K_w$,$\dfrac{c}{K_a} > 100$,代入式(4.23)计算:

$$[H^+] = \sqrt{1.0 \times 10^{-4} \times 6.2 \times 10^{-10} + 1.0 \times 10^{-14}}\ \text{mol} \cdot \text{L}^{-1}$$

$$= 2.7 \times 10^{-7}\ \text{mol} \cdot \text{L}^{-1}$$

若按最简式计算:

$$[H^+] = \sqrt{1.0 \times 10^{-4} \times 6.2 \times 10^{-10}}\ \text{mol} \cdot \text{L}^{-1}$$

$$= 2.5 \times 10^{-7}\ \text{mol} \cdot \text{L}^{-1}$$

与按式(4.23)求得的结果比较,计算结果的相对误差高达 8%,所以,此时应采

用式(4.23)进行计算。

对于一元弱碱,它在水溶液中存在下列酸碱平衡:
$$B+H_2O \rightleftharpoons BH^++OH^-$$

因此,前面所讨论的计算弱酸溶液 H^+ 浓度的有关公式,只要将 K_a 换成 K_b,就完全适用于计算弱碱溶液 OH^- 的浓度。同样,对于浓度不是太低和强度不是太弱的碱溶液,计算 OH^- 浓度时可以忽略 H_2O 本身的解离。

例 4.7 计算 $0.10\ mol \cdot L^{-1}\ NH_3$ 溶液的 pH。

解 NH_3 在水中的解离平衡为
$$NH_3+H_2O \rightleftharpoons NH_4^++OH^-$$

已知 $K_b=1.8\times10^{-5}$,$cK_b>10K_w$,且 $\dfrac{c}{K_b}\geqslant100$,可采用最简单公式计算:

$$[OH^-]=\sqrt{K_b c}=\sqrt{0.10\times1.8\times10^{-5}}\ mol \cdot L^{-1}=1.3\times10^{-3}\ mol \cdot L^{-1}$$

$$pOH=2.89$$

$$pH=14.00-2.89=11.11$$

例 4.8 计算 $1.0\times10^{-4}\ mol \cdot L^{-1}\ NaCN$ 溶液的 pH。

解 CN^- 在水中的解离平衡为
$$CN^-+H_2O \rightleftharpoons HCN+OH^-$$

已知 HCN 的 $K_a=6.2\times10^{-10}$,故 CN^- 的 $K_b=1.6\times10^{-5}$,$cK_b>10K_w$,但 $\dfrac{c}{K_b}<100$,故应采用近似公式(4.21b)计算:

$$[OH^-]=\dfrac{-K_b+\sqrt{K_b^2+4K_b c}}{2}$$

$$=\dfrac{-1.6\times10^{-5}+\sqrt{(1.6\times10^{-5})^2+4\times1.6\times10^{-5}\times1.0\times10^{-4}}}{2}\ mol \cdot L^{-1}$$

$$=3.3\times10^{-5}\ mol \cdot L^{-1}$$

$$pOH=4.48$$

$$pH=14.00-4.48=9.52$$

4.3.4 多元弱酸溶液 pH 的计算

在多元弱酸的水溶液中,多元酸是逐步解离的,第一步解离往往对第二步、第三步的解离产生抑制作用,这导致多元酸的解离常数之比往往达到 4~5 个数量级。通常在多元酸的 pH 计算中忽略离子强度的影响,一般允许有 5% 左右的误差。因此,在多元酸的 pH 计算中,可以忽略后面解离的影响,把多元酸看成一元酸来处理。例如,二元酸 H_2A 的质子条件式为

$$[H^+]=[HA^-]+2[A^{2-}]+[OH^-]$$

把相关平衡常数代入上式并整理得

$$[H^+] = \frac{[H_2A]K_{a_1}}{[H^+]} + 2\frac{[H_2A]K_{a_1}K_{a_2}}{[H^+]^2} + \frac{K_w}{[H^+]} \quad （精确式）$$

即

$$[H^+] = \sqrt{[H_2A]K_{a_1}\left(1+\frac{2K_{a_2}}{[H^+]}\right)+K_w}$$

整理后得

$$[H^+]^4 + K_{a_1}[H^+]^3 + (K_{a_1}K_{a_2} - K_{a_1}c - K_w)[H^+]^2 -$$
$$(K_{a_1}K_w + 2K_{a_1}K_{a_2}c)[H^+] - K_{a_1}K_{a_2}K_w = 0 \tag{4.24}$$

当 $K_{a_1}[H_2A] \approx K_{a_1}c \geqslant 10K_w$ 时，忽略 K_w；$\dfrac{K_{a_2}}{[H^+]} \approx \dfrac{K_{a_2}}{\sqrt{cK_{a_1}}} < 0.05$ 时，第二级解离也可以忽略。

此时二元弱酸可以按照一元弱酸处理，H^+ 的浓度为

$$[H^+] = \sqrt{K_{a_1}[H_2A]} \approx \sqrt{K_{a_1}(c-[H^+])} \tag{4.25}$$

若同时满足 $\dfrac{c}{K_{a_1}} \geqslant 100$，说明二元弱酸的一级解离度很小，二元弱酸的平衡浓度可视为等于其原始浓度 c，即

$$[H^+] = \sqrt{K_{a_1}c} \tag{4.26}$$

当满足以上简化条件时，对于其他多元酸的处理方法类似，一般可以按照一元酸来处理。

例 4.9 计算 $0.20\ \text{mol}\cdot\text{L}^{-1}\ H_2C_2O_4$ 溶液的 pH。

解 查附录表 3 可知 $H_2C_2O_4$ 的 $pK_{a_1}=1.22$，$pK_{a_2}=4.19$。

由于 $[H_2C_2O_4]K_{a_1} \approx cK_{a_1} \gg 10K_w$，$K_w$ 可忽略。而 $\dfrac{K_{a_2}}{\sqrt{cK_{a_1}}} = \dfrac{10^{-4.19}}{\sqrt{0.2\times10^{-1.22}}} < 0.05$，且 $\dfrac{c}{K_{a_1}} = \dfrac{0.20}{10^{-1.22}} < 100$，故

$$[H^+] = \frac{-K_{a_1}+\sqrt{K_{a_1}^2+4K_{a_1}c}}{2} = 0.084\ \text{mol}\cdot\text{L}^{-1}$$

$$\text{pH} = 1.08$$

例 4.10 计算 $0.10\ \text{mol}\cdot\text{L}^{-1}\ H_3PO_4$ 溶液的 pH。

解 查附录表 3 可知 H_3PO_4 的 $pK_{a_1}=2.12$，$pK_{a_2}=7.20$。

由于 $cK_{a_1} > 10K_w$，$\dfrac{K_{a_2}}{\sqrt{cK_{a_1}}} = \dfrac{10^{-7.2}}{\sqrt{0.1\times10^{-2.12}}} < 0.05$，且 $\dfrac{c}{K_{a_1}} = \dfrac{0.20}{10^{-1.22}} < 100$，故

$$[H^+] = \frac{-K_{a_1}+\sqrt{K_{a_1}^2+4K_{a_1}c}}{2} = 0.024\ \text{mol}\cdot\text{L}^{-1}$$

$$\text{pH} = 1.62$$

4.3.5 多元弱碱溶液 pH 的计算

多元弱碱溶液 pH 的计算方法同多元弱酸的类似。例如，对于二元弱碱 Na_2A，其在水溶液中的质子条件式为

$$[H^+]+[HA^-]+2[H_2A]=[OH^-]$$

由于溶液为碱性,忽略式(4.27)的$[H^+]$,把相关解离平衡常数代入上式并整理得

$$[OH^-]=\frac{[Na_2A]K_{b_1}}{[OH^-]}+2\frac{[Na_2A]K_{b_1}K_{b_2}}{[OH^-]^2}+\frac{K_w}{[OH^-]} \quad (精确式)$$

$$[OH^-]^4+K_{b_1}[OH^-]^3+(K_{b_1}K_{b_2}-K_{b_1}c-K_w)[OH^-]^2- \\ (K_{b_1}K_w+2K_{b_1}K_{b_2}c)[OH^-]-K_{b_1}K_{b_2}K_w=0 \quad (4.27)$$

当$K_{b_1}[Na_2A]\approx K_{b_1}c\geqslant 10K_w$时,忽略$K_w$;$\frac{K_{b_2}}{[OH^-]}\approx \frac{K_{b_2}}{\sqrt{cK_{b_1}}}<0.05$时,第二级解离也可以忽略。此时二元弱碱可以按照一元弱碱处理,OH^-的浓度为

$$[OH^-]=\frac{-K_{b_1}+\sqrt{K_{b_1}^2+4K_{b_1}c}}{2} \quad (4.28)$$

若同时满足$\frac{c}{K_{b_1}}\geqslant 100$,说明二元弱碱的一级解离度很小,二元弱碱的平衡浓度可视为等于其原始浓度c,即可以进一步简化为

$$[OH^-]=\sqrt{cK_{b_1}} \quad (4.29)$$

该公式同一元弱碱的 pH 计算公式完全一样,在满足简化条件的情况下,对于其他多元碱的处理方法类似,一般可以按照一元碱来处理。

例 4.11 计算 $0.20\ mol\cdot L^{-1}\ Na_2CO_3$ 溶液的 pH。

解 查附录表 3 可知 CO_3^{2-} 的 $pK_{b_1}=3.75$,$pK_{b_2}=7.62$。

由于 $cK_{b_1}>10K_w$,$\frac{K_{b_2}}{\sqrt{cK_{b_1}}}=\frac{10^{-7.62}}{\sqrt{0.2\times 10^{-3.75}}}<0.05$,且 $\frac{c}{K_{b_1}}>100$,故

$$[OH^-]=\sqrt{cK_{b_1}}=\sqrt{0.2\times 10^{-3.75}}\ mol\cdot L^{-1}=5.96\times 10^{-3}\ mol\cdot L^{-1}$$
$$pOH=2.23$$
$$pH=14.00-2.23=11.77$$

4.3.6 两性物质溶液 pH 的计算

两性物质是在溶液中既起酸的作用又起碱的作用的物质,其在水溶液中的酸碱平衡比较复杂。同前面的处理方法类似,先写出质子条件式,根据具体条件进一步简化计算公式。

一、酸式盐

以 NaHA 为例,其在水溶液中的质子条件式为

$$[H^+]+[H_2A]=[A^{2-}]+[OH^-]$$

把相关解离平衡常数代入上式可得

$$[H^+]=\frac{K_{a_2}[HA^-]}{[H^+]}+\frac{K_w}{[H^+]}-\frac{[H^+][HA^-]}{K_{a_1}}$$

对上式进行整理,可得计算 H$^+$ 浓度的精确公式:

$$[H^+] = \sqrt{\frac{K_{a_1}(K_{a_2}[HA^-]+K_w)}{K_{a_1}+[HA^-]}} \tag{4.30}$$

一般情况下,HA$^-$ 的酸式解离和碱式解离的趋势都很小,可以认为[HA$^-$]的平衡浓度近似等于其原始浓度 c,式(4.30)可以简化为

$$[H^+] = \sqrt{\frac{K_{a_1}(K_{a_2}c+K_w)}{K_{a_1}+c}} \tag{4.31}$$

若解离不太弱,满足 $cK_{a_2} \geq 10K_w$,K_w 可忽略,式(4.31)又可简化为

$$[H^+] = \sqrt{\frac{K_{a_1}K_{a_2}c}{K_{a_1}+c}} \tag{4.32}$$

若溶液的浓度较大,且满足 $c \geq 10K_{a_1}$,式(4.32)又可以进一步简化为

$$[H^+] = \sqrt{K_{a_1}K_{a_2}} \tag{4.33}$$

式(4.33)为计算 NaHA 型两性物质溶液 H$^+$ 浓度的最简单公式。需要指出的是,只要两性物质的浓度较大且酸性解离不太弱,一般情况下,可忽略水的解离,可以用最简单公式直接计算溶液的 pH。

对于三元酸,其两性物质分别为 NaH$_2$A 型和 Na$_2$HA 型,同理可以推导出溶液 H$^+$ 浓度的计算公式:

NaH$_2$A 型 $\qquad [H^+] = \sqrt{\dfrac{K_{a_1}(K_{a_2}c+K_w)}{K_{a_1}+c}}$

Na$_2$HA 型 $\qquad [H^+] = \sqrt{\dfrac{K_{a_2}(K_{a_3}c+K_w)}{K_{a_2}+c}}$

二、弱酸弱碱盐

弱酸弱碱盐溶液中 H$^+$ 浓度的计算方法与同浓度弱酸弱碱混合溶液及酸式盐溶液的相似。如浓度为 c 的 CH$_2$ClCOONH$_4$ 溶液,其中 NH$_4^+$ 起酸的作用,CH$_2$ClCOO$^-$ 起碱的作用,其质子条件式为

$$[H^+] + [CH_2ClCOOH] = [NH_3] + [OH^-]$$

设 CH$_2$ClCOOH 的解离常数为 K_{a_1}(常写作 K_a),NH$_4^+$ 的解离常数为 K_{a_2}(常写作 K_a'),则上述讨论酸式盐溶液 H$^+$ 浓度的计算式均适用于它的计算。

例 4.12 计算 0.20 mol·L^{-1} NaH$_2$PO$_4$ 溶液的 pH。

解 查附录表 3 可知 H$_3$PO$_4$ 的 pK_{a_1} = 2.12,pK_{a_2} = 7.20。

由于 $cK_{a_2} > 10K_w$,且 $c > 10K_{a_1}$,故

$$[H^+] = \sqrt{K_{a_1}K_{a_2}} = \sqrt{10^{-2.12} \times 10^{-7.20}} \text{ mol·L}^{-1} = 2.2 \times 10^{-5} \text{ mol·L}^{-1}$$

$$pH = 4.66$$

例 4.13 计算 $0.0022 \text{ mol} \cdot \text{L}^{-1}$ Na_2HPO_4 溶液的 pH。

解 查附录表 3 可知 H_3PO_4 的 $pK_{a_2} = 7.20$，$pK_{a_3} = 12.36$。

由于 $cK_{a_3} < 10K_w$，K_w 不可忽略，$c > 10K_{a_2}$，故

$$[H^+] = \sqrt{\frac{K_{a_2}(K_{a_3}c + K_w)}{c}} = \sqrt{\frac{10^{-7.2} \times (10^{-12.36} \times 0.0022 + 10^{-14})}{0.0022}} \text{ mol} \cdot \text{L}^{-1}$$

$$= 5.6 \times 10^{-10} \text{ mol} \cdot \text{L}^{-1}$$

$$pH = 9.25$$

4.3.7 混合溶液 pH 的计算

一、强酸和弱酸组成的混合溶液（HCl+HA）

由于强酸在溶液中全部解离，若强酸和弱酸的分析浓度分别为 c_{HCl}、c_{HA}，则混合溶液的质子条件式为

$$[H^+] = [A^-] + [OH^-] + c_{HCl}$$

由于溶液为酸性，$[OH^-]$ 可以忽略，上式可以简化为

$$[H^+] = [A^-] + c_{HCl} \tag{4.34}$$

若满足 $c_{HCl} > 10[A^-]$，式（4.30）可以进一步简化为

$$[H^+] = c_{HCl}$$

若不满足 $c_{HCl} > 10[A^-]$，把 $[A^-]$ 用分析浓度乘以分布分数代入式（4.34）并整理得

$$[H^+]^2 + (K_a - c_{HCl})[H^+] - K_a(c_{HA} + c_{HCl}) = 0$$

解上述一元二次方程可得

$$[H^+] = \frac{(c_{HCl} - K_a) + \sqrt{(K_a - c_{HCl})^2 + 4K_a(c_{HA} + c_{HCl})}}{2} \tag{4.35}$$

二、两种弱酸（HA+HB）组成的混合溶液

若两种弱酸 HA 和 HB 的分析浓度分别为 c_{HA}、c_{HB}，解离平衡常数分别为 K_{HA}、K_{HB}，则混合溶液的质子条件式为

$$[H^+] = [A^-] + [B^-] + [OH^-]$$

混合溶液呈酸性，忽略 $[OH^-]$，上式简化为

$$[H^+] = [A^-] + [B^-]$$

把相关解离平衡代入上式并整理得

$$[H^+] = \frac{K_{HA}[HA]}{[H^+]} + \frac{K_{HB}[HB]}{[H^+]}$$

即

$$[H^+] = \sqrt{K_{HA}[HA] + K_{HB}[HB]} \tag{4.36}$$

若两弱酸的酸性较小，忽略其酸式解离的影响，$[HA] \approx c_{HA}$，$[HB] \approx c_{HB}$，则有

$$[H^+] = \sqrt{K_{HA}c_{HA} + K_{HB}c_{HB}} \tag{4.37}$$

式（4.37）是计算弱酸混合溶液 pH 的最简单公式。

三、强碱和弱碱组成的混合溶液

计算方法和过程同强酸和弱酸的类似,只需要把公式中的 K_a 换成 K_b。

四、两种弱碱(NaA+NaB)组成的混合溶液

若两种弱碱 NaA 和 NaB 的分析浓度分别为 c_{NaA}、c_{NaB},同理可以推导出混合弱碱溶液 pH 的计算公式:

$$[OH^-] = \sqrt{K_A c_{NaA} + K_B c_{NaB}} \tag{4.38}$$

一元弱酸(HA)、二元弱酸(H_2A)及典型的两性物质(HA^-)溶液$[H^+]$的计算公式及使用条件列于表 4.1 中。

表 4.1　几种酸溶液$[H^+]$的计算公式及使用条件

类型	计算公式	使用条件(允许误差±5%)
一元弱酸	(a) $[H^+] = \sqrt{cK_a + K_w}$	$\dfrac{c}{K_a} \geqslant 100$
	(b) $[H^+] = \dfrac{-K_a + \sqrt{K_a^2 + 4K_a c}}{2}$	$cK_a \geqslant 10K_w$
	(c) $[H^+] = \sqrt{cK_a}$	$\begin{cases} cK_a \geqslant 10K_w \\ \dfrac{c}{K_a} \geqslant 100 \end{cases}$
二元弱酸	(a) $[H^+] = \dfrac{-K_{a_1} + \sqrt{K_{a_1}^2 + 4K_{a_1} c}}{2}$	$\begin{cases} cK_{a_1} \geqslant 10K_w \\ \dfrac{2K_{a_2}}{[H^+]} \leqslant 0.1, \dfrac{K_{a_2}}{\sqrt{K_{a_1} c}} \leqslant 0.05 \end{cases}$
	(b) $[H^+] = \sqrt{cK_{a_1}}$	$\begin{cases} cK_{a_1} \geqslant 10K_w \\ \dfrac{c}{K_{a_1}} \geqslant 100 \\ \dfrac{2K_{a_2}}{[H^+]} \leqslant 0.1, \dfrac{K_{a_2}}{\sqrt{K_{a_1} c}} \leqslant 0.05 \end{cases}$
两性物质	(a) $[H^+] = \sqrt{\dfrac{K_{a_1}(K_{a_2} c + K_w)}{K_{a_1} + c}}$	
	(b) $[H^+] = \sqrt{\dfrac{K_{a_1} K_{a_2} c}{K_{a_1} + c}}$	$cK_{a_2} \geqslant 10K_w$
	(c) $[H^+] = \sqrt{K_{a_1} K_{a_2}}$	$\begin{cases} cK_{a_2} \geqslant 10K_w \\ \dfrac{c}{K_{a_1}} \geqslant 10 \end{cases}$

4.4　对数图解法

对数图解法是一种处理溶液中的离子平衡和滴定分析中某些基本问题的有力方法,它

具有简便、直观等优点,其准确度也能满足一般工作的要求。使用对数图解法很容易从对数图中判断出主要的和次要的酸碱组分,从而可根据允许误差的大小,忽略次要的酸碱组分,然后用代数法或直接图解法求解。

4.4.1 浓度对数图的绘制方法

一、一元弱酸

以绘制分析浓度为 1.0×10^{-2} mol·L^{-1} 的 HAc 溶液中各组分的浓度对数图为例。在该溶液中存在的酸碱组分有 HAc、Ac$^-$、H$^+$、OH$^-$,其中[H$^+$]和[OH$^-$]的对数与 pH 的关系为

$$\lg[H^+] = -pH, \quad \lg[OH^-] = \lg K_w - \lg[H^+] = pH - 14$$

可见,$\lg[H^+]$-pH 是一条斜率为-1、截距为 0 的直线。$\lg[OH^-]$-pH 是一条斜率为+1、截距为-14 的直线。在图 4.5 中[H$^+$]线和[OH$^-$]线分别表示这两条直线。

根据 HAc 的分布分数关系式

$$[HAc] = c\delta_{HAc} = \frac{c[H^+]}{[H^+] + K_a}$$

可知 $\lg[HAc] = \lg c - pH - \lg([H^+] + K_a)$。

当[H$^+$]$\gg K_a$(即[H$^+$]$\geq 10K_a$,pH$\leq pK_a - 1$)时,[HAc]$\approx c$,$\lg[HAc] = \lg c = -2$,$\lg[HAc]$-pH 线的斜率为 0,截距为 $\lg c$。它是一条与 pH 轴平行的直线。

当[H$^+$]$\ll K_a$(即 10[H$^+$]$\leq K_a$,pH$\geq pK_a + 1$)时,[Ac$^-$]$\approx c$,$\lg[HAc] = \lg c + pK_a - pH$,$\lg[HAc]$-pH 线的斜率为-1,截距为 $\lg c + pK_a$。它是一条与 $\lg[H^+]$ 线平行的斜线。

当[H$^+$] = K_a 时,[HAc] = $\frac{c}{2}$,$\lg[HAc] = \lg \frac{c}{2} = \lg c - 0.3$,横坐标为 pK_a,纵坐标为 $\lg c - 0.3$。这一点(pK_a, $\lg c - 0.3$)在图上用 O 表示,很明显 $\lg[HAc]$-pH 线一定通过此点。$\lg[HAc] = \lg c$ 表示的直线与 $\lg[HAc] = \lg c + pK_a - pH$ 表示的斜线的交点 S 的坐标 $S(pK_a, \lg c)$ 点称为体系点。

按同样的方法可求得 $\lg[Ac^-]$ 在不同 pH 范围内与 pH 的关系。根据以上讨论,可绘制出如图 4.5 所示的浓度对数图。

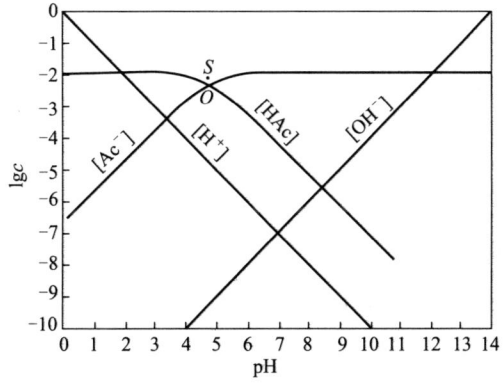

图 4.5　0.010 mol·L^{-1} HAc 溶液的浓度对数图($pK_a = 4.74$)

一般来说,浓度对数图的绘制可按下述步骤进行:

(1) 确定体系点 S:根据某一酸碱体系的分析浓度 c 和 K_a 值,确定 S 点的坐标 $(pK_a, \lg c)$。

(2) 通过体系点绘制斜率为 0、-1、+1 的直线。

(3) 通过 O 点画与斜率为 0、-1、+1 的直线相切的曲线。

二、多元酸和混合酸

以二元酸为例说明多元酸的浓度对数图的绘制方法。假设二元酸 H_2B 的浓度为 1.0×10^{-2} mol·L^{-1},解离常数 $K_{a_1} = 1.0 \times 10^{-4}$,$K_{a_2} = 1.0 \times 10^{-8}$。此时,溶液中存在的酸碱组分有 H_2B、HB^-、B^{2-}、H^+、OH^-。因此,在 H_2B 的浓度对数图中(图 4.6),有 $\lg[H^+]$、$\lg[OH^-]$、$\lg[H_2B]$、$\lg[HB^-]$、$\lg[B^{2-}]$ 五条线。

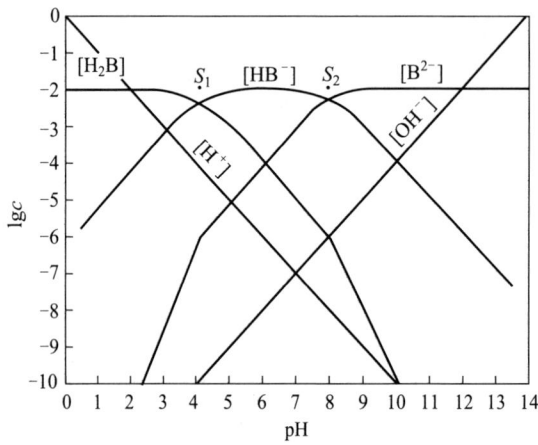

图 4.6　0.010 mol·L^{-1} H_2B 溶液的浓度对数图($pK_{a_1} = 4.0$,$pK_{a_2} = 8.0$)

根据 c、K_{a_1} 和 K_{a_2},确定第一体系点 S_1 和第二体系点 S_2 的坐标,它们分别是 $(pK_{a_1}, \lg c)$ 和 $(pK_{a_2}, \lg c)$。

由分布分数可知

$$[H_2B] = c\delta_{H_2B} = \frac{c[H^+]^2}{[H^+]^2 + K_{a_1}[H^+] + K_{a_1}K_{a_2}}$$

$$\lg[H_2B] = 2\lg[H^+] + \lg c - \lg([H^+]^2 + K_{a_1}[H^+] + K_{a_1}K_{a_2})$$

当 $[H^+] \gg K_{a_1} \gg K_{a_2}$ 时,$\lg[H_2B] \approx \lg c$,$\lg[H_2B]$-pH 为水平线。

当 $[H^+] = K_{a_1}$ 时,$[H_2B] = [HB^-] = \dfrac{c}{2}$,$\lg[H_2B] = \lg c - 0.3$。

当 $K_{a_1} \gg [H^+] \gg K_{a_2}$ 时,$\lg[H_2B] \approx -pH + \lg c + pK_{a_1}$。

可见,$\lg[H_2B]$-pH 线的斜率为 -1。

当 $[H^+] \ll K_{a_2} \ll K_{a_1}$ 时,$\lg[H_2B] \approx -2pH + \lg c + pK_{a_1} + pK_{a_2}$,此时,$\lg[H_2B]$-pH 线的斜率为 -2。上两式共同的解就是斜率为 -1 和 -2 两条直线的交点。其坐标为 $(pK_{a_2}, \lg c + pK_{a_1} - pK_{a_2})$。

lg[B^{2-}]-pH线与lg[H_2B]-pH线呈镜面对称,可按照对应关系绘制。

4.4.2 对数图解法的应用

例4.14 计算$1.0×10^{-1}$ mol·L^{-1}和$1.0×10^{-4}$ mol·L^{-1}HB溶液的pH。已知$K_a=1.0×10^{-5}$。

解 HB溶液的质子条件式为

$$[H^+]=[B^-]+[OH^-]$$

质子条件式中各组分的浓度对数曲线见图4.7。

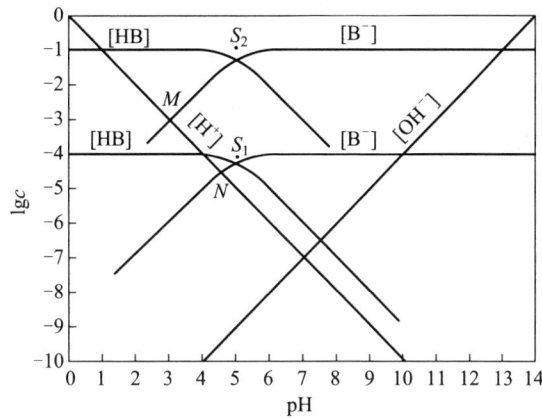

图4.7 $1.0×10^{-1}$ mol·L^{-1}和$1.0×10^{-4}$ mol·L^{-1}HB溶液的浓度对数图($pK_a=5.00$)

由图4.7可见,lg[H^+]线先于lg[B^-]线相交,其次与lg[OH^-]线相交,而lg[B^-]线远比lg[OH^-]线高1个对数单位,即[B^-]>10[OH^-],故[OH^-]可忽略。因此,质子条件式可简化为[H^+]≈[B^-]。

当$c=1.0×10^{-1}$ mol·L^{-1}时,由图中找到lg[H^+]线和lg[B^-]线的交点M所对应的pH为3.00,此即溶液的pH。又由图4.7看出,在交点M附近时,[HB]≫[H^+],说明此时[HB]的解离度是很小的,[HB]=c-[H^+]≈c。这种情况下,若用代数法求解,可采用最简式。

当$c=1.0×10^{-4}$ mol·L^{-1}时,由图4.7看出,[B^-]≫[OH^-],故[OH^-]仍可忽略。由图中找到lg[B^-]线和lg[H^+]的交点N所对应的pH=4.52,即为该溶液的pH。此时N点位于lg[B^-]线的曲线部分,[H^+]与[HB]相比较,差别不是很大,说明此时HB的解离度是较大的。这种情况下,用代数法求解,应采用近似式。

4.5 酸碱缓冲溶液

对溶液的酸度起稳定作用的溶液称为缓冲溶液。它能维持与控制溶液的酸度,使酸度不因外加少量的酸、碱(或反应过程中产生少量的酸、碱)或溶液的稀释而发生明显的变化。例如,在配位滴定中,为使配位滴定能够准确进行,必须用适当的缓冲溶液保持滴定过程中溶液的pH在一定范围内;健康人体血液的pH必须保持在7.36~7.44(37 ℃),否则容易造成酸中毒或碱中毒,这其中就有血红蛋白HHb-KHb等多类共轭酸碱对所组成的生理缓冲溶液的作用。

4.5.1 缓冲溶液的组成和作用机理

常用的缓冲溶液主要有两类,一类由浓度较高的弱酸及其共轭碱组成,如 $NaHCO_3$-$NaCO_3$、HAc-$NaAc$、NH_3-NH_4Cl 等。这类缓冲溶液的作用机理是溶液中存在弱酸及其共轭碱的平衡反应,当向溶液中加入少量的酸和碱时,酸碱平衡就会向生成碱和酸的方向移动,所以溶液的 pH 基本保持不变。另一类由高浓度的强酸(pH<2)或高浓度的强碱(pH>12)单独组成,这类缓冲溶液的作用机理:由于强酸或强碱溶液本来 H^+ 及 OH^- 的浓度就很高,外加少量酸或碱不会对溶液的酸碱度产生太大的影响,但这类缓冲溶液不具有抗稀释的作用。

4.5.2 缓冲溶液 pH 的计算

分析化学用到很多缓冲溶液,多数为控制溶液的 pH,还有一些在测量溶液 pH 时用作参照标准,称为标准缓冲溶液。关于缓冲溶液的配制可参考有关手册或参考书上的方法,也可以根据计算结果进行配制。

对于弱酸及其共轭碱组成的缓冲溶液,即 HA+NaA,若分析浓度分别为 c_{HA}、c_{A^-},则根据物料平衡可得

$$[HA]+[A^-]=c_{HA}+c_{A^-}$$

根据电荷平衡可得

$$[H^+]+[Na^+]=[OH^-]+[A^-] \quad (4.39)$$

把 $[Na^+]=c_{A^-}$ 代入式(4.39)可得

$$[A^-]=c_{A^-}+[H^+]-[OH^-] \quad (4.40)$$

把式(4.40)代入物料平衡式并整理可得

$$[HA]=c_{HA}-[H^+]+[OH^-]$$

根据弱酸及其共轭碱在溶液中的解离平衡有

$$[H^+]=K_a\frac{[HA]}{[A^-]}=K_a\frac{c_{HA}-[H^+]+[OH^-]}{c_{A^-}+[H^+]-[OH^-]} \quad (4.41)$$

式(4.41)为计算缓冲溶液 pH 的精确公式。

当溶液为酸性(pH<6)时,溶液中 $[OH^-]$ 可以忽略,式(4.41)可以简化为

$$[H^+]=K_a\frac{c_{HA}-[H^+]}{c_{A^-}+[H^+]} \quad (4.41a)$$

当溶液为碱性(pH>8)时,溶液中 $[H^+]$ 可以忽略,式(4.41)可以简化为

$$[H^+]=K_a\frac{c_{HA}+[OH^-]}{c_{A^-}-[OH^-]} \quad (4.41b)$$

当溶液中弱酸及其共轭碱分析浓度 c_{HA}、c_{A^-} 较大,溶液中 $[H^+]$ 和 $[OH^-]$ 都可以忽略时,可得到计算缓冲溶液 pH 的最简单公式:

$$[H^+] = K_a \frac{c_{HA}}{c_{A^-}}$$

即
$$pH = pK_a + \lg \frac{c_{A^-}}{c_{HA}} \tag{4.41c}$$

例 4.15 计算 0.10 mol·L⁻¹ NH₄Cl 与 0.20 mol·L⁻¹ NH₃ 组成的缓冲溶液的 pH。

解 已知 NH₃ 的 $K_b = 1.8 \times 10^{-5}$，所以 NH₄⁺ 的 $K_a = \frac{K_w}{K_b} = 5.6 \times 10^{-10}$，由于 $c_{NH_4^+}$ 和 c_{NH_3} 均较大，故可采用式(4.41c)计算：

$$pH = pK_a + \lg \frac{c_{NH_3}}{c_{NH_4^+}} = 9.26 + \lg \frac{0.20}{0.10} = 9.56$$

例 4.16 计算 0.20 mol·L⁻¹ HAc 与 4.0×10⁻³ mol·L⁻¹ NaAc 组成的缓冲溶液的 pH。

解 已知 HAc 的 $K_a = 1.8 \times 10^{-5}$，先采用最简单公式计算溶液的 H⁺ 浓度，即

$$[H^+] \approx K_a \frac{c_{HA}}{c_{A^-}} = \left(1.8 \times 10^{-5} \times \frac{0.20}{4.0 \times 10^{-3}}\right) \text{mol·L}^{-1} = 9.0 \times 10^{-4} \text{ mol·L}^{-1}$$

由于 c_{Ac^-} 和 H⁺ 浓度接近，故应用下式计算：

$$[H^+] = K_a \frac{c_{HAc} - [H^+]}{c_{Ac^-} + [H^+]} \approx 1.8 \times 10^{-5} \frac{0.20}{4.0 \times 10^{-3} + [H^+]}$$

解方程得
$$[H^+] = 7.6 \times 10^{-4} \text{ mol·L}^{-1}$$
$$pH = 3.12$$

例 4.17 0.30 mol·L⁻¹ 吡啶溶液与 0.10 mol·L⁻¹ HCl 溶液等体积混合，所得溶液是否为缓冲溶液？计算溶液的 pH。

解 吡啶为有机弱碱，与 HCl 作用生成吡啶盐酸盐，生成吡啶盐的量和加入 HCl 的量相等。因此，两溶液等体积混合后，吡啶盐酸盐的浓度为 $\frac{0.10}{2}$ mol·L⁻¹ = 0.050 mol·L⁻¹，未作用的吡啶浓度为 $\frac{0.30-0.10}{2}$ mol·L⁻¹ = 0.10 mol·L⁻¹。可见，溶液中同时存在吡啶盐酸盐及吡啶，所以该溶液是缓冲溶液。

已知吡啶盐酸盐的 $K_a = \frac{K_w}{K_b} = 5.9 \times 10^{-6}$，由于 $c_{C_5H_5NH^+}$ 和 $c_{C_5H_5N}$ 都较大，即

$$pH = pK_a + \lg \frac{c_{C_5H_5N}}{c_{C_5H_5NH^+}} = 5.23 + \lg \frac{0.10}{0.050} = 5.53$$

4.5.3 缓冲容量

缓冲溶液对溶液 pH 的缓冲能力是有一定限度的，若加入的(或化学反应中产生的)酸(或碱)的量太多，其 pH 将不再保持基本不变。通常用缓冲容量(β)来衡量溶液缓冲能力的大小。其定义为使 1 L 缓冲溶液的 pH 增加一个 pH 单位所需强碱的量 db(mol)，或使 1 L 缓冲溶液的 pH 降低一个 pH 单位所需强酸的量 da(mol)。因此，缓冲容量的数学表达式为

$$\beta = \frac{db}{dpH} = -\frac{da}{dpH} \tag{4.42}$$

显然，β 是正值，且 β 越大，表明溶液的缓冲能力越强，根据这个定义，β 具有类似强度的量纲，所以通常也称为缓冲指数。

缓冲容量 β 与 pH 的关系见图 4.8。由图可以看出,强酸强碱只有在浓度大的时候才有较大的缓冲容量,由于它不能抵御稀释作用,因此原则上不属于缓冲溶液,其中只有盐酸与 KCl 的混合物作为低 pH 的缓冲液在使用。当弱酸及其共轭碱的组成比为 1∶1 时 β 有最大值,即有最大的缓冲容量,对此不难从数学上予以证明。

现以弱酸及其共轭碱组成的缓冲溶液为例,说明缓冲溶液中酸碱组分的浓度比值及浓度之和对缓冲容量的影响。设缓冲溶

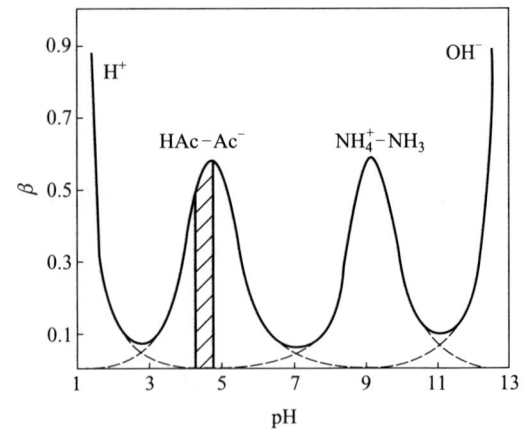

图 4.8 缓冲容量 β 与 pH 的关系

(各共轭酸碱对的总浓度为 $1\ \text{mol} \cdot \text{L}^{-1}$)

液的总浓度为 c,其中 $[A^-]$ 的浓度为 b,为方便起见,将 $[A^-]$ 都归结为由初始的 HA 与浓度为 b 的强碱反应所形成的,则溶液的质子条件式为

$$[H^+] = [OH^-] - b + [A^-]$$

对上式整理得

$$b = -[H^+] + [OH^-] + [A^-] = -[H^+] + \frac{K_w}{[H^+]} + \frac{cK_a}{[H^+] + K_a}$$

对上式两边求导得

$$\frac{db}{d[H^+]} = -1 - \frac{K_w}{[H^+]^2} - \frac{cK_a}{([H^+] + K_a)^2}$$

$$\text{pH} = -\lg[H^+] = -\frac{1}{2.30}\ln[H^+]$$

$$d\text{pH} = -\frac{d[H^+]}{2.30[H^+]}$$

所以

$$\frac{d[H^+]}{d\text{pH}} = -2.30[H^+]$$

$$\beta = \frac{db}{d\text{pH}} = \frac{db}{d[H^+]} \times \frac{d[H^+]}{d\text{pH}}$$

$$= -2.303[H^+]\left[-1 - \frac{K_w}{[H^+]^2} - \frac{cK_a}{([H^+] + K_a)^2}\right]$$

$$= 2.303[H^+] + 2.303[OH^-] + 2.303\frac{cK_a[H^+]}{([H^+] + K_a)^2} \tag{4.43}$$

对于弱酸及其共轭碱组成的缓冲溶液,其分析浓度较大且酸(碱)性较弱,所以溶液中 $[H^+]$ 和 $[OH^-]$ 可以忽略,式(4.43)可以简化为

$$\beta = 2.303\frac{cK_a[H^+]}{([H^+] + K_a)^2} = 2.303\delta_0\delta_1 c \tag{4.44}$$

对式(4.44)求导,并令其等于零,则$[H^+]=K_a$(即$[HA]=[A^-]$)时,缓冲容量有极大值。

将$[HA]=[A^-]$代入式(4.44),可求得缓冲容量的极大值:

$$\beta_{\max}=\frac{2.303c}{4}=0.575c$$

对于弱酸及其共轭碱组成的缓冲溶液,缓冲容量取决于以下两种因素。

(1) 缓冲容量与组成缓冲溶液的弱酸、弱碱浓度之和成正比,总浓度越大,缓冲容量越大,过分稀释导致缓冲容量急剧下降,进而失去缓冲能力。

(2) 缓冲容量与弱酸和弱碱的浓度之比有关。当$\delta_0:\delta_1=1:1$时,缓冲容量有最大值($0.575c$)。当$\delta_0:\delta_1=1:10$或$10:1$时,$\beta=0.190c$;当$\delta_0:\delta_1=1:100$或$100:1$时,$\beta=0.0225c$。

4.5.4 缓冲范围

根据缓冲溶液 pH 的计算公式 $pH=pK_a+\lg\frac{c_{A^-}}{c_{HA}}$,对于一元弱酸(碱)及其共轭碱(酸)组成的缓冲溶液的缓冲范围为 $pK_a-1\leqslant pH\leqslant pK_a+1$,即 $pK_a\pm1$。对二元弱酸(碱)及其共轭碱(酸)组成的缓冲溶液的缓冲范围,根据 pK_{a_1} 和 pK_{a_2} 的差值,可以组成分段的和连续的两类缓冲溶液。ΔpK_a 大于 2.6 的则可在 H_2A 溶液中加入适量的 NaOH,构成缓冲范围为 $pK_{a_1}\pm1$ 和 $pK_{a_2}\pm1$ 的两段缓冲溶液,实际是 H_2A/HA^- 和 HA^-/A^{2-} 两种缓冲溶液。$\Delta pK_a<2.6$ 时,则可连续构成 $pK_{a_1}-1$ 到 $pK_{a_2}+1$ 间的缓冲溶液,从 β-pH 图上看,只是在 pH 为 $\frac{pK_{a_1}+pK_{a_2}}{2}$ 处有一低谷,随 ΔpK_a 的变小,低谷变为高谷。根据这个道理,按 pK_a 值适当的组合,将不同的一元酸、多元酸混合在一起可以构成广谱性的缓冲溶液。

在这样的体系中,由于存在多种 pK_a 值不同的共轭酸碱,因而能在广泛的 pH 范围内起缓冲作用。例如,将柠檬酸($pK_{a_1}=3.13$、$pK_{a_2}=4.76$、$pK_{a_3}=6.40$)和磷酸氢二钠(H_3PO_4 的 $pK_{a_1}=2.12$、$pK_{a_2}=7.20$、$pK_{a_3}=12.36$)两种溶液按不同比例混合,可得到 pH 为 2~8 的系列缓冲溶液。

表 4.2 列出了几种常用的标准缓冲溶液,它们已被国际上规定为测定溶液 pH 时使用的标准参照溶液,其 pH 是经过准确的实验测得的。

表 4.2 几种常用的标准缓冲溶液

标准缓冲溶液	pH 标准值(25 ℃)
饱和酒石酸氢钠($0.034\ \text{mol}\cdot\text{L}^{-1}$)	3.56
$0.050\ \text{mol}\cdot\text{L}^{-1}$ 邻苯二甲酸氢钾	4.01
$0.025\ \text{mol}\cdot\text{L}^{-1}\ KH_2PO_4$-$0.025\ \text{mol}\cdot\text{L}^{-1}\ Na_2HPO_4$	6.86
$0.010\ \text{mol}\cdot\text{L}^{-1}$ 硼砂	9.18
饱和氢氧化钙	12.45

4.5.5 缓冲溶液的配制

酸碱缓冲溶液在分析化学、生命科学及分子生物学等领域中具有十分重要的作用,因此必须掌握缓冲溶液的配制方法。下面简单介绍缓冲溶液的配制原则和方法。

（1）所需控制的 pH 应在缓冲溶液的缓冲范围之内。如果缓冲溶液是由弱酸及其共轭碱组成的,则 pK_a 值应尽量与所需控制的 pH 一致,即 $pK_a \approx pH$。

（2）缓冲容量与组成缓冲溶液的弱酸和弱碱的总浓度成正比,所以配制缓冲溶液时要使缓冲溶液的总浓度较大,一般保持在 $0.1 \sim 1.0 \ mol \cdot L^{-1}$。

（3）缓冲溶液应有足够的缓冲容量。缓冲容量与弱酸在溶液中各组分的分布分数有关,即与弱酸和弱碱的浓度之比有关。配制缓冲溶液时,尽量使弱酸和弱碱的浓度之比等于或接近 1。

（4）缓冲溶液对分析过程没有干扰。缓冲物质应廉价易得,避免污染。

4.6 酸碱指示剂

4.6.1 酸碱指示剂的作用原理

酸碱指示剂一般是弱的有机酸或有机碱,它的酸式或共轭碱式具有明显不同的颜色。当溶液的 pH 改变时,指示剂失去质子由酸式转变为碱式,或得到质子由碱式转化为酸式,由于酸碱式结构上的改变,从而引起颜色的变化。例如,甲基橙（MO, $pK_a = 3.4$）在溶液中存在下述平衡：

$$\text{pH}>4.4 \quad {}^-O_3S-\!\!\left\langle\!\!\bigcirc\!\!\right\rangle\!\!-N\!\!=\!\!N-\!\!\left\langle\!\!\bigcirc\!\!\right\rangle\!\!-N\!\!\begin{array}{c}CH_3\\CH_3\end{array} \quad \text{黄色(偶氮式)}$$

$$H^+ \updownarrow OH^-$$

$$^-O_3S-\!\!\left\langle\!\!\bigcirc\!\!\right\rangle\!\!-\overset{H}{N}\!\!-\!\!N\!\!=\!\!\left\langle\!\!\bigcirc\!\!\right\rangle\!\!=\!\!\overset{+}{N}\!\!\begin{array}{c}CH_3\\CH_3\end{array} \quad \text{红色(醌式)}$$

$$\text{pH}<3.4$$

甲基橙是双色指示剂。由平衡关系可以看出,当溶液酸度增大时,甲基橙以醌式存在,溶液呈红色;降低酸度,它以偶氮式存在,溶液显黄色。因此,在 pH = 3.4 的前后就会发生由红至黄的颜色变化。又如,酚酞（PP, $pK_a = 9.1$）是单色指示剂,在溶液中存在下述平衡：

无色   红色

酚酞指示剂的碱式则呈红色,酸式为无色,在 pH=9.1 前后由无色变为红色。

单色指示剂的显色原理与双色指示剂不同。在实际工作中,如有可能,应尽量使用双色指示剂。

双色指示剂的酸式 HIn 和碱式 In$^-$ 在溶液中达到平衡:

$$HIn \rightleftharpoons H^+ + In^-$$

甲色   乙色

$$K_a = \frac{[H^+][In^-]}{[HIn]}$$

或

$$\frac{[In^-]}{[HIn]} = \frac{K_a}{[H^+]}$$

一般来说,如果 $\frac{[In^-]}{[HIn]} \geq 10$,即 $pH \geq pK_a + 1$ 看到的是 In$^-$ 的颜色;如果 $\frac{[In^-]}{[HIn]} \leq 0.1$,即 $pH \leq pK_a - 1$ 看到的是 HIn 的颜色。当 $\frac{[In^-]}{[HIn]} = 1$ 时,$pH = pK_a$,称为指示剂的理论变色点,此时溶液为 HIn 和 In$^-$ 的混合色。因此,当溶液的 pH 由 $pK_a - 1$ 变化到 $pK_a + 1$,就能明显地看到指示剂由酸式色变为碱式色,反之亦然。所以,$pH = pK_a \pm 1$ 称为指示剂的理论变色范围。

但是在实际的酸碱滴定分析中,指示剂的变色范围不是根据 pK_a 计算出来的,而是依靠人眼观察出来的。每一种酸碱指示剂变色的实际范围并不都是 $pK_a \pm 1$,因为人的眼睛对各种颜色的敏感程度不一样。比如对红色就比对黄色敏感,在黄色中有十分之一的红色时就能看到有红色存在(橙黄),而在红色中要有三分之一的黄色时才能看到有黄色存在(橙红)。我们将实际目视到的指示剂变色的 pH 范围称为指示剂的变色范围。因此,甲基橙的变色范围不是 2.4~4.4($pK_a = 3.4$),而是 3.1~4.4;甲基红也有类似的情况,变色范围为 4.4~6.2($pK_a = 5.0$);酚酞的变色范围为 8.0~9.6($pK_a = 9.1$)。由于指示剂的变色范围是由人目视确定的,不同的人对颜色的敏感程度不同,因此不同人报道的结果也略有差别。表 4.3 列出了常用酸碱指示剂及其变色范围。

在酸碱滴定中,有时需要将滴定终点限制在很窄的"变色区间"内,使用一种指示剂难以达到要求,往往将两种有色物质混合使用,利用颜色互补的原理使变色范围变窄,变色敏锐。混合指示剂可以是两种指示剂混合,如甲酚红(变色范围7.2~8.8,黄-紫)和百里酚蓝(变色范围8.0~9.6,黄-蓝)按1:3混合,其变色范围为8.2~8.4,粉红-紫。也可以是一种指示剂与一种惰性染料混合,如甲基橙(变色范围3.1~4.4,红-黄)与靛蓝磺酸钠(蓝色)混合,颜色变化为紫-绿,变色更敏锐,适合在灯光下滴定,但变色范围并没有改变,仍为3.1~4.4。

表 4.3 常用酸碱指示剂及其变色范围

指示剂	颜色			pK_{HIn}	变色范围
	酸色	过渡色	碱色		
百里酚蓝 (第一步解离)	红	橙	黄	1.7	1.2~2.8
甲基黄	红	橙黄	黄	3.3	2.9~4.0
溴酚蓝	黄		紫	4.1	3.1~4.6
甲基橙	红	橙	黄	3.4	3.1~4.4
溴甲酚绿	黄	绿	蓝	4.9	3.8~5.4
甲基红	红	橙	黄	5.0	4.4~6.2
溴百里酚蓝	黄	绿	蓝	7.3	6.0~7.6
中性红	红		黄橙	7.4	6.8~8.0
酚红	黄	橙	红	8.0	6.7~8.4
百里酚蓝 (第二步解离)	黄		蓝	8.9	8.0~9.6
酚酞	无色	粉红	红	9.1	8.0~9.6
百里酚酞	无色	淡蓝	蓝	10.0	9.4~10.6

4.6.2 指示剂的用量

由指示剂的解离平衡可以看出,对于双色指示剂(如甲基橙等),变色点仅与 $\dfrac{[\text{In}^-]}{[\text{HIn}]}$ 比有关,与用量无关。因此,指示剂用量多一点或少一点都可以。但指示剂的用量不宜太多。否则,颜色的变化不明显,而且指示剂本身也会消耗一些滴定剂,带来误差。

对于单色指示剂,指示剂用量的多少对它的变色点有一定影响。例如,酚酞的酸式为无色,碱式为红色。设人眼能观察到红色时所要求的最低碱式酚酞浓度为 a,它应该是固定不变的。若指示剂的总浓度为 c,由指示剂的解离平衡式可知

$$\frac{K_a}{[\text{H}^+]} = \frac{[\text{In}^-]}{[\text{HIn}]} = \frac{a}{c-a}$$

因为 K_a 和 a 都是定值,所以,如果 c 增大了,维持溶液中碱式酚酞浓度为 a 所要求的 H^+ 浓度

就要相应增大。也就是说,酚酞会在较低 pH 时变色。例如,在 50~100 mL 溶液中加 2~3 滴 0.1% 酚酞溶液,pH≈9 时出现微红色;而在同样情况下加 10~15 滴 0.1% 酚酞溶液,则在 pH≈8 时就出现微红色。

4.6.3 指示剂的选择

滴定时选择指示剂的原则是指示剂的变色点要在滴定的突跃范围内,这样滴定误差就会小于 0.1%。例如,用 0.1 mol·L^{-1} NaOH 溶液滴定 0.1 mol·L^{-1} HCl 溶液,滴定突跃 pH 为 4.3~9.7,根据表 4.3 的数据可以选甲基橙指示剂滴定至黄色(pH=4.4),也可选甲基红,还可选酚酞(图 4.9)。反过来若用 0.1 mol·L^{-1} HCl 溶液滴定 0.1 mol·L^{-1} NaOH 溶液时,如果选甲基橙作指示剂,变色点 pH=4.0,已在滴定突跃之外,误差大于 0.1%,接近 0.2%。这时,可选甲基红或酚酞为指示剂。如果用强碱滴定弱酸,突跃是在碱性区,必须选酚酞作指示剂(图 4.10);若用强酸滴定弱碱,突跃范围在酸性区,用甲基红作指示剂较好。

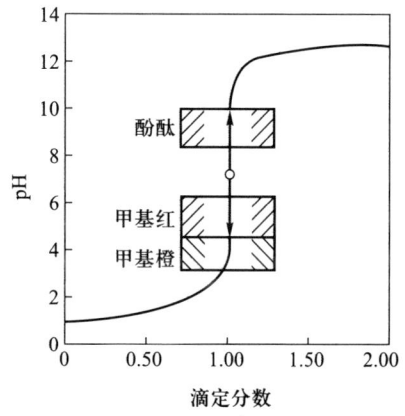
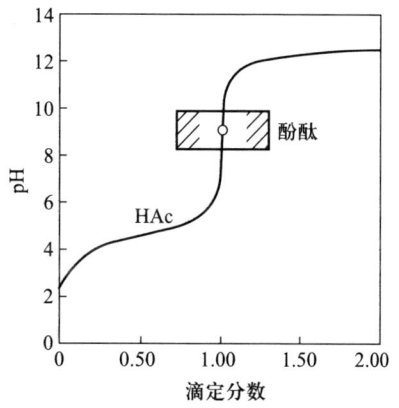

图 4.9　0.1000 mol·L^{-1} NaOH 溶液滴定 0.1000 mol·L^{-1} HCl 溶液选择的指示剂

图 4.10　0.1000 mol·L^{-1} NaOH 溶液滴定 0.1000 mol·L^{-1} HAc 溶液指示剂的选择

4.7　酸碱滴定的基本原理

酸碱滴定是以酸碱反应为基础的滴定分析方法。在酸碱滴定中,滴定剂应选用强酸或强碱,如 HCl、NaOH 等。被滴定的是各种具有碱性或酸性的物质,如 NaOH、NH$_3$、Na$_2$CO$_3$、HAc、H$_3$PO$_4$ 和 HCl 等。

在酸碱滴定中,溶液的 pH 随着滴定剂的滴入而改变,如何选择指示剂确定滴定终点,并使该终点能充分接近化学计量点,从而获得尽量准确的测定结果,是至关重要的。根据酸碱平衡原理,以溶液的 pH 为纵坐标,以滴入的滴定剂的物质的量或体积为横坐标,绘制滴定曲线,它能展示滴定过程中 pH 的变化规律。下面介绍几种类型的滴定,以了解被滴定物质的解离常数、浓度等因素对滴定突跃的影响。

4.7.1 强酸强碱的滴定

强酸强碱在溶液中全部解离,所以滴定时的反应为

$$H^+ + OH^- \rightleftharpoons H_2O$$

现以 0.1000 mol·L^{-1} NaOH 溶液滴定 20.00 mL 0.1000 mol·L^{-1} HCl 溶液为例,讨论强酸强碱相互滴定时的滴定曲线和指示剂的选择。

（1）**滴定前** 滴定分数 $a = \dfrac{n_{\text{NaOH}}}{n_{\text{HCl}}} = \dfrac{cV_{\text{NaOH}}}{cV_{\text{HCl}}} = 0.000$,溶液的酸度等于 HCl 溶液的初始浓度,即 [H$^+$] = 0.1000 mol·L^{-1},pH = 1.00。

（2）**滴定开始至化学计量点前** 溶液的酸度取决于剩余 HCl 的浓度。例如,当滴入 NaOH 溶液 18.00 mL,即 $a = 0.900$ 时,[H$^+$] = 0.1000 mol·L$^{-1} \times \dfrac{2.00 \text{ mL}}{20.00 \text{ mL} + 18.00 \text{ mL}} = 5.26 \times 10^{-3}$ mol·L^{-1},pH = 2.28。当滴入 NaOH 溶液 19.98 mL,即 $a = 0.999$ 时,[H$^+$] = 0.1000 mol·L$^{-1} \times \dfrac{0.02 \text{ mL}}{20.00 \text{ mL} + 19.98 \text{ mL}} = 5.0 \times 10^{-5}$ mol·L^{-1},pH = 4.30。

（3）**化学计量点时** 滴入 NaOH 溶液 20.00 mL,即 $a = 1.000$ 时,溶液呈中性,[H$^+$] = [OH$^-$] = 1.00 × 10^{-7} mol·L^{-1},pH = 7.00。

（4）**化学计量点后** 溶液的碱度取决于过量 NaOH 的浓度。例如,滴入 NaOH 溶液 20.02 mL,即 $a = 1.001$ 时,[OH$^-$] = 0.1000 mol·L$^{-1} \times \dfrac{0.02 \text{ mL}}{20.00 \text{ mL} + 20.02 \text{ mL}} = 5.0 \times 10^{-5}$ mol·L^{-1},pOH = 4.30。pH = 14.00 − pOH = 14.00 − 4.30 = 9.70。

如此逐一计算,将计算结果列于表 4.4 中。如果以 NaOH 的加入量或滴定分数为横坐标,以 pH 为纵坐标绘图,可得到如图 4.11 所示的酸碱滴定曲线。

表 4.4 用 0.1000 mol·L^{-1} NaOH 溶液滴定 20.00 mL 0.1000 mol·L^{-1} HCl 溶液

V_{NaOH}/mL	滴定分数 a	剩余 HCl 或过量 NaOH/mL	pH
0.00	0.000	20.00	1.00
18.00	0.900	2.00	2.28
19.80	0.990	0.20	3.30
19.96	0.998	0.04	4.00
19.98	0.999	0.02 ⎫	4.30
20.00	1.000	0.00 ⎬ 突跃范围	7.00 化学计量点
20.02	1.001	0.02 ⎭	9.70
20.04	1.002	0.04	10.00
20.20	1.010	0.20	10.70
22.00	1.100	2.00	11.70
40.00	2.000	20.00	12.52

在上述计算中,$a=1.000$ 时的 pH 是化学计量点,此时 pH = 7.00。当 a 从 0.999 变化到 1.001 时,pH 从 4.30 增大到 9.70,变化近 5.40 个 pH 单位。我们把 pH 的这种急剧变化叫做滴定突跃,把对应化学计量点前后±0.1%(即 $a=1.000\pm0.001$)的 pH 变化范围称为滴定突跃范围。突跃范围是选择指示剂的基本依据,在突跃范围内变色的指示剂,都可以保证其滴定误差小于±0.1%。因此甲基橙(pH 3.1~4.4)和酚酞(pH 8.0~9.6)均可用作这一滴定的指示剂。

滴定突跃的大小与溶液的浓度有关,通过计算,可以得到不同浓度 NaOH 溶液与 HCl 溶液的滴定曲线(图 4.12)。当酸碱浓度增大 10 倍时,滴定突跃部分的 pH 变化范围增加约两个 pH 单位。假设用 1.0 mol·L^{-1} NaOH 溶液滴定 1.0 mol·L^{-1} HCl 溶液,其突跃范围为 pH 3.3~10.7,此时若以甲基橙为指示剂,滴定至黄色为终点,滴定误差将小于 0.1%。若用 0.01 mol·L^{-1} NaOH 溶液滴定 0.01 mol·L^{-1} HCl 溶液,突跃范围变为 pH 5.3~8.7,由于滴定突跃变小了,指示剂的选择就受到限制,要使终点误差小于±0.1%,最好使用甲基红为指示剂,也可使用酚酞为指示剂。

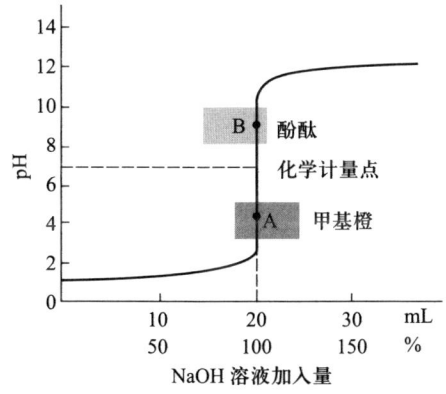

图 4.11　0.1000 mol·L^{-1} NaOH 溶液滴定 0.1000 mol·L^{-1} HCl 溶液的滴定曲线

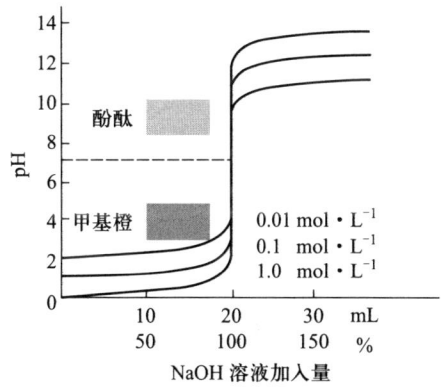

图 4.12　不同浓度 NaOH 溶液滴定不同浓度 HCl 溶液的滴定曲线

强酸滴定强碱的情况与强碱滴定强酸的类似,只是 pH 的变化与之相反,这里不再赘述。

4.7.2　一元弱酸弱碱的滴定

滴定弱酸(HA)、弱碱(B)一般采用强碱或强酸。例如,用 NaOH 滴定甲酸、乙酸、乳酸和吡啶盐等,用 HCl 滴定氨、乙胺等。滴定反应为

$$HA + OH^- \rightleftharpoons A^- + H_2O \quad 或 \quad B + H^+ \rightleftharpoons HB^+$$

现以 0.1000 mol·L^{-1} NaOH 溶液滴定 20.00 mL 0.1000 mol·L^{-1} HAc 溶液为例,讨论强碱滴定弱酸时的滴定曲线和指示剂的选择。

(1) 滴定前　滴定分数 $a = 0.000$,溶液为 0.1000 mol·L^{-1} 的 HAc 溶液,溶液中 H$^+$ 浓度为

$$[H^+] = \sqrt{K_a c} = \sqrt{1.8 \times 10^{-5} \times 0.1000} \text{ mol} \cdot L^{-1}$$
$$= 1.34 \times 10^{-3} \text{ mol} \cdot L^{-1}$$
$$pH = 2.87$$

(2) 滴定开始至化学计量点前 溶液中未反应的 HAc 和反应产物 Ac⁻ 同时存在,组成一个缓冲体系。因此,溶液的 pH 可根据缓冲体系 pH 的计算公式计算。例如,当加入 NaOH 溶液 19.80 mL,即 $a = 0.990$ 时:

$$c_{HAc} = \frac{0.20 \text{ mL}}{20.00 \text{ mL} + 19.80 \text{ mL}} \times 0.1000 \text{ mol} \cdot L^{-1} = 5.03 \times 10^{-4} \text{ mol} \cdot L^{-1}$$

$$c_{Ac^-} = \frac{19.80 \text{ mL}}{20.00 \text{ mL} + 19.80 \text{ mL}} \times 0.1000 \text{ mol} \cdot L^{-1} = 4.97 \times 10^{-2} \text{ mol} \cdot L^{-1}$$

代入式(4.41c)得

$$pH = pK_a + \lg \frac{c_{A^-}}{c_{HA}} = 4.74 + \lg \frac{4.97 \times 10^{-2}}{5.03 \times 10^{-4}} = 6.73$$

当加入 NaOH 溶液 19.98 mL,即 $a = 0.999$ 时:

$$c_{HAc} = \frac{0.02 \text{ mL}}{20.00 \text{ mL} + 19.98 \text{ mL}} \times 0.1000 \text{ mol} \cdot L^{-1} = 5.00 \times 10^{-5} \text{ mol} \cdot L^{-1}$$

$$c_{Ac^-} = \frac{19.98 \text{ mL}}{20.00 \text{ mL} + 19.98 \text{ mL}} \times 0.1000 \text{ mol} \cdot L^{-1} = 5.00 \times 10^{-2} \text{ mol} \cdot L^{-1}$$

代入式(4.41c)得

$$pH = pK_a + \lg \frac{c_{A^-}}{c_{HA}} = 4.74 + \lg \frac{5.00 \times 10^{-2}}{5.00 \times 10^{-5}} = 7.74$$

(3) 化学计量点时 此时 HAc 全部被中和,生成 NaAc,由于 Ac⁻ 为一元弱碱,溶液的 pH 可根据一元弱碱的有关计算式计算。

$$[OH^-] = \sqrt{K_b c}$$
$$= \sqrt{\frac{K_w}{K_a} c} = \sqrt{\frac{1.0 \times 10^{-14}}{1.8 \times 10^{-5}} \times 0.0500} \text{ mol} \cdot L^{-1} = 5.3 \times 10^{-6} \text{ mol} \cdot L^{-1}$$

$$pOH = 5.28, \quad pH = 14.00 - 5.28 = 8.72$$

(4) 化学计量点后 由于过量 NaOH 的存在,抑制了 Ac⁻ 的解离,故此时溶液的 pH 主要取决于过量的 NaOH 的浓度,其计算方法与强碱滴定强酸相同,例如滴入 NaOH 溶液 20.02 mL,即 $a = 1.001$ 时,$[OH^-] = 0.1000 \text{ mol} \cdot L^{-1} \times \frac{0.02 \text{ mL}}{20.00 \text{ mL} + 20.02 \text{ mL}} = 5.0 \times 10^{-5} \text{ mol} \cdot L^{-1}$,pOH = 4.30,pH = 14.00 − pOH = 14.00 − 4.30 = 9.7。

如此逐一计算,计算结果列于表 4.5 中。图 4.13 为据此绘制的滴定曲线。从表 4.5 和图 4.13 可以看出,滴定前,0.1000 mol·L⁻¹ HAc 溶液的 pH = 2.87,比 0.1000 mol·L⁻¹ HCl 溶液大约 2 个 pH 单位。这是因为 HAc 的解离度比等浓度的 HCl 小的缘故。滴定开始之后,曲线的坡度比滴定 HCl 溶液的更倾斜,这是因为 HAc 的解离度很小,一旦滴入 NaOH 溶液后,部分 HAc 被中和而生成 NaAc,由于 Ac⁻ 的同离子效应,使 HAc 的解离度变得更小,因而 H^+ 浓度迅速降低,pH 较快增大。但继续滴入 NaOH 溶液时,由于 NaAc 的不断生成,在溶液中构成缓冲体系,因此这一段曲线较为平坦。接近化学计量点时,由于溶液中 HAc 已很少,溶液的缓冲作用减弱。所以继续滴入 NaOH 溶液,溶液 pH 的变化速度又逐渐加快。在化学计量点附近 pH 的突跃范围为 7.74~9.70,比同浓度的强碱滴定强酸的突跃范围要小得多。化学计量点以后,溶液 pH 的变化规律与强碱滴定强酸时的情况基本相同。

表 4.5 用 0.1000 mol·L⁻¹ NaOH 溶液滴定 20.00 mL 0.1000 mol·L⁻¹ HAc 溶液

V_{NaOH}/mL	滴定分数 a	剩余 HCl 或过量 NaOH/mL	pH
0.00	0.000	20.00	2.87
18.00	0.900	2.00	5.70
19.80	0.990	0.20	6.73
19.98	0.999	0.02 ⎫	7.74
20.00	1.000	0.00 ⎬ 突跃范围	8.72 化学计量点
20.02	1.001	0.02 ⎭	9.70
20.20	1.010	0.20	10.70
22.00	1.100	2.00	11.70
40.00	2.000	20.00	12.50

由于 pH 的突跃范围为 7.74~9.70,因此在酸性范围内变色的指示剂,如甲基橙、甲基红等,都不能用作滴定的指示剂,否则,将引起较大的滴定误差。酚酞、百里酚酞和百里酚蓝等的变色范围恰好在突跃范围内,可作为这一滴定类型的指示剂。

从图 4.14 可见,K_a 越大,即弱酸的酸性越强时,滴定突跃范围也越大,反之当弱酸的酸性越弱,突跃范围越小。当 $K_a \leq 10^{-9.0}$ 时,已经没有明显的滴定突跃了,在这种情况下,已无

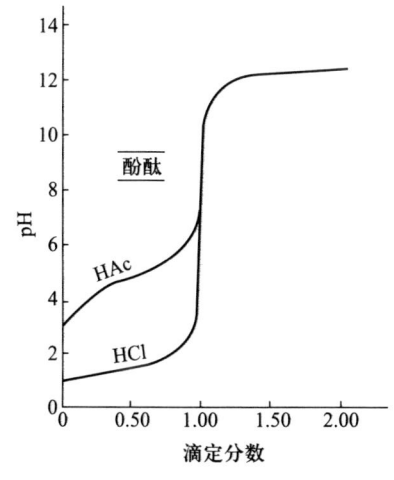

图 4.13 0.1000 mol·L⁻¹ NaOH 溶液滴定 0.1000 mol·L⁻¹ HAc 溶液的滴定曲线

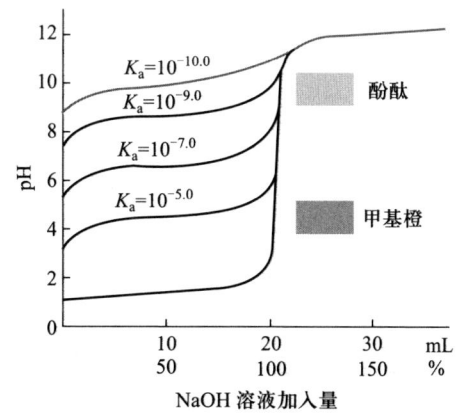

图 4.14 0.1000 mol·L⁻¹ NaOH 溶液滴定 0.1000 mol·L⁻¹ 不同强度弱酸溶液的滴定曲线

法利用一般的酸碱指示剂确定它的终点。另一方面,当 K_a 一定时,弱酸的浓度增大,突跃范围也增大。因此,要保证滴定的准确度,滴定突跃就不能太小。若以 $\Delta pH = \pm 0.30$ 作为借助指示剂判别终点的极限,要使滴定终点误差小于±0.2%,则突跃范围应大于 0.6 pH,这要求 $cK_a \geqslant 10^{-8}$(见 4.8 节)。

4.7.3 多元酸或混合酸的滴定曲线

用强碱滴定多元酸,如用等浓度的 NaOH 溶液滴定 0.1000 mol·L^{-1} H$_3$PO$_4$ 溶液,H$_3$PO$_4$ 的各级解离常数分别为

$$H_3PO_4 \Longrightarrow H^+ + H_2PO_4^- \qquad K_{a_1} = 7.6 \times 10^{-3}$$

$$H_2PO_4^- \Longrightarrow H^+ + HPO_4^{2-} \qquad K_{a_2} = 6.3 \times 10^{-8}$$

$$HPO_4^{2-} \Longrightarrow H^+ + PO_4^{3-} \qquad K_{a_3} = 4.4 \times 10^{-13}$$

首先,H$_3$PO$_4$ 被中和,生成 H$_2$PO$_4^-$,出现第一个化学计量点;然后 H$_2$PO$_4^-$ 继续被中和,生成 HPO$_4^{2-}$,出现第二个化学计量点;HPO$_4^{2-}$ 的 K_{a_3} 太小,$K_{a_3}c \ll 10^{-8}$,不能直接准确滴定。NaOH 溶液滴定 0.1000 mol·L^{-1} H$_3$PO$_4$ 溶液的滴定曲线如图 4.15 所示。

准确计算多元酸的滴定曲线,涉及比较烦琐的数学处理,这里不予介绍。下面只讨论化学计量点 pH 的计算和指示剂的选择。

第一化学计量点:用 NaOH 溶液滴定 H$_3$PO$_4$ 溶液至第一化学计量点时,产物是 H$_2$PO$_4^-$,浓度为 0.050 mol·L^{-1},它是两性物质。

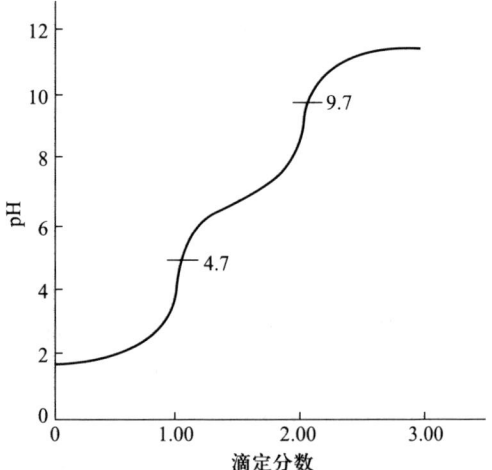

图 4.15 NaOH 溶液滴定 0.1000 mol·L^{-1} H$_3$PO$_4$ 溶液的滴定曲线

因为 $cK_{a_2} \gg 10K_w$,溶液的 pH 按近似公式计算,求得

$$[H^+] = \sqrt{\frac{K_{a_1}K_{a_2}c}{K_{a_1}+c}} = \sqrt{\frac{7.6 \times 10^{-3} \times 6.3 \times 10^{-8} \times 0.050}{7.6 \times 10^{-3} + 5.0 \times 10^{-2}}} \text{ mol·L}^{-1}$$

$$= 2.0 \times 10^{-5} \text{ mol·L}^{-1}$$

计算求得溶液 pH = 4.70。若以甲基橙为指示剂,终点由红变黄。

第二化学计量点:H$_3$PO$_4$ 作为二元酸被滴定,产物是 HPO$_4^{2-}$,浓度为 0.033 mol·L^{-1},则

$$[H^+] = \sqrt{\frac{K_{a_2}(K_{a_3}c+K_w)}{K_{a_2}+c}} = \sqrt{\frac{6.3 \times 10^{-8}(4.4 \times 10^{-13} \times 0.033 + 1.0 \times 10^{-14})}{0.033}} \text{ mol·L}^{-1}$$

$$= 2.2 \times 10^{-10} \text{ mol·L}^{-1}$$

计算求得溶液的 pH = 9.66。选用百里酚酞变色点 pH ≈ 10 作指示剂,终点颜色由无色变为浅蓝。

第三化学计量点:由于 H_3PO_4 的 K_{a_3} 太小,HPO_4^{2-} 不能用 NaOH 溶液直接滴定。

滴定多元酸时,第一化学计量点附近的 pH 突跃大小与 $\dfrac{K_{a_1}}{K_{a_2}}$ 有关,其他化学计量点也是这样,与相邻两级解离常数的比值有关。如果 $\dfrac{K_{a_1}}{K_{a_2}}$ 太小,则 H_nB 尚未被中和完全时,$H_{n-1}B^-$ 就开始参与反应,致使化学计量点附近 H^+ 浓度没有明显的突变,因而无法确定化学计量点。如果检测终点的误差约为 0.3 pH 单位,要保证滴定误差约为 0.5%,$\dfrac{K_{a_1}}{K_{a_2}}$ 必须大于 10^5。这一结论可通过计算化学计量点附近终点误差而得到(见 4.8.3 节)。

对于多元酸的滴定,首先根据是否满足 $cK_{a_1} \geqslant 10^{-8}$,判断第一级解离的 H^+ 能否进行准确的滴定;然后再看相邻两级 K_a 的比值是否大于 10^5,以此判断第二级解离的 H^+ 是否对上述滴定产生干扰,即能否进行分步滴定。

例如草酸,其 $K_{a_1} = 5.9 \times 10^{-2}$,$K_{a_2} = 6.4 \times 10^{-5}$,$\dfrac{K_{a_1}}{K_{a_2}} \approx 10^3$,就不能准确进行分步滴定。因 K_{a_1}、K_{a_2} 均大于 10^{-8},只要草酸浓度不是很小,可按二元酸一次被滴定,化学计量点附近,有较大突跃。大多数有机多元弱酸(如酒石酸、柠檬酸)也是如此。

混合酸滴定的情况和多元酸滴定相似,用强碱滴定弱酸 HA(解离常数 K_a^{HA},浓度 c_1)和 HB(解离常数 K_a^{HB},浓度 c_2)的混合溶液,其中 HA 酸性较强($c_1 K_a^{HA} > 10^{-8}$)。如果两种弱酸的浓度较大,且又相等,则在第一化学计量点时,溶液中的 H^+ 浓度可按下式计算:

$$[H^+] = \sqrt{K_a^{HA} K_a^{HB}}$$

或

$$pH = \frac{1}{2}(pK_a^{HA} + pK_a^{HB})$$

同样,只有当 $\dfrac{K_a^{HA}}{K_a^{HB}} > 10^5$ 时,才能准确滴定 HA。如果两者的浓度不相等,则要求 $\dfrac{c_1 K_a^{HA}}{c_2 K_a^{HB}} > 10^5$,才能准确滴定 HA。

4.8 终点误差

在酸碱滴定中,通常利用指示剂来确定滴定终点。若滴定终点与化学计量点不一致,就会产生滴定误差,这种误差称为终点误差。它不包括滴定操作本身所引起的误差。终点误差一般以百分数表示。

4.8.1 强碱滴定强酸的终点误差

以 NaOH 滴定 HCl 为例,滴定反应为

$$H^+ + OH^- \Longrightarrow H_2O$$

终点时的质子条件式为

$$c_{\text{NaOH过量}} + [\text{H}^+]_{\text{ep}} = [\text{OH}^-]_{\text{ep}}$$

由上式可得

$$c_{\text{NaOH过量}} = [\text{OH}^-]_{\text{ep}} - [\text{H}^+]_{\text{ep}}$$

若终点在化学计量点之后,则 NaOH 过量,$c_{\text{NaOH过量}}$ 为正值;若终点在化学计量点之前,则 NaOH 不足,$c_{\text{NaOH过量}}$ 为负值。故

$$E_t = \frac{\text{过量 NaOH 的物质的量}}{\text{化学计量点应加入 NaOH 的物质的量}} \times 100\%$$

$$= \frac{([\text{OH}^-]_{\text{ep}} - [\text{H}^+]_{\text{ep}})V_{\text{ep}}}{c_{\text{HCl}}^{\text{sp}} V_{\text{sp}}} \times 100\%$$

一般情况下,滴定终点接近化学计量点,$V_{\text{ep}} \approx V_{\text{sp}}$,故

$$E_t = \frac{([\text{OH}^-]_{\text{ep}} - [\text{H}^+]_{\text{ep}})}{c_{\text{HCl}}^{\text{sp}}} \times 100\% \tag{4.45}$$

若终点 pH_{ep} 与化学计量点 pH_{sp} 的差为 ΔpH,即

$$\Delta\text{pH} = \text{pH}_{\text{ep}} - \text{pH}_{\text{sp}} = -\lg[\text{H}^+]_{\text{ep}} - (-\lg[\text{H}^+]_{\text{sp}}) = -\lg\frac{[\text{H}^+]_{\text{ep}}}{[\text{H}^+]_{\text{sp}}}$$

则

$$[\text{H}^+]_{\text{ep}} = [\text{H}^+]_{\text{sp}} \times 10^{-\Delta\text{pH}}$$

$$\Delta\text{pOH} = \text{pOH}_{\text{ep}} - \text{pOH}_{\text{sp}}$$

$$= (\text{p}K_{\text{w}} - \text{pH}_{\text{ep}}) - (\text{p}K_{\text{w}} - \text{pH}_{\text{sp}})$$

$$= -(\text{pH}_{\text{ep}} - \text{pH}_{\text{sp}})$$

$$= -\Delta\text{pH}$$

所以

$$\frac{[\text{OH}^-]_{\text{ep}}}{[\text{OH}^-]_{\text{sp}}} = 10^{\Delta\text{pH}}$$

$$[\text{OH}^-]_{\text{ep}} = [\text{OH}^-]_{\text{sp}} \times 10^{\Delta\text{pH}}$$

则

$$E_t = \frac{[\text{OH}^-]_{\text{ep}} - [\text{H}^+]_{\text{ep}}}{c_{\text{HCl}}^{\text{ep}}} \times 100\%$$

$$= \frac{[\text{OH}^-]_{\text{sp}} \times 10^{\Delta\text{pH}} - [\text{H}^+]_{\text{sp}} \times 10^{-\Delta\text{pH}}}{c_{\text{HCl}}^{\text{ep}}} \times 100\%$$

而

$$[\text{OH}^-]_{\text{sp}} = [\text{H}^+]_{\text{sp}} = \sqrt{K_{\text{w}}} = \sqrt{\frac{1}{K_t}}$$

故

$$E_t = \frac{\sqrt{K_{\text{w}}}(10^{\Delta\text{pH}} - 10^{-\Delta\text{pH}})}{c_{\text{HCl}}^{\text{sp}}} \times 100\%$$

$$= \frac{10^{\Delta\text{pH}} - 10^{-\Delta\text{pH}}}{\sqrt{K_t c_{\text{HCl}}^{\text{sp}}}} \times 100\% \tag{4.46}$$

通常把这种误差计算式称为林邦误差公式。显然,林邦误差公式的形式因滴定体系不同而异。

例 4.18 计算以甲基橙为指示剂($pK_{HIn} = 4.0$),$0.1000 \text{ mol} \cdot L^{-1}$ NaOH 溶液滴定等浓度 HCl 溶液的终点误差。

解 由题意可知 $pH_{sp} = 7.0$,$pH_{ep} = 4.0$,所以 $\Delta pH = 4.0 - 7.0 = -3.0$。$c_{HCl}^{ep} = 0.0500 \text{ mol} \cdot L^{-1}$,代入式(4.46)得

$$E_t = \frac{10^{-3.0} - 10^{-(-3.0)}}{\sqrt{1.0 \times 10^{14} \times 0.05000}} \times 100\% = -0.2\%$$

4.8.2 强碱滴定一元弱酸的终点误差

用强碱滴定一元弱酸 HA,滴定反应为

$$OH^- + HA \rightleftharpoons A^- + H_2O$$

终点时的质子条件式为

$$c_{NaOH过量} + [H^+]_{ep} + [HA]_{ep} = [OH^-]_{ep}$$

由上式可得

$$c_{NaOH过量} = [OH^-]_{ep} - [H^+]_{ep} - [HA]_{ep}$$

考虑到强碱滴定弱酸时的终点多为碱性,$[H^+]_{ep}$ 可忽略,故

$$c_{NaOH过量} \approx [OH^-]_{ep} - [HA]_{ep}$$

则

$$E_t = \frac{过量 \text{ NaOH 的物质的量}}{化学计量点应加入 \text{ NaOH 的物质的量}} \times 100\%$$

$$= \frac{([OH^-]_{ep} - [HA]_{ep}) V_{ep}}{c_{HA}^{sp} V_{sp}}$$

一般情况下,滴定终点接近化学计量点,$V_{ep} \approx V_{sp}$,故

$$E_t = \frac{[OH^-]_{ep} - [HA]_{ep}}{c_{HA}^{sp}} \times 100\%$$

若终点 pH_{ep} 与化学计量点 pH_{sp} 的差为 ΔpH,即

$$\Delta pH = pH_{ep} - pH_{sp} = -\lg[H^+]_{ep} - (-\lg[H^+]_{sp}) = -\lg \frac{[H^+]_{ep}}{[H^+]_{sp}}$$

$$[H^+]_{ep} = [H^+]_{sp} \times 10^{-\Delta pH}$$

$$\Delta pOH = -\Delta pH$$

$$[OH^-]_{ep} = [OH^-]_{sp} \times 10^{\Delta pH} \approx \sqrt{\frac{K_w}{K_a^{sp}} c_{HA}^{sp}} \times 10^{\Delta pH}$$

而

$$K_a = \frac{[A^-][H^+]}{[HA]} = \frac{[A^-]_{sp}[H^+]_{sp}}{[HA]_{sp}} = \frac{[A^-]_{ep}[H^+]_{ep}}{[HA]_{ep}}$$

因滴定终点与化学计量点很接近,故$[A]_{sp} \approx [A]_{ep}$,$\dfrac{[H^+]_{sp}}{[H^+]_{ep}} = \dfrac{[HA]_{sp}}{[HA]_{ep}}$,所以

$$[HA]_{ep} = [HA]_{sp} \times 10^{-\Delta pH}$$

而在化学计量点时,$[OH^-]_{sp} = [H^+]_{sp} + [HA]_{sp} \approx [HA]_{sp}$,故$[HA]_{ep} = [OH^-]_{sp} \times 10^{-\Delta pH}$。

将上述两式代入误差计算式,经推导后得到相应的终点误差公式:

$$E_t = \dfrac{\sqrt{\dfrac{K_w}{K_a} c_{HA}^{sp}} (10^{\Delta pH} - 10^{-\Delta pH})}{c_{HA}^{sp}} \times 100\%$$

$$= \dfrac{10^{\Delta pH} - 10^{-\Delta pH}}{\sqrt{\dfrac{K_a}{K_w} c_{HA}^{sp}}} \times 100\%$$

$$= \dfrac{10^{\Delta pH} - 10^{-\Delta pH}}{\sqrt{K_t c_{HA}^{sp}}} \times 100\% \tag{4.47}$$

例 4.19 计算用 $0.1000 \text{ mol} \cdot L^{-1}$ NaOH 溶液滴定 $0.1000 \text{ mol} \cdot L^{-1}$ HAc 溶液,终点为 pH = 9.00 时的误差。

解 方法 1

化学计量点产物为 NaAc,一元弱碱,此时

$$[OH^-]_{sp} = \sqrt{\dfrac{10^{-14}}{1.8 \times 10^{-5}} \times 0.05000} \text{ mol} \cdot L^{-1} = 5.27 \times 10^{-6} \text{ mol} \cdot L^{-1}$$

$$pOH_{sp} = 5.28, \quad pH_{sp} = 8.72$$

$$\Delta pH = pH_{ep} - pH_{sp} = 9.00 - 8.72 = 0.28$$

$$K_t = \dfrac{K_a}{K_w} = \dfrac{1.8 \times 10^{-5}}{10^{-14}} = 1.8 \times 10^9$$

代入式(4.47)得

$$E_t = \dfrac{10^{0.28} - 10^{-0.28}}{\sqrt{1.8 \times 10^9 \times 0.05000}} \times 100\% = 0.014\%$$

方法 2

$$pH_{ep} = 9.00, \quad pOH_{ep} = 5.00$$

$$E_t = \dfrac{[OH^-]_{ep} - [HAc]_{ep}}{c_{HAc}^{sp}} \times 100\%$$

$$= \left(\dfrac{[OH^-]_{ep}}{c_{HAc}^{sp}} - \dfrac{[HAc]_{ep}}{c_{HAc}^{sp}} \right) \times 100\%$$

$$= \left(\dfrac{[OH^-]_{ep}}{c_{HAc}^{sp}} - \delta_{HAc}^{ep} \right) \times 100\%$$

$$= \left(\dfrac{10^{-5.00}}{0.05000} - \dfrac{10^{-9.00}}{10^{-9.00} + 1.8 \times 10^{-5}} \right) \times 100\%$$

$$= 0.014\%$$

例 4.20 用 NaOH 溶液滴定等浓度弱酸 HA 溶液,已知指示剂变色点与化学计量点完全一致,但由于目测法检测终点时有 $\Delta\text{pH}=0.3$ 的不确定性,因而产生误差。若要满足 $E_\text{t} \leqslant 0.2\%$,推导 $c_\text{HA}^\text{sp} K_\text{a}$ 应满足的条件。

解 由式(4.47)得

$$\sqrt{c_\text{HA}^\text{sp} K_\text{a}} \geqslant \frac{10^{\Delta\text{pH}} - 10^{-\Delta\text{pH}}}{E_\text{t}} \sqrt{K_\text{w}}$$

$$c_\text{HA}^\text{sp} K_\text{a} \geqslant \left(\frac{10^{0.3} - 10^{-0.3}}{0.002}\right)^2 \times 10^{-14}$$

$$c_\text{HA} K_\text{a} = 2 c_\text{HA}^\text{sp} K_\text{a} \geqslant 1.1 \times 10^{-8}$$

由此可知,若指示剂能与化学计量点有 ± 0.3 pH 单位的差值,且满足 $E_\text{t} \leqslant 0.2\%$,弱酸能被准确滴定的条件为 $c_\text{HA} K_\text{a} \geqslant 10^{-8}$,这就是一元弱酸 HA 能否被准确滴定的判据。显然,当 ΔpH 和 E_t 改变,准确滴定的条件也随之改变。

4.8.3 强碱滴定多元弱酸的终点误差

以 NaOH 滴定二元酸 H_2A 为例。滴定至第一终点时,滴定产物为 $NaHA$,终点溶液的质子条件式为

$$c_\text{NaOH过量} = ([\text{OH}^-] + [\text{A}^{2-}] - [\text{H}^+] - [\text{H}_2\text{A}])_\text{ep1}$$

在第一化学计量点附近 $[\text{OH}^-]_\text{ep1}$ 和 $[\text{H}^+]_\text{ep1}$ 均很小,可忽略,故

$$E_\text{t} = \frac{c_\text{NaOH过量}}{c_{\text{H}_2\text{A}}^\text{ep1}} \times 100\%$$

$$= \frac{([\text{A}^{2-}] - [\text{H}_2\text{A}] + [\text{OH}^-] - [\text{H}^+])_\text{ep1}}{c_{\text{H}_2\text{A}}^\text{ep1}} \times 100\%$$

$$\approx \frac{[\text{A}^{2-}]_\text{ep1} - [\text{H}_2\text{A}]_\text{ep1}}{c_{\text{H}_2\text{A}}^\text{ep1}} \times 100\%$$

若第一终点与化学计量点的 pH 差为 ΔpH,则

$$[\text{H}^+]_\text{ep1} = [\text{H}^+]_\text{sp1} \times 10^{-\Delta\text{pH}} = \sqrt{K_{\text{a}_1} K_{\text{a}_2}} \times 10^{-\Delta\text{pH}}$$

又 $[\text{A}^{2-}]_\text{ep1} = \dfrac{K_{\text{a}_2}[\text{HA}^-]_\text{ep1}}{[\text{H}^+]_\text{ep1}}$,$[\text{H}_2\text{A}]_\text{ep1} = \dfrac{[\text{H}^+]_\text{ep1}[\text{HA}^-]_\text{ep1}}{K_{\text{a}_1}}$,$[\text{HA}^-]_\text{ep1} \approx c_\text{sp1} \approx c_\text{ep1}$,将其代入上式后整理得

$$E_\text{t} = \frac{10^{\Delta\text{pH}} - 10^{-\Delta\text{pH}}}{\sqrt{\dfrac{K_{\text{a}_1}}{K_{\text{a}_2}}}} \times 100\% \tag{4.48}$$

滴定至第二终点时,产物为 Na_2A,则终点时溶液的质子条件式为

$$c_\text{NaOH过量} = ([\text{OH}^-] - [\text{H}^+] - [\text{HA}^-] - 2[\text{H}_2\text{A}])_\text{ep2} \approx ([\text{OH}^-] - [\text{HA}^-])_\text{ep2}$$

所以

$$E_t = \frac{c_{\text{NaOH过量}}}{2c_{H_2A}^{ep2}} \times 100\% = \frac{([\text{OH}^-] - [\text{HA}^-])_{ep2}}{2c_{H_2A}^{ep2}} \times 100\%$$

假设第二终点与化学计量点的 pH 差为 $\Delta\text{pH}'$，则

$$c^{sp2} \approx c^{ep2}, \quad [\text{HA}^-]_{ep2} = [\text{HA}^-]_{sp2} \times 10^{-\Delta\text{pH}}, \quad [\text{OH}^-]_{ep2} = [\text{OH}^-]_{sp2} \times 10^{\Delta\text{pH}}$$

根据第二化学计量点时溶液的质子条件式可知

$$[\text{HA}^-]_{ep2} + 2[H_2A]_{sp2} + [H^+]_{sp2} = [\text{OH}^-]_{sp2}$$

$$[\text{HA}^-]_{sp2} \approx [\text{OH}^-]_{sp2} = \sqrt{\frac{K_w c^{sp2}}{K_{a_2}}}$$

所以

$$E_t = \frac{[\text{OH}^-]_{sp2} \times 10^{\Delta\text{pH}} - [\text{HA}^-]_{sp2} \times 10^{-\Delta\text{pH}}}{2c_{H_2A}^{ep2}} \times 100\%$$

$$= \frac{10^{\Delta\text{pH}} - 10^{-\Delta\text{pH}}}{2\sqrt{\frac{K_{a_2} c^{sp2}}{K_w}}} \times 100\% \tag{4.49}$$

例 4.21 用 0.1000 mol·L^{-1} NaOH 溶液滴定 0.1000 mol·L^{-1} H$_3$PO$_4$ 溶液，第一化学计量点 pH = 4.4，第二化学计量点 pH = 10.0，计算终点误差。

解 （1）第一化学计量点产物为 H$_2$PO$_4^-$，$c_{H_3PO_4}^{sp1} \approx 0.05000$ mol·L^{-1}。

$$[H^+]_{sp1} = \sqrt{\frac{K_{a_1} K_{a_2} c_{H_3PO_4}^{sp1}}{K_{a_1} + c_{H_3PO_4}^{sp1}}}$$

$$= \sqrt{\frac{7.6 \times 10^{-3} \times 6.3 \times 10^{-8} \times 0.05000}{7.6 \times 10^{-3} + 0.05000}} \text{ mol·L}^{-1}$$

$$= 2.0 \times 10^{-5} \text{ mol·L}^{-1}$$

$$\text{pH}_{sp1} = 4.70$$

$$\Delta\text{pH} = 4.40 - 4.70 = -0.30$$

$$E_t = \frac{10^{\Delta\text{pH}} - 10^{-\Delta\text{pH}}}{\sqrt{\frac{K_{a_1}}{K_{a_2}}}} \times 100\% = \frac{10^{-0.3} - 10^{0.3}}{\sqrt{\frac{7.6 \times 10^{-3}}{6.3 \times 10^{-8}}}} \times 100\% = -0.43\%$$

（2）在第二化学计量点产物为 HPO$_4^{2-}$，$c_{H_3PO_4}^{ep2} \approx 0.033$ mol·L^{-1}。同理可得

$$[H^+]_{sp2} = \sqrt{\frac{K_{a_2}(K_{a_3} c_{H_3PO_4}^{sp2} + K_w)}{K_{a_2} + c_{H_3PO_4}^{sp2}}}$$

$$= \sqrt{\frac{6.3 \times 10^{-8} \times (4.4 \times 10^{-13} \times 0.033 + 1.0 \times 10^{-14})}{6.3 \times 10^{-8} + 0.033}} \text{ mol·L}^{-1}$$

$$= 2.2 \times 10^{-10} \text{ mol·L}^{-1}$$

$$\text{pH}_{sp2} = 9.66$$

$$\Delta\text{pH} = 10.00 - 9.66 = 0.34$$

$$E_t = \frac{10^{\Delta pH} - 10^{-\Delta pH}}{2\sqrt{\dfrac{K_{a_2}}{K_{a_3}}}} \times 100\% = \frac{10^{0.34} - 10^{-0.34}}{2\sqrt{\dfrac{6.3 \times 10^{-8}}{4.4 \times 10^{-13}}}} \times 100\% = 0.23\%$$

此时由于在第二化学计量点,滴定反应涉及两个质子,所以上式中乘以化学计量数2。

4.8.4 强碱滴定混合酸的终点误差

一、强酸弱酸的混合溶液

以 NaOH 滴定强酸(H^+)和弱酸 HA 混合溶液为例,若 $\dfrac{c_{强酸}^2}{K_a c_{HA}} \geqslant 10^5$,滴至强酸的化学计量点时,溶液组成为弱酸 HA,质子条件式为

$$[H^+] = [OH^-] + [A^-] \approx [A^-]$$

若终点在化学计量点之后,此时 NaOH 过量。溶液的质子条件式为

$$c_{NaOH过量} + [H^+]_{ep} = [A^-]_{ep}$$

则

$$c_{NaOH过量} = [A^-]_{ep} - [H^+]_{ep}$$

所以

$$E_t = \frac{[A^-]_{ep} - [H^+]_{ep}}{c_{强酸}^{sp}} \times 100\%$$

将 $[H^+]_{ep} = [H^+]_{sp} \times 10^{-\Delta pH} = \sqrt{K_a c_{HA}^{sp}} \times 10^{-\Delta pH}$ 代入上式,得

$$E_t = \frac{[A^-] - [H^+]}{c_{强酸}^{sp}} \times 100\%$$

$$\approx \frac{\dfrac{c_{HA}^{sp} K_a}{\sqrt{K_a c_{HA}^{sp}} \times 10^{-\Delta pH}} - \sqrt{K_a c_{HA}^{sp}} \times 10^{-\Delta pH}}{c_{强酸}^{sp}} \times 100\%$$

$$= \frac{(10^{\Delta pH} - 10^{-\Delta pH})\sqrt{K_a c_{HA}^{sp}}}{c_{强酸}^{sp}} \times 100\%$$

例 4.22 以 $0.1000\ mol \cdot L^{-1}$ NaOH 溶液滴定 $0.1000\ mol \cdot L^{-1}$ HCl 和 $0.2000\ mol \cdot L^{-1}$ H_3BO_3 的混合溶液。已知 H_3BO_3 的 $K_a = 5.8 \times 10^{-10}$。

(1)计算化学计量点时溶液的 pH;

(2)若滴定终点 pH 比化学计量点 pH 高 0.50,计算终点误差。

解 (1) $[H^+]_{计} = \sqrt{5.8 \times 10^{-10} \times 0.100}\ mol \cdot L^{-1} = 7.6 \times 10^{-6}\ mol \cdot L^{-1}$

$$pH_{计} = 5.12$$

(2)终点时 pH = 5.12 + 0.50 = 5.62,滴定终点在化学计量点之后,则

$$c_{NaOH过量} = [H_2BO_3^-]_{ep} + [OH^-]_{ep} - [H^+]_{ep}$$

因滴定终点偏酸性,故

$$c_{NaOH过量} = [H_2BO_3^-]_{ep} - [H^+]_{ep}$$

$$[H_2BO_3^-]_{ep} = \delta c$$

$$= \frac{5.8 \times 10^{-10}}{2.4 \times 10^{-6} + 5.8 \times 10^{-10}} \times 0.1000 \text{ mol} \cdot \text{L}^{-1}$$

$$= 2.4 \times 10^{-5} \text{ mol} \cdot \text{L}^{-1}$$

$$E_t = \frac{[H_2BO_3^-]_{ep} - [H^+]_{ep}}{c_{HCl}^{sp}} \times 100\%$$

$$= \frac{2.4 \times 10^{-5} - 2.4 \times 10^{-6}}{0.05000} \times 100\%$$

$$= 0.04\%$$

二、两种弱酸的混合溶液

以 NaOH 滴定弱酸 HA(解离常数 K_a^{HA},浓度 c_{HA})和 HB(解离常数 K_a^{HB},浓度 c_{HB})的混合溶液为例,若 $\dfrac{c_{HA}K_a^{HA}}{c_{HB}K_a^{HB}} \geq 10^5$,滴定至 HA 的化学计量点时,溶液的组成是 $A^- + HB$,质子条件式为

$$[HA] + [H^+] = [B^-] + [OH^-]$$

若终点在化学计量点之后,此时 NaOH 过量。溶液的质子条件式为

$$c_{NaOH过量} + [HA]_{ep} + [H^+]_{ep} = [B^-]_{ep} + [OH^-]_{ep}$$

由上式得

$$c_{NaOH过量} = [B^-]_{ep} + [OH^-]_{ep} - [HA]_{ep} - [H^+]_{ep}$$

若终点 pH 不是太高或太低,$[H^+]_{ep}$ 和 $[OH^-]_{ep}$ 可忽略,则

$$E_t = \frac{[B^-]_{ep} - [HA]_{ep}}{c_{HA}^{sp}} \times 100\%$$

若终点与化学计量点的 pH 的差为 ΔpH,则

$$E_t = \frac{10^{\Delta pH} - 10^{-\Delta pH}}{\sqrt{\dfrac{K_a^{HA}c_{HA}}{K_a^{HB}c_{HB}}}} \times 100\% \tag{4.50}$$

对于酸滴定碱的终点误差,也可按类似方法进行处理和计算。其林邦误差计算式与碱滴定酸的相似,只需对碱滴定酸的林邦误差计算式稍做变换即可得到。由于涉及逐级解离,强碱滴定多元弱酸的终点误差从定义到计算公式都很复杂,上述林邦误差公式是经过数次简化才得到的,因此,它们对实际工作的指导作用要小一些。

例 4.23 用 $0.1000 \text{ mol} \cdot \text{L}^{-1}$ HCl 溶液滴定 $0.1000 \text{ mol} \cdot \text{L}^{-1}$ 甲胺与 $0.1000 \text{ mol} \cdot \text{L}^{-1}$ 吡啶混合溶液中的甲胺,已知滴定终点的 pH 比化学计量点的 pH 高 0.5 个单位,计算滴定终点误差。

解 根据题意,$\Delta pH = 0.5$,$c_{sp} = 0.05000 \text{ mol} \cdot \text{L}^{-1}$,查表得,甲胺与吡啶的解离常数分别为 4.2×10^{-4} 和 1.7×10^{-9}。

设 b_1 和 b_2 分别为较强和较弱的碱,K_{b_1} 和 K_{b_2} 为它们的解离常数。按上述方法可推得其终点误差计算式为

$$E_t = \frac{10^{-\Delta pH} - 10^{\Delta pH}}{\sqrt{\dfrac{K_{b_1} c_{b_1}^{sp}}{K_{b_2} c_{b_2}^{sp}}}} \times 100\%$$

$$= \frac{10^{-0.5} - 10^{0.5}}{\sqrt{\dfrac{4.2 \times 10^{-4} \times 0.05000}{1.7 \times 10^{-9} \times 0.05000}}} \times 100\%$$

$$= -0.57\%$$

4.9 酸碱滴定的应用

酸碱滴定法应用广泛,对于许多化工产品(如烧碱、纯碱、硫酸铵和碳酸氢铵等),人们常采用酸碱滴定法测定其主要成分的含量。钢铁及某些原材料中碳、硫、磷、硅和氮等元素,也可采用酸碱滴定法测定。其他如有机合成工业中的原料、中间产品及其成品等,也有采用酸碱滴定法测定的。下面举例说明酸碱滴定的某些应用。

4.9.1 混合碱的测定

氢氧化钠俗称烧碱,在生产和储藏过程中会吸收空气中的 CO_2 而生成 Na_2CO_3,因此,要经常对烧碱进行 NaOH 和 Na_2CO_3 含量的测定。常用的方法有以下两种。

一、双指示剂法

双指示剂法是指在被滴定溶液中先加入一种指示剂,用滴定剂滴定至第一个终点后,再加入另一指示剂,继续滴定至第二个终点。分别根据各终点时所消耗滴定剂的体积和浓度,计算各组分的含量。

(1) 混合碱中 NaOH 和 Na_2CO_3 含量的测定

准确称取 m_s(g)烧碱试样并溶解后,先以酚酞为指示剂,用 HCl 标准溶液滴定至红色恰好消失,消耗 HCl 标准溶液体积为 V_1(mL),这时 NaOH 全部被中和,而 Na_2CO_3 仅被中和到 $NaHCO_3$。再向溶液中加入甲基橙指示剂,继续用 HCl 标准溶液滴定至橙红色,消耗 HCl 标准溶液体积为 V_2(mL),这时被滴定到 H_2CO_3 所消耗 HCl 标准溶液的体积是相等的,所以用于滴定 NaOH 的 HCl 标准溶液体积为 $(V_1 - V_2)$。

各组分含量计算如下:

$$w_{NaOH} = \frac{c_{HCl} \times (V_1 - V_2) \times M_{NaOH}}{m_s} \times 100\%$$

$$w_{Na_2CO_3} = \frac{\dfrac{1}{2} c_{HCl} \times 2V_2 \times M_{Na_2CO_3}}{m_s} \times 100\%$$

(2) 纯碱中 Na_2CO_3 和 $NaHCO_3$ 含量的测定

各组分含量计算如下:

$$w_{Na_2CO_3} = \frac{\frac{1}{2}c_{HCl} \times 2V_1 \times M_{Na_2CO_3}}{m_s} \times 100\%$$

$$w_{NaHCO_3} = \frac{c_{HCl}(V_2 - V_1) \times M_{NaHCO_3}}{m_s} \times 100\%$$

根据双指示剂法滴定至两个终点时所消耗的 HCl 标准溶液体积 V_1 和 V_2 的相对大小可判断混合碱试样的组分：

$V_1 > V_2$，由 NaOH 和 Na_2CO_3 组成；

$V_1 = V_2$，只含有 Na_2CO_3；

$V_1 < V_2$，由 Na_2CO_3 和 $NaHCO_3$ 组成；

$V_1 = 0$，$V_2 \neq 0$，只含有 $NaHCO_3$；

$V_2 = 0$，$V_1 \neq 0$ 只含有 NaOH。

二、氯化钡法

准确称取一定量试样，将其溶解于已除去 CO_2 的蒸馏水中，稀释到一定体积，分成两等份进行滴定。

第一份溶液以甲基橙作指示剂，用 HCl 标准溶液滴定，测定其总碱度，反应如下：

$$NaOH + HCl \xrightarrow{} NaCl + H_2O$$

$$Na_2CO_3 + 2HCl \xrightarrow{} 2NaCl + CO_2 \uparrow + H_2O$$

终点为橙红色，消耗 HCl 标准溶液体积为 V_1。

第二份溶液加 $BaCl_2$，使 Na_2CO_3 转化为微溶的 $BaCO_3$，即

$$Na_2CO_3 + BaCl_2 \xrightarrow{} BaCO_3 \downarrow + 2NaCl$$

用 HCl 标准溶液滴定该溶液中的 NaOH，以酚酞作为指示剂，消耗 HCl 标准溶液体积为 V_2。滴定第二份溶液显然不能用甲基橙作指示剂，因为甲基橙变色点在 pH = 4 左右，此时将有部分 $BaCO_3$ 溶解，使滴定结果不准确。从 V_2 可得 NaOH 的质量分数：

$$w_{NaOH} = \frac{c_{HCl} \times V_2 \times M_{NaOH}}{m_s} \times 100\%$$

混合碱中 Na_2CO_3 所消耗的 HCl 标准溶液体积为 $(V_1 - V_2)$，所以

$$w_{Na_2CO_3} = \frac{\frac{1}{2}c_{HCl} \times (V_1 - V_2) \times M_{Na_2CO_3}}{m_s} \times 100\%$$

4.9.2 极弱酸（碱）的测定

对于一些极弱的酸（碱），有时可利用化学反应使其转变为较强的碱（酸），从而可以进行滴定。例如，硼酸为极弱酸，它在水溶液中按下式解离：

$$B(OH)_3 + 2H_2O \xrightarrow{} H_3O^+ + B(OH)_4^-$$

$$K_a = 5 \times 10^{-10} \sim 8 \times 10^{-10}$$

也可简写为 $H_3BO_3 \rightleftharpoons H^+ + H_2BO_3^-$。硼酸太弱,以至于不能用 NaOH 进行准确滴定。如果向硼酸溶液中加入一些甘油或甘露醇,使其与硼酸根形成稳定的配合物,可以增加硼酸在水溶液中的解离,使硼酸转变为中强酸。例如,当溶液中有较大量甘露醇存在时,硼酸就按下式生成配合物:

$$2 \begin{matrix} R-HC-OH \\ | \\ R-HC-OH \end{matrix} + B(OH)_3 \rightleftharpoons \begin{matrix} R-HC-O \\ | \\ R-HC-O \end{matrix} B^- \begin{matrix} O-CH-R \\ | \\ O-CH-R \end{matrix} + H^+ + 3H_2O$$

该配合物的酸性很强,其 $pK_a = 4.26$,可以用 NaOH 标准溶液准确滴定。

利用沉淀反应,有时也可以使弱酸强化。例如,H_3PO_4 的 $K_{a_3} = 4.4 \times 10^{-13}$,通常只能按二元酸被分步滴定。如果加入钙盐,由于生成 $Ca_3(PO_4)_2$ 沉淀,便可继续对 HPO_4^{2-} 进行较为准确的滴定。

对于极弱酸的滴定,有时也可利用氧化还原法使弱酸转变为强酸。例如,用碘、过氧化氢或溴水可将 H_2SO_3 氧化为 H_2SO_4。此外,还可以在浓盐体系或非水介质中对极弱酸(或碱)进行测定。

4.9.3 氮的测定

对于肥料、土壤及某些有机化合物,常需要测定其氮的含量,有机化合物中氮的测定是先在 $CuSO_4$ 催化剂存在下用 H_2SO_4 消解试样,使各种含氮化合物都转化为铵态氮,然后用蒸馏法测定,即为著名的凯氏(Kjeldahl)定氮法。其他含氮物质,如肥料、土壤等,也需先经适当处理使氮转化为铵,再进行测定。

NH_4^+ 的酸性很弱,$cK_a < 10^{-8}$,不能直接准确滴定,可用下面两种方法测定。

一、蒸馏法

将含铵的试液置于蒸馏烧瓶中,加入过量浓 NaOH 溶液,使 NH_4^+ 以 NH_3 的形式被蒸馏出来,用一定体积的 HCl 标准溶液吸收。反应剩余盐酸用 NaOH 标准溶液滴定,以甲基红为指示剂滴定至橙色,或用甲基橙为指示剂滴定至黄色。

蒸出的 NH_3 也可用过量硼酸溶液吸收:

$$NH_3 + H_3BO_3 \rightleftharpoons H_2BO_3^- + NH_4^+$$

然后用 HCl 或 H_2SO_4 标准溶液滴定 $H_2BO_3^-$,化学计量点 $pH \approx 5$,选甲基红为指示剂。用硼酸吸收的优点是硼酸不必是标准溶液,加入的体积也不必准确,只要过量即可。这样只需一种酸标准溶液,而用 HCl 标准溶液吸收则需两种标准溶液。

二、甲醛法

若想直接滴定 NH_4^+,必须将其强化,即将它转化为强酸或较强的弱酸($cK_a \geq 10^{-8}$)。可加入甲醛与 NH_4^+ 反应:

$$4NH_4^+ + 6HCHO \rightleftharpoons (CH_2)_6N_4H^+ + 3H^+ + 6H_2O$$

4 mol NH_4^+ 反应后生成 3 mol 强酸和 1 mol 弱酸 $(CH_2)_6N_4H^+$,它是弱碱 $(CH_2)_6N_4$ 的共

轭酸，$pK_a = 5.15$，可以准确滴定。用 NaOH 溶液滴定时，强酸弱酸一起被滴定，因此铵(氮)的化学计量系数为 1。化学计量点产物为 $(CH_2)_6N_4$，$pH \approx 9$，选酚酞为指示剂。甲醛中常含有游离酸，则事先需要以甲基红为指示剂，用 NaOH 将其中和。此时不能用酚酞作指示剂，否则部分 NH_4^+ 将被中和。

甲醛强化法对有机化合物中氮的测定不适用，因消解有机化合物试样时用了大量的酸，中和这些酸会产生大量的盐，使终点不明显。

4.9.4 磷的测定

钢铁和矿石等试样中的磷有时也采用酸碱滴定法进行测定。在硝酸介质中磷酸与钼酸铵反应，生成黄色磷钼酸沉淀：

$$PO_4^{3-} + 12MoO_4^{2-} + 2NH_4^+ + 25H^+ \rightleftharpoons (NH_4)_2H[PMo_{12}O_{40}] \cdot H_2O \downarrow + 11H_2O$$

过滤后，用水洗涤沉淀，将其溶解于定量且过量的 NaOH 标准溶液中，溶解反应为

$$(NH_4)_2H[PMo_{12}O_{40}] \cdot H_2O + 27OH^- \rightleftharpoons PO_4^{3-} + 12MoO_4^{2-} + 2NH_3 + 16H_2O$$

过量的 NaOH 再用 HNO_3 标准溶液返滴定，至酚酞恰好褪色即为终点($pH \approx 8$)，这时，有三个反应发生：

$$OH^-(过量的 NaOH) + H^+ \rightleftharpoons H_2O$$

$$PO_4^{3-} + H^+ \rightleftharpoons HPO_4^{2-}$$

$$2NH_3 + 2H^+ \rightleftharpoons 2NH_4^+$$

由上述几步反应可看出，溶解 1 mol 磷钼酸铵沉淀要消耗 27 mol NaOH。用 HNO_3 返滴定至 $pH \approx 8$ 时，沉淀溶解后所产生的 PO_4^{3-} 转变为 HPO_4^{2-}，需要消耗 1 mol HNO_3；2 mol NH_3 滴至 NH_4^+ 时，消耗 2 mol HNO_3，共消耗 3 mol HNO_3。所以，此时 1 mol 磷钼酸铵沉淀实际只消耗 $(27-3)$ mol $= 24$ mol NaOH，因此，磷对 NaOH 的化学计量数比为 $\dfrac{1}{24}$。

试样中磷的含量为

$$w_P = \dfrac{(c_{NaOH}V_{NaOH} - c_{HNO_3}V_{HNO_3}) \times \dfrac{1}{24} M_P}{m_s} \times 100\%$$

由于磷的化学计量数比很小，本方法可用于微量磷的测定。

4.9.5 硅的测定

对于硅酸盐试样中 SiO_2 含量的测定，过去都是采用重量法，虽然测定结果准确，但耗时太长，因此目前生产中的例行分析多采用氟硅酸钾容量法。

用 KOH 熔融试样，使其转化为可溶性硅酸盐(如 K_2SiO_3 等)；硅酸钾在钾盐存在下与 HF 作用(或在强酸性溶液中加 KF。由于 HF 剧毒，故必须在通风橱中操作)，转化为微溶的氟硅酸钾(K_2SiF_6)，其反应如下：

$$K_2SiO_3 + 6HF == K_2SiF_6\downarrow + 3H_2O$$

由于沉淀的溶解度较大,还需加入固体 KCl 以降低其溶解度。过滤沉淀,用氯化钾-乙醇溶液洗涤,将沉淀放入原烧杯中,加入氯化钾-乙醇溶液,用 NaOH 中和游离酸至酚酞变红,再加入沸水,使氟硅酸钾水解而释放出 HF,其反应如下:

$$K_2SiF_6 + 3H_2O == 2KF + H_2SiO_3 + 4HF$$

用 NaOH 标准溶液滴定释放出的 HF,以求得试样中 SiO_2 的含量。由反应式可知,1 mol K_2SiF_6 释放出 4 mol HF,即消耗 4 mol NaOH,所以试样中 SiO_2 的化学计量数比为 $\frac{1}{4}$。试样中 SiO_2 的质量分数为

$$w_{SiO_2} = \frac{c_{NaOH} V_{NaOH} \times \frac{1}{4} M_{SiO_2}}{m_s} \times 100\%$$

习 题

1. 对下列酸(碱)分别按照酸(碱)强度从小到大进行排列。

(1) $H_2PO_4^-$、NH_4^+、HCN、HF、HNO_3、CH_3COOH、$CHCl_2COOH$、HPO_4^{2-}、$CH_3NH_3^+$;

(2) CO_3^{2-}、F^-、Cl^-、NH_3、PO_4^{3-}、S^{2-}、CN^-、$CH_3CH_2NH_2$、HPO_4^{2-}、$HCOO^-$。

2. 判断下列共轭酸碱对。

(1) HCN-NaCN;

(2) H_3PO_4-Na_2HPO_4;

(3) $^+NH_3CH_2COOH$-$NH_2CH_2COO^-$;

(4) H_3O^+-OH^-;

(5) H_2CO_3 和 CO_3^{2-};

(6) NH_3 和 NH_2^-;

(7) HCl 和 Cl^-;

(8) HSO_4^- 和 SO_4^{2-};

(9) HAc-Ac^-;

(10) $(CH_2)_6N_4H^+$-$(CH_2)_6N_4$;

(11) C_6H_5COOH-$C_6H_5COO^-$;

(12) C_6H_5OH-$C_6H_5OH_2^+$。

3. 写出下列水溶液的质子条件式。

(1) 0.1 mol·L^{-1} NH_4Ac 溶液;

(2) 0.1 mol·L^{-1} $NaHCO_3$ 溶液;

(3) 0.1 mol·L^{-1} H_2SO_4 溶液;

(4) 20 mL 0.10 mol·L^{-1} NaOH 和 10 mL 0.10 mol·L^{-1} H_2SO_4 的混合溶液;

(5) 60 mL 0.10 mol·L^{-1} Na_2CO_3 和 40 mL 0.15 mol·L^{-1} HCl 的混合溶液;

(6) 0.10 mol·L^{-1} HCl 和 0.20 mol·L^{-1} H_2SO_4 的混合溶液。

4. 计算下列各溶液的 pH。

(1) 0.10 mol·L^{-1} H_2SO_4 溶液;

(2) 0.05 mol·L^{-1} NaAc 溶液;

(3) 0.05 mol·L^{-1} NH$_4$NO$_3$ 溶液;

(4) 0.20 mol·L^{-1} H$_3$PO$_4$ 溶液;

(5) 0.100 mol·L^{-1} Na$_2$S 溶液;

(6) 0.15 mol·L^{-1} HAc+0.025 mol·L^{-1} NaAc 的混合溶液;

(7) 0.010 mol·L^{-1} H$_2$O$_2$ 溶液;

(8) 含有 $c_{HA}=c_{HB}=0.100$ mol·L^{-1} 的混合溶液(p$K_{HA}=5.0$,p$K_{HB}=9.0$);

(9) 0.10 mol·L^{-1} NaH$_2$PO$_4$。

5. 已知 NH$_3$·H$_2$O 的 $K_b=1.8\times10^{-5}$,当 NH$_3$-NH$_4$Cl 缓冲溶液的 pH=9.0 时,该溶液中 [NH$_3$]/[NH$_4$Cl] 为多少?

6. 某溶液含有 HAc、NaAc 和微量 Na$_2$C$_2$O$_4$,其浓度分别为 0.92 mol·L^{-1}、0.32 mol·L^{-1}、2.2×10^{-4} mol·L^{-1},试计算该溶液中 C$_2$O$_4^{2-}$ 的平衡浓度[C$_2$O$_4^{2-}$]。

7. 血液试样中总二氧化碳([HCO$_3^-$]+[CO$_2$])含量可通过酸化试样测量 CO$_2$ 的体积进行测定。今测得某血液试样中 CO$_2$ 总浓度为 28.5 mmol·L^{-1},在 37 ℃时该血液的 pH 为 7.48。试问该血液试样中 HCO$_3^-$ 和 CO$_2$ 的浓度各是多少?已知 H$_2$CO$_3$ 的 $K_{a_1}=4.2\times10^{-7}$,$K_{a_2}=5.6\times10^{-11}$。

8. 含 0.1 mol·L^{-1} NaOH 和 0.2 mol·L^{-1} NH$_3$·H$_2$O 的混合碱液 10.00 mL,欲用 0.1 mol·L^{-1} HCl 标准溶液滴定,试求:

(1) 滴定碱溶液的质子条件式及 pH(已知 NH$_3$·H$_2$O 的 $K_b=1.8\times10^{-5}$);

(2) 滴定至理论终点时溶液的质子条件式及 pH。

9. 0.10 mol·L^{-1} NaOH 溶液与 0.050 mol·L^{-1} H$_2$SO$_4$ 溶液等体积混合,计算该溶液的 pH。已知 H$_2$SO$_4$ 的 p$K_{a_2}=1.99$。

10. 将 0.12 mol·L^{-1} HCl 溶液与 0.10 mol·L^{-1} ClCH$_2$COONa 溶液等体积混合,试计算该溶液的 pH。已知 CH$_2$ClCOOH 的 $K_a=1.4\times10^{-3}$。

11. 某分析工作者欲配制 pH=0.64 的缓冲溶液。称取 16.3 g 纯三氯乙酸(CCl$_3$COOH),溶于水后,加入 2.0 g 固体 NaOH,溶解后以水稀至 1 L。试问:

(1) 实际上所配缓冲溶液的 pH 为多少?

(2) 若要配制 pH=0.64 的三氯乙酸缓冲溶液,需加入多少摩尔强酸或强碱?已知 CCl$_3$COOH 的 $K_a=0.23$。

12. 今由某弱酸 HB 及其共轭碱配制缓冲溶液,已知其中共轭酸[HB]=0.25 mol·L^{-1}。于 100 mL 此缓冲溶液中加入 200 mg 固体 NaOH(忽略体积的变化)后,所得溶液的 pH 为 5.60。问原来所配制的缓冲溶液的 pH 为多少?已知 HB 的 $K_a=5.0\times10^{-6}$。

13. 若将 0.10 mol·L^{-1} HAc 溶液和 0.20 mol·L^{-1} NaOH 溶液直接混合,配制成 pH 为 5.20 的缓冲溶液 1 L,问需加入上述溶液各多少毫升?已知 HAc 的 p$K_a=4.74$。

14. 需要制备 200 mL pH=9.49 的 NH$_3$-NH$_4$Cl 缓冲溶液,且使该溶液在加入 1.0 mmol HCl 或 NaOH 时 pH 的改变不大于 0.12,制备该缓冲溶液时需用多少克 NH$_4$Cl 和多少毫升 1.0 mol·L^{-1}氨水？已知 NH$_3$·H$_2$O 的 pK_b = 4.74。

15. 对于二元弱酸 H$_2$B，已知 pH = 1.92 时，$\delta_{H_2B} = \delta_{HB^-}$；pH = 6.22 时，$\delta_{HB^-} = \delta_{B^{2-}}$。

（1）计算 H$_2$B 的 K_{a_1} 和 K_{a_2}；

（2）若用 0.100 mol·L^{-1} NaOH 溶液滴定 0.100 mol·L^{-1} H$_2$B 溶液，滴定至第一和第二化学计量点时，溶液的 pH 各为多少？各选用何种指示剂？

16. 用 0.10 mol·L^{-1} NaOH 溶液滴定同浓度的甲酸（HA）溶液，计算化学计量点的 pH 及选甲基红为指示剂（终点时 pH 为 6.2）时的终点误差。已知 HA 的 pK_a = 3.74。

17. 用 0.10 mol·L^{-1} NaOH 溶液滴定同浓度邻苯二甲酸氢钾（简写成 KHP）溶液。计算化学计量点及其前后 0.1% 时溶液的 pH。已知 H$_2$P 的 pK_{a_1} = 2.95，pK_{a_2} = 5.41。

18. 若以 0.100 mol·L^{-1} NaOH 溶液滴定 20.0 mL 浓度均为 0.100 mol·L^{-1} 的盐酸羟胺（NH$_3^+$OH·Cl$^-$）和 NH$_4$Cl 的混合溶液中的盐酸羟胺。

（1）计算化学计量点时溶液的 pH；

（2）化学计量点时有百分之几的 NH$_4$Cl 参加了反应？滴定能否准确进行？已知羟胺的 K_b = 9.1×10^{-9}，NH$_3$·H$_2$O 的 K_b = 1.8×10^{-5}。

19. 用 0.10 mol·L^{-1} NaOH 溶液滴定 0.10 mol·L^{-1} 二氯乙酸（简写成 HA）溶液，若溶液中还含有 0.010 mol·L^{-1} NH$_4$Cl，计算化学计量点时溶液的 pH 和过量 0.1% 时溶液的 pH。已知 HA 的 pK_a = 1.30，NH$_4^+$ 的 pK_a = 9.26。

20. 以 0.1000 mol·L^{-1} NaOH 溶液滴定 20.00 mL 0.05000 mol·L^{-1} H$_2$C$_2$O$_4$ 溶液，计算：

（1）化学计量点前 0.1% 时溶液的 pH；

（2）化学计量点时溶液的 pH；

（3）化学计量点后 0.1% 时溶液的 pH。

已知 H$_2$C$_2$O$_4$ 的 pK_{a_1} = 1.22，pK_{a_2} = 4.19。

21. 某未知试样可能由 NaHCO$_3$ 和 Na$_2$CO$_3$ 组成，每次称取 1.000 g，用 0.2500 mol·L^{-1} HCl 标准溶液滴定，试根据以下实验数据判断每种试样的组成，并计算未知试样每种组分的质量分数。

（1）以酚酞为指示剂，滴定终点消耗 24.32 mL HCl 标准溶液；另一份同样质量的试样以甲基橙为指示剂，滴定终点消耗 48.64 mL HCl 标准溶液。

（2）加入酚酞指示剂溶液不变色，加入甲基橙指示剂，滴定终点消耗 38.35 mL HCl 标准溶液。

（3）以酚酞为指示剂，滴定终点消耗 15.32 mL HCl 标准溶液；加入甲基橙指示剂，继续滴定至终点时消耗 38.54 mL HCl 标准溶液。

22. 某未知试样可能含有 Na$_3$PO$_4$、Na$_2$HPO$_4$、NaH$_2$PO$_4$ 及酸惰性物质，称取 1.0000 g 上述试样并溶解后，以甲基橙为指示剂，用 0.2000 mol·L^{-1} HCl 标准溶液滴定至终点，消耗 38.24 mL；称取同样质量的混合试样，以酚酞为指示剂，消耗 14.50 mL 同样浓度的 HCl 标准溶液，求未知试样的组成及其质量分数。

23. 阿司匹林（乙酰水杨酸）的测定可用已知过量的碱进行水解（煮沸 10 min），然后用酸标准溶液滴定剩余的碱：

$$HOOCC_6H_4COOCH_3 + 2NaOH \rightleftharpoons CH_3COONa + NaOOCC_6H_4OH + H_2O$$

若称取 0.274 5 g 试样，用 50.00 mL 0.1000 mol·L^{-1} NaOH 溶液溶解，滴定过量碱需 11.03 mL 0.2100 mol·L^{-1} HCl 溶液（一般用酚红作指示剂）。试计算试样中乙酰水杨酸的质量分数。

24. 在酸性介质中，1.00 mL KMnO$_4$ 溶液恰好与 0.3038 g FeSO$_4$ 反应，而 1.00 mL KHC$_2$O$_4$·H$_2$C$_2$O$_4$ 溶液又正好与 0.20 mL 上述 KMnO$_4$ 溶液完全反应。问需多少毫升 0.200 mol·L^{-1} NaOH 溶液才能中和 1.00 mL 该 KHC$_2$O$_4$·H$_2$C$_2$O$_4$ 溶液？

25. 称取 0.2000 g 含 Ca(ClO$_3$)$_2$ 的试样，溶解后将溶液调节至强酸性，加入 0.1000 mol·L^{-1} Fe^{2+} 溶液 26.00 mL，将 ClO$_3^-$ 还原为 Cl$^-$，过量的 Fe^{2+} 以 0.02000 mol·L^{-1} K$_2$Cr$_2$O$_7$ 溶液滴定至终点时用去 10.00 mL。计算试样中 Ca(ClO$_3$)$_2$ 的质量分数。

26. 称取 0.5000 g 某纯一元弱酸 HB，溶于适量水中，以 0.1000 mol·L^{-1} NaOH 溶液滴定，从电位滴定曲线得到下列数据：

V_{NaOH}/mL	0.00	20.47	40.94（化学计量点）
pH	2.65	4.21	8.43

试计算该一元弱酸 HB 的摩尔质量和 pK_a。

27. 称取 1.0000 g 含磷试样，经处理，以钼酸铵沉淀磷为磷钼酸铵，用 25.00 mL 0.1000 mol·L^{-1} NaOH 溶液溶解沉淀，过量的 NaOH 用 0.2000 mol·L^{-1} HNO$_3$ 溶液滴定，以酚酞为指示剂，用去 10 mL HNO$_3$ 溶液，计算 P 和 P$_2$O$_5$ 的质量分数。

28. 基于形成硅氟酸钾沉淀而后水解（K$_2$SiF$_6$ + 3H$_2$O $\rightleftharpoons$ 2KF + H$_2$SiO$_3$ + 4HF）的方法，可用酸碱滴定法快速测定硅，以下是简要步骤，阅后请回答问题：

称取一定量硅酸盐试样，用 KOH 熔融分解，在强酸介质中加入 KF、KCl 及乙醇，并置冰水中冷却，过滤，用 KCl-乙醇溶液洗去溶液中游离酸，再加沸水水解，用 NaOH 标准溶液滴定。

（1）为何采用 KOH 熔融来分解试样？用浓酸行不行？
（2）沉淀时为何加入 KCl 和乙醇并冷却？
（3）选什么指示剂？
（4）写出计算二氧化硅质量分数的公式。

29. 0.8242 g 苯甲醛（C$_6$H$_5$CHO）试样与 25.00 mL 0.6 mol·L^{-1} 盐酸羟胺溶液混合，释放出的 HCl 需用 15.12 mL 0.5020 mol·L^{-1} NaOH 溶液滴定，试计算试样中 C$_6$H$_5$CHO 的质量分数。

反应式如下：

$$C_6H_5CHO + H_2NOH \cdot HCl \rightleftharpoons C_6H_5CH=NOH + H_2O + HCl$$

$$HCl + NaOH \rightleftharpoons NaCl + H_2O$$

30. 利用甲醛与氨反应来测定甲醛，其反应如下：

$$6HCHO + 4NH_3 \rightleftharpoons (CH_2)_6N_4 + 6H_2O$$

以下是测定的简要步骤与数据，阅后请回答问题并计算结果：

准确移取 25 mL 甲醛试液，加入 0.3 g NH$_4$Cl 及 40.00 mL 0.1 mol·L^{-1} NaOH 溶液，在密闭体系中放置 1 h，然后用 0.1000 mol·L^{-1} HCl 标准溶液滴定至溴百里酚蓝由黄变绿（pH=7.0），消耗

15.00 mL，此 40.00 mL NaOH 溶液相当于 35.00 mL HCl 标准溶液。

(1) NH_4Cl 和 NaOH 作用何在？

(2) 此滴定是什么体系？化学计量点 pH 是多少？

(3) 写出计算此试液中甲醛浓度（$mg \cdot mL^{-1}$）的公式。

已知 $NH_3 \cdot H_2O$ 的 $pK_b = 4.74$，$(CH_2)_6N_4$ 的 $pK_b = 8.85$。

第5章

配位滴定法

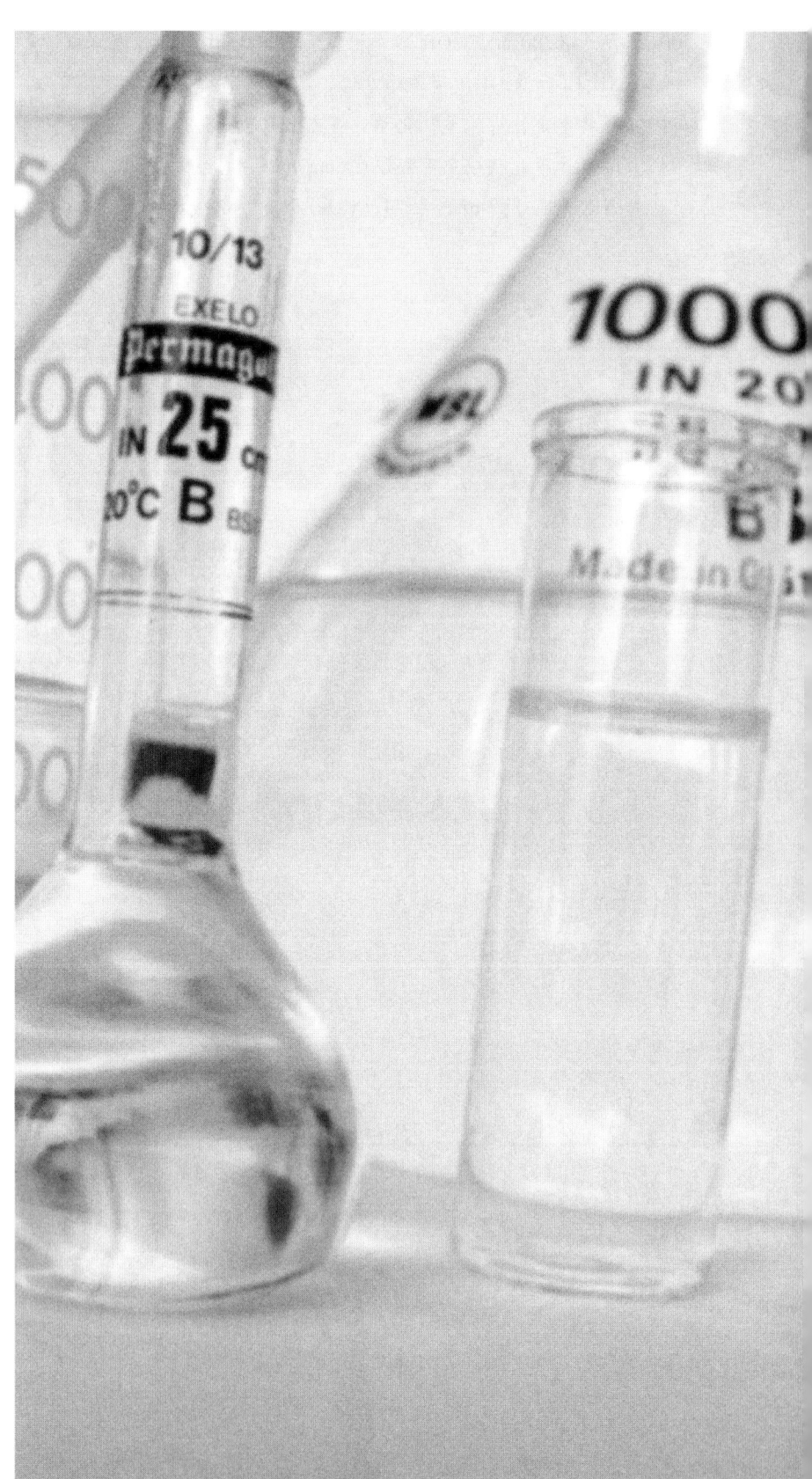

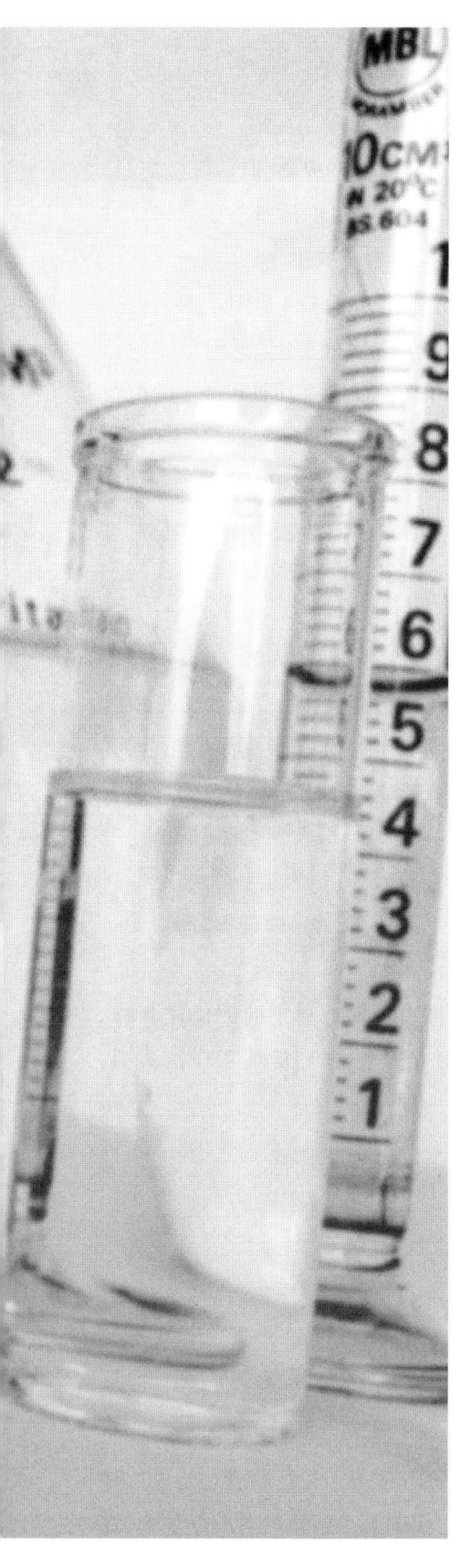

配位滴定法是以配位反应为基础的滴定分析法,配位反应广泛应用于分析化学的各种分离与测定中。配位反应所涉及的平衡比较复杂,除了待测离子与滴定剂之间的反应外,还可能存在其他离子与待测离子、滴定剂或滴定生成物之间的反应。为了定量处理各种因素对配位平衡的影响,本章引入了副反应系数概念,并导出条件平衡常数,阐明配位滴定原理。这种简便的处理方法也可广泛应用于涉及多种复杂平衡的其他体系。

5.1 分析化学中常用的配体

5.1.1 无机配体

无机配体一般仅含有一个配位原子,称为单齿配体,与中心离子不能形成环状结构,只能生成简单配位化合物,如中性分子 NH_3 和离子 F^- 等作为配体与许多金属离子形成配位化合物 $Cu(NH_3)_4^{2+}$、AlF_6^{3-} 等。这些简单配位化合物大多不稳定,存在分级配位现象,且各级稳定常数又比较接近,使溶液中常有多种配位型体同时存在,平衡情况变得复杂,无法满足滴定分析的基本要求,所以很少用于滴定分析。只有以 CN^- 为配体的氰量法和以 Hg^{2+} 为中心离子的汞量法具有一些实际意义。

氰量法主要用于滴定 Ag^+、Ni^{2+} 等,以 KCN 溶液为滴定剂,滴定反应为

$$Ag^+ + 2CN^- \rightleftharpoons Ag(CN)_2^-$$
$$Ni^{2+} + 4CN^- \rightleftharpoons Ni(CN)_4^{2-}$$

若要滴定 CN^-,可以 $AgNO_3$ 溶液为滴定剂,终点时的反应为生成白色的 $Ag[Ag(CN)_2]$ 沉淀。

汞量法通常以 $Hg(NO_3)_2$ 或 $Hg(ClO_4)_2$ 溶液为滴定剂,滴定 Cl^- 和 SCN^- 等,以二苯胺基脲为指示剂,滴定反应为

$$Hg^{2+} + 2Cl^- \rightleftharpoons HgCl_2$$
$$Hg^{2+} + 2SCN^- \rightleftharpoons Hg(SCN)_2$$

生成的 $HgCl_2$ 或 $Hg(SCN)_2$ 是解离度很小的配位化合物,称为拟盐或假盐。过量的汞盐与指示剂形成蓝紫色

的配位化合物以指示终点的到达。

5.1.2 有机配体

有机配体与金属离子形成的配位化合物虽然有时也存在分级配位现象,但情况较简单,如控制适当的反应条件,就能得到所需的配位化合物。而且,有的有机配体对金属离子具有一定的选择性。因此,这类配体广泛用作滴定剂和掩蔽剂等。

分析化学中重要的有机配体主要有"OO 型""NN 型""NO 型"和含硫型几种类型。

"OO 型"配体,以两个氧原子为键合原子,如羟基酸、多元酸、多元醇、多元酚等。它们通过氧原子(硬碱)和硬酸型阳离子相键合形成稳定的配位化合物,如酒石酸与 Al^{3+} 的配位反应。

"NN 型"配体,如各种有机胺类或含氮杂环化合物,通过氮原子(中间碱)与中间酸和一部分软酸型阳离子相键合形成稳定的配位化合物,如 1,10-邻二氮菲与 Fe^{2+} 的配位反应。

"NO 型"配体,通过氧原子(硬碱)和氮原子(中间碱)与许多硬酸型、软酸型和中间酸型阳离子相键合形成稳定的配位化合物,如 8-羟基喹啉与 Al^{3+} 的配位反应。

含硫型配体,可分为"SS 型"、"SO 型"和"SN 型"等。由两个硫原子(软碱)作键合原子的"SS 型"配体,能与软酸和一部分中间酸型阳离子形成稳定的配位化合物。通常多形成较稳定的四原子环配位化合物。"SO 型"和"SN 型"配体能与许多种阳离子形成配位化合物,通常多形成较稳定的五原子环配位化合物,如氨羧配体、8-羟基喹啉和一些邻羟基偶氮染料等。

5.1.3 乙二胺四乙酸

一、乙二胺四乙酸的性质

乙二胺四乙酸是含有羧基和氨基的配体,能与许多金属离子形成稳定的配位化合物。在化学分析中,它除了用于配位滴定外,在各种分离和测定方法中,还广泛地用作掩蔽剂。迄今为止,它是分析化学中使用最广泛的配位滴定剂。

乙二胺四乙酸的结构式为

$$\begin{array}{c} HOOCH_2C \\ \diagdown \\ N-CH_2-CH_2-N \\ \diagup \\ HOOCH_2C \end{array} \begin{array}{c} CH_2COOH \\ \diagup \\ \\ \diagdown \\ CH_2COOH \end{array}$$

两个羧酸基上的 H 原子转移至 N 原子上,形成双偶极离子:

$$\begin{array}{c} ^-OOC-H_2C \\ \diagdown \\ \overset{+}{N}-CH_2-CH_2-\overset{+}{N} \\ \diagup \\ HOOC-H_2C \end{array} \begin{array}{c} CH_2-COO^- \\ \diagup \\ \\ \diagdown \\ CH_2-COOH \end{array}$$

乙二胺四乙酸简称 EDTA,用 H_4Y 表示。EDTA 在水中的溶解度小,通常把它制成二钠盐,一般简称 EDTA 或 EDTA 二钠盐,用 $Na_2H_2Y \cdot H_2O$ 表示。EDTA 二钠盐的溶解度较大,在

22 ℃时,100 mL 水可溶解 11.1 g。所以配位滴定的滴定剂一般都用 EDTA 二钠盐。

当 EDTA 溶解于水时,如果溶液的酸度很高,它的两个羧基可再接受 H^+,形成 H_6Y^{2+},这样,EDTA 就相当于六元酸(EDTA 本身是四元酸),有六级解离平衡,各级解离平衡常数 $pK_{a_1} \sim pK_{a_6}$ 分别为 0.89,1.60,2.00,2.67,6.16,10.26(见附录表 3)。形成反应与质子化常数表示如下:

$$H^+ + Y^{4-} \rightleftharpoons HY^{3-} \qquad K_1^H = \frac{[HY^{3-}]}{[H^+][Y^{4-}]} = \frac{1}{K_{a_6}} = 1.82 \times 10^{10} = 10^{10.26}$$

$$H^+ + HY^{3-} \rightleftharpoons H_2Y^{2-} \qquad K_2^H = \frac{[H_2Y^{2-}]}{[H^+][HY^{3-}]} = \frac{1}{K_{a_5}} = 1.45 \times 10^6 = 10^{6.16}$$

$$H^+ + H_2Y^{2-} \rightleftharpoons H_3Y^- \qquad K_3^H = \frac{[H_3Y^-]}{[H^+][H_2Y^{2-}]} = \frac{1}{K_{a_4}} = 4.67 \times 10^2 = 10^{2.67}$$

$$H^+ + H_3Y^- \rightleftharpoons H_4Y \qquad K_4^H = \frac{[H_4Y]}{[H^+][H_3Y^-]} = \frac{1}{K_{a_3}} = 1.00 \times 10^2 = 10^{2.00}$$

$$H^+ + H_4Y \rightleftharpoons H_5Y^+ \qquad K_5^H = \frac{[H_5Y^+]}{[H^+][H_4Y]} = \frac{1}{K_{a_2}} = 40.0 = 10^{1.60}$$

$$H^+ + H_5Y^+ \rightleftharpoons H_6Y^{2+} \qquad K_6^H = \frac{[H_6Y^{2+}]}{[H^+][H_5Y^+]} = \frac{1}{K_{a_1}} = 7.69 = 10^{0.89}$$

在水中 EDTA 有七种存在型体(H_6Y^{2+}、H_5Y^+、H_4Y、H_3Y^-、H_2Y^{2-}、HY^{3-}、Y^{4-})。它们的分布分数与 pH 有关,pH 为 2.67~6.16 主要以 H_2Y^{2-} 存在,只有 pH>10.26 时才主要以 Y^{4-} 存在。在这七种型体中,只有 Y^{4-} 能与金属离子直接配位,溶液的酸度越低,Y^{4-} 的分布比就越大。因此,EDTA 在碱性溶液中配位能力较强。

二、乙二胺四乙酸与金属离子形成的配位化合物

EDTA 被广泛用作滴定剂,是由于它具有如下特性:EDTA 是含有羧基和氨基的螯合剂,能与多种金属离子形成螯合物,EDTA 中的氮原子和氧原子与金属离子键合时,形成多个五元环,使螯合物十分稳定,配位化合物稳定常数都较大,这些反应用于滴定时准确度较高;绝大多数 EDTA 与金属离子形成的配位化合物的配位比为 1∶1,并且配位化合物大多带电荷,易溶于水,配位反应速率比较快,这些都是对滴定的有利条件;大多数配位化合物无色,这有利于选择指示剂确定终点。若金属离子本身有色,则形成的配位化合物颜色会加深,例如,CrY^- 为深紫色,CuY^{2-} 为深蓝色,FeY^- 为黄色,在滴定这些离子时要特别注意控制其浓度不可过大,以免影响终点的判断。

三、乙二胺四乙酸二钠盐溶液的配制和标定

EDTA 常因吸附约 0.3% 的水分和其中含有少量杂质,而需采用间接法进行配制,即先把 EDTA 配成所需要的大致浓度,然后再用基准物质标定。

用于标定 EDTA 溶液的基准物质较多,含量不低于 99.95% 的某些金属,如 Zn、Pb、Cu、Ni 等,以及它们的金属氧化物,或某些盐类,如 $CaCO_3$、$MgSO_4 \cdot 7H_2O$、$ZnSO_4 \cdot 7H_2O$ 等。

在以 Zn、Pb 及其氧化物为基准物质标定 EDTA 溶液时,可用铬黑 T 或二甲酚橙作指示剂。用氨性缓冲溶液调节溶液 pH = 10,以铬黑 T 为指示剂,终点由酒红色变为蓝色;用六次甲基四胺溶液调节溶液 pH = 5~6,以二甲酚橙为指示剂,终点由红色变为黄色。

在以 $CaCO_3$ 为基准物质标定 EDTA 溶液时,可用钙指示剂作指示剂。用 20% 的 NaOH 溶液调节溶液 pH = 12~14,以钙指示剂为指示剂,终点由酒红色变为蓝色。

5.2 配位化合物的平衡常数

5.2.1 配位化合物的稳定常数

配位化合物平衡常数通常用稳定常数或形成常数表示。例如,Mg^{2+} 与 EDTA 的配位反应:

$$Mg^{2+} + Y^{4-} \rightleftharpoons MgY^{2-}$$

$$K_{稳} = \frac{[MgY^{2-}]}{[Mg^{2+}][Y^{4-}]} = 10^{8.69} = 4.90 \times 10^8 \tag{5.1}$$

$$\lg K_{稳} = 8.69$$

金属配位化合物的稳定常数列于附录表 4 中,部分金属离子-EDTA 配位化合物的 $\lg K_{稳}$ 列于表 5.1 中。

表 5.1 部分金属离子-EDTA 配位化合物的 $\lg K_{稳}$(20 ℃,$I = 0.1 \text{ mol·L}^{-1}$)

阳离子	$\lg K_{MY}$	阳离子	$\lg K_{MY}$	阳离子	$\lg K_{MY}$
Na^+	1.66	Ce^{3+}	15.98	Cu^{2+}	18.80
Li^+	2.79	Al^{3+}	16.30	Ga^{3+}	20.30
Ag^+	7.32	Co^{2+}	16.31	Ti^{3+}	21.30
Ba^{2+}	7.86	Pt^{2+}	16.31	Hg^{2+}	21.80
Mg^{2+}	8.69	Cd^{2+}	16.49	Sn^{2+}	22.10
Sr^{2+}	8.73	Zn^{2+}	16.50	Th^{4+}	23.20
Be^{2+}	9.20	Pb^{2+}	18.04	Cr^{3+}	23.40
Ca^{2+}	10.69	Y^{3+}	18.09	Fe^{3+}	25.10
Mn^{2+}	13.87	VO^+	18.10	U^{4+}	25.80
Fe^{2+}	14.33	Ni^{2+}	18.60	Bi^{3+}	27.94
La^{3+}	15.50	VO^{2+}	18.80	Co^{3+}	36.00

金属离子与配体 L 形成 ML_n 型配位化合物,且 ML_n 型配位化合物是逐级形成的,则其逐级配位化合物的逐级稳定常数和逐级配位化合物解离常数(也叫配位化合物的不稳定常数)分别为(为简化书写,略去所有离子的电荷)

$$K_{不稳_n} = \frac{1}{K_{稳_1}} = \frac{[M][L]}{[ML]} \qquad M + L \rightleftharpoons ML \qquad K_{稳_1} = \frac{[ML]}{[M][L]}$$

$$K_{\text{不稳}_{n-1}} = \frac{1}{K_{\text{稳}_2}} = \frac{[\text{ML}][\text{L}]}{[\text{ML}_2]} \qquad \text{ML}+\text{L} \rightleftharpoons \text{ML}_2 \qquad K_{\text{稳}_2} = \frac{[\text{ML}_2]}{[\text{ML}][\text{L}]}$$

……

$$K_{\text{不稳}_1} = \frac{1}{K_{\text{稳}_n}} = \frac{[\text{ML}_{n-1}][\text{L}]}{[\text{ML}_n]} \qquad \text{ML}_{n-1}+\text{L} \rightleftharpoons \text{ML}_n \qquad K_{\text{稳}_n} = \frac{[\text{ML}_n]}{[\text{ML}_{n-1}][\text{L}]}$$

可见,配位化合物的第 n 级稳定常数与第 1 级不稳定常数互为倒数。

在许多配位平衡的计算中,经常用到 $K_{\text{稳}_1}K_{\text{稳}_2}$ 等数值,这就是逐级累积稳定常数,用 β_n 表示:

第 1 级累积稳定常数 $\qquad\qquad\qquad \beta_1 = K_{\text{稳}_1}$

第 2 级累积稳定常数 $\qquad\qquad\qquad \beta_2 = K_{\text{稳}_1} K_{\text{稳}_2}$

……

第 n 级累积稳定常数 $\qquad\qquad\qquad \beta_n = K_{\text{稳}_1} \cdots K_{\text{稳}_n}$

即 $\qquad\qquad\qquad\qquad\qquad \beta_n = \prod_{i=1}^{n} K_{\text{稳}_i} \qquad\qquad\qquad (5.2)$

$$\lg \beta_n = \sum_{i=1}^{n} (\lg K_{\text{稳}_i}) \qquad\qquad\qquad (5.3)$$

最后一级累积稳定常数 β_n 又称为稳定常数,即总稳定常数。

同理,第 1 级累积不稳定常数 $\qquad \beta_{\text{不稳}_1} = K_{\text{不稳}_1}$

第 2 级累积不稳定常数 $\qquad\qquad \beta_{\text{不稳}_2} = K_{\text{不稳}_1} K_{\text{不稳}_2}$

……

第 n 级累积不稳定常数 $\qquad\qquad \beta_{\text{不稳}_n} = K_{\text{不稳}_1} \cdots K_{\text{不稳}_n}$

即 $\qquad\qquad\qquad\qquad\qquad \beta_{\text{不稳}_n} = \prod_{i=1}^{n} K_{\text{不稳}_i} \qquad\qquad (5.4)$

$$\lg \beta_{\text{不稳}_n} = \sum_{i=1}^{n} (\lg K_{\text{不稳}_i}) \qquad\qquad (5.5)$$

最后一级累积不稳定常数 $\beta_{\text{不稳}_n}$ 又称为不稳定常数,即总不稳定常数。

5.2.2 配位化合物各型体在溶液中的分布

与酸碱平衡经常要考虑酸度对酸碱各种存在型体分布的影响相似,在配位平衡中,也须考虑配体浓度对配位化合物各级存在型体分布的影响。

设溶液中 M 离子的总浓度为 c_M,配体 L 的总浓度为 c_L,M 与 L 发生逐级配位反应:

$\text{M}+\text{L} \rightleftharpoons \text{ML} \qquad [\text{ML}] = K_{\text{稳}_1}[\text{M}][\text{L}] = \beta_1[\text{M}][\text{L}]$

$\text{ML}+\text{L} \rightleftharpoons \text{ML}_2 \qquad [\text{ML}_2] = K_{\text{稳}_1}K_{\text{稳}_2}[\text{M}][\text{L}]^2 = \beta_2[\text{M}][\text{L}]^2$

……

$\text{ML}_{n-1}+\text{L} \rightleftharpoons \text{ML}_n \qquad [\text{ML}_n] = K_{\text{稳}_1}K_{\text{稳}_2}\cdots K_{\text{稳}_n}[\text{M}][\text{L}]^n = \beta_n[\text{M}][\text{L}]^n$

根据物料平衡:

$$c_M = [M] + [ML] + [ML_2] + \cdots + [ML_n]$$
$$= [M] + \beta_1[M][L] + \beta_2[M][L]^2 + \cdots + \beta_n[M][L]^n$$
$$= [M](1 + \beta_1[L] + \beta_2[L]^2 + \cdots + \beta_n[L]^n)$$
$$= [M]\left(1 + \sum_{i=1}^{n}\beta_i[L]^i\right)$$

按分布分数 δ 的定义,得

$$\delta_M = \frac{[M]}{c_M} = \frac{[M]}{[M]\left(1 + \sum_{i=1}^{n}\beta_i[L]^i\right)} = \frac{1}{1 + \sum_{i=1}^{n}\beta_i[L]^i} \tag{5.6}$$

$$\delta_{ML} = \frac{[ML]}{c_M} = \frac{\beta_1[M][L]}{[M]\left(1 + \sum_{i=1}^{n}\beta_i[L]^i\right)} = \frac{\beta_1[L]}{1 + \sum_{i=1}^{n}\beta_i[L]^i}$$

……

$$\delta_{ML_n} = \frac{[ML_n]}{c_M} = \frac{\beta_n[M][L]^n}{[M]\left(1 + \sum_{i=1}^{n}\beta_i[L]^i\right)} = \frac{\beta_n[L]^n}{1 + \sum_{i=1}^{n}\beta_i[L]^i} \tag{5.7}$$

由此可见,δ 仅仅是 $[L]$ 的函数,与 c_M 无关。

例 5.1 求含有 $c_{Fe^{3+}} = 1.00 \times 10^{-3}$ mol·L^{-1} 和 $c_{HCl} = 2.00$ mol·L^{-1} 的溶液中氯合铁(Ⅲ)各型体的平衡浓度。已知氯合铁(Ⅲ)的各级累积稳定常数分别为 $\beta_1 = 10^{0.76}, \beta_2 = 10^{1.06}, \beta_3 = 10^{1.00}$。

解 HCl 在溶液中完全解离,且 $c_{HCl} \gg c_{Fe^{3+}}$,故 $[Cl^-] \approx c_{HCl}$,于是可得氯合铁(Ⅲ)各型体的分布分数:

$$\delta_{Fe^{3+}} = \frac{[Fe^{3+}]}{c_{Fe^{3+}}} = \frac{1}{1 + \beta_1[Cl^-] + \beta_2[Cl^-]^2 + \beta_3[Cl^-]^3}$$

$$= \frac{1}{1 + 10^{0.76} \times 2 + 10^{1.06} \times 2^2 + 10^{1.00} \times 2^3}$$

$$= \frac{1}{138} = 7.2 \times 10^{-3}$$

$$\delta_{FeCl^{2+}} = \frac{[FeCl^{2+}]}{c_{Fe^{3+}}} = \frac{\beta_1[Cl^-]}{138} = \frac{10^{0.76} \times 2}{138} = 8.3 \times 10^{-2}$$

$$\delta_{FeCl_2^+} = \frac{[FeCl_2^+]}{c_{Fe^{3+}}} = \frac{\beta_2[Cl^-]^2}{138} = \frac{10^{1.06} \times 2^2}{138} = 3.3 \times 10^{-1}$$

$$\delta_{FeCl_3} = \frac{[FeCl_3]}{c_{Fe^{3+}}} = \frac{\beta_3[Cl^-]^3}{138} = \frac{10^{1.00} \times 2^3}{138} = 5.8 \times 10^{-1}$$

由于 $[FeCl_i] = c_{Fe^{3+}} \cdot \delta_i$,所以各型体的平衡浓度为

$$[Fe^{3+}] = 1.00 \times 10^{-3} \text{ mol·L}^{-1} \times 7.2 \times 10^{-3} = 7.2 \times 10^{-6} \text{ mol·L}^{-1}$$

$$[FeCl^{2+}] = 1.00 \times 10^{-3} \text{ mol·L}^{-1} \times 8.3 \times 10^{-2} = 8.3 \times 10^{-5} \text{ mol·L}^{-1}$$

$$[FeCl_2^+] = 1.00 \times 10^{-3} \text{ mol·L}^{-1} \times 3.3 \times 10^{-1} = 3.3 \times 10^{-4} \text{ mol·L}^{-1}$$

$$[FeCl_3] = 1.00 \times 10^{-3} \text{ mol·L}^{-1} \times 5.8 \times 10^{-1} = 5.8 \times 10^{-4} \text{ mol·L}^{-1}$$

例 5.2 在铜氨配离子溶液中,已知氨的平衡浓度为 1.00×10^{-3} mol·L^{-1},求 $\delta_{Cu^{2+}}, \delta_{Cu(NH_3)^{2+}}, \cdots$,$\delta_{Cu(NH_3)_5^{2+}}$。已知铜氨配离子的各级累积稳定常数 $\lg\beta_1 \sim \lg\beta_5$ 分别为 4.31,7.98,11.02,13.32,12.86。

解

$$c_{Cu^{2+}} = 1 + \sum_{i=1}^{n} \beta_i [NH_3]^i$$

$$= 1 + 10^{4.31} \times 10^{-3.00} + 10^{7.98} \times 10^{-3.00 \times 2} + 10^{11.02} \times 10^{-3.00 \times 3} +$$

$$10^{13.32} \times 10^{-3.00 \times 4} + 10^{12.86} \times 10^{-3.00 \times 5}$$

$$= 1 + 20.4 + 95.5 + 105 + 20.9 + 0.0072$$

$$= 242.8$$

$$\delta_{Cu^{2+}} = \frac{1}{242.8} = 0.41\%$$

$$\delta_{Cu(NH_3)^{2+}} = \frac{20.4}{242.8} = 8.40\%$$

$$\delta_{Cu(NH_3)_2^{2+}} = \frac{95.5}{242.8} = 39.3\%$$

$$\delta_{Cu(NH_3)_3^{2+}} = \frac{105}{242.8} = 43.2\%$$

$$\delta_{Cu(NH_3)_4^{2+}} = \frac{20.9}{242.8} = 8.6\%$$

$$\delta_{Cu(NH_3)_5^{2+}} = \frac{0.0072}{242.8} = 0.003\%$$

当氨的平衡浓度不同时,相应的 $\delta_{Cu^{2+}} \sim \delta_{Cu(NH_3)_5^{2+}}$ 值也不同。δ 值对 $\lg[NH_3]$ 作图,则得到如图 5.1 所示的铜氨配位化合物各型体分布曲线图,即配位化合物各级存在型体的分布曲线图。

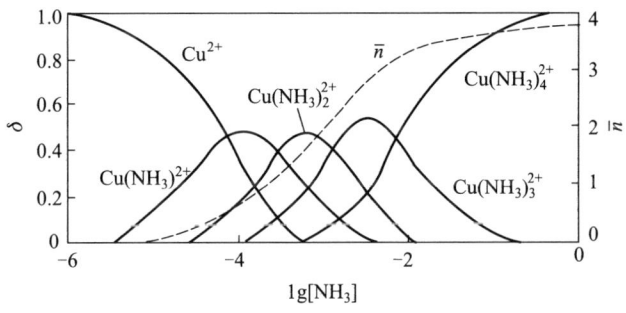

图 5.1 铜氨配位化合物各型体分布曲线及 $\bar{n}$ 图

由图 5.1 可知,由于相邻两级配位化合物的稳定常数差别不大($\Delta \lg K_{稳} < 2.6$),故 $[NH_3]$ 在相当大范围内变化时,没有一种配位化合物的存在型体的分布分数接近 1,也就是说,不能找出优势组分存在的 $[NH_3]$ 范围。因此,显然不可能用 NH_3 作配体来滴定 Cu^{2+}。

5.3 副反应系数

在配位滴定体系中,有被测金属离子、其他金属离子、缓冲剂、掩蔽剂等。因此,除被测金属离子 M 与滴定剂 Y 的反应(主反应)外,还存在很多其他的反应(副反应),这些副反应影响主反应中的反应物或生成物的平衡浓度。具体反应如下：

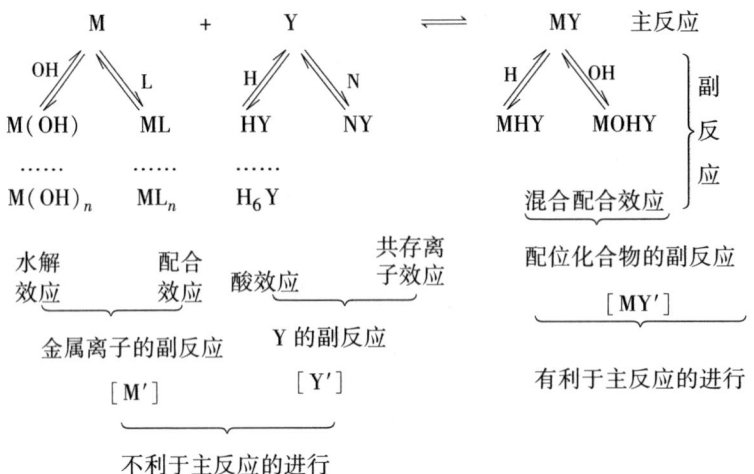

上述 M、Y 及 MY 的各种副反应进行的程度及其对主反应的影响程度，可用其副反应系数来表示。副反应系数为未参加主反应组分 M（或 Y，或 MY）的总浓度 [M']（或 [Y']，或 [MY']）与平衡浓度 [M]（或 [Y]，或 [MY]）的比值，用 α 表示。如果没有发生副反应，则 $\alpha=1$；如果有副反应发生，则 $\alpha>1$，且 α 越大，表示副反应越严重。下面分别讨论配位滴定中几种重要的副反应及副反应系数。

5.3.1 EDTA（Y）的副反应系数

一、EDTA 的酸效应系数 $\alpha_{Y(H)}$

Y 是一种广义的碱，在 M 与 Y 的配位体系中，如有 H^+ 存在，Y 就会与 H^+ 结合，转化成它的共轭酸。使 Y 的平衡浓度 [Y] 降低，影响主反应的进行。这种由于 H^+ 存在使 Y 参加主反应能力降低的现象，称为 Y 的酸效应。H^+ 引起副反应的副反应系数称为酸效应系数，通常用 $\alpha_{Y(H)}$ 表示。

根据副反应系数的定义：

$$\alpha_{Y(H)} = \frac{[Y']}{[Y]} = \frac{[Y]+[HY]+[H_2Y]+\cdots+[H_6Y]}{[Y]}$$

$$= 1 + \beta_1^H[H^+] + \beta_2^H[H^+]^2 + \cdots + \beta_6^H[H^+]^6 \tag{5.8}$$

可见，EDTA 的酸效应系数与体系的酸度有关，酸度越高，$[H^+]$ 越大，EDTA 的酸效应系数就越大，EDTA 的酸效应对主反应的影响也越严重。

例 5.3 计算 pH=3.00 时，EDTA 的酸效应系数 $\alpha_{Y(H)}$ 和 $\lg\alpha_{Y(H)}$。已知 EDTA 的各级解离常数 K_{a_1}、K_{a_2}、K_{a_3}、K_{a_4}、K_{a_5} 和 K_{a_6} 分别为 $10^{-0.89}$，$10^{-1.60}$，$10^{-2.00}$，$10^{-2.67}$，$10^{-6.16}$ 和 $10^{-10.26}$。

解 $$K_1^H = \frac{1}{K_{a_6}} = \frac{1}{10^{-10.26}} = 10^{10.26}$$

同理 $$K_2^H = 10^{6.16}、K_3^H = 10^{2.67}、K_4^H = 10^{2.00}、K_5^H = 10^{1.60}、K_6^H = 10^{0.89}$$

$$\alpha_{Y(H)} = 1 + \beta_1^H[H^+] + \beta_2^H[H^+]^2 + \cdots + \beta_6^H[H^+]^6$$
$$= 1 + 10^{10.26} \times 10^{-3.00} + 10^{10.26+6.16} \times 10^{-6.00} + 10^{10.26+6.16+2.67} \times 10^{-9.00} +$$
$$10^{10.26+6.16+2.67+2.00} \times 10^{-12.00} + 10^{10.26+6.16+2.67+2.00+1.60} \times 10^{-15.00} +$$
$$10^{10.26+6.16+2.67+2.00+1.60+0.89} \times 10^{-18.00}$$
$$= 3.99 \times 10^{10}$$
$$\lg\alpha_{Y(H)} = 10.60$$

由于 α 值变化很大,取其对数值更方便。

从上例可以看出,只要查出 EDTA 作为一个六元酸的解离常数,便可求得任意 pH 时的酸效应系数 $\alpha_{Y(H)}$,它是常用的重要常数。已有人将不同 pH 的 $\alpha_{Y(H)}$ 值列成表(附录表 5)或绘成 pH-$\lg\alpha_{Y(H)}$ 曲线(图 5.2),从表中或曲线上可得任一 pH 下的 $\lg\alpha_{Y(H)}$。

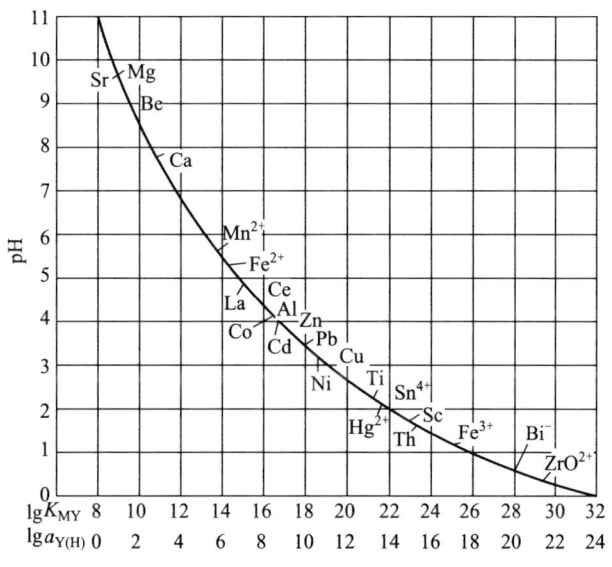

图 5.2　EDTA 的酸效应曲线

(金属离子浓度为 0.010 mol·L^{-1},E_t=±0.1%)

例 5.4　计算 pH = 5.00 时,$\alpha_{CN(H)}$ 和 $\lg\alpha_{CN(H)}$。已知 HCN 的 $K_a = 10^{-9.21}$。

解　CN^- 的 $K^H = \dfrac{1}{K_a} = \dfrac{1}{10^{-9.21}} = 10^{9.21}$

$$\alpha_{CN(H)} = 1 + K^H[H^+] = 1 + 10^{9.21} \times 10^{-5.00} = 10^{4.21}$$
$$\lg\alpha_{CN(H)} = 4.21$$

二、共存离子效应系数

若配位体系中除了金属离子 M 与配体 Y 反应外,共存离子 N 也能与配体 Y 反应,则 N 与 Y 的反应是 Y 的一种副反应。共存离子引起的副反应对主反应产生的影响称为共存离子效应,其影响的大小可用共存离子效应系数 $\alpha_{Y(N)}$ 表示。

$$\alpha_{Y(N)} = \frac{[Y']}{[Y]} = \frac{[Y]+[NY]}{[Y]}$$

$$= 1 + K_{NY}[N] \tag{5.9}$$

式中，[Y′]为未参加主反应的 EDTA 的浓度，等于游离 Y 的平衡浓度和 NY 的平衡浓度之和；K_{NY} 为 NY 的稳定常数；[N]为游离 N 的平衡浓度。

若有多种共存离子 $N_1, N_2, N_3, \cdots, N_n$ 存在，则

$$\alpha_{Y(N)} = \frac{[Y']}{[Y]} = \frac{[Y]+[N_1Y]+[N_2Y]+\cdots+[N_nY]}{[Y]}$$

$$= 1 + K_{N_1Y}[N_1] + K_{N_2Y}[N_2] + \cdots + K_{N_nY}[N_n]$$

$$= 1 + \alpha_{Y(N_1)} + \alpha_{Y(N_2)} + \cdots + \alpha_{Y(N_n)} - n$$

$$= \alpha_{Y(N_1)} + \alpha_{Y(N_2)} + \cdots + \alpha_{Y(N_n)} - (n-1) \tag{5.10}$$

但当有多种共存离子存在时，$\alpha_{Y(N)}$ 往往只取其中一种或少数几种影响较大的共存离子副反应系数之和，其他项则可忽略不计。

三、Y 的总副反应系数 α_Y

当体系中既有共存离子效应，又有酸效应时，Y 的总副反应系数为

$$\alpha_Y = \alpha_{Y(H)} + \alpha_{Y(N)} - 1 \tag{5.11}$$

例 5.5 在 pH=6.0 的溶液中，用 EDTA 滴定 Zn^{2+} 至终点，EDTA、Zn^{2+}、Ca^{2+} 的浓度均为 0.010 mol·L^{-1}，计算 $\alpha_{Y(Ca)}$ 和 α_Y。已知 $K_{CaY} = 10^{10.69}$，pH=6.0 时，$\alpha_{Y(H)} = 10^{4.65}$。

解
$$\alpha_{Y(Ca)} = 1 + K_{CaY}[Ca] = 1 + 10^{10.69} \times 0.010 = 10^{8.69}$$

$$\alpha_Y = \alpha_{Y(H)} + \alpha_{Y(Ca)} - 1$$

$$= 10^{4.65} + 10^{8.69} - 1$$

$$= 10^{8.69}$$

5.3.2 金属离子（M）的副反应系数

一、M 的配位效应系数

M 与 Y 的反应体系中，如存在配体 A，且 M 与 A 也能形成配位化合物，则 M 与 Y 的主反应会受到影响。这种由于其他配体存在使金属离子参加主反应能力降低的现象，称为配位效应。A 引起的副反应对主反应的影响程度可用金属离子的配位效应系数 $\alpha_{M(A)}$ 表示。根据副反应系数定义：

$$\alpha_{M(A)} = \frac{[M']}{[M]} = \frac{[M]+[MA]+[MA_2]+\cdots+[MA_n]}{[M]} \tag{5.12}$$

根据配位平衡关系式：

$$[MA] = K_1[M][A] = \beta_1[M][A]$$

$$[MA_2] = K_1K_2[M][A]^2 = \beta_2[M][A]^2$$

$$\cdots\cdots$$

$$[MA_n] = K_1K_2\cdots K_n[M][A]^n = \beta_n[M][A]^n$$

代入式(5.12)中,可得 $\alpha_{M(A)}$ 的公式为

$$\alpha_{M(A)} = 1 + K_1[A] + K_1K_2[A]^2 + \cdots + K_1K_2\cdots K_n[A]^n$$
$$= 1 + \beta_1[A] + \beta_2[A]^2 + \cdots + \beta_n[A]^n$$
$$= 1 + \sum_{i=1}^{n}\beta_i[A]^i \tag{5.13}$$

若有多种配体 $A_1, A_2, \cdots, A_n$ 存在,则参考式(5.8)得

$$\alpha_{M(A)} = \alpha_{M(A_1)} + \alpha_{M(A_2)} + \cdots + \alpha_{M(A_n)} - (n-1)$$

但只有一种或少数几种配体的副反应是主要的,$\alpha_{M(A)}$ 往往只取其中一种或少数几种影响较大的配位效应系数之和,其他项则可忽略不计。

二、金属离子的水解效应系数 $\alpha_{M(OH)}$

当溶液碱度大时,金属离子将发生水解,生成羟基配位化合物。该水解反应将对主反应产生影响,其影响程度可用金属离子的水解效应系数 $\alpha_{M(OH)}$ 表示:

$$\alpha_{M(OH)} = \frac{[M']}{[M]} = \frac{[M] + [MOH] + [M(OH)_2] + \cdots + [M(OH)_n]}{[M]}$$
$$= 1 + \beta_1[OH] + \beta_2[OH]^2 + \cdots + \beta_n[OH]^i$$
$$= 1 + \sum_{i=1}^{n}\beta_i[OH]^i \tag{5.14}$$

一般来说,金属离子的水解效应系数可通过附录表6查到。

三、金属离子的总副反应系数 α_M

$$\alpha_M = \frac{[M']}{[M]} = \alpha_{M(A)} + \alpha_{M(OH)} - 1 \tag{5.15}$$

例 5.6 用 EDTA 滴定 Zn^{2+} 至化学计量点,pH = 11.00,$[NH_3] = 0.10\ mol\cdot L^{-1}$,计算 $\lg\alpha_{Zn}$。已知 $Zn(NH_3)_4^{2+}$ 的 $\lg\beta_1 \sim \lg\beta_4$ 分别为 2.37、4.81、7.31、9.46;pH = 11.00 时,$\lg\alpha_{Zn(OH)} = 5.4$。

解
$$\alpha_{Zn(NH_3)} = 1 + \beta_1[NH_3] + \beta_2[NH_3]^2 + \cdots + \beta_4[NH_3]^4$$
$$= 1 + 10^{-1.00+2.37} + 10^{-2.00+4.81} + 10^{-3.00+7.31} + 10^{-4.00+9.46}$$
$$= 10^{5.49}$$

$$\alpha_{Zn} = \alpha_{Zn(NH_3)} + \alpha_{Zn(OH)} - 1$$
$$\lg\alpha_{Zn} = \lg[\alpha_{Zn(NH_3)} + \alpha_{Zn(OH)} - 1]$$
$$= \lg(10^{5.49} + 10^{5.4} - 1) = 5.75$$

5.3.3 配位化合物 MY 的副反应及副反应系数

M 除了能与 EDTA 生成 MY 外,还可在酸度较高时形成酸式配位化合物 MHY,在碱度较高时形成碱式配位化合物 M(OH)Y。酸式和碱式配位化合物的形成使 EDTA 对 M 的总配位能力增强一些,故这种副反应对主反应有利。但由于酸式和碱式配位化合物大多不稳定,一般可忽略不计。

5.4 条件稳定常数

在金属离子 M 与 EDTA 反应生成 MY 的体系中,如果没有副反应发生,当达到平衡时,K_{MY} 的大小是配位反应进行程度的一种量度,其表达式中代入的都是参加主反应的物质的平衡浓度。如果有副反应发生,参加主反应的物质将受到副反应的影响,它们将以不止一种型体存在。设未参加主反应的 M 总浓度为 [M'],Y 的总浓度为 [Y'],生成 MY、MHY 和 M(OH)Y 的总浓度为 [MY'],当达到平衡时,可以得到以 [M']、[Y'] 及 [MY'] 表示的配位化合物的稳定常数——条件稳定常数 K'_{MY},又称为表观稳定常数:

$$K'_{MY} = \frac{[MY']}{[M'][Y']} \tag{5.16}$$

根据副反应系数的定义,很容易写出 [M]、[Y] 和 [MY] 与其相应的总平衡浓度间的关系:

$$[M'] = \alpha_M [M]$$
$$[Y'] = \alpha_Y [Y]$$
$$[MY'] = \alpha_{MY} [MY]$$

将上述关系代入形成 MY 的条件平衡常数表达式(5.16)得

$$K'_{MY} = \frac{\alpha_{MY}[MY]}{\alpha_M[M]\alpha_Y[Y]} = K_{MY} \frac{\alpha_{MY}}{\alpha_M \alpha_Y} \tag{5.16a}$$

两边取对数,得

$$\lg K'_{MY} = \lg K_{MY} - \lg\alpha_M - \lg\alpha_Y + \lg\alpha_{MY} \tag{5.16b}$$

K'_{MY} 表示在有副反应的情况下,配位反应进行的程度。在 MHY 和 MY(OH) 可以忽略的情况下,式(5.16b)可简化为

$$\lg K'_{MY} = \lg K_{MY} - \lg\alpha_M - \lg\alpha_Y \tag{5.16c}$$

例 5.7 在 pH = 5.00 的 0.01 mol·L^{-1} AlY 溶液中,[F$^-$] = 0.01 mol·L^{-1},计算 K'_{AlY}。已知 pH = 5.00 时,$\lg\alpha_{Y(H)} = 6.45$,$\lg K_{AlY} = 16.3$;AlF$_6^{3-}$ 的 $\lg\beta_1 = 6.15$,$\lg\beta_2 = 11.15$,$\lg\beta_3 = 15.00$,$\lg\beta_4 = 17.75$,$\lg\beta_5 = 19.36$,$\lg\beta_6 = 19.84$。

解 $\alpha_{Al(F)} = 1 + 10^{6.15} \times 0.010 + 10^{11.15} \times (0.010)^2 + 10^{15.00} \times (0.010)^3 +$
$\qquad 10^{17.75} \times (0.010)^4 + 10^{19.36} \times (0.010)^5 + 10^{19.84} \times (0.010)^6$
$\qquad = 1 + 1.4 \times 10^4 + 1.4 \times 10^7 + 1.0 \times 10^9 + 5.6 \times 10^9 + 2.3 \times 10^9 + 6.9 \times 10^7$
$\qquad = 8.9 \times 10^9$

$$\lg\alpha_{Al(F)} = 9.95$$

故 $\qquad \lg K'_{AlY} = 16.3 - 6.45 - 9.95 = -0.10$

条件稳定常数如此之小,说明此时 F$^-$ 与 Al^{3+} 的配位能力强于 Y,AlY 配位化合物已被氟化物破坏。

例 5.8 求 $c_{NH_3} = 0.1$ mol·L^{-1},pH = 8.0 的缓冲溶液中 ZnY(乙二胺四乙酸锌配位化合物)的条件稳定常数。已知 $K_{b,NH_3} = 10^{-4.74}$,Zn 与 NH$_3$ 各级累积稳定常数对数值分别为 $\lg\beta_1 = 2.37$,$\lg\beta_2 = 4.81$,$\lg\beta_3 = 7.31$,

$\lg\beta_4 = 9.46$。

解 主反应为

$$Zn^{2+} + Y^{4-} \rightleftharpoons ZnY^{2-}$$

Zn^{2+} 与介质中的 NH_3 可形成多级氨合配位化合物,所以要考虑副反应系数 $\alpha_{Zn(NH_3)}$,求 $\alpha_{Zn(NH_3)}$ 则需知 NH_3 的平衡浓度 $[NH_3]$,$[NH_3]$ 可由分布分数 δ_{NH_3} 求得,即

$$\delta_{NH_3} = \frac{1}{1+\beta_1^H[H^+]}$$

$$\beta_1^H = \frac{1}{K_a} = 10^{14-4.74} = 10^{9.26}$$

$$\delta_{NH_3} = \frac{1}{1+10^{9.26} \times 10^{-8}} = 0.052$$

所以

$$[NH_3] = c_{NH_3} \cdot \delta_{NH_3} = 0.1 \text{ mol·L}^{-1} \times 0.052 = 5.2 \times 10^{-3} \text{ mol·L}^{-1} = 10^{-2.28} \text{ mol·L}^{-1}$$

于是

$$\alpha_{Zn(NH_3)} = 1 + 10^{2.37} \times 10^{-2.28} + 10^{4.81} \times 10^{-4.56} + 10^{7.31} \times 10^{-6.84} + 10^{9.46} \times 10^{-9.13}$$
$$= 9.1$$

查表可得 pH = 8 时 $\lg\alpha_{Y(H)} = 2.27$,由已求得的 $\alpha_{Zn(NH_3)}$ 和 $\alpha_{Y(H)}$ 可通过式(5.16)和式(5.16c)求出 K'_{ZnY} 或 $\lg K'_{ZnY}$:

$$K'_{ZnY} = \frac{K_{ZnY}}{\alpha_{Zn(NH_3)}\alpha_{Y(H)}} = \frac{10^{16.50}}{9.1 \times 10^{2.27}} = 1.9 \times 10^{13}$$

$$\lg K'_{ZnY} = \lg K_{ZnY} - \lg\alpha_{Zn(NH_3)} - \lg\alpha_{Y(H)} = 16.50 - 2.27 - 0.96 = 13.27$$

EDTA 能与许多金属离子生成稳定的配位化合物,它们的 K_{MY} 一般都很大,但在实际的化学反应中,不可避免地会发生各种副反应,因而条件稳定常数要减小许多。

5.5 配位滴定的基本原理

配位滴定原理和酸碱滴定原理相似。在酸碱滴定中,滴定的是 H^+ 或 OH^-,滴定过程中,溶液的 $[H^+]$ 不断发生变化,化学计量点时,pH 发生突变。所以酸碱滴定是以 $[H^+]$ 的变化为其特征,用酸碱指示剂确定终点。在配位滴定中,滴定的是金属离子,滴定过程中,溶液的 $[M]$ 不断发生变化,化学计量点时,pM 发生突变。所以配位滴定是以 $[M]$ 的变化为其特征,用金属离子指示剂确定终点。但是,M 有配位效应和水解效应,Y 有酸效应和共存离子效应,K'_{MY} 会发生变化,所以配位滴定要比酸碱滴定复杂。酸碱滴定中,酸的 K_a 或碱的 K_b 是不变的,而配位滴定中 MY 的 K'_{MY} 是随滴定体系中反应的条件而变化的。欲使滴定过程中 K'_{MY} 基本不变,常用酸碱缓冲溶液控制酸度。

5.5.1 配位滴定曲线

EDTA 能与大多数金属离子形成 1:1 的配位化合物,这里主要讨论以 EDTA 为滴定剂

的配位滴定法的有关原理及配位滴定曲线。

在配位滴定中,若被滴定的是金属离子,则随着配位滴定剂的加入,金属离子不断被配位,其浓度不断减小。达到化学计量点附近时,溶液的 pM 发生突变。因此,讨论配位滴定过程中金属离子浓度的变化规律,即滴定曲线及影响 pM 突跃的因素非常重要。

可以采取酸碱滴定法类似的方法,同样分四个阶段(即滴定前、滴定开始至化学计量点前、化学计量点、化学计量点后)计算溶液中金属离子的浓度变化,并绘制滴定曲线。

以 $0.02000\ \text{mol} \cdot \text{L}^{-1}$ EDTA 溶液滴定 $20.00\ \text{mL}\ 0.02000\ \text{mol} \cdot \text{L}^{-1}\ \text{Zn}^{2+}$ 溶液,滴定在 pH = 9.0 的 $\text{NH}_3\text{-}\text{NH}_4^+$ 的缓冲溶液中进行,达到平衡时含有 $0.10\ \text{mol} \cdot \text{L}^{-1}$ 游离氨。已知 $\text{Zn}(\text{NH}_3)$ 的 $\beta_1 \sim \beta_4$ 分别为 $10^{2.37}$、$10^{4.81}$、$10^{7.31}$、$10^{9.46}$。

一、条件稳定常数 K'_{ZnY} 的计算

$$[\text{NH}_3] = 10^{-1.00}\ \text{mol} \cdot \text{L}^{-1}$$

$$\alpha_{\text{Zn(NH}_3)} = 1 + \beta_1[\text{NH}_3] + \beta_2[\text{NH}_3]^2 + \beta_3[\text{NH}_3]^3 + \beta_4[\text{NH}_3]^4 = 10^{5.49}$$

可查表知,pH = 9.0 时,$\lg\alpha_{\text{Zn(OH)}} = 0.2$,$\lg\alpha_{\text{Y(H)}} = 1.28$,所以

$$\alpha_{\text{Zn}} = \alpha_{\text{Zn(NH}_3)} + \alpha_{\text{Zn(OH)}} - 1 \approx 10^{5.49}$$

$$\lg\alpha_{\text{Zn}} = 5.49$$

$$\lg K'_{\text{ZnY}} = \lg K_{\text{ZnY}} - \lg\alpha_{\text{Zn}} - \lg\alpha_{\text{Y(H)}} = 16.50 - 5.49 - 1.28 = 9.73$$

二、滴定曲线

1. 开始滴定前

$$[\text{Zn}'] = c^o_{\text{Zn}} = 0.02000\ \text{mol} \cdot \text{L}^{-1} \qquad p\text{Zn}' = 1.70$$

2. 滴定开始至化学计量点前

$$[\text{Zn}'] = \frac{V^o_{\text{Zn}} - V_{\text{Y}}}{V^o_{\text{Zn}} + V_{\text{Y}}} \times c^o_{\text{Zn}}$$

若 $V_{\text{Y}} = 19.98\ \text{mL}$,则

$$[\text{Zn}'] = 1.000 \times 10^{-5}\ \text{mol} \cdot \text{L}^{-1} \qquad p\text{Zn}' = 5.00$$

3. 化学计量点时

$$[\text{Zn}']_{\text{sp}} = [\text{Y}']_{\text{sp}}$$

$$K'_{\text{ZnY}} = \frac{[\text{ZnY}]_{\text{sp}}}{[\text{Zn}']_{\text{sp}}[\text{Y}']_{\text{sp}}} = \frac{c^{\text{sp}}_{\text{Zn}}}{[\text{Zn}']^2_{\text{sp}}}$$

其中

$$[\text{ZnY}]_{\text{sp}} = c^{\text{sp}}_{\text{Zn}} - [\text{Zn}']_{\text{sp}} \approx c^{\text{sp}}_{\text{Zn}}$$

$$p\text{Zn}'_{\text{sp}} = \frac{1}{2}(pc^{\text{sp}}_{\text{Zn}} + \lg K'_{\text{ZnY}})$$

$$= \frac{1}{2}(2.00 + 9.73)$$

$$= 5.87 \tag{5.17}$$

4. 化学计量点后

由于
$$[ZnY] = \frac{V_{Zn}^o \times c_{Zn}^o}{V_{Zn}^o + V_Y}$$

$$[Y'] = \frac{(V_Y - V_{Zn}^o) \times c_Y^o}{V_{Zn}^o + V_Y}$$

过量的 EDTA 抑制了 ZnY^{2-} 的解离,溶液中 pZn' 与 EDTA 的浓度有关。

设加入了 20.02 mL EDTA 溶液,则

$$[Zn'] = \frac{[ZnY]}{[Y']K'_{ZnY}} = \frac{V_{Zn}^o}{(V_Y - V_{Zn}^o)K'_{ZnY}}$$

$$pZn' = \lg K'_{ZnY} - \lg \frac{V_{Zn}^o}{V_Y - V_{Zn}^o}$$

$$pZn' = 9.73 - \lg \frac{20.00}{20.02 - 20.00} = 6.73$$

可见,在化学计量点前后相对误差为 ±0.1% 的范围内,$\Delta pM'(\Delta pM)$ 发生突跃,称为配位滴定的突跃范围,本例中为 5.00 ~ 7.12。

由此可见,根据计算不同 V_Y 时的 $pM(pM')$,即可得到横坐标为 V_Y,纵坐标为 $pM(pM')$ 的滴定曲线。亦可通过计算得到以滴定分数为横坐标,$pM(pM')$ 为纵坐标的滴定曲线。

设金属离子 M 的初始浓度为 $c_M(mol \cdot L^{-1})$,体积为 $V_M(mL)$,用等浓度的滴定剂 Y 滴定,滴入的体积为 $V_Y(mL)$,则滴定分数 $a = \frac{V_Y}{V_M}$。

当已知 K_{MY} 和 c_M 值,或已知 K_{MY}、c_M、V_M 和 V_Y 时,便可求 $[M]$。以 pM 对 a 作图,即得到滴定曲线。若 M、Y 或 MY 有副反应,K_{MY} 用 K'_{MY} 取代,$[M]$ 应为 $[M']$;而滴定曲线图上的纵坐标与横坐标分别为 pM' 及 a。

设金属离子的初始浓度为 0.010 $mol \cdot L^{-1}$,用 0.010 $mol \cdot L^{-1}$ EDTA 溶液滴定,若 $\lg K'_{MY}$ 分别是 2、4、6、8、10、12、14,绘出相应的滴定曲线,如图 5.3 所示。当 $\lg K'_{MY} = 10$,c_M 分别是 10^{-4} ~ 10^{-1} $mol \cdot L^{-1}$,分别用等浓度的 EDTA 溶液滴定,所得的滴定曲线如图 5.4 所示。

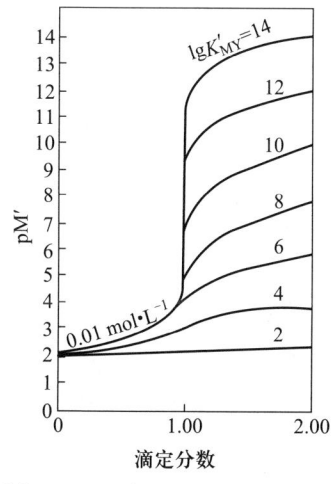

图 5.3 不同 $\lg K'_{MY}$ 时的滴定曲线

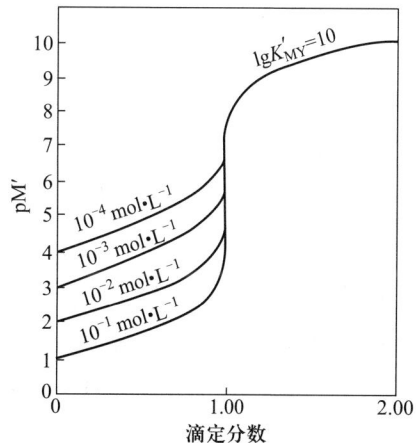

图 5.4 不同浓度 EDTA 溶液与 M 的滴定曲线

由图 5.3、图 5.4 可知,影响配位滴定中 pM 突跃大小的主要因素是 K'_{MY} 和 c_M。K_{MY} 越大,K'_{MY} 相应增大,则 pM′ 突跃也大;反之就小。滴定体系的酸度越大,pH 越小,$\alpha_{Y(H)}$ 越大,K'_{MY} 越小,则 pM′ 突跃也小。当缓冲剂与 M 有配位效应(如在 pH = 10 的氨性缓冲溶液中,用 EDTA 滴定 Zn^{2+} 时,NH_3 与 Zn^{2+} 有配位效应),或为了防止 M 的水解,加入辅助配体阻止水解沉淀的析出时,OH^- 和所加入的辅助配体与 M 就有配位效应。缓冲剂或辅助配体浓度越大,$\alpha_{M(L)}$ 越大,K'_{MY} 越小,则 pM′ 突跃也小。

K'_{MY} 一定时,c_M 增大 10 倍,滴定突跃范围增大一个单位,c_M 越大,滴定突跃的下限越低,滴定突跃范围越大。c_M 越小,曲线的起点越高,滴定突跃范围就越小。

例 5.9 在含有 $C_2O_4^{2-}$、pH = 9.0 的氨性缓冲溶液中,用 $0.02000\ mol \cdot L^{-1}$ EDTA 溶液滴定同浓度的 Cu^{2+} 溶液。计算化学计量点时的 pCu。已知 $\lg K_{CuY} = 18.8$;pH = 9.0 时,$\lg \alpha_{Y(H)} = 1.3$,$\lg \alpha_{Cu(OH)} = 0.8$,$\lg \alpha_{Cu(C_2O_4)} = 7.2$,$\lg \alpha_{Cu(NH_3)} = 7.7$。

解
$$\lg \alpha_{Cu} = \lg[\alpha_{Cu(C_2O_4)} + \alpha_{Cu(NH_3)} + \alpha_{Cu(OH)} - 2]$$
$$= \lg(10^{7.7} + 10^{7.2} + 10^{0.8} - 2) = 7.8$$
$$\lg K'_{CuY} = \lg K_{CuY} - \lg \alpha_{Y(H)} - \lg \alpha_{Cu} = 18.8 - 1.3 - 7.8 = 9.7$$
$$pCu'_{sp} = \frac{1}{2}(K'_{CuY} + pc_{sp}^{sp}) = \frac{1}{2}(9.7 + 2.0) = 5.8$$
$$pCu_{sp} = pCu'_{sp} + \lg \alpha_{Cu} = 5.8 + 7.8 = 13.6$$

5.5.2 金属离子指示剂

配位滴定和其他滴定方法一样,判断终点的方法有多种。可用电化学方法(电位滴定、安培滴定或电导滴定)、光化学方法(光度滴定)等。最常用的是指示剂法。由于金属离子指示剂的迅速发展,使配位滴定法成为分析化学中最重要的滴定分析方法之一。

一、金属离子指示剂作用原理

在配位滴定中,通常利用一种能与金属离子生成有色配位化合物的配体来指示滴定过程中金属离子浓度的变化,这种配体称为金属离子指示剂,简称金属指示剂。

金属离子指示剂与被滴定金属离子反应,形成一种与指示剂本身颜色不同的配位化合物。

例如,在 pH = 10 的条件下,Mg^{2+} 与铬黑 T(简称 EBT)反应,形成一种与铬黑 T 本身颜色不同的配位化合物:

$$Mg^{2+} + EBT(HIn) \rightleftharpoons Mg\text{-}EBT$$
蓝色 红色

当滴入 EDTA 溶液时,溶液中游离的 Mg^{2+} 逐步与 EDTA 配位,达到化学计量点时,已与 EBT 配位的 Mg^{2+} 也被 EDTA 夺出,释放出 EBT,因而就引起溶液颜色的变化:

$$Mg\text{-}EBT + Y \rightleftharpoons MgY + EBT$$
红色 蓝色

应该指出,许多金属指示剂不仅具有配体的性质,而且本身常是多元弱酸或多元弱碱,能随溶液 pH 变化而显示不同的颜色。

如铬黑 T,它是三元弱酸,第一级解离极容易,第二级和第三级解离则较难($pK_{a_2} = 6.3$, $pK_{a_3} = 11.6$)。

$$H_2In^- \underset{}{\overset{pK_{a_2}=6.3}{\rightleftharpoons}} HIn^{2-} \underset{}{\overset{pK_{a_3}=11.6}{\rightleftharpoons}} In^{3-}$$

  红色   蓝色   橙色

铬黑 T 能与许多金属离子,如 Ca^{2+}、Mg^{2+}、Zn^{2+}、Cd^{2+} 等形成红色的配位化合物。显然,铬黑 T 在 pH<6 或 pH>11.6 时,游离指示剂的颜色与形成的金属离子配位化合物颜色没有显著的差别。只有在 pH=6.3~11.6 时进行滴定,终点由金属离子配位化合物的红色变成游离指示剂的蓝色,颜色变化才显著。即铬黑 T 指示剂只能在碱性介质中使用,要用缓冲溶液来控制 pH,通常用氨性缓冲溶液来控制。

二甲酚橙(简称 XO)的情况就不同了。它是六元酸,但是 H_6In 至 H_3In^{3-} 四种型体均为黄色,而 H_2In^{4-} 至 In^{6-} 是红色。其解离平衡如下:

$$H_6In \cdots H_3I_n^{4-} \overset{pK_{a_4}=6.3}{\rightleftharpoons} H_2I_n^{4-}$$

   黄色   红色

二甲酚橙与金属离子的配位化合物是红色,为了使终点由红色变为黄色,pH 必须小于 6.3 才行,所以二甲酚橙只能在酸性介质中使用。因此,使用金属指示剂时,必须注意选用合适的 pH 范围。

Cu-PAN 作为间接金属离子指示剂可以在 pH 为 1.9~12.2 的范围内使用。它是由 CuY 与 PAN 混合而成的,滴定前将该指示剂加入含有欲滴定的金属离子 M 的溶液中时,发生如下反应:

$$CuY + PAN + M \rightleftharpoons MY + Cu\text{-}PAN$$

             紫红色

溶液呈紫红色,用 EDTA 滴定后,M 与 Y 反应,接近化学计量点时:

$$Cu\text{-}PAN + Y \rightleftharpoons CuY + PAN$$

  紫红色   蓝色 黄色

EDTA 将 Cu-PAN 中的 Cu 夺取出来形成 CuY,因此滴定前加入的 CuY 并不影响结果,终点由 CuY 的蓝色和游离出的 PAN 的黄色混合成绿色。由于 Cu-PAN 有很宽的 pH 使用范围,故可以连续滴定几种金属离子。一般情况下,标定和测定最好用同一种指示剂,这样可抵消系统误差。

金属离子的显色剂很多,但其中只有一部分能用作金属离子指示剂。一般来说,金属离子指示剂应具备下列条件:

(1) 指示剂本身的颜色与其有色配位化合物(MIn)的颜色应有显著的区别。这样,终点时的颜色变化才明显。

(2) 显色反应灵敏、迅速,有良好的变色可逆性。

（3）显色配位化合物的稳定性要适当。金属离子与指示剂所形成的有色配位化合物应该足够稳定，但又要比金属离子的 EDTA 配位化合物的稳定性小。如果稳定性低，则在到达化学计量点前，就会显示出指示剂本身的颜色，使终点提前出现，颜色变化也不敏锐；如果稳定性太高，就会使终点拖后，而且可能使 EDTA 不能从金属离子与指示剂配位化合物中夺取金属离子，显色反应失去可逆性，得不到滴定终点。

（4）指示剂应具有一定的选择性，即在一定条件下，只与一种（或某几种）离子发生显色反应。在符合上述要求的前提下，指示剂的显色反应最好又有一定的广泛性，即改变了滴定条件，又能作其他离子滴定的指示剂。这样就能在连续滴定两种或两种以上离子时，避免加入多种指示剂而发生颜色干扰。

（5）金属离子指示剂应比较稳定，便于储存和使用。

二、金属离子指示剂的选择

与酸碱滴定曲线相类似，在化学计量点附近，被滴定金属离子的 pM 产生"突跃"。因此，要求指示剂能在此突跃区间内发生颜色变化，并且指示剂变色的 pM_{ep} 应尽量与化学计量点的 pM_{sp} 一致，以减小终点误差。

设被滴定金属离子 M 与指示剂形成有色配位化合物 MIn，它在溶液中有下列解离平衡：

$$MIn \rightleftharpoons M + In \qquad K_{MIn} = \frac{[MIn]}{[M][In]}$$

考虑指示剂的酸效应，有

$$K'_{MIn} = \frac{[MIn]}{[M][In']}$$

$$\lg K'_{MIn} = pM + \lg \frac{[MIn]}{[In']}$$

当到达指示剂的变色点时，$[MIn]=[In']$，故此时

$$pM_{ep} = \lg K'_{MIn} = \lg K_{MIn} - \lg \alpha_{In(H)} \tag{5.18}$$

配位滴定中所用的指示剂一般为有机弱酸，存在酸效应。而 $\alpha_{In(H)}$ 是随 pH 而变化的，因此，$\lg K'_{MIn}$ 也随 pH 而改变，即指示剂变色点的 pM_{ep} 随 pH 而改变，因此，金属离子指示剂的变色点不是固定的。在选择配位指示剂时，必须考虑体系的酸度，pM_{ep} 与 pM_{sp} 应尽量一致，至少应在化学计量点附近的 pM 突跃范围内，否则误差太大。如果 M 也有副反应，则应使 pM'_{ep} 与 pM'_{sp} 尽量一致。

例 5.10 铬黑 T 与 Mg^{2+} 的配位化合物的 $\lg K_{MgIn}=7.0$，铬黑 T 的 $pK_{a_2}=6.3$，$pK_{a_3}=11.6$，计算 pH = 10.0 时该指示剂变色点的 pMg_{ep} 值。

解 先考虑铬黑 T 的酸效应：

$$\lg \beta_1 = pK_{a_3} = 11.6$$

$$\lg \beta_2 = pK_{a_3} + pK_{a_2} = 17.9$$

pH = 10.0 时，有

$$\alpha_{In(H)} = 1 + \beta_1[H^+] + \beta_2[H^+]^2$$
$$= 1 + 10^{11.6} \times 10^{-10.0} + 10^{17.9} \times 10^{-20.0}$$
$$= 10^{1.6}$$

变色点时,有

$$pMg_{ep} = \lg K'_{MgIn} = \lg K_{MgIn} - \lg \alpha_{In(H)}$$
$$= 7.0 - 1.6$$
$$= 5.4$$

由于有关常数的缺乏,指示剂的变色点都是由实验测得的。为了使用方便,现将铬黑T和二甲酚橙两种金属离子指示剂在不同pH时与各金属离子变色点的pM_{ep}值列于表5.2。

表5.2 金属离子指示剂在不同pH时与各金属离子变色点的pM_{ep}值

	pH	6.0	7.0	8.0	9.0	10.0	11.0	12.0
铬黑T	$\lg\alpha_{In(H)}$	6.0	4.6	3.6	2.6	1.6	0.7	0.1
	pCa(至红)			1.8	2.8	3.8	4.7	5.3
	pMg(至红)	1.0	2.4	3.4	4.4	5.4	6.3	6.9
	pMn(至红)	3.6	5.0	6.2	7.8	9.7	11.5	
	pZn(至红)	6.9	8.3	9.3	10.5	12.2	13.9	

	pH	0	1.0	2.0	3.0	4.0	4.5	5.0	5.5	6.0
二甲酚橙	$\lg\alpha_{In(H)}$	35.0	30.0	25.1	20.7	17.3	15.7	14.2	12.8	11.3
	pBi(至红)		4.0	5.4	6.8					
	pCd(至红)						4.0	4.5	5.0	5.5
	pHg(至红)							7.4	8.2	9.0
	pLa(至红)						4.0	4.5	5.0	5.6
	pPb(至红)				4.2	4.8	6.2	7.0	7.6	8.2
	pTh(至红)		3.6	4.9	6.3					
	pZn(至红)						4.1	4.8	5.7	6.5
	pZr(至红)	7.5								

三、金属离子指示剂的封闭与僵化现象

配位滴定中金属离子指示剂在化学计量点附近应有敏锐的颜色变化,但在实际工作中有时会发生MIn配位化合物颜色不变或变化非常缓慢的现象,前者称为指示剂的封闭现象,后者称为指示剂的僵化现象。

1. 指示剂的封闭现象

金属离子指示剂的作用是

$$M + In \rightleftharpoons MIn$$

在化学计量点附近:

$$Y + MIn \rightleftharpoons MY + In$$

这就要求Y能迅速地将MIn中的In置换出来而实现MIn的颜色转变为In的颜色,所

以 M 与 Y 配位化合物的稳定性应该比 M 与 In 配位化合物的稳定性大。如果不是这样,到达化学计量点时红色将不会褪去,这种指示剂则不能使用。在使用这种指示剂滴定其他金属离子时,如果有该金属离子 M 存在,也会使溶液一直呈现 MIn 的红色,从而使滴定不能进行。这种现象称为指示剂的封闭现象。如 Fe^{3+}、Al^{3+} 封闭铬黑 T,它们的量少时可加三乙醇胺掩蔽;Cu^{2+}、Co^{2+}、Ni^{2+} 的封闭可加 KCN 掩蔽。使用二甲酚橙作指示剂时,Al^{3+}、Fe^{3+}、Ni^{2+}、Ti^{4+} 有封闭作用,可用 NH_4F 掩蔽 Al^{3+}、Ti^{4+},用抗坏血酸掩蔽 Fe^{3+},用邻二氮菲掩蔽 Ni^{2+}。

2. 指示剂的僵化现象

指示剂多为有机化合物,有些在水中的溶解度极小,通常都是用有机溶剂配制成一定浓度的溶液使用的,但其在滴定体系中(水体系)溶解度仍很小。尤其是金属离子指示剂,由于溶解度小,与指示剂配位的金属离子不易被 EDTA 夺取出来,终点会拖得较长,变色不灵敏。这种现象称为指示剂的僵化现象。可通过加入一些有机溶剂或加热的方法来增大溶解度,如用 PAN 作指示剂时,可加入少量乙醇并适当加热。

5.5.3 终点误差

终点误差是指滴定终点与化学计量点不一致所引起的误差,用 E_t 表示。配位滴定中终点误差的计算方法与酸碱滴定中的计算方法相同。通过分析配位滴定终点时的平衡情况,可得到计算终点误差的公式:

$$E_t = \frac{\text{滴定剂 Y 过量或不足的物质的量}}{\text{金属离子的物质的量}} \times 100\%$$

$$= \frac{[Y']_{ep} - [M']_{ep}}{c_M^{ep}} \times 100\% \tag{5.19}$$

设滴定终点与化学计量点的 pM′ 之差为 ΔpM′,即

$$\Delta pM' = pM'_{ep} - pM'_{sp}$$

$$[M']_{ep} = [M']_{sp} \cdot 10^{-\Delta pM'}$$

同理得

$$[Y']_{ep} = [Y']_{sp} \cdot 10^{-\Delta pY'}$$

因为化学计量点与滴定终点时的 K'_{MY} 近似相等,且 $[MY]_{ep} \approx [MY]_{sp}$,则

$$\frac{[MY]_{sp}}{[M']_{sp}[Y']_{sp}} = \frac{[MY]_{ep}}{[M']_{ep}[Y']_{ep}}$$

$$\frac{[M']_{ep}}{[M']_{sp}} = \frac{[Y']_{sp}}{[Y']_{ep}}$$

将上式取负对数,得

$$pM'_{ep} - pM'_{sp} = pY'_{sp} - pY'_{ep}$$

$$\Delta pM' = -\Delta pY'$$

而化学计量点时：

$$[M']_{sp} = [Y']_{sp} = \sqrt{\frac{c_M^{sp}}{K'_{MY}}}$$

又因为终点在化学计量点附近，所以 $c_M^{sp} \approx c_M^{ep}$，将上述各式代入式(5.19)中，整理后得

$$E_t = \frac{10^{\Delta pM'} - 10^{-\Delta pM'}}{\sqrt{c_M^{sp} K'_{MY}}} \times 100\% \tag{5.19a}$$

式(5.19a)就是林邦终点误差公式。上述公式中如果 M 没有副反应，则公式中的 [M'] 由 [M] 代替。由此式可知，终点误差既与 $c_M^{sp} K'_{MY}$ 有关，还与 $\Delta pM'$ 有关。K'_{MY} 越大，被测离子在化学计量点时的分析浓度越大，则终点误差越小；$\Delta pM'$（或 ΔpM）越小，终点离化学计量点越近，则终点误差就越小。

例 5.11 在 pH = 10.00 的氨性溶液中，用 0.020 mol·L^{-1} EDTA 溶液滴定 0.020 mol·L^{-1} Ca^{2+} 溶液，以铬黑 T 为指示剂，计算终点误差。已知 lgK_{CaY} = 10.69；pH = 10.00 时，lg$\alpha_{Y(H)}$ = 0.45，lgK'_{Ca-EBT} = 3.80。

解
$$\lg K'_{CaY} = \lg K_{CaY} - \lg \alpha_{Y(H)} = 10.69 - 0.45 = 10.24$$

$$pCa_{sp} = \frac{1}{2}(pc_{Ca}^{sp} + \lg K'_{CaY}) = \frac{1}{2}(2.0 + 10.24) = 6.12$$

$$pCa_{ep} = \lg K'_{Ca-EBT} = 3.80$$

$$\Delta pCa = pCa_{ep} - pCa_{sp} = 3.80 - 6.12 = -2.32$$

$$E_t = \frac{10^{\Delta pCa} - 10^{-\Delta pCa}}{\sqrt{c_{Ca}^{sp} K'_{CaY}}} \times 100\%$$

$$= \frac{10^{-2.32} - 10^{2.32}}{\sqrt{0.010 \times 10^{10.24}}} \times 100\%$$

$$= -1.6\%$$

例 5.12 在 pH = 5.5 时，以二甲酚橙为指示剂，用 2.000×10^{-2} mol·L^{-1} EDTA 溶液滴定浓度均为 2.000×10^{-2} mol·L^{-1} Pb^{2+}、Al^{3+} 溶液中的 Pb^{2+}，若加入 NH$_4$F 掩蔽 Al^{3+}，终点时游离 F$^-$ 的浓度为 1.0×10^{-2} mol·L^{-1}，计算终点误差。已知 lgK_{AlY} = 16.3；lgK_{PbY} = 18.0；pH = 5.5 时，$\alpha_{Y(H)}$ = 10$^{5.5}$，pPb$_{ep}$ = 7.6，$\alpha_{Al(OH)}$ = 10$^{0.4}$，$\alpha_{Pb(OH)}$ = 1；AlF$_6^{3-}$ 的 lgβ_1 ~ lgβ_6 分别为 6.15、11.15、15.00、17.75、19.36、19.84。

解
$$\alpha_{Al(F)} = 1 + \sum_{i=1}^{6} \beta_i [F^-]^i$$

$$= 1 + 10^{-2.0+6.15} + 10^{-4.0+11.15} + 10^{-6.0+15.00} + 10^{-8.0+17.75} + 10^{-10.0+19.36} + 10^{-12.0+19.84}$$

$$= 10^{10.0}$$

因 $\alpha_{Al(F)} \gg \alpha_{Al(OH)}$，所以 $\alpha_{Al} = \alpha_{Al(F)}$。

$$[Al^{3+}] = \frac{c_{Al}}{\alpha_{Al(F)}} = \frac{10^{-2.0}}{10^{10.0}} = 10^{-12.0}$$

$$\alpha_{Y(Al)} = 1 + [Al^{3+}] K_{AlY} = 1 + 10^{-12.0+16.3} = 10^{4.3}$$

$$\alpha_{Y(Al)} \ll \alpha_{Y(H)}$$

$$\alpha_Y = \alpha_{Y(H)} = 10^{5.5}$$

$$\lg K'_{PbY} = \lg K_{PbY} - \lg \alpha_Y = 18.0 - 5.5 = 12.5$$

$$pPb_{sp} = \frac{12.5 + 2}{2} = 7.2$$

$$\Delta pPb = 7.6 - 7.2 = 0.4$$

$$E_t = \frac{10^{\Delta pPb} - 10^{-\Delta pPb}}{\sqrt{c_{Pb}^{sp} K'_{PbY}}} \times 100\%$$

$$= \frac{10^{0.4} - 10^{-0.4}}{\sqrt{10^{-2.0+12.5}}} \times 100\%$$

$$= (8.4 \times 10^{-4})\%$$

5.6 准确滴定的条件

5.6.1 单一离子准确滴定的条件

滴定的实际终点主要依据指示剂的变色来确定,因此要求所选的指示剂的变色点尽可能与理论终点相一致,否则会给滴定分析带来系统滴定误差。即使指示剂变色点与理论终点重合,即无系统滴定误差,但人们观察颜色变化时有主观误差,会有±0.2~±0.3 个单位的 ΔpM 不确定性。设 $\Delta pM = \pm 0.2$,用等浓度的 EDTA 溶液滴定初始浓度为 c 的金属离子 M 溶液,若要求终点误差 $E_t \leq 0.1\%$,由林邦误差公式可得

$$E_t = \frac{10^{\Delta pM} - 10^{-\Delta pM}}{\sqrt{c_M^{sp} K'_{MY}}} = \frac{10^{0.2} - 10^{-0.2}}{\sqrt{c_M^{sp} K'_{MY}}} \leq 0.1\%$$

$$c_M^{sp} K'_{MY} \geq \left(\frac{10^{0.2}}{0.001}\right)^2$$

即
$$c_M^{sp} K'_{MY} \geq 10^6 \text{ 或 } \lg(c_M^{sp} K'_{MY}) \geq 6 \tag{5.20}$$

式(5.20)即为能否准确滴定的条件。当然,这种条件是有前提的,若允许终点误差增大到 1%,则允许 $\lg(c_M^{sp} K'_{MY})$ 减小至 4。

5.6.2 混合离子分别滴定的条件

EDTA 能与很多金属离子生成稳定的配位化合物,当多种金属离子共存于同一溶液中时,能否进行分别滴定以及分别滴定的条件如何?

设溶液中含有 M、N 两种金属离子,且 $K_{MY} > K_{NY}$,在化学计量点的分析浓度分别为 c_M^{sp} 和 c_N^{sp}。那么,在什么条件下能准确地滴定 M 而 N 不干扰?

对于混合离子的选择滴定,允许误差较大,设 $\Delta pM' = 0.2$,$E_t \leq 0.3\%$,由林邦误差公式,采用准确滴定条件的计算方法,可得

$$\lg(K'_{MY} c_M^{sp}) \geq 5$$

假设金属离子 M 无副反应,则

$$\lg(K'_{MY}c_M^{sp}) = \lg(K_{MY}c_M^{sp}) - \lg\alpha_Y$$
$$= \lg(K_{MY}c_M^{sp}) - \lg[\alpha_{Y(H)} + \alpha_{Y(N)} - 1]$$

所以,能否准确地选择性滴定 M 而 N 不干扰的关键是 $\lg\alpha_{Y(H)}$ 和 $\lg\alpha_{Y(N)}$ 的大小。若 $\alpha_{Y(H)} \ll \alpha_{Y(N)}$,则 N 干扰 M 的测定;若 $\alpha_{Y(N)} \ll \alpha_{Y(H)}$,则 N 不干扰 M 的测定。考虑 N 不干扰 M 测定的极限条件,即 $\alpha_{Y(N)}$ 再大,就一定干扰 M 测定的条件:

$$\alpha_Y \approx \alpha_{Y(H)} \approx \alpha_{Y(N)} = 1 + K_{NY}c_N^{sp} \approx K_{NY}c_N^{sp}$$

整理得
$$\lg(K'_{MY}c_M^{sp}) = \lg(K_{MY}c_M^{sp}) - \lg(K_{NY}c_N^{sp})$$

或
$$\Delta\lg(Kc) \geq 5 \quad (5.21)$$

式(5.21)即是配位滴定中分别滴定的判别式,它表示滴定体系满足此条件时,只要有合适的指示滴定 M 离子终点的方法,那么在 M 离子的适宜酸度范围内,都可准确滴定 M 离子,而 N 离子不干扰,终点误差 $E_t \leq 0.3\%$($\Delta pM = \pm 0.2$)。

若在滴定反应中有其他副反应存在,则分别滴定的判别式以条件稳定常数 K' 来表示,式(5.21)变为

$$\Delta\lg(K'c) \geq 5 \quad (5.21a)$$

例 5.13 在 pH = 10.0 的氨性缓冲溶液中,能否以 0.020 mol·L^{-1} EDTA 溶液选择性滴定含同浓度 Zn^{2+} 和 Mg^{2+} 溶液中的 Zn^{2+}?条件为 $\Delta pZn' = 0.2$,$E_t = \pm 0.3\%$。已知化学计量点时,[NH$_3$] = 0.20 mol·L^{-1};$\lg K_{ZnY} = 16.5$;$\lg K_{MgY} = 8.7$;pH = 10.0 时,$\lg\alpha_{Y(H)} = 0.45$;Zn(OH)$_4^{2-}$ 的 $\lg\beta_1 \sim \lg\beta_4$ 为 4.4、10.1、14.2、15.5;Zn(NH$_3$)$_4^{2+}$ 的 $\lg\beta_1 \sim \lg\beta_4$ 为 2.37、4.81、7.31、9.46;Mg(OH)$^+$ 的 $\lg\beta_1 = 2.6$。

解 pH = 10.0 时,[OH$^-$] = 10$^{-4.0}$ mol·L^{-1}

$$\alpha_{Zn(OH)} = 1 + \beta_1[OH^-] + \beta_2[OH^-]^2 + \beta_3[OH^-]^3 + \beta_4[OH^-]^4$$
$$= 1 + 10^{4.4} \times 10^{-4.0} + 10^{10.1} \times 10^{-4.0 \times 2} + 10^{14.2} \times 10^{-4.0 \times 3} + 10^{15.5} \times 10^{-4.0 \times 4}$$
$$= 10^{2.46}$$

$$\alpha_{Zn(NH_3)} = 1 + \beta_1[NH_3] + \beta_2[NH_3]^2 + \beta_3[NH_3]^3 + \beta_4[NH_3]^4$$
$$= 1 + 10^{2.37} \times 0.20 + 10^{4.81} \times (0.20)^2 + 10^{7.31} \times (0.20)^3 + 10^{9.46} \times (0.20)^4$$
$$= 10^{6.68}$$

$$\alpha_{Zn} = \alpha_{Zn(OH)} + \alpha_{Zn(NH_3)} - 1 = 10^{2.46} + 10^{6.68} - 1 = 10^{6.68}$$

$$\alpha_{Mg(OH)} = 1 + \beta_1[OH^-] = 1 + 10^{2.6} \times 10^{-4.0} = 1.04$$

$$\lg K'_{ZnY} = \lg K_{ZnY} - \lg\alpha_{Y(H)} - \lg\alpha_{Zn}$$
$$= 16.5 - 0.45 - 6.68 = 9.37$$

$$\lg K'_{MgY} = \lg K_{MgY} - \lg\alpha_{Y(H)} - \lg\alpha_{Mg(OH)}$$
$$= 8.7 - 0.45 - 0.02 = 8.23$$

$$\Delta\lg(K'c) = \lg(K'_{ZnY}c_{Zn}^{sp}) - \lg(K'_{MgY}c_{Mg}^{sp})$$
$$= \lg\left(10^{9.37} \times \frac{0.020}{2}\right) - \lg\left(10^{8.23} \times \frac{0.020}{2}\right)$$
$$= 1.14 < 5$$

可见,在题设条件下不能准确滴定 Zn^{2+},Mg^{2+} 有干扰。

5.7 配位滴定的酸度控制

控制溶液的酸度是进行准确滴定的一个重要条件。根据前面的讨论可知,金属离子被准确滴定的条件是当 c_M^{sp}、$\Delta pM'$ 和 E_t 一定时,K'_{MY} 必须大于某一数值,否则就会超过规定的允许误差。但是,K'_{MY} 的大小除了由 K_{MY} 决定外,还受溶液的酸度、辅助配体等条件的限制。而且在以 EDTA 二钠盐溶液进行配位滴定的过程中,随着配位化合物的生成,不断有 H^+ 释放,溶液的酸度增大,$\alpha_{Y(H)}$ 增大,K'_{MY} 变小,造成 pM′ 突跃减小;同时,配位滴定所用指示剂的变色点也随 pH 而变化,导致较大误差。因此,在配位滴定中,要进行准确滴定,必须对滴定条件(酸度、配体等)进行控制。

5.7.1 单一离子配位滴定的酸度控制

假设配位反应中没有其他副反应,只考虑 EDTA 的酸效应,则

$$\lg K'_{MY} = \lg K_{MY} - \lg \alpha_{Y(H)} \tag{5.22}$$

当 $c_M^{sp} = 0.01000 \text{ mol·L}^{-1}$,$E_t \leq 0.1\%$,$\Delta pM' = \pm 0.2$ 时,式(5.22)变为

$$\lg \alpha_{Y(H)} = \lg K_{MY} - 8$$

此时 $\lg \alpha_{Y(H)}$ 值所对应的酸度,称为配位滴定的最高酸度。当超过此酸度时,$\lg K'_{MY} < 8$,不能准确滴定。

在配位滴定中,了解各种金属离子滴定时的最高允许酸度,对解决实际问题是有一定意义的。前面已经讨论过,c_M、E_t 及 ΔpM 不同时,最高允许酸度也不同。如设 $c_M = 0.02000 \text{ mol·L}$,$\Delta pM$ 为 ± 0.2,E_t 为 $\pm 0.1\%$,可以计算出各种金属离子滴定时的最高允许酸度。将部分金属离子滴定时的最低允许 pH 直接标在 EDTA 的酸效应曲线上,可供实际工作参考(见图 5.2)。

例 5.14 用 $0.02000 \text{ mol·L}^{-1}$ EDTA 溶液滴定 $0.02000 \text{ mol·L}^{-1}$ Pb^{2+} 溶液,计算在 $\Delta pPb' = 0.2$,$E_t = \pm 0.1\%$ 条件下准确滴定 Pb^{2+} 的最高酸度。已知 $\lg K_{PbY} = 18.04$。

解 在 $\Delta pM = 0.2$,$|E_t| \leq 0.1\%$ 和 $c_M^{sp} = 0.01000 \text{ mol·L}^{-1}$ 条件下 Pb^{2+} 被准确判滴定的条件为 $\lg(c_{Pb}^{sp} K'_{PbY}) \geq 6$,则

$$\lg K'_{PbY} = \lg K_{PbY} - \lg \alpha_{Y(H)} = 8$$

$$\lg \alpha_{Y(H)} = \lg K_{PbY} - \lg K'_{PbY} = 18.04 - 8 = 10.04$$

查附录表 5,得 pH ≈ 3.2,所以最高酸度为 pH = 3.2。

根据对最高酸度的讨论可知,在最高酸度以下滴定是有利的,但并不是酸度越低越好。在没有辅助配体存在时,金属离子由于水解效应析出沉淀(尤其是高价金属离子),影响配位反应的进行,不利于滴定。因此,在配位滴定时,最低酸度可粗略地直接应用氢氧化物的溶度积求水解酸度,忽略氢氧基配位化合物、离子强度等因素的影响。但对极少数氢氧化物溶解度较大时,粗略计算值误差较大。通常以条件实验结果为准。

例 5.15 用 $0.02000\ \text{mol} \cdot \text{L}^{-1}$ EDTA 溶液滴定含同浓度 Zn^{2+} 的溶液,求滴定 Zn^{2+} 的最低酸度。已知 $K^{sp}_{\text{Zn(OH)}_2} = 10^{-16.92}$。

解
$$[\text{OH}^-] = \sqrt{\frac{K^{sp}_{\text{Zn(OH)}_2}}{c_{\text{Zn}^{2+}}}} = \sqrt{\frac{10^{-16.92}}{0.02000}}\ \text{mol} \cdot \text{L}^{-1} = 10^{-7.61}\ \text{mol} \cdot \text{L}^{-1}$$
$$\text{pH} = 14.0 - 7.61 \approx 6.4 \quad (\text{水解酸度})$$

故滴定 Zn^{2+} 的最低酸度为 pH = 6.4。

配位滴定的酸度对滴定的影响很重要,酸度太高,酸效应增强,K'_{MY} 变小,甚至不能准确滴定;酸度太低,被滴定的金属离子发生水解,甚至是生成沉淀,影响滴定的进行。配位滴定适宜的酸度范围就是最低酸度与最高酸度之间的范围。只有在此酸度范围内,滴定才能顺利准确的进行。

例 5.16 以 $0.02000\ \text{mol} \cdot \text{L}^{-1}$ EDTA 溶液滴定含同浓度 Fe^{3+} 的溶液,若要求 $\Delta\text{pM}' = \pm 0.2$,$E_t = \pm 0.1\%$(即指 $|E_t| \leq 0.1\%$,下同),计算适宜的酸度范围。已知 $\lg K_{\text{Fe(III)Y}} = 25.1$。

解
$$\lg[K'_{\text{Fe(III)Y}} c^{sp}_{\text{Fe}^{3+}}] \geq 6$$
$$\lg K'_{\text{Fe(III)Y}} \geq 8$$
$$\lg \alpha_{\text{Y(H)}} = \lg K_{\text{Fe(III)Y}} - \lg K'_{\text{Fe(III)Y}} = 25.1 - 8 = 17.1$$

查附录表 5,得 pH ≈ 1.2(最高酸度)。

$$K^{sp}_{\text{Fe(OH)}_3} = 10^{-37.4}$$
$$[\text{OH}^-] = \sqrt[3]{\frac{K^{sp}_{\text{Fe(OH)}_3}}{c_{\text{Fe}^{3+}}}} = 10^{-11.9}$$

此处 $c_{\text{Fe}^{3+}}$ 为初始浓度,因为滴定开始就生成 Fe(OH)_3 沉淀,会影响滴定,故不用 $c^{sp}_{\text{Fe}^{3+}}$。

$$\text{pH} = 14.0 - 11.9 = 2.1 \quad (\text{水解酸度})$$

故滴定 Fe^{3+} 的适宜酸度范围为 pH = 1.2 ~ 2.1。

在滴定某离子的最高酸度和最低酸度之间,究竟选择哪一个酸度最为合适,还要结合适宜酸度和指示剂来进行选择。如果在所用酸度下进行滴定时,指示剂所指示的滴定终点与化学计量点最接近,即终点误差最小,这个酸度就可以认为是滴定的最佳酸度。即 $\lg K'_{\text{MIn}} = \text{pM}_{ep} = \text{pM}_{sp}$ 时的酸度,一般处于适宜的酸度范围内。

应该指出,在整个滴定过程中都要将 pH 控制在一定范围内,这是因为不断有 H^+ 释出来,溶液的酸度不断增大,不仅降低配位化合物的条件稳定常数,而且也影响指示剂的变色,导致误差增大。所以,配位滴定不仅在滴定前要调解溶液的酸度,而且常需加入缓冲溶液来控制溶液的酸度。

例 5.17 在 pH = 9.0 ~ 10.5 的氨性溶液中,以 $0.01000\ \text{mol} \cdot \text{L}^{-1}$ EDTA 溶液滴定 $0.01000\ \text{mol} \cdot \text{L}^{-1}$ Mg^{2+} 溶液,指示剂为铬黑 T,以此为例,讨论终点误差与溶液酸度的关系。已知 $\lg K_{\text{MgY}} = 8.69$;$\lg K_{\text{Mg-EBT}} = 7.0$;EBT 的 $\text{p}K_{a_2} = 6.3$,$\text{p}K_{a_3} = 11.6$;$K_{\text{Mg(OH)}} = 10^{2.6}$。

解 按例 5.11 方法,要考虑指示剂的酸效应等引起滴定终点与化学计量点的偏离。计算 pH = 9.0 ~ 10.5 时 pMg_{sp}、pMg_{ep}、ΔpMg 及 E_t,结果如下:

pH	pMg$_{sp}$	pMg$_{ep}$	ΔpMg	E_t/%
9.0	4.86	4.40	-0.46	-0.70
9.5	5.09	4.90	-0.19	-0.15
9.7	5.17	5.09	-0.08	-0.05
9.8	5.21	5.19	-0.02	-0.01
9.9	5.24	5.29	0.05	0.03
10.0	5.28	5.39	0.11	0.05
10.5	5.38	5.82	0.44	0.20

分别以 pMg$_{sp}$ 和 pMg$_{ep}$ 对 pH 作图,由于两者的截距和斜率皆不同,故得两条相交的曲线(图 5.5),交点处所对应的 pH 为 9.84,即化学计量点与终点一致的酸度为 pH=9.84。小于此 pH,pMg$_{sp}$>pMg$_{ep}$,产生负误差,且 pH 越小,终点误差越负;反之,产生正误差,且 pH 越大,终点误差越大。由此可见,pH=9.84 是 EDTA 滴定 Mg^{2+},铬黑 T 作指示剂时的最佳酸度。

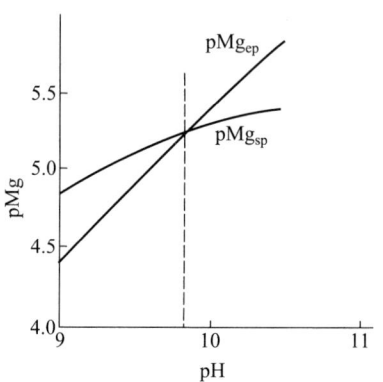

图 5.5 pMg$_{ep}$ 和 pMg$_{sp}$ 与 pH 的关系曲线

5.7.2 混合离子分别滴定的酸度控制

在配位滴定中,当有共存离子存在时,溶液酸度的控制较单一离子滴定复杂,但酸度选择的原则是类似的。

如果有共存离子 N 存在,当 $\alpha_{Y(N)} \ll \alpha_{Y(H)}$ 时,N 不干扰 M 的测定,此时最高酸度和最低酸度的求法与单独滴定 M 一样。但是当 $\alpha_{Y(H)} \ll \alpha_{Y(N)}$ 时,则可忽略 EDTA 的酸效应,此时:

$$K'_{MY} = \frac{K_{MY}}{\alpha_{Y(N)}} = \frac{K_{MY}}{1+K_{NY}[N]} \approx \frac{K_{MY}}{K_{NY}[N]}$$

故 K'_{MY} 将不受溶液酸度的影响,此时 K'_{MY} 达到最大值,在这种情况下滴定,更有利于 M 的滴定。因此,以它作为 N 存在时滴定 M 的最高酸度。为了方便计算,往往粗略地以 $\alpha_Y \approx \alpha_{Y(H)} \approx \alpha_{Y(N)}$(N 不干扰 M 滴定的极限条件)所对应的酸度作为最高酸度。最低酸度与单一离子滴定相同,即为 M 的水解酸度。少数金属离子极易水解,且其 EDTA 配合物的稳定常数很大,此时可以适当提高滴定酸度。

5.8 提高配位滴定选择性的方法

EDTA 的配位能力很强,能与多数的金属离子形成配位化合物,这是它能广泛应用的主要原因。但这也是 EDTA 选择性差的主要原因。配位滴定法进行测定时,实际测定的试样常常是多种元素共存,往往相互干扰。因此,如何提高配位滴定选择性,便成为配位滴定中需要解决的重要问题。提高配位滴定选择性,就是要设法消除共存金属离子(N)的干扰,以准确地进行待测金属离子(M)的滴定,主要方法有控制溶液酸度法、掩蔽法和改变配体法,下面分别进行介绍。

5.8.1 利用控制溶液酸度法提高选择性

因为酸度影响配位化合物的稳定常数,故利用酸效应使两种金属离子配位化合物的稳定常数有较大的差别,即 $\Delta \lg K \geqslant 5$,就能准确滴定 M 而不受 N 的干扰。

例如,当 Fe^{3+}、Zn^{2+} 共存时,可在 pH≈2 条件下,以磺基水杨酸为指示剂,用 EDTA 滴定 Fe^{3+},而 Zn^{2+} 不干扰;在 Mg^{2+}、Zn^{2+} 共存时,可在 pH≈5 的缓冲溶液中,以二甲酚橙为指示剂,用 EDTA 滴定 Zn^{2+},而 Mg^{2+} 的存在没有影响。在含有多种离子的混合溶液中,控制酸度可以进行连续滴定。

假设溶液中有两种以上金属离子共存,应首先考虑 K_{MY} 最大的和与它相近的那种离子。如溶液中含有 $0.01\ mol \cdot L^{-1}\ Fe^{3+}$、$Al^{3+}$、$Ca^{2+}$、$Mg^{2+}$,能否分别滴定 Fe^{3+} 和 Al^{3+}?(已知 $\lg K_{FeY}=25.1$,$\lg K_{AlY}=16.3$,$\lg K_{CaY}=10.69$,$\lg K_{MgY}=8.69$。)滴定 Fe^{3+} 时,最可能发生干扰的是 Al^{3+},而 $\Delta\lg K_{MY} = 25.1 - 16.3 = 8.8 > 5$,故不会产生干扰。滴定 Fe^{3+} 的适宜 pH 范围应为 1.0~2.2。

例 5.18 含有 Pb^{2+} 和 Bi^{3+} 的混合液,其浓度均为 $0.01\ mol \cdot L^{-1}$,问在什么酸度条件下,连续滴定其中 Pb^{2+} 和 Bi^{3+},已知 $\lg K_{BiY}=27.94$,$\lg K_{PbY}=18.04$。

解 根据混合离子分别滴定的条件,$[Pb^{2+}]=[Bi^{3+}]=10^{-2}\ mol \cdot L^{-1}$,则

$$\Delta \lg K = \lg K_{BiY} - \lg K_{PbY} = 27.94 - 18.04 = 9.90 > 5$$

故可以选择滴定 Bi^{3+},而 Pb^{2+} 不干扰。

首先求滴定 Bi^{3+} 的最高酸度。

根据混合离子分别滴定的酸度控制,最高酸度计算如下:

$$\alpha_{Y(H)} = \alpha_{Y(N)} = \alpha_{Y(Pb)} = 1 + K_{PbY}[Pb^{2+}]$$
$$= 10^{18.04} \times 10^{-2.0} = 10^{16.04}$$

相应的 $\qquad\qquad\qquad\qquad pH = 1.4$

此时 Bi^{3+} 易水解,又因为 $\lg K_{BiY}$ 较大,因而将 pH 降低至 1.0,$\lg K'_{BiY}=9.6$,仍可以准确滴定。所以,可在 pH=1.0 时滴定 Bi^{3+}。

在滴定 Bi^{3+} 后的同一溶液中,可继续滴定 Pb^{2+},滴定 Pb^{2+} 的最高酸度计算如下:

$$\lg \alpha_{Y(H)} = \lg K_{PbY} - 8 = 18.04 - 8 = 10.04$$

查酸效应曲线,$\lg \alpha_{Y(H)}=10.04$,相应的 pH≈3.3。因此,在 pH>3.3 时滴定 Pb^{2+}。实际滴定时,用 $(CH_2)_6N_4 \cdot HCl$ 调 pH=5~6,滴定 Pb^{2+},这样就可以在同一溶液,采用控制溶液酸度法连续滴定 Bi^{3+} 和 Pb^{2+}。

故应在 pH=1.0 时滴定 Bi^{3+},pH=5~6 滴定 Pb^{2+}。

5.8.2 利用掩蔽法提高选择性

如果控制溶液酸度法尚不能消除共存离子的干扰,则常利用掩蔽剂来掩蔽共存离子,即

利用掩蔽剂与共存离子反应,使它们不与 EDTA 配位,从而消除共存离子的干扰,这就是掩蔽法。常用的掩蔽法有配位掩蔽法、沉淀掩蔽法和氧化还原掩蔽法。

一、配位掩蔽法

利用配位反应降低共存离子浓度的方法,叫做配位掩蔽法。

假设溶液中有两种金属离子 M、N 共存,如果 $\Delta \lg(Kc)<5$,在选择性滴定 M 时,N 就有干扰。加入配位掩蔽剂 L 后,N 与 L 形成稳定的配位化合物,可降低溶液中 N 的游离浓度。此时 $\alpha_{Y(N)} = 1 + K_{NY}[N] = 1 + K_{NY}\dfrac{c_N^{sp}}{\alpha_{N(L)}}$,即 $K_{NY}c_N^{sp}$ 降低了 $\alpha_{N(L)}$ 倍,可使 $\Delta\lg(Kc) \geqslant 5$,达到选择性滴定 M 的目的。

具体实施的方法有如下几种:

(1) 先加配位掩蔽剂,再用 EDTA 滴定 M。例如,溶液中含有 Al^{3+}、Zn^{2+},则先在酸性溶液中加入过量 Al^{3+} 的配位掩蔽剂,如 F^-,再调 pH 至 5~6,使 Al^{3+} 生成 AlF_6^{3-} 后,再用 EDTA 准确滴定 Zn^{2+},Al^{3+} 不干扰。

(2) 先用 EDTA 直接滴定或返滴定,测出 M、N 的总量,再加配位掩蔽剂 L,L 与 NY 中的 N 配位:

$$NY + L \rightleftharpoons NL + Y$$

释放出 Y,再以金属离子标准溶液滴定 Y,测定 N 的含量。

例如,在有多种金属离子的 EDTA 配位化合物溶液中,加入苦杏仁酸 $C_6H_5CHOHCOOH$,从 SnY(或 TiY)中夺取金属离子,释放出定量的 EDTA,然后用锌离子标准溶液滴定释放出来的 EDTA,即可求得 Sn^{4+}[或 Ti(Ⅳ)]的含量。

(3) 先加配位掩蔽剂 L,使 N 生成 NL 后,用 EDTA 准确滴定 M,再用 X 破坏 NL,从 NL 中将 N 释放出来后,以 EDTA 准确滴定 N。由于 X 起了消除掩蔽剂的作用,故 X 称为解蔽剂。

表 5.3 列出了一些常用配位掩蔽剂。

表 5.3 一些常用配位掩蔽剂

名称	pH 范围	被掩蔽离子	备注
氰化钾	>8	Co^{2+}、Ni^{2+}、Cu^{2+}、Zn^{2+}、Hg^{2+}、Cd^{2+}、Ag^+、Tl^+ 及铂系元素离子	
氟化铵	4~6	Al^{3+}、Ti(Ⅳ)、Sn(Ⅳ)、Zn^{2+}、W(Ⅵ)等	NH_4F 相比 NaF,加入后溶液 pH 变化不大
	10	Al^{3+}、Mg^{2+}、Ca^{2+}、Sr^{2+}、Ba^{2+} 及稀土元素离子	
邻二氮菲	5~6	Cu^{2+}、Co^{2+}、Ni^{2+}、Zn^{2+}、Cd^{2+}、Mn^{2+}	
三乙醇胺 (TEA)	10	Al^{3+}、Sn(Ⅳ)、Ti(Ⅳ)、Fe^{3+}	与 KCN 并用,可提高掩蔽效果
	11~12	Fe^{3+}、Al^{3+} 及少量 Mn^{2+}	

续表

名称	pH 范围	被掩蔽离子	备 注
二巯基丙醇	10	Hg^{2+}、Cd^{2+}、Zn^{2+}、Bi^{3+}、Pb^{2+}、Ag^+、As^{3+}、$Sn(Ⅳ)$及少量 Cu^{2+}、Co^{2+}、Ni^{2+}、Fe^{3+}	
硫脲	弱酸性	Cu^{2+}、Hg^{2+}、Tl^+	
铜试剂 (DDTC)	10	能与 Cu^{2+}、Hg^{2+}、Pb^{2+}、Cd^{2+}、Bi^{3+} 生成沉淀,其中 Cu-DDTC 为褐色,Bi-DDTC 为黄色,故其存在量应分别小于 2 mg 和 10 mg	
酒石酸	1.5~2	Sb^{3+}、$Sn(Ⅳ)$	在抗坏血酸存在下
	5.5	Fe^{3+}、Al^{3+}、$Sn(Ⅳ)$、Ca^{2+}	
	6~7.5	Mg^{2+}、Cu^{2+}、Fe^{3+}、Al^{3+}、Mo^{4+}	
	10	Al^{3+}、$Sn(Ⅳ)$、Fe^{3+}	

例 5.19 溶液中含有 27 mg Al^{3+} 和 65.4 mg Zn^{2+},用 0.020 mol·L^{-1} EDTA 溶液滴定,能否选择性滴定 Zn^{2+}?若加入 1 g NH_4F,调节溶液的 pH 为 5.5,以二甲酚橙作指示剂,用 0.02 mol·L^{-1} EDTA 溶液滴定 Zn^{2+},能否准确滴定?终点误差为多少?假定终点总体积为 100 mL。

解 化学计量点时

$$c_{Al^{3+}}^{sp} = \frac{0.027 \text{ g}}{27 \text{ g·mol}^{-1}} \times \frac{1000 \text{ mL·L}^{-1}}{100 \text{ mL}} = 0.010 \text{ mol·L}^{-1}$$

$$c_{Zn^{2+}}^{sp} = \frac{0.0654 \text{ g}}{65.4 \text{ g·mol}^{-1}} \times \frac{1000 \text{ mL·L}^{-1}}{100 \text{ mL}} = 0.010 \text{ mol·L}^{-1}$$

$$\Delta \lg K \cdot c_M^{sp} = \lg(K_{ZnY} c_{Zn^{2+}}^{sp}) - \lg(K_{AlY} c_{Al^{3+}}^{sp}) < 5$$

故不能选择滴定 Zn^{2+}。

加入 1 g NH_4F 后

$$c_F^{sp} = \frac{1 \text{ g}}{37 \text{ g·mol}^{-1}} \times \frac{1000 \text{ mL·L}^{-1}}{100 \text{ mL}} = 0.27 \text{ mol·L}^{-1}$$

已知 AlF_6^{3-} 的 $\lg\beta_1 \sim \lg\beta_6$ 分别为 6.15、11.15、15.00、17.75、19.36、19.84,$\lg\beta_5$ 与 $\lg\beta_6$ 之差值仅为 0.48,说明要形成 AlF_6^{3-} 时 F^- 的游离浓度要大,所以先假设 AlF_5^{2-} 为主要形式,则 $[F']_{sp}$ = 0.27 mol·L^{-1} - 5 × 0.010 mol·L^{-1} = 0.22 mol·L^{-1}。

当 pH = 5.5 时:

$$\alpha_{F(H)} = 1 + \frac{[H^+]}{K_a} = 1 + \frac{10^{-5.5}}{10^{-3.18}} \approx 1$$

即不存在酸效应,故

$$\alpha_{Al(F)} = 1 + \beta_1[F^-] + \beta_2[F^-]^2 + \cdots + \beta_6[F^-]^6$$
$$= 1 + 10^{6.15} \times 0.22 + 10^{11.15} \times (0.22)^2 + 10^{15.00} \times (0.22)^3 +$$
$$\quad 10^{17.75} \times (0.22)^4 + 10^{19.36} \times (0.22)^5 + 10^{19.84} \times (0.22)^6$$
$$= 10^{16.3}$$

计算表明,AlF_5^{2-} 为主要存在形式。

$$\alpha_{Y(Al)} = 1 + K_{AlY}[Al^{3+}] = 1 + K_{AlY}\frac{c_{Al}^{sp}}{\alpha_{Al(F)}}$$

$$= 1 + 10^{16.3} \times \frac{0.010}{10^{16.3}} \approx 1$$

由此可见,$\lg\alpha_{Y(Al)} \approx 0$,所以只考虑 EDTA 的酸效应。当 pH=5.5 时,$\alpha_Y = \alpha_{Y(H)} = 10^{5.51}$,则

$$\lg K'_{ZnY} = \lg K_{ZnY} - \lg\alpha_{Y(H)} = 16.5 - 5.51 = 11.0$$

$$[Zn^{2+}]_{sp} = \sqrt{\frac{c_{Zn^{2+}}^{sp}}{K'_{ZnY}}} = \sqrt{\frac{0.010}{10^{11.0}}} \text{ mol·L}^{-1} = 10^{-6.50} \text{ mol·L}^{-1}$$

$$pZn_{sp} = 6.50$$

已知二甲酚橙在 pH=5.5 时,$\lg K'_{ZnIn} = 5.7$,故

$$\Delta pZn = pZn_{ep} - pZn_{sp} = \lg K'_{ZnIn} - pZn_{sp} = 5.7 - 6.50 = -0.8$$

$$E_t = \frac{10^{-0.8} - 10^{0.8}}{\sqrt{10^{11.0} \times 10^{-2}}} \times 100\% = -0.02\%$$

说明加入 NH_4F 完全可以掩蔽 Al^{3+},选择性滴定 Zn^{2+}。

例 5.20 用 0.020 mol·L^{-1} EDTA 溶液滴定 0.020 mol·L^{-1} Zn^{2+} 和 0.020 mol·L^{-1} Cd^{2+} 溶液中的 Zn^{2+},加入过量 KI 掩蔽 Cd^{2+},终点时[I^-]=1.0 mol·L^{-1}。试问能否准确滴定 Zn^{2+}?若能滴定,酸度应控制在多大范围内?已知二甲酚橙与 Cd^{2+}、Zn^{2+} 都能配位显色,则在 pH=5.0 时,能否用二甲酚橙作指示剂选择性滴定 Zn^{2+}?已知 pH=5.0 时,$\lg K'_{CdIn} = 4.5$,$\lg K'_{ZnIn} = 4.8$。

解 已知 CdI_4^{2-} 的 $\lg\beta_1 \sim \lg\beta_4$ 分别为 2.10、3.43、4.49、5.41。

$$\alpha_{Cd(I)} = 1 + 10^{2.10} \times 1.0 + 10^{3.43} \times 1.0^2 + 10^{4.49} \times 1.0^3 + 10^{5.41} \times 1.0^4 = 10^{5.5}$$

$$\Delta \lg K'_{MY} \cdot c_M^{sp} = \lg(K_{ZnY} c_{Zn^{2+}}^{sp}) - \lg\frac{K_{CdY} c_{Cd^{2+}}^{sp}}{\alpha_{Cd(I)}}$$

$$= 16.5 - 2.0 - (16.46 - 2.0 - 5.5) = 5.5 > 5$$

故可准确滴定 Zn^{2+}。

由于 Cd^{2+} 被掩蔽,所以酸度范围可按单一 Zn^{2+} 计算,若要求 $\Delta pM = 0.2$,$E_t \leq 0.3\%$,则 $\lg K'_{ZnY} \cdot c_{Zn}^{sp} \geq 5$,得 $\lg K'_{ZnY} \geq 7$,故

上限 $\lg\alpha_{Y(H)} = \lg K_{ZnY} - 7 = 16.5 - 7 = 9.5$

查附录表 5,pH=3.5。

下限 $$[OH^-] = \sqrt{\frac{K_{sp}[Zn(OH)_2]}{0.020}} = \sqrt{\frac{10^{-16.92}}{0.020}} \text{ mol·L}^{-1} = 10^{-7.6} \text{ mol·L}^{-1}$$

$$pH = 14 - 7.6 = 6.4$$

选择滴定 Zn^{2+} 时,若 $\Delta pM = 0.2$,$E_t \leq 0.3\%$,酸度控制在 pH 3.5~6.4 都能滴定。

当 pH=5.0 时: $\lg K'_{ZnY} = \lg K_{ZnY} - \lg\alpha_{Y(Cd)} = \lg K_{ZnY} - \lg\frac{K_{CdY} c_{Cd^{2+}}^{sp}}{\alpha_{Cd(I)}}$

$$= 16.5 - (16.5 - 2.0 - 5.5) = 7.5$$

$$[Zn^{2+}]_{sp} = \sqrt{\frac{c_{Zn^{2+}}^{sp}}{K'_{ZnY}}} = \sqrt{\frac{0.010}{10^{7.5}}} \text{ mol·L}^{-1} = 10^{-4.75} \text{ mol·L}^{-1}$$

$$[Cd^{2+}]_{sp} = \frac{c_{Cd^{2+}}^{sp}}{\alpha_{Cd(I)}} = \frac{0.010}{10^{5.5}} \text{ mol·L}^{-1} = 10^{-7.5} \text{ mol·L}^{-1}$$

因为 $\Delta \text{pZn} = \lg K'_{\text{ZnIn}} - \text{pZn}_{\text{sp}} = 4.8 - 4.75 = 0.05$，二甲酚橙作为 Zn^{2+} 的指示剂是合适的。而此时 $[Cd^{2+}]_{\text{sp}} = 10^{-7.5}$ mol·L^{-1}，远远小于 $\lg K'_{\text{CdIn}}$，所以不会有 CdIn 的红色出现。

二、沉淀掩蔽法

向溶液中加入一种沉淀剂，使其中的干扰离子浓度降低，在不分离沉淀的情况下直接进行滴定，这种消除干扰的方法称为沉淀掩蔽法。例如，在强碱溶液中用 EDTA 滴定 Ca^{2+} 时，强碱与 Mg^{2+} 形成 $Mg(OH)_2$ 沉淀而不干扰 Ca^{2+} 的滴定，此时 OH^- 就是 Mg^{2+} 的沉淀掩蔽剂。沉淀掩蔽法不是一种理想的掩蔽方法，它常存在下列缺点：

(1) 某些沉淀反应进行不完全，有时掩蔽效率不高。

(2) 发生沉淀反应时，通常伴随共沉淀现象，影响滴定的准确度。若沉淀能吸附金属离子指示剂，则会影响终点观察。

(3) 某些沉淀颜色很深，或体积庞大，妨碍终点观察。

三、氧化还原掩蔽法

当某种价态的共存离子对滴定有干扰时，利用氧化还原反应改变干扰离子的价态以消除干扰的方法，称为氧化还原掩蔽法。

例如，$\lg K_{\text{Fe(III)Y}} = 25.1$，$\lg K_{\text{Fe(II)Y}} = 14.33$，根据这个特性，在 Fe^{3+} 与一些 $\lg K_{\text{MY}}$ 与其相近的离子如 ZrO^{2+}、Bi^{3+}、Th^{4+}、Sc^{3+}、In^{3+}、Sn^{4+}、Hg^{2+} 等共存时，可将溶液中的 Fe^{3+} 还原为 Fe^{2+}，增大 $\Delta \lg K$ 值，达到选择性滴定上述离子的目的。

有的氧化还原掩蔽剂既有还原性，又能与干扰离子生成配位化合物。例如，$Na_2S_2O_3$ 可将 Cu^{2+} 还原为 Cu^+，并与 Cu^+ 配位：

$$2Cu^{2+} + 2S_2O_3^{2-} \rightleftharpoons 2Cu^+ + S_4O_6^{2-}$$

$$Cu^+ + 2S_2O_3^{2-} \rightleftharpoons Cu(S_2O_3)_2^{3-}$$

有些离子的高价态对 EDTA 滴定不发生干扰。例如，Cr^{3+} 对滴定有干扰，但 CrO_4^{2-}、$Cr_2O_7^{2-}$ 对滴定没有干扰，故将 Cr^{3+} 氧化为高价态后，即可消除其干扰。

5.8.3 利用改变配体法提高选择性

目前，除 EDTA 外，还有其他许多氨羧配体也能与金属离子生成稳定的配位化合物，如 EDTP（乙二胺四丙酸）、EGTA（乙二醇二乙醚二胺四乙酸）和 CyDTA（环己烷二胺四乙酸）等，但其稳定性与 EDTA 配位化合物的稳定性有时差别较大，故选用这些氨羧配体作滴定剂，有可能提高滴定某些金属离子的选择性。

5.9 配位滴定方式及其应用

在配位滴定中，采用不同的滴定方式，不仅可以扩大配位滴定的应用范围，而且可以提高配位滴定的选择性。

5.9.1 直接滴定法

直接滴定法是配位滴定中的基本方法。这种方法是将试样处理成溶液后,调节至所需要的酸度,加入必要的其他试剂和指示剂,直接用 EDTA 标准溶液滴定。

采用直接滴定法时,必须符合滴定分析对化学反应要求的配位反应,才能用于直接滴定。若不符合条件,可采用下述其他滴定方式。

5.9.2 返滴定法

返滴定法主要用于以下三种情况。

(1) 采用直接滴定法时,缺乏符合要求的指示剂,或者待测离子对指示剂有封闭作用。
(2) 待测离子与 EDTA 的配位反应速率很慢。
(3) 待测离子发生水解等副反应,影响测定。

返滴定法是在试液中先加入一定量过量的 EDTA 标准溶液,然后用另一种金属盐类的标准溶液滴定过量的 EDTA,根据两种标准溶液的浓度和用量,即可求得待测物质的含量。

返滴定剂所生成的配位化合物应有足够的稳定性,但不宜超过待测离子配位化合物的稳定性太多,否则在滴定过程中,返滴定剂会置换出待测离子,引起误差,而且终点不敏锐。

例如 Al^{3+} 的滴定,由于存在下列问题,不宜采用直接滴定法。

(1) Al^{3+} 对二甲酚橙等指示剂有封闭作用。
(2) Al^{3+} 与 EDTA 配位反应缓慢,需要加过量 EDTA 并加热煮沸,配位反应才比较完全。
(3) 在酸度不高时,Al^{3+} 水解生成一系列多核氢氧基配位化合物,如 $[Al_2(H_2O)_6(OH)_2]^{3+}$、$[Al_3(H_2O)_6(OH)_6]^{3+}$ 等,即使将酸度提高至 EDTA 滴定 Al^{3+} 的最高酸度(pH≈4.1),仍不能避免多核氢氧基配位化合物的形成。铝的多核氢氧基配位化合物与 EDTA 反应缓慢,配位比不恒定,故对滴定不利。

为了避免发生上述问题,可采用返滴定法。为此,可先加入一定量过量的 EDTA 标准溶液,在 pH≈3.5 时,煮沸溶液。由于此时酸度较大(pH<4.1),故不至于形成多核氢氧基配位化合物;又因 EDTA 过量较多,故能使 Al^{3+} 与 EDTA 配位完全。配位完全后,调节溶液 pH 至 5~6(此时 AlY 稳定,也不会重新水解析出多核氢氧基配位化合物),加入二甲酚橙,即可顺利地用 Zn^{2+} 标准溶液进行返滴定。

5.9.3 置换滴定法

利用置换反应,置换出等物质的量的另一金属离子,或置换出 EDTA,然后滴定,这就是置换滴定法。置换滴定法的方式灵活多样。

一、置换出金属离子

若待测离子 M 与 EDTA 反应不完全或所形成的配位化合物不稳定,可让 M 置换出另一配位化合物(如 NL)中等物质的量的 N,用 EDTA 滴定 N,即可求得 M 的含量:

$$M + NL \rightleftharpoons ML + N$$

例如，Ag^+ 与 EDTA 的配位化合物不稳定，不能用 EDTA 直接滴定，但将 Ag^+ 加入 $Ni(CN)_4^{2-}$ 溶液中，则

$$2Ag^+ + Ni(CN)_4^{2-} \rightleftharpoons 2Ag(CN)_2^- + Ni^{2+}$$

在 pH=10 的氨性溶液中，以紫脲酸铵作指示剂，用 EDTA 滴定置换出来的 Ni^{2+}，即可求得 Ag^+ 的含量。

二、置换出 EDTA

将待测离子 M 与干扰离子全部用 EDTA 配位，加入选择性高的配体 L 以夺取 M，并释放出 EDTA：

$$MY + L \rightleftharpoons ML + Y$$

反应后，释放出与 M 等物质的量的 Y，用金属盐类标准溶液滴定释放出来的 Y 即可测得 M 的含量。

例如，测定锡合金中的 Sn 时，可于试液中加入过量的 EDTA，将可能存在的 Pb^{2+}、Zn^{2+}、Cd^{2+}、Bi^{3+} 等与 Sn(Ⅳ) 一起配位。用 Zn^{2+} 标准溶液滴定过量的 EDTA。加入 NH_4F，选择性地将 SnY 中的 EDTA 释放出来，再用 Zn^{2+} 标准溶液滴定释放出来的 EDTA，即可求得 Sn(Ⅳ) 的含量。

置换滴定法是提高配位滴定选择性的途径之一。此外，利用置换滴定法的原理，可以改善指示剂滴定终点的敏锐性，以解决没有满意的指示剂的问题。例如，铬黑 T 与 Mg^{2+} 显色很灵敏，但与 Ca^{2+} 显色的灵敏度较差，为此，在 pH=10 的溶液中用 EDTA 滴定 Ca^{2+} 时，常于溶液中先加入少量 MgY，此时发生下列转换反应：

$$MgY + Ca^{2+} \rightleftharpoons CaY + Mg^{2+}$$

置换出来的 Mg^{2+} 与铬黑 T 显很深的红色。滴定时，EDTA 先与 Ca^{2+} 配位，当达到滴定终点时，EDTA 夺取 Mg-铬黑 T 配位化合物中的 Mg^{2+}，形成 MgY，游离出指示剂，显蓝色，颜色变化很明显。在这里，滴定前加入的 MgY 和最后生成的 MgY 的物质的量是相等的，故加入的 MgY 不影响滴定结果。

5.9.4 间接滴定法

有些金属阳离子和非金属阴离子不与 EDTA 配位或生成的配位化合物不稳定，这时可以采用间接滴定法。此法是加入一定量过量的、能与 EDTA 形成稳定配位化合物的金属离子作沉淀剂，以沉淀待测离子，过量沉淀剂用 EDTA 滴定；或将沉淀分离、溶解后，再用 EDTA 滴定其中的金属离子。例如测定 PO_4^{3-}，可加一定量过量的 $Bi(NO_3)_3$，使之生成 $BiPO_4$ 沉淀，再用 EDTA 滴定剩余的 Bi^{3+}。测定 Na^+ 时，将 Na^+ 沉淀为醋酸铀酰锌钠 $NaOAc \cdot Zn(OAc)_2 \cdot 3UO_2(OAc)_2 \cdot 9H_2O$，分离沉淀，溶解后，用 EDTA 滴定 Zn^{2+}，从而求得 Na^+ 含量。又如测定 SO_4^{2-} 时，可在 pH=1 时以过量 Ba^{2+} 沉淀 SO_4^{2-}，产生 $BaSO_4$ 沉淀，在 pH=10 时以一定量过量的 EDTA 处理(煮沸)沉淀而形成 Ba-EDTA，过量的 EDTA 采用 Mg^{2+} 标准溶液返滴

定。而对于 CO_3^{2-}、CrO_4^{2-}、S^{2-} 等也可采用一定量过量的金属离子标准溶液与其形成沉淀,过滤和洗涤沉淀,在滤液中的过量金属离子以 EDTA 标准溶液滴定。

间接滴定法操作较烦琐,引入误差的机会也较多,不是一种理想的分析方法。

例 5.21 称取 0.3000 g 含硫的试样,将试样处理成溶液后,加入 20.00 mL 0.05000 mol·L^{-1} BaCl$_2$ 溶液,加热产生 BaSO$_4$ 沉淀,再以 0.02500 mol·L^{-1} EDTA 标准溶液滴定剩余的 Ba^{2+},用去 24.81 mL。求试样中硫的质量分数。

解 这是一典型的返滴定示例。试样中 S 的质量分数可表示为

$$w_S = \frac{[(cV)_{BaCl_2} - (cV)_{EDTA}] \times M_S}{m_{试样} \times 1000} \times 100\%$$

$$= \frac{(0.05000 \text{ moL·L}^{-1} \times 20.00 \text{ mL} - 0.02500 \text{ mol·L}^{-1} \times 24.81 \text{ mL}) \times 32.06 \text{ g·mol}^{-1}}{0.3000 \text{ g} \times 1000} \times 100\%$$

$$= 4.06\%$$

例 5.22 分析铜锌镁的合金,称取 0.5000 g 试样,处理成溶液后定容至 100 mL。移取 25.00 mL,调至 pH = 6,以 PAN 为指示剂,用 0.05000 mol·L^{-1} EDTA 溶液滴定 Cu^{2+} 和 Zn^{2+},用去 37.30 mL。另取一份 25.00 mL 试样溶液,用 KCN 掩蔽 Cu^{2+} 和 Zn^{2+},用同浓度的 EDTA 溶液滴定 Mg^{2+},用去 4.10 mL。然后再加甲醛以解蔽 Zn^{2+},用同浓度的 EDTA 溶液滴定,用去 13.40 mL。计算试样中铜、锌、镁的质量分数。

解 依题意,可分别计算如下:

$$w_{Mg} = \frac{0.05000 \text{ mol·L}^{-1} \times 4.10 \text{ mL} \times 24.31 \text{ g·mol}^{-1}}{0.5000 \text{ g} \times \frac{1}{4} \times 1000} \times 100\% = 3.99\%$$

$$w_{Zn} = \frac{0.05000 \text{ mol·L}^{-1} \times 13.40 \text{ mL} \times 65.38 \text{ g·mol}^{-1}}{0.5000 \text{ g} \times \frac{1}{4} \times 1000} \times 100\% = 35.04\%$$

$$w_{Cu} = \frac{0.05000 \text{ mol·L}^{-1} \times (37.30 - 13.40) \text{ mL} \times 63.55 \text{ g·mol}^{-1}}{0.5000 \text{ g} \times \frac{1}{4} \times 1000} \times 100\% = 60.75\%$$

例 5.23 称取 0.5000 g 含氟矿样,溶解,在弱碱性介质中加入 50.00 mL 0.1000 mol·L^{-1} Ca^{2+} 溶液,将沉淀过滤,收集滤液和洗液,然后于 pH = 10.00 时用 0.05000 mol·L^{-1} EDTA 溶液返滴定过量的 Ca^{2+} 至化学计量点,用去 20.00 mL。计算试样中氟的质量分数。

解 1 mol Ca^{2+} 与 2 mol F$^-$ 生成 1 mol CaF$_2$ 沉淀,即

$$w_F = \frac{2[(cV)_{Ca^{2+}} - (cV)_{EDTA}] \times M_F}{m_{试样} \times 1000}$$

$$= \frac{2(0.1000 \text{ mol·L}^{-1} \times 50.00 \text{ mL} - 0.05000 \text{ mol·L}^{-1} \times 20.00 \text{ mL}) \times 19.00 \text{ g·mol}^{-1}}{0.5000 \text{ g} \times 1000} \times 100\%$$

$$= 30.40\%$$

习 题

1. Cu(Ⅱ)和一些配体的配位常数如下:

Cu-柠檬酸	$K_{不稳}=6.3\times10^{-15}$
Cu-乙酰丙酮	$\beta_1=1.86\times10^8, \beta_2=2.19\times10^{16}$
Cu-乙二胺	逐级稳定常数为 $K_1=4.7\times10^{10}, K_2=2.1\times10^9$
Cu-磺基水杨酸	$\lg\beta_2=16.45$
Cu-酒石酸	$\lg K_1=3.2, \lg K_2=1.9, \lg K_3=-0.33, \lg K_4=1.73$
Cu-EDTA	$\lg K_{稳}=18.80$
Cu-EDTP	$pK_{不稳}=15.4$

试按总稳定常数($\lg K_{稳}$)从大到小,把它们排列起来。

2. 在 pH=9.26 的氨性缓冲溶液中,除氨配位化合物外的缓冲剂总浓度为 0.20 mol·L^{-1},游离 $C_2O_4^{2-}$ 浓度为 0.10 mol·L^{-1}。计算 Cu^{2+} 的 α_{Cu}。已知 Cu(Ⅱ)-$C_2O_4^{2-}$ 配位化合物的 $\lg\beta_1=4.5$,$\lg\beta_2=8.9$;Cu(Ⅱ)-OH$^-$ 配位化合物的 $\lg\beta_1=6.0$。

3. 铬黑 T 是一种有机弱酸,它的 $\lg K_1^H=11.6, \lg K_2^H=6.3$,Mg-EBT 的 $\lg K_{MgIn}=7.0$,计算在 pH=10.0 时的 $\lg K'_{MgIn}$ 值。

4. 已知金属离子 M^{2+}-NH_3 配位化合物的 $\lg\beta_1\sim\lg\beta_4$ 分别为 2.0、5.0、7.0、10.0;M^{2+}-OH$^-$ 配位化合物的 $\lg\beta_1\sim\lg\beta_4$ 分别为 4.0、8.0、14.0、15.0。

(1) 在 0.10 mol·L^{-1} M^{2+} 溶液中滴加氨水,使其中游离氨浓度为 0.010 mol·L^{-1},pH=9.0,溶液中 M^{2+} 的主要存在形式是哪一种?其浓度为多少?

(2) 若将上述 M^{2+} 溶液用 NaOH 溶液和氨水调节至 pH=13.0,其中游离氨浓度为 0.010 mol·L^{-1},溶液中的主要存在形式是什么?其浓度是多少?

5. 实验测得 0.10 mol·L^{-1} Ag($H_2NCH_2CH_2NH_2$)$_2^+$ 溶液中的乙二胺游离浓度为 0.010 mol·L^{-1}。计算溶液中 $c_{乙二胺}$ 和 $\delta_{Ag(H_2NCH_2CH_2NH_2)_2^+}$。已知 Ag$^+$ 与乙二胺配位化合物的 $\lg\beta_1=4.70, \lg\beta_2=7.70$。

6. 用 0.0200 mol·L^{-1} EDTA 溶液滴定 pH=10.0,含有 0.020 mol·L^{-1} 游离氨的溶液中的 Cu^{2+} ($c_{Cu^{2+}}=0.0200$ mol·L^{-1}),计算滴定至化学计量点和化学计量点前后 0.1% 时的 pCu′ 和 pCu 值。已知 $\lg K_{CuY}=18.8$;pH=10.0 时,$\lg\alpha_{Y(H)}=0.5, \lg\alpha_{Cu(OH)}=0.8$;Cu-NH$_3$ 配位化合物的各级累积常数 $\lg\beta_1\sim\lg\beta_4$ 分别为 4.13、7.61、10.48、12.59。

7. 欲在 pH=10.0 的氨性缓冲溶液中,以 2.0×10^{-3} mol·L^{-1} EDTA 溶液滴定同浓度的 Mg^{2+},下列两种铬黑类的指示剂应选用哪一种?已知铬黑 A 的 $pK_{a_2}=6.2, pK_{a_3}=13.0, \lg K_{Mg\text{-}EBA}=7.2$;铬黑 T 的 $pK_{a_2}=6.3, pK_{a_3}=11.6, \lg K_{Mg\text{-}EBT}=7.0; \lg K_{MgY}=8.7$;pH=10.0 时,$\lg\alpha_{Y(H)}=0.45$。

8. 浓度均为 0.0100 mol·L^{-1} 的 Zn^{2+}、Cd^{2+} 混合溶液,加入过量 KI,使终点时游离 I$^-$ 浓度为 1.0 mol·L^{-1},在 pH=5.0 时,以二甲酚橙作指示剂,用等浓度的 EDTA 溶液滴定其中的 Zn^{2+},计算终点误差。已知 $pZn_{ep}=4.8$。

9. 欲要求 $|E_t|\leq0.2\%$,实验检测终点时,$\Delta pM=0.38$,用 2.00×10^{-2} mol·L^{-1} EDTA 溶液滴定等浓度的 Bi^{3+},最低允许的 pH 为多少?若检测终点时,$\Delta pM=1.0$,则最低允许的 pH 又为多少?已知 $\lg K_{BiY}=27.94$。

10. 用返滴定法测定铝时,首先在 pH≈3.5 时加入过量的 EDTA 溶液,使 Al^{3+} 配位,试用计算方法说明选择此 pH 的理由,假定 Al^{3+} 的浓度为 $0.010\ mol\cdot L^{-1}$。已知 $\lg K_{AlY}=16.3$。

11. 浓度均为 $0.020\ mol\cdot L^{-1}$ 的 Cd^{2+}、Hg^{2+} 混合溶液,欲在 pH=6.0 时,用等浓度的 EDTA 溶液滴定其中的 Cd^{2+},试问:

(1) 用 KI 掩蔽其中的 Hg^{2+},使终点时 I^- 的游离浓度为 $0.010\ mol\cdot L^{-1}$,能否完全掩蔽? $\lg K'_{CdY}$ 为多大?

(2) 已知二甲酚橙与 Cd^{2+}、Hg^{2+} 都显色,在 pH=6.0 时,$\lg K'_{CdIn}=5.5$,$\lg K'_{HgIn}=9.0$,能否用二甲酚橙作滴定 Cd^{2+} 的指示剂?

(3) 滴定 Cd^{2+} 时若用二甲酚橙作指示剂,终点误差为多大?

(4) 若终点时,I^- 游离浓度为 $0.50\ mol\cdot L^{-1}$,按第三种方式进行,终点误差又为多大?

12. 在 pH=5.0 时,以二甲酚橙为指示剂用 $2.00\times10^{-4}\ mol\cdot L^{-1}$ EDTA 溶液滴定 $2.00\times10^{-4}\ mol\cdot L^{-1}$ 的 Pb^{2+} 溶液,试计算调节 pH 时选用六亚甲基四胺或 HAc-NaAc 缓冲溶液的滴定误差各为多少?用哪种缓冲剂好?设终点时 $[Ac^-]=0.10\ mol\cdot L^{-1}$。已知 $\lg K_{PbY}=18.0$;$Pb(Ac)_2$ 的 $\lg\beta_1=1.9$,$\lg\beta_2=3.3$;HAc 的 $K_a=1.8\times10^{-5}$;pH=5.0 时,$\lg\alpha_{Y(H)}=6.45$,pPb$_t$(二甲酚橙)=7.0。

13. 在 pH=10.00 的氨性缓冲溶液中含有 $0.020\ mol\cdot L^{-1}\ Cu^{2+}$,若以 PAN 为指示剂,用 $0.020\ mol\cdot L^{-1}$ EDTA 溶液滴定至终点,计算终点误差(终点时,游离氨为 $0.10\ mol\cdot L^{-1}$,pCu$_{ep}$=13.80)。

14. 用 $0.020\ mol\cdot L^{-1}$ EDTA 溶液滴定 $0.020\ mol\cdot L^{-1}\ La^{3+}$ 和 $0.050\ mol\cdot L^{-1}\ Mg^{2+}$ 的混合溶液中的 La^{3+},设 $\Delta pLa'=0.2\ pM$ 单位,欲要求 $E_t\leq 0.3\%$,则适宜酸度范围为多少?若指示剂不与 Mg^{2+} 显色,则适宜酸度范围又为多少?若以二甲酚橙作指示剂 $\alpha_{Y(H)}=0.1\alpha_{Y(Mg)}$ 时,滴定 La^{3+} 的终点误差为多少?已知 $\lg K'_{LaIn}$ 在 pH=4.5,5.0,5.5,6.0 时分别为 4.0,4.5,5.0,5.6,且 Mg^{2+} 与二甲酚橙不显色;$La(OH)_3$ 的 $K_{sp}=10^{-18.8}$。

15. 今有一含 $2.0\times10^{-2}\ mol\cdot L^{-1}\ Zn^{2+}$ 和 $1.0\times10^{-2}\ mol\cdot L^{-1}\ Ca^{2+}$ 的混合溶液,采用指示剂法检测终点,于 pH=5.5 时,能否以 $2.0\times10^{-2}\ mol\cdot L^{-1}$ EDTA 溶液准确滴定其中的 Zn^{2+}?已知 $K_{ZnY}=10^{16.5}$,$K_{CaY}=10^{10.7}$;pH=5.5 时,$\lg\alpha_{Y(H)}=5.5$。

16. 利用掩蔽剂定性设计在 pH=5~6 时测定 Zn^{2+}、Ti(Ⅲ)、Al^{3+} 混合溶液中各组分浓度的方法(以二甲酚橙作指示剂)。

17. 测定水泥中 Al^{3+} 时,因为含有 Fe^{3+},所以先在 pH=3.5 条件下加入过量 EDTA 溶液,加热煮沸,再以 PAN 为指示剂,用硫酸铜标准溶液返滴定过量的 EDTA。然后调节 pH=4.5,加入 NH_4F,继续用硫酸铜标准溶液滴至终点。若终点时,$[F^-]$ 为 $0.10\ mol\cdot L^{-1}$,[CuY] 为 $0.010\ mol\cdot L^{-1}$。计算 FeY 有百分之几转化为 FeF_3?试问用此法测定 Al^{3+} 时要注意什么问题?已知 pH=4.5 时,$\lg K'_{CuIn}=8.3$。

18. 测定铅锡合金中 Pb、Zn 含量时,称取 0.2000 g 试样,用 HCl 溶液溶解后,准确加入 50.00 mL $0.03000\ mol\cdot L^{-1}$ EDTA 溶液及 50 mL 水,加热煮沸 2 min,冷后,用六亚甲基四胺将溶液调至 pH=5.5,加入少量 1,10-邻二氮菲,以二甲酚橙作指示剂,用 $0.03000\ mol\cdot L^{-1}\ Pb^{2+}$ 标准溶

液滴定,用去 3.00 mL。然后加入足量 NH_4F,加热至 40 ℃左右,再用上述 Pb^{2+} 标准溶液滴定,用去 35.00 mL。计算试样中 Pb 和 Sn 的质量分数。

19. 为分析苯巴比妥钠($C_{12}H_{11}N_2O_3Na$)含量,称取 0.2438 g 试样,加碱溶解后用 HAc 酸化并转移至 250 mL 容量瓶中,加入 25.00 mL 0.02031 $mol \cdot L^{-1}$ $Hg(ClO_4)_2$ 溶液,稀释至刻度,此时生成 $Hg(C_{12}H_{11}N_2O_3)_2$ 沉淀,过滤弃去沉淀,移取 50.00 mL 滤液,加入 10 mL 0.01 $mol \cdot L^{-1}$ MgY 溶液,在 pH=10 时用 0.01212 $mol \cdot L^{-1}$ EDTA 标准溶液滴定置换出的 Mg^{2+},用去 5.89 mL,计算试样中苯巴比妥钠的质量分数。

20. 测定铅锡合金中铅、锡的含量,称取 0.1115 g 试样,用王水溶解后,加入 20.00 mL 0.05161 $mol \cdot L^{-1}$ EDTA 溶液,调节 pH≈5,使铅、锡定量配位,用 0.02023 $mol \cdot L^{-1}$ $Pb(Ac)_2$ 溶液回滴过量的 EDTA,用去 13.75 mL,加入 1.5 g NH_4F,置换 EDTA,仍用 $Pb(Ac)_2$ 溶液滴定,又用去 25.64 mL,计算合金中铅和锡的质量分数。

第6章

氧化还原滴定法

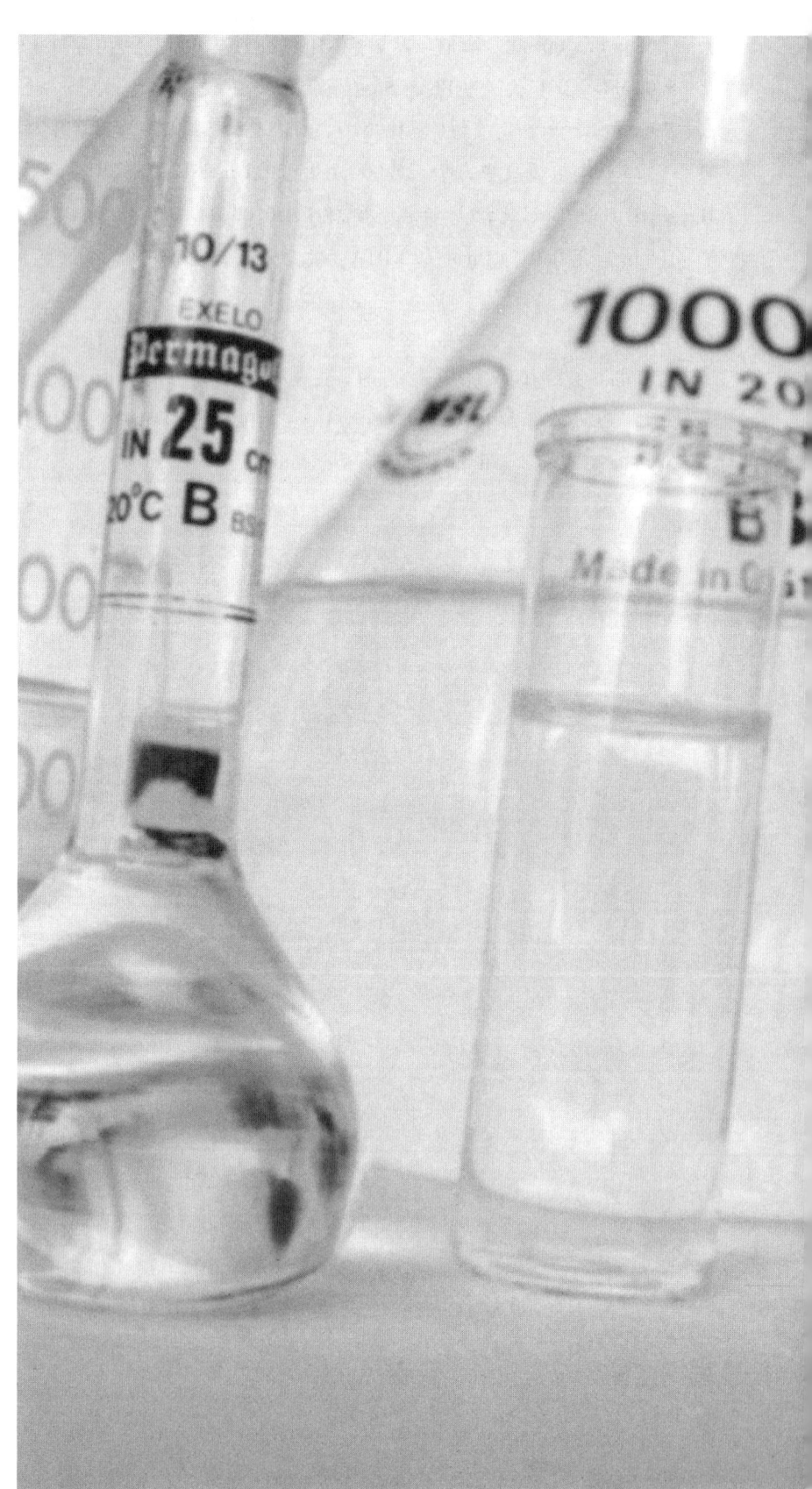

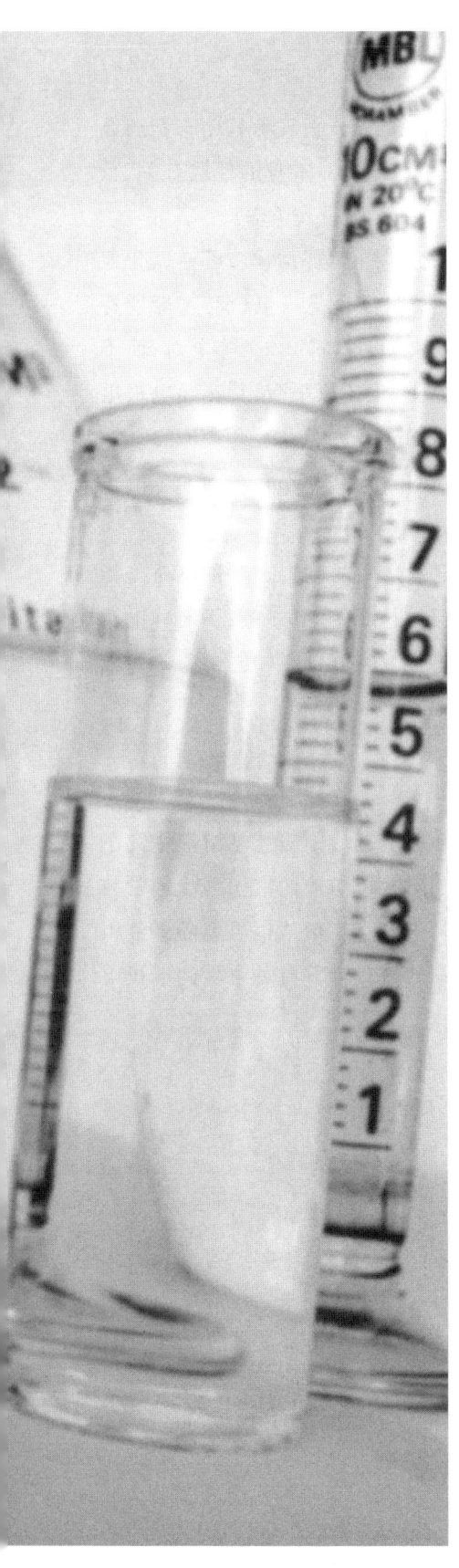

氧化还原滴定法是以氧化还原反应为基础的滴定方法,是在滴定分析中应用最广泛的方法之一,能够直接或间接地测定很多无机物和有机物。氧化还原反应的机理通常比较复杂,除了主反应外,还经常伴有各种副反应,而且许多氧化还原反应是分步进行的,反应速率较慢。有些氧化还原反应虽然从理论上是可以进行的,但由于反应速率太慢而认为反应实际上没有发生。反应速率问题对氧化还原反应是特别重要的,尤其用于滴定分析的氧化还原反应必须有足够快的反应速率。因此,在处理氧化还原滴定问题时,不仅要从热力学的氧化还原平衡的角度判断反应进行的方向和程度,还要从动力学的角度考虑反应速率和反应条件。

在氧化还原滴定中,可以作为滴定剂的氧化剂或还原剂的种类较多,据此可将氧化还原滴定法分为多种滴定方法,各种方法都有其特点和应用范围。因此,在学习氧化还原滴定法时,不仅要掌握氧化还原平衡和氧化还原滴定的一般原理及方法,还要具体地研究各种特殊的氧化还原滴定法,掌握它们的特殊规律。

6.1 氧化还原平衡

6.1.1 标准电极电位

氧化剂和还原剂的强弱可以用有关电对的电极电位来衡量。电对的电极电位越高,其氧化态的氧化能力越强;电对的电极电位越低,其还原态的还原能力越强。因此,作为氧化剂,它可以氧化电极电位比它低的还原剂;作为还原剂,它可以还原电极电位比它高的氧化剂。所以,根据参加氧化还原反应的有关电对的电极电位,可以判断反应进行的方向。

若以 Ox 表示某一电对的氧化态,Red 表示其还原态,则其氧化还原半反应可以表示为

$$\text{Ox} + z e^- \rightleftharpoons \text{Red}$$

对于可逆的氧化还原电对,其电极电位可用能斯特方程表示:

$$\varphi = \varphi^{\ominus} + \frac{0.059 \text{ V}}{z} \lg \frac{a_{\text{Ox}}}{a_{\text{Red}}} \quad (25 \text{ °C}) \tag{6.1a}$$

式中,φ 和 $\varphi^{\ominus}$ 分别表示电对的电极电位和标准电极电位;a_{Ox} 和 a_{Red} 分别表示氧化态和还原态的活度;z 为反应中电子转移数。电对的标准电极电位大小与该电对本身的性质有关,且在温度一定时为常数。部分氧化还原电对的标准电极电位 $\varphi^{\ominus}$ 列于附录表 7 中。

氧化还原电对一般分为可逆氧化还原电对和不可逆氧化还原电对两大类,可逆氧化还原电对是指在氧化还原反应过程中能迅速建立氧化还原平衡,其实际电极电位与按能斯特方程计算出来的理论电极电位相符或相差甚小,如 Fe^{3+}/Fe^{2+}、I_2/I^-、Ce^{4+}/Ce^{3+} 等电对;而不可逆氧化还原电对是指在氧化还原反应过程中不能很快建立氧化还原平衡,其实际电极电位与按能斯特方程计算出来的理论电极电位相差较大,如 MnO_4^-/Mn^{2+}、$Cr_2O_7^{2-}/Cr^{3+}$、$CO_2/C_2O_4^{2-}$ 等电对。对于不可逆氧化还原电对,按能斯特方程计算出来的电极电位虽与实际测得的电极电位有差距,但用其对反应进行初步判断仍具有一定的意义。

在处理氧化还原平衡时,还应注意对称电对和不对称电对之间的区别。对称电对是指在电极半反应中,氧化态和还原态系数相同的电对,如 Fe^{3+}/Fe^{2+}、MnO_4^-/Mn^{2+} 等;不对称电对是指在电极半反应中,氧化态和还原态系数不相同的电对,如 I_2/I^-、$Cr_2O_7^{2-}/Cr^{3+}$ 等。不对称电对的有关计算会稍复杂一些,计算时应加以注意。

6.1.2 条件电极电位

在实际工作中,通常知道的是物质在溶液中的浓度,而不是其活度。当忽略溶液中离子强度的影响时,可以用浓度代替活度进行计算。但在实际工作中,因溶液的离子强度通常较大,这种代替会引起较大的误差。此外,电对的氧化态和还原态的存在形式也可能随溶液组成的改变而变化,从而引起电极电位的变化。因此,应用能斯特方程计算有关电对的电极电位时,必须考虑这两种因素的影响。

若以浓度代替活度,应引入相应的活度系数 γ_{Ox} 和 γ_{Red},即

$$a_{\text{Ox}} = \gamma_{\text{Ox}} [\text{Ox}] \qquad a_{\text{Red}} = \gamma_{\text{Red}} [\text{Red}]$$

电对的氧化态和还原态有副反应时,应引入相应的副反应系数 α_{Ox} 和 α_{Red},则

$$a_{\text{Ox}} = \gamma_{\text{Ox}} [\text{Ox}] = \frac{\gamma_{\text{Ox}} c_{\text{Ox}}}{\alpha_{\text{Ox}}} \qquad a_{\text{Red}} = \gamma_{\text{Red}} [\text{Red}] = \frac{\gamma_{\text{Red}} c_{\text{Red}}}{\alpha_{\text{Red}}}$$

将以上关系式代入式(6.1a)中,得

$$\varphi = \varphi^{\ominus} + \frac{0.059 \text{ V}}{z} \lg \frac{\gamma_{\text{Ox}} \alpha_{\text{Red}}}{\gamma_{\text{Red}} \alpha_{\text{Ox}}} + \frac{0.059 \text{ V}}{z} \lg \frac{c_{\text{Ox}}}{c_{\text{Red}}} \tag{6.1b}$$

式中,c_{Ox} 和 c_{Red} 分别表示氧化态和还原态的分析浓度。当 $c_{\text{Ox}} = c_{\text{Red}} = 1 \text{ mol} \cdot \text{L}^{-1}$ 时,有

$$\varphi^{\ominus'} = \varphi^{\ominus} + \frac{0.059 \text{ V}}{z} \lg \frac{\gamma_{\text{Ox}} \alpha_{\text{Red}}}{\gamma_{\text{Red}} \alpha_{\text{Ox}}} \tag{6.2}$$

式中,$\varphi^{\ominus'}$ 称为条件电极电位,它是在一定的介质条件下,氧化态和还原态的分析浓度均

为 1 mol·L^{-1}时的电极电位。条件电极电位反映了离子强度和各种副反应的影响。

标准电极电位与条件电极电位的关系与配位反应中的稳定常数 K_{MY} 和条件稳定常数 K'_{MY} 的关系相似。显然,采用条件电极电位更符合实际情况。

条件电极电位的大小表明在外界因素的影响下氧化还原电对的实际氧化还原能力。采用条件电极电位比标准电极电位能更准确地判断氧化还原反应的方向、顺序和反应完成的程度。附录表 7 及附录表 8 列出了氧化还原电对的标准电极电位及条件电极电位。在进行氧化还原平衡计算时,应采用与给定介质条件相同的条件电极电位,若没有相同条件的条件电极电位数据,可采用介质条件相近的条件电极电位数据,对于没有相应条件电极电位数据的氧化还原电对,只能采用标准电极电位数据。

对于有 H$^+$参加的氧化还原反应,如:

$$Ox + mH^+ + ze^- \rightleftharpoons Red$$

则其电极电位计算的能斯特方程可表示为

$$\varphi = \varphi^\ominus + \frac{0.059\text{ V}}{z}\lg\frac{a_{H^+}^m a_{Ox}}{a_{Red}}$$

$$= \varphi^\ominus + \frac{0.059\text{ V}}{z}\lg\frac{\gamma_{H^+}^m[H^+]^m \gamma_{Ox}[Ox]}{\gamma_{Red}[Red]}$$

$$= \varphi^\ominus + \frac{0.059\text{ V}}{z}\lg\frac{\gamma_{H^+}^m[H^+]^m \gamma_{Ox}\alpha_{Red}c_{Ox}}{\gamma_{Red}\alpha_{Ox}c_{Red}}$$

$$= \varphi^\ominus + \frac{0.059\text{ V}}{z}\lg\frac{\gamma_{H^+}^m[H^+]^m \gamma_{Ox}\alpha_{Red}}{\gamma_{Red}\alpha_{Ox}} + \frac{0.059\text{ V}}{z}\lg\frac{c_{Ox}}{c_{Red}}$$

$$= \varphi^{\ominus'}_{Ox/Red} + \frac{0.059\text{ V}}{z}\lg\frac{c_{Ox}}{c_{Red}}$$

此时

$$\varphi^{\ominus'} = \varphi^\ominus + \frac{0.059\text{ V}}{z}\lg\frac{\gamma_{H^+}^m[H^+]^m \gamma_{Ox}\alpha_{Red}}{\gamma_{Red}\alpha_{Ox}} \tag{6.3}$$

6.1.3 影响条件电极电位的因素

一、离子强度的影响

当溶液的离子强度较大时,活度系数远小于 1,活度与浓度的差别较大。此时若用浓度代替活度,用能斯特方程计算的结果会与实际情况有差异。但考虑到各种副反应对电极电位的影响远比离子强度的影响大,因此,一般都忽略离子强度的影响。

二、沉淀的生成

对于一个氧化还原电对,如果加入一种可与氧化态或还原态生成沉淀的沉淀剂时,电对的电极电位就会发生改变。氧化态生成沉淀使电对的电极电位降低,而还原态生成沉淀则使电对的电极电位升高。例如,用碘量法测定铜是基于如下反应:

$$2Cu^{2+} + 4I^- \rightleftharpoons 2CuI\downarrow + I_2$$

如果从标准电极电位判断($\varphi^{\ominus}_{Cu^{2+}/Cu^+}$ = 0.159 V, $\varphi^{\ominus}_{I_3^-/I^-}$ = 0.545 V),应当是 I_2 氧化 Cu^+,而实际上却是 Cu^{2+} 氧化 I^-。原因是生成了溶解度很小的 CuI 沉淀,溶液中的 $[Cu^+]$ 极小,使 Cu^{2+}/Cu^+ 电对的电极电位显著提高,Cu^{2+} 就变成了较强的氧化剂,因而使上述反应得以进行。

例 6.1 计算 KI 浓度为 $1.0 \text{ mol}\cdot\text{L}^{-1}$ 时,Cu^{2+}/Cu^+ 电对的条件电极电位(忽略离子强度的影响)。

解 已知 $\varphi^{\ominus}_{Cu^{2+}/Cu^+}$ = 0.159 V, CuI 的 K_{sp} = 1.1×10^{-12}。

根据能斯特方程,有

$$\varphi_{Cu^{2+}/Cu^+} = \varphi^{\ominus}_{Cu^{2+}/Cu^+} + 0.059 \text{ V} \lg \frac{[Cu^{2+}]}{[Cu^+]}$$

$$= \varphi^{\ominus}_{Cu^{2+}/Cu^+} + 0.059 \text{ V} \lg \frac{[Cu^{2+}]}{\frac{K_{sp}}{[I^-]}}$$

$$= \varphi^{\ominus}_{Cu^{2+}/Cu^+} + 0.059 \text{ V} \lg \frac{[I^-]}{K_{sp}} + 0.059 \text{ V} \lg [Cu^{2+}]$$

若 Cu^{2+} 没有副反应,$[Cu^{2+}] = c_{Cu^{2+}}$,令 $[Cu^{2+}] = [I^-] = 1.0 \text{ mol}\cdot\text{L}^{-1}$,则 $\varphi^{\ominus'}_{Cu^{2+}/Cu^+} = \varphi^{\ominus}_{Cu^{2+}/Cu^+} + 0.059 \text{ V} \lg \frac{1.0}{K_{sp}}$ = 0.159 V − 0.059 V $\lg(1.1\times10^{-12})$ = 0.86 V。

计算结果表明,由于生成 CuI 沉淀,使 Cu^{2+}/Cu^+ 电对的电极电位显著增加,此时 $\varphi^{\ominus'}_{Cu^{2+}/Cu^+} > \varphi^{\ominus}_{I_3^-/I^-}$,因此,$Cu^{2+}$ 能够氧化 I^-。

三、配位化合物的形成

对于一个氧化还原电对,如果有能与氧化态或还原态生成配位化合物的配体存在,其电极电位会改变,有时配位化合物的形成甚至可以改变氧化还原反应的方向。例如,用碘量法测定 Cu^{2+} 时,共存的 Fe^{3+} 也能氧化 I^-,从而干扰 Cu^{2+} 的测定。若加入 NaF,则 Fe^{3+} 与 F^- 形成稳定的配位化合物,可显著降低 Fe^{3+}/Fe^{2+} 电对的电极电位,使之无法氧化 I^-,因而消除了 Fe^{3+} 的干扰。

例 6.2 计算 pH = 3.0, NaF 的浓度为 $0.1 \text{ mol}\cdot\text{L}^{-1}$ 时,Fe^{3+}/Fe^{2+} 电对的条件电极电位(忽略离子强度的影响)。

解 已知 Fe^{3+} 氟配位化合物的 $\lg\beta_1 \sim \lg\beta_3$ 分别为 5.28、9.30、12.06, $pK_a(HF)$ = 3.18。

根据能斯特方程,有

$$\varphi_{Fe^{3+}/Fe^{2+}} = \varphi^{\ominus}_{Fe^{3+}/Fe^{2+}} + 0.059 \text{ V} \lg \frac{[Fe^{3+}]}{[Fe^{2+}]}$$

$$= \varphi^{\ominus}_{Fe^{3+}/Fe^{2+}} + 0.059 \text{ V} \lg \frac{\dfrac{c_{Fe^{3+}}}{\alpha_{Fe^{3+}(F^-)}}}{\dfrac{c_{Fe^{2+}}}{\alpha_{Fe^{2+}(F^-)}}}$$

$$= \varphi^{\ominus}_{Fe^{3+}/Fe^{2+}} + 0.059 \text{ V} \lg \frac{\alpha_{Fe^{2+}(F^-)}}{\alpha_{Fe^{3+}(F^-)}} + 0.059 \text{ V} \lg \frac{c_{Fe^{3+}}}{c_{Fe^{2+}}}$$

则

$$\varphi^{\ominus'}_{Fe^{3+}/Fe^{2+}} = \varphi^{\ominus}_{Fe^{3+}/Fe^{2+}} + 0.059 \text{ V} \lg \frac{\alpha_{Fe^{2+}(F^-)}}{\alpha_{Fe^{3+}(F^-)}}$$

当 pH = 3.0 时:
$$\alpha_{F(H)} = 1 + \frac{[H^+]}{K_a(HF)} = 1 + 10^{3.18-3.0} = 10^{0.4}$$

则
$$[F^-] = \frac{c_{F^-}}{\alpha_{F(H)}} = 10^{-1.0-0.4} \text{ mol} \cdot L^{-1} = 10^{-1.4} \text{ mol} \cdot L^{-1}$$

故
$$\alpha_{Fe^{3+}(F^-)} = 1 + \beta_1[F^-] + \beta_2[F^-]^2 + \beta_3[F^-]^3$$
$$= 1 + 10^{5.28-1.4} + 10^{9.30-2.8} + 10^{12.06-4.2}$$
$$= 10^{7.9}$$

而
$$\alpha_{Fe^{2+}(F^-)} = 1$$

因此
$$\varphi^{\ominus'}_{Fe^{3+}/Fe^{2+}} = \varphi^{\ominus}_{Fe^{3+}/Fe^{2+}} + 0.059 \text{ V} \lg \frac{\alpha_{Fe^{2+}(F^-)}}{\alpha_{Fe^{3+}(F^-)}}$$
$$= 0.771 \text{ V} + 0.059 \text{ V} \lg \frac{1}{10^{7.9}} = 0.305 \text{ V}$$

四、溶液的酸度

不少氧化还原反应有 H^+ 或 OH^- 参加,有关电对的能斯特方程中将包括 $[H^+]$ 或 $[OH^-]$ 项,此时溶液的酸度将直接影响其电极电位值。另外,一些电对的氧化态或还原态是弱酸或弱碱,溶液酸度的变化会影响其存在的形式,因而也将影响电极电位的大小。

例 6.3 分别计算溶液中 $[H^+] = 4.0 \text{ mol} \cdot L^{-1}$ 和 pH = 8.0 时,As(V)/As(Ⅲ)电对的电极电位,并判断与 I_3^-/I^- 电对进行反应的情况(忽略离子强度的影响)。

解 已知电极半反应为
$$H_3AsO_4 + 2H^+ + 2e^- \rightleftharpoons HAsO_2 + 2H_2O \quad \varphi^{\ominus}_{As(V)/As(Ⅲ)} = 0.559 \text{ V}$$
$$I_3^- + 2e^- \rightleftharpoons 3I^- \quad \varphi^{\ominus}_{I_3^-/I^-} = 0.545 \text{ V}$$

根据能斯特方程,有
$$\varphi = \varphi^{\ominus}_{As(V)/As(Ⅲ)} + \frac{0.059 \text{ V}}{2} \lg \frac{[H_3AsO_4][H^+]^2}{[HAsO_2]}$$

由于 As(V) 和 As(Ⅲ) 的存在形式受 $[H^+]$ 控制,$[H^+] = 4.0 \text{ mol} \cdot L^{-1}$ 时,As(V) 和 As(Ⅲ) 主要以 H_3AsO_4 和 $HAsO_2$ 形式存在,所以当 $c_{As(V)} = [H_3AsO_4] = c_{As(Ⅲ)} = [HAsO_2] = 1.0 \text{ mol} \cdot L^{-1}$ 时,有

$$\varphi^{\ominus'}_{As(V)/As(Ⅲ)} = \varphi^{\ominus}_{As(V)/As(Ⅲ)} + \frac{0.059 \text{ V}}{2} \lg[H^+]^2$$
$$= 0.559 \text{ V} + \frac{0.059 \text{ V}}{2} \lg 4.0^2 = 0.595 \text{ V}$$

当 pH = 8.0 时,As(V) 主要以 $HAsO_4^{2-}$ 形式存在,则
$$[H_3AsO_4] = c_{As(V)} \delta_{H_3AsO_4}$$
$$= \frac{[H^+]^3}{[H^+]^3 + K_{a_1}[H^+]^2 + K_{a_1}K_{a_2}[H^+] + K_{a_1}K_{a_2}K_{a_3}} c_{As(V)}$$
$$= \frac{10^{-24.00} c_{As(V)}}{10^{-24.00} + 10^{-16.00} \times 10^{-2.20} + 10^{-8.0} \times 10^{-9.20} + 10^{-20.70}}$$
$$= 10^{-6.84} c_{As(V)}$$

此时，$[\mathrm{HAsO_2}] = c_{\mathrm{As(III)}} \delta_{\mathrm{HAsO_2}} = \dfrac{[\mathrm{H^+}]}{[\mathrm{H^+}]+K_a} c_{\mathrm{As(III)}} = 10^{-0.03} c_{\mathrm{As(III)}}$，即得

$$\varphi = \varphi^{\ominus}_{\mathrm{As(V)/As(III)}} + \dfrac{0.059\ \mathrm{V}}{2}\lg\dfrac{\delta_{\mathrm{H_3AsO_4}}[\mathrm{H^+}]^2}{\delta_{\mathrm{HAsO_2}}} + \dfrac{0.059\ \mathrm{V}}{2}\lg\dfrac{c_{\mathrm{As(V)}}}{c_{\mathrm{As(III)}}}$$

$$\varphi^{\ominus\prime}_{\mathrm{As(V)/As(III)}} = \varphi^{\ominus}_{\mathrm{As(V)/As(III)}} + \dfrac{0.059\ \mathrm{V}}{2}\lg\dfrac{\delta_{\mathrm{H_3AsO_4}}[\mathrm{H^+}]^2}{\delta_{\mathrm{HAsO_2}}}$$

$$= 0.559\ \mathrm{V} + \dfrac{0.059\ \mathrm{V}}{2}\lg\dfrac{10^{-6.84} \times 10^{-16.00}}{10^{-0.03}}$$

$$= -0.114\ \mathrm{V}$$

以上计算结果表明 As(V)/As(III)电对的条件电极电位随 pH 的变化而变化，但 $\mathrm{I_3^-/I^-}$ 电对的电极电位几乎与 pH 无关。因此，在强酸性溶液中，$\mathrm{H_3AsO_4}$ 是较强的氧化剂，可将 $\mathrm{I^-}$ 氧化为 $\mathrm{I_2}$。在碱性溶液中，$\mathrm{HAsO_2}$ 成为较强的还原剂，可用碘标准溶液直接滴定 As(III)。

6.1.4 氧化还原反应进行的程度

氧化还原反应进行的程度可以用反应的平衡常数来衡量，平衡常数则可以根据能斯特方程从有关电对的标准电极电位或条件电极电位求得。若考虑溶液中的实际情况，用条件电极电位更合理，此时求得的是条件平衡常数 K'。

氧化还原反应的通式为

$$z_2\mathrm{Ox_1} + z_1\mathrm{Red_2} \rightleftharpoons z_2\mathrm{Red_1} + z_1\mathrm{Ox_2}$$

有关电对的半反应为

$$\mathrm{Ox_1} + z_1\mathrm{e^-} \rightleftharpoons \mathrm{Red_1}$$

$$\mathrm{Ox_2} + z_2\mathrm{e^-} \rightleftharpoons \mathrm{Red_2}$$

氧化剂和还原剂两个电对的电极电位由能斯特方程分别表示为

$$\varphi_1 = \varphi_1^{\ominus} + \dfrac{0.059\ \mathrm{V}}{z_1}\lg\dfrac{a_{\mathrm{Ox_1}}}{a_{\mathrm{Red_1}}}$$

$$\varphi_2 = \varphi_2^{\ominus} + \dfrac{0.059\ \mathrm{V}}{z_2}\lg\dfrac{a_{\mathrm{Ox_2}}}{a_{\mathrm{Red_2}}}$$

当反应达到平衡时，$\varphi_1 = \varphi_2$，则

$$\varphi_1^{\ominus} + \dfrac{0.059\ \mathrm{V}}{z_1}\lg\dfrac{a_{\mathrm{Ox_1}}}{a_{\mathrm{Red_1}}} = \varphi_2^{\ominus} + \dfrac{0.059\ \mathrm{V}}{z_2}\lg\dfrac{a_{\mathrm{Ox_2}}}{a_{\mathrm{Red_2}}}$$

$$\lg\dfrac{a_{\mathrm{Red_1}}^{z_2} a_{\mathrm{Ox_2}}^{z_1}}{a_{\mathrm{Ox_1}}^{z_2} a_{\mathrm{Red_2}}^{z_1}} = \lg K = \dfrac{(\varphi_1^{\ominus} - \varphi_2^{\ominus})z}{0.059\ \mathrm{V}} \tag{6.4a}$$

式中，K 为反应平衡常数；z 是反应中电子转移数 z_1 与 z_2 的最小公倍数。若考虑溶液中的各种副反应和活度系数的影响，则将相应的条件电极电位代入式(6.4a)，所得平衡常数为条件平衡常数，即

$$\lg \frac{c_{\text{Red}_1}^{z_2} c_{\text{Ox}_2}^{z_1}}{c_{\text{Ox}_1}^{z_2} c_{\text{Red}_2}^{z_1}} = \lg K' = \frac{(\varphi_1^{\ominus'} - \varphi_2^{\ominus'})z}{0.059 \text{ V}} \tag{6.4b}$$

对于某一氧化还原反应，z 为定值，故两电对的条件电极电位之差越大，K' 也越大，表明反应进行的完全程度越高。可见，通过氧化还原反应的条件平衡常数 K' 判断反应进行的完全程度，可以表现为直接比较两个有关电对的条件电极电位 $\varphi^{\ominus'}$。

对于滴定分析来说，要求滴定反应的完全程度在 99.9% 以上，基于式 (6.4b)，可以得到氧化还原滴定反应定量进行的条件。

在化学计量点时，如

$$\frac{c_{\text{Red}_1}}{c_{\text{Ox}_1}} \geq 10^3 \qquad \frac{c_{\text{Ox}_2}}{c_{\text{Red}_2}} \geq 10^3$$

当 $z_1 = z_2 = 1$ 时，将上述关系式代入式 (6.4b) 得

$$\lg K' = \lg \frac{c_{\text{Red}_1} c_{\text{Ox}_2}}{c_{\text{Ox}_1} c_{\text{Red}_2}} \geq \lg(10^3 \times 10^3) = 6$$

$$\varphi_1^{\ominus'} - \varphi_2^{\ominus'} = \frac{0.059 \text{ V}}{z} \lg K' \geq \frac{0.059 \text{ V}}{1} \times 6 \approx 0.35 \text{ V}$$

所以对于 $z_1 = z_2 = 1$ 型反应，必须 $\lg K' \geq 6$，即两电对的电极电位差 ≥ 0.35 V，才能达到定量分析的要求。

当 $z_1 = 1, z_2 = 2$ 时，则

$$\lg K' = \lg \left(\frac{c_{\text{Red}_1}}{c_{\text{Ox}_1}}\right)^2 \left(\frac{c_{\text{Ox}_2}}{c_{\text{Red}_2}}\right) \geq \lg(10^{3 \times 2} \times 10^3) = 9$$

$$\varphi_1^{\ominus'} - \varphi_2^{\ominus'} = \frac{0.059 \text{ V}}{z} \lg K' \geq \frac{0.059 \text{ V}}{2} \times 9 \approx 0.27 \text{ V}$$

如果仅考虑反应的完全程度，通常可以认为 $\Delta\varphi^{\ominus'} \geq 0.4$ V 的氧化还原反应能满足滴定分析的要求。值得注意的是，对于有些氧化还原反应，涉及的两电对的电极电位差虽然符合大于 0.4 V 的条件，但由于有其他副反应的发生，氧化剂与还原剂之间没有一定的化学计量关系，仍不能用于滴定分析中。

例 6.4 计算 1 mol·L^{-1} H$_2$SO$_4$ 溶液中，反应 Ce^{4+} + Fe^{2+} ⟶ Ce^{3+} + Fe^{3+} 的条件平衡常数。

解 在 1 mol·L^{-1} H$_2$SO$_4$ 溶液中两电对的条件电极电位为 $\varphi_{\text{Fe}^{3+}/\text{Fe}^{2+}}^{\ominus'} = 0.68$ V，$\varphi_{\text{Ce}^{4+}/\text{Ce}^{3+}}^{\ominus'} = 1.44$ V，则

$$\lg K' = \frac{z(\varphi_1^{\ominus'} - \varphi_2^{\ominus'})}{0.059 \text{ V}} = \frac{1 \times (1.44 \text{ V} - 0.68 \text{ V})}{0.059 \text{ V}} = 12.9$$

计算结果表明，条件平衡常数 K' 很大，反应完全。

例 6.5 计算 1 mol·L^{-1} HCl 溶液中，Fe^{3+} 与 Sn^{2+} 反应的平衡常数及化学计量点时反应进行的程度。

解 反应为 $$2\text{Fe}^{3+} + \text{Sn}^{2+} \rightleftharpoons 2\text{Fe}^{2+} + \text{Sn}^{4+}$$

已知 $\varphi_{\text{Fe}^{3+}/\text{Fe}^{2+}}^{\ominus'} = 0.68$ V，$\varphi_{\text{Sn}^{4+}/\text{Sn}^{2+}}^{\ominus'} = 0.14$ V。反应中电子转移数 $z = 2$，根据式 (6.4b) 得

$$\lg K' = \frac{z(\varphi_{\text{Fe}^{3+}/\text{Fe}^{2+}}^{\ominus'} - \varphi_{\text{Sn}^{4+}/\text{Sn}^{2+}}^{\ominus'})}{0.059 \text{ V}} = \frac{2 \times (0.68 \text{ V} - 0.14 \text{ V})}{0.059 \text{ V}} = 18.30 = 1.9 \times 10^{18}$$

$$K' = \frac{(c_{Fe^{2+}})^2 c_{Sn^{4+}}}{(c_{Fe^{3+}})^2 c_{Sn^{2+}}} = \frac{(c_{Fe^{2+}})^3}{(c_{Fe^{3+}})^3} = 1.9 \times 10^{18}$$

$$\frac{c_{Fe^{2+}}}{c_{Fe^{3+}}} = 1.3 \times 10^6$$

计算结果表明,溶液中近 99.9999% 的 Fe^{3+} 被还原为 Fe^{2+}。

6.1.5 氧化还原反应的速率及其影响因素

在氧化还原反应中,根据有关电对的标准电极电位或条件电极电位,可以判断反应进行的方向和反应完全程度,但这只表明反应进行的可能性,并不能指出反应进行的速率。实际上不同的氧化还原反应进行的速率会有很大的差别。有的反应虽然从理论上看是可行的,但由于反应速率太慢可以当作不会发生。

例如,水溶液中的溶解氧:

$$O_2 + 4H^+ + 4e^- \rightleftharpoons 2H_2O \qquad \varphi^\ominus = 1.229 \text{ V}$$

其标准电极电位较高,应该很容易氧化一些强还原剂,如:

$$Sn^{4+} + 2e^- \rightleftharpoons Sn^{2+} \qquad \varphi^\ominus = 0.154 \text{ V}$$

又如强氧化剂:

$$Ce^{4+} + e^- \rightleftharpoons Ce^{3+} \qquad \varphi^\ominus = 1.61 \text{ V}$$

从标准电极电位来看,它应该能氧化水产生 O_2,但实际上由于反应速率很慢,Ce^{4+} 与 Sn^{2+} 在水溶液中均比较稳定。

反应速率缓慢的原因是电子在氧化剂和还原剂之间转移时会受到很多阻力,如溶液中溶剂分子和各种配体的阻碍、物质之间的静电排斥力等。此外,由于价态的改变而引起的电子层结构、化学键性质和物质组成的变化也会阻碍电子的转移。例如,$Cr_2O_7^{2-}$ 被还原为 Cr^{3+} 及 MnO_4^- 被还原为 Mn^{2+} 时,由带负电荷的含氧酸根转变为带正电荷的水合离子,结构发生很大的变化,从而导致反应速率很慢。

氧化还原反应大多经历了一系列的中间步骤,即反应是分步进行的。在这一系列反应中,只要有一步反应是慢的,总的反应速率就被影响。总的反应方程式表示的是一系列反应的总的结果。影响氧化还原反应速率的因素,除了氧化还原电对本身的性质外,还有反应时外界的条件,如反应物浓度、温度、催化剂及诱导反应等,下面分别加以讨论。

一、反应物浓度

根据质量作用定律,反应速率与反应物浓度的乘积成正比。许多氧化还原反应是分步进行的,总的反应速率是由最慢的一步决定的。因此,不能根据总的氧化还原反应方程式来判断反应物浓度对反应速率的影响程度。但一般来说,加大反应物浓度可加快反应速率。例如,在酸性溶液中 $K_2Cr_2O_7$ 与 KI 的反应为

$$Cr_2O_7^{2-} + 6I^- + 14H^+ \rightleftharpoons 2Cr^{3+} + 3I_2 + 7H_2O$$

该反应的速率较慢,通过加大反应物 I^- 和 H^+ 的浓度可以大大加快反应速率。

二、温度

对大多数反应来说,升高反应的温度可加快反应速率。通常每升高 10 ℃,反应速率加快 2~3 倍。这是由于升高溶液温度,不仅增加了反应物之间的碰撞概率,更重要的是增加了活化分子或活化离子的数目,因而加快了反应速率。例如,在酸性溶液中 MnO_4^- 和 $C_2O_4^{2-}$ 的反应为

$$2MnO_4^- + 5C_2O_4^{2-} + 16H^+ \Longrightarrow 2Mn^{2+} + 10CO_2 + 8H_2O$$

在室温下该反应速率很慢,升高反应温度则可以大大加快反应速率。故用 $KMnO_4$ 滴定 $H_2C_2O_4$ 时,通常将温度控制在 75~80 ℃。

应该注意,用升高温度的方法来加快反应速率的方法并非在所有情况下都是可行的。有些物质(如 I_2)有较大的挥发性,加热时会引起挥发损失;有些还原性物质(如 Sn^{2+}、Fe^{2+})很容易被空气中的氧所氧化,加热会促进它们的氧化。在这些情况下,只能采取其他的方法加快反应速率。

三、催化剂

氧化还原反应中经常利用催化剂来改变反应速率。催化剂可分为正催化剂和负催化剂,正催化剂加快反应速率,负催化剂减慢反应速率,负催化剂又叫阻化剂。

催化反应的机理很复杂,目前有各种不同的解释。一般认为,在催化反应中,由于催化剂的存在,可能产生一些新的不稳定的中间价态离子、游离基或活泼的中间配位化合物,从而改变原来的氧化还原反应历程,或者降低原来进行反应时所需的活化能,使反应速率发生变化,但最终并不改变催化剂本身的状态和数量。

例如,在酸性溶液中以 $KMnO_4$ 滴定 $H_2C_2O_4$,该反应速率较慢,需加热至 75~80 ℃,即使这样,开始阶段的反应速率仍很慢,但如果溶液中存在少量的 Mn^{2+},便能使反应迅速地进行。$KMnO_4$ 与 $H_2C_2O_4$ 的反应过程可能经过如下几步:

$$Mn(VII) \xrightarrow{Mn^{2+}} Mn(VI) + Mn(III)$$
$$\xrightarrow{Mn^{2+}} Mn(IV)$$
$$\xrightarrow{Mn^{2+}} Mn(III)$$
$$Mn(III) + nC_2O_4^{2-} \longrightarrow Mn(C_2O_4)_n^{3-2n}$$
$$Mn(C_2O_4)_n^{3-2n} \longrightarrow Mn(II) + 2nCO_2$$

增加 Mn^{2+} 的浓度,加速了 $Mn(III)$ 的形成,从而加速了整个反应。若不加 Mn^{2+},则开始时反应很慢。随着反应的进行,不断地产生 Mn^{2+},反应将越来越快。这种由于生成物本身具有催化作用的反应称作自动催化反应。

四、诱导反应

有些氧化还原反应在通常情况下并不发生或进行得很慢,但当有另一个反应进行时会促进它们的发生。这种由于一个反应的发生而促进另一个反应进行的现象,称为诱导作用。前者叫诱导反应,后者叫受诱反应。例如,在酸性溶液中 $KMnO_4$ 氧化 Cl^- 的反应速率很慢,

但是当溶液中同时存在 Fe^{2+} 时,$KMnO_4$ 氧化 Fe^{2+} 的反应加速了 $KMnO_4$ 氧化 Cl^- 的反应:

$$MnO_4^- + 5Fe^{2+} + 8H^+ \Longrightarrow Mn^{2+} + 5Fe^{3+} + 4H_2O \quad \text{诱导反应}$$

$$2MnO_4^- + 10Cl^- + 16H^+ \Longrightarrow 2Mn^{2+} + 5Cl_2 + 8H_2O \quad \text{受诱反应}$$

其中 $KMnO_4$ 称为作用体,Fe^{2+} 称为诱导体,Cl^- 称为受诱体。

诱导反应与催化反应不同,催化反应中的催化剂参加反应后又变回原来的形式,而诱导反应中的诱导体参加反应后变为其他物质。诱导反应增加了作用体的消耗量而使结果产生误差。因此,在氧化还原滴定中防止诱导反应的发生具有重要意义。

诱导反应的发生,一般认为是氧化还原反应过程中形成的不稳定的中间产物具有更强的氧化能力所致。例如,$KMnO_4$ 氧化 Fe^{2+} 诱导了 Cl^- 的氧化,被认为是由于 $KMnO_4$ 氧化 Fe^{2+} 的过程中形成了一系列锰的中间产物如 $Mn(Ⅵ)$、$Mn(Ⅴ)$、$Mn(Ⅳ)$、$Mn(Ⅲ)$ 等,它们均能氧化 Cl^-,因而发生了诱导反应。如果在溶液中预先加入大量 $Mn(Ⅱ)$,使 $Mn(Ⅶ)$ 迅速转变为 $Mn(Ⅲ)$。在大量 $Mn(Ⅱ)$ 存在下,若又有磷酸配位 $Mn(Ⅲ)$,则 $Mn(Ⅲ)/Mn(Ⅱ)$ 电对的电极电位降低,$Mn(Ⅲ)$ 就不能氧化 Cl^- 了。因此,在 HCl 介质中用 $KMnO_4$ 法测定 Fe^{2+} 时,常加入 $MnSO_4$-H_3PO_4-H_2SO_4 混合液来消除 Cl^- 的干扰。

6.2　氧化还原滴定

6.2.1　氧化还原滴定曲线

在氧化还原滴定中,随着滴定剂的加入,溶液中氧化剂和还原剂的浓度逐渐变化,相关电对的电极电位也随之不断变化,这种电极电位变化的情况可用滴定曲线来表示。滴定曲线一般通过实验的方法测得,对于可逆的氧化还原体系,也可根据能斯特方程计算得出,并且计算出的滴定曲线与实验测得的较为吻合。

现以 $0.1000\ mol·L^{-1}\ Ce(SO_4)_2$ 标准溶液滴定 20.00 mL $0.1000\ mol·L^{-1}\ FeSO_4$ 溶液为例说明。滴定时在 $1.00\ mol·L^{-1}\ H_2SO_4$ 溶液中进行,滴定反应为

$$Ce^{4+} + Fe^{2+} \Longrightarrow Fe^{3+} + Ce^{3+}$$

在 $1.00\ mol·L^{-1}\ H_2SO_4$ 溶液中 $\varphi^{\ominus'}_{Ce^{4+}/Ce^{3+}} = 1.44\ V$,$\varphi^{\ominus'}_{Fe^{3+}/Fe^{2+}} = 0.68\ V$。滴定开始后,溶液中同时存在两个电对。在滴定过程中的任一点,达到平衡时,两电对的电极电位相等。即

$$\varphi = \varphi^{\ominus'}_{Fe^{3+}/Fe^{2+}} + 0.059\ V\ \lg\frac{c_{Fe^{3+}}}{c_{Fe^{2+}}} = \varphi^{\ominus'}_{Ce^{4+}/Ce^{3+}} + 0.059\ V\ \lg\frac{c_{Ce^{4+}}}{c_{Ce^{3+}}}$$

滴定过程中随着滴定剂的加入,其电极电位的变化可通过如下方式计算。

一、化学计量点前

化学计量点前,加入的 Ce^{4+} 几乎全部被 Fe^{2+} 还原成 Ce^{3+},Ce^{4+} 的浓度极小,不易直接求得,但知道了滴定分数,$c_{Fe^{3+}}/c_{Fe^{2+}}$ 比值就可以确定,这时可利用 Fe^{3+}/Fe^{2+} 电对来计算电

极电位。

例如,滴入 2.00 mL Ce^{4+} 溶液,即 Fe^{2+} 反应了 10%,剩下 90%,则

$$\frac{c_{Fe^{3+}}}{c_{Fe^{2+}}} = \frac{1}{9}$$

$$\varphi = \varphi^{\ominus'}_{Fe^{3+}/Fe^{2+}} + 0.059 \text{ V lg} \frac{c_{Fe^{3+}}}{c_{Fe^{2+}}} = 0.68 \text{ V} + 0.059 \text{ V lg} \frac{1}{9} = 0.62 \text{ V}$$

又如,滴入 10.00 mL Ce^{4+} 溶液,即滴定了 50% Fe^{2+},剩下 50% Fe^{2+},即 $\frac{c_{Fe^{3+}}}{c_{Fe^{2+}}} = 1$,则

$$\varphi = \varphi^{\ominus'}_{Fe^{3+}/Fe^{2+}} + 0.059 \text{ V lg} \frac{c_{Fe^{3+}}}{c_{Fe^{2+}}} = 0.68 \text{ V} + 0.059 \text{ V lg} 1 = 0.68 \text{ V}$$

二、化学计量点时

化学计量点时,Ce^{4+} 滴入百分数为 100%,Ce^{4+} 和 Fe^{2+} 都定量转变为 Ce^{3+} 和 Fe^{3+},此时知道的是 $c_{Fe^{3+}}$ 和 $c_{Ce^{3+}}$,但未反应的 $c_{Fe^{2+}}$ 和 $c_{Ce^{4+}}$ 是不知道的,故不能单独按某一电对计算 φ,而要由两电对的能斯特方程联立求得。

化学计量点时的电极电位 φ_{sp} 可分别表示为

$$\varphi_{sp} = \varphi^{\ominus'}_{Fe^{3+}/Fe^{2+}} + 0.059 \text{ V lg} \frac{c_{Fe^{3+}}}{c_{Fe^{2+}}}$$

$$\varphi_{sp} = \varphi^{\ominus'}_{Ce^{4+}/Ce^{3+}} + 0.059 \text{ V lg} \frac{c_{Ce^{4+}}}{c_{Ce^{3+}}}$$

两式相加,得

$$2\varphi_{sp} = \varphi^{\ominus'}_{Fe^{3+}/Fe^{2+}} + \varphi^{\ominus'}_{Ce^{4+}/Ce^{3+}} + 0.059 \text{ V lg} \frac{c_{Fe^{3+}} c_{Ce^{4+}}}{c_{Fe^{2+}} c_{Ce^{3+}}}$$

在化学计量点时,$c_{Fe^{3+}} = c_{Ce^{3+}}$,$c_{Fe^{2+}} = c_{Ce^{4+}}$,故

$$\lg \frac{c_{Ce^{4+}} c_{Fe^{3+}}}{c_{Ce^{3+}} c_{Fe^{2+}}} = 0$$

所以

$$\varphi_{sp} = \frac{\varphi^{\ominus'}_{Ce^{4+}/Ce^{3+}} + \varphi^{\ominus'}_{Fe^{3+}/Fe^{2+}}}{2} = \frac{1.44 \text{ V} + 0.68 \text{ V}}{2} = 1.06 \text{ V}$$

对于一般的可逆对称氧化还原反应:

$$z_2 Ox_1 + z_1 Red_2 \rightleftharpoons z_2 Red_1 + z_1 Ox_2$$

同理可推导出其化学计量点电极电位为

$$\varphi_{sp} = \frac{z_1 \varphi^{\ominus}_{Ox_1/Red_1} + z_2 \varphi^{\ominus}_{Ox_2/Red_2}}{z_1 + z_2}$$

若以条件电极电位表示,则为

$$\varphi_{sp} = \frac{z_1 \varphi^{\ominus'}_{Ox_1/Red_1} + z_2 \varphi^{\ominus'}_{Ox_2/Red_2}}{z_1 + z_2}$$

应该注意,化学计量点电极电位的计算通式仅适用于参加滴定反应的两个电对都是对称电对的情况。对于涉及不对称电对的氧化还原滴定,化学计量点电极电位的计算较复杂,但推导思路是一样的。

三、化学计量点后

化学计量点后,Fe^{2+}几乎全部被氧化成Fe^{3+},$c_{Fe^{3+}}$不易直接求得。但由加入过量Ce^{4+}的百分数就可知道$c_{Ce^{4+}}/c_{Ce^{3+}}$,此时可利用Ce^{4+}/Ce^{3+}电对计算φ。

例如,滴入20.02 mL Ce^{4+}标准溶液,即Ce^{4+}过量了0.1%,则

$$\frac{c_{Ce^{4+}}}{c_{Ce^{3+}}} = \frac{1}{1000}$$

故

$$\varphi = \varphi^{\ominus\prime}_{Ce^{4+}/Ce^{3+}} + 0.059 \text{ V} \lg \frac{c_{Ce^{4+}}}{c_{Ce^{3+}}}$$

$$= 1.44 \text{ V} + 0.059 \text{ V} \lg 10^{-3} = 1.26 \text{ V}$$

按照同样的方法可计算加入不同体积Ce^{4+}标准溶液时溶液的电极电位。将计算结果列于表6.1中,并绘成滴定曲线,如图6.1所示。滴定过程中体系的电极电位值与浓度无关。

表6.1　0.1000 mol·L^{-1} Ce(SO$_4$)$_2$ 标准溶液滴定0.1000 mol·L^{-1} FeSO$_4$溶液

(1.00 mol·L^{-1} H$_2$SO$_4$介质)

滴入Ce^{4+}溶液体积/mL	滴定分数/%	φ/V
1.00	5.0	0.60
2.00	10.0	0.62
4.00	20.0	0.64
8.00	40.0	0.67
10.00	50.0	0.68
12.00	60.0	0.69
18.00	90.0	0.74
19.80	99.0	0.80
19.98	99.9	0.86
20.00	100.0	1.06
20.02	100.1	1.26
22.00	110.0	1.38
30.00	150.0	1.42
40.00	200.0	1.44

从表6.1可见,用氧化剂滴定还原剂时,如果两电对均为可逆的,则滴定分数为50%时溶液的电极电位是还原剂电对的条件电极电位,滴定分数为200%时溶液的电极电位是氧化剂电对的条件电极电位。这两个条件电极电位值相差越大,化学计量点附近电极电位的突

跃也越大,越容易准确滴定。

上述 Ce^{4+} 滴定 Fe^{2+} 的反应中,两电对的电子转移数都是1,化学计量点电极电位 1.06 V 正好位于滴定突跃(0.86~1.26 V)的中间,化学计量点前后的曲线基本对称。若两电对的电子转移数 z_1 与 z_2 不相等,则 φ_{sp} 不处在滴定突跃的中间,而是偏向 z 值较大电对的一方。这在选择氧化还原指示剂时,应该予以考虑。

必须指出,对于不可逆电对(如 MnO_4^-/Mn^{2+}、$Cr_2O_7^{2-}/Cr^{3+}$、$S_4O_6^{2-}/S_2O_3^{2-}$ 等),它们的电极电位计算不遵从能斯特方程,因此当氧化还原体系中涉及不可逆氧化还原电对参加的反应时,理论计算得到的滴定曲线与实际测得的滴定曲线有较大的

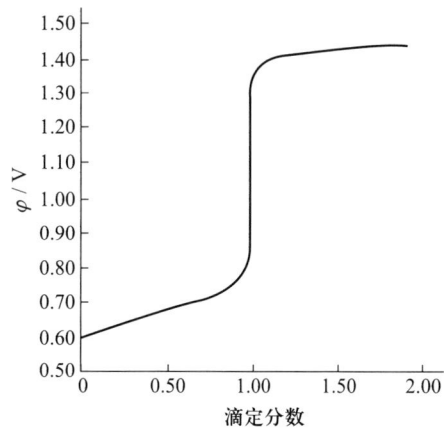

图 6.1 0.1000 mol·L⁻¹ Ce(SO₄)₂ 标准溶液滴定 0.1000 mol·L⁻¹ FeSO₄ 溶液的滴定曲线(1.00 mol·L⁻¹ H₂SO₄ 介质)

差异。不可逆氧化还原体系的滴定曲线都是由实验测定的。

6.2.2 氧化还原滴定中的指示剂

在氧化还原滴定中,除了可以用电位法确定终点外,更经常用指示剂来指示终点,应用于氧化还原滴定中的指示剂有以下三类。

一、自身指示剂

在氧化还原滴定中,有些标准溶液或被滴定物质本身有颜色,而滴定产物变成无色或浅色物质,此种情况下滴定时不需另加指示剂,他们本身颜色的变化就起着指示剂的作用,称为自身指示剂。例如,MnO_4^- 本身呈紫红色,而其还原产物 Mn^{2+} 则几乎无色,所以用 $KMnO_4$ 来滴定无色或浅色还原剂溶液时,一般不必另加指示剂,当滴定到化学计量点后,稍过量的 $KMnO_4$ 就可使溶液显粉红色。实验证明,$KMnO_4$ 溶液浓度为 $2×10^{-6}$ mol·L⁻¹(相当于 100 mL 溶液中有 0.01 mL 0.02 mol·L⁻¹ $KMnO_4$ 溶液)时,溶液就可呈明显的粉红色。

二、特殊指示剂

有些物质本身不具有氧化还原性,但它能与滴定剂或被滴定物质产生特殊的颜色,因而可指示滴定终点。例如,可溶性淀粉与 I_2 生成深蓝色吸附化合物,反应特效而灵敏。因此,碘量法中常用淀粉溶液作指示剂,以蓝色的出现或消失指示滴定终点。又如,以 Fe^{3+} 滴定 Sn^{2+} 时,可用 KSCN 为指示剂,化学计量点后稍过量的 Fe^{3+} 与 SCN^- 形成红色配位化合物,从而指示滴定终点。

三、氧化还原指示剂

氧化还原指示剂是一类本身具有氧化还原性质的有机化合物,其氧化态和还原态有不同的颜色。进行氧化还原滴定时,在化学计量点附近,指示剂被氧化或还原,引起溶液颜色的变化,从而指示滴定终点。

若以 In(Ox)和 In(Red)分别代表指示剂的氧化态和还原态,则指示剂的氧化还原半反应和相应的能斯特方程为

$$In(Ox) + ze^- \rightleftharpoons In(Red)$$

$$\varphi = \varphi_{In}^{\ominus'} + \frac{0.059 \text{ V}}{z} \lg \frac{c_{In(Ox)}}{c_{In(Red)}}$$

式中,$\varphi_{In}^{\ominus'}$ 为指示剂在一定条件下的条件电极电位,随着滴定体系电极电位的改变,指示剂的 $\frac{c_{In(Ox)}}{c_{In(Red)}}$ 随之变化,溶液的颜色也发生变化。

与酸碱指示剂变色情况相似,当浓度比 $\frac{c_{In(Ox)}}{c_{In(Red)}} \geq 10$ 时,溶液呈现指示剂氧化态的颜色。此时

$$\varphi \geq \varphi_{In}^{\ominus'} + \frac{0.059 \text{ V}}{z} \lg 10 = \varphi_{In}^{\ominus'} + \frac{0.059 \text{ V}}{z}$$

当 $\frac{c_{In(Ox)}}{c_{In(Red)}} \leq \frac{1}{10}$ 时,溶液呈现指示剂还原态的颜色,此时

$$\varphi \leq \varphi_{In}^{\ominus'} + \frac{0.059 \text{ V}}{z} \lg \frac{1}{10} = \varphi_{In}^{\ominus'} - \frac{0.059 \text{ V}}{z}$$

故氧化还原指示剂的理论变色范围为 $\varphi_{In}^{\ominus'} \pm \frac{0.059 \text{ V}}{z}$。

表6.2列出了一些氧化还原指示剂的条件电极电位及颜色变化,选择这类指示剂的原则是指示剂变色点的条件电极电位应处于滴定体系电极电位突跃范围内,并尽量与化学计量点的电极电位一致,从而减小终点误差。

表6.2 一些氧化还原指示剂的条件电极电位及颜色变化

指 示 剂	$\varphi_{In}^{\ominus'}$/V [H$^+$] = 1 mol·L^{-1}	颜色变化	
		氧化态	还原态
亚甲基蓝	0.53	蓝	无色
二苯胺	0.76	紫	无色
二苯胺磺酸钠	0.84	紫红	无色
邻苯氨基苯甲酸	0.89	紫红	无色
邻二氮菲-亚铁	1.06	浅蓝	红
硝基邻二氮菲-亚铁	1.25	浅蓝	紫红

下面简单介绍两种常用的氧化还原指示剂。

1. 二苯胺磺酸钠

二苯胺磺酸钠易溶于水,在酸性溶液中遇到强氧化剂时,它首先被氧化为无色的二苯联苯胺磺酸,然后再进一步氧化为二苯联苯胺磺酸紫的紫色化合物,反应如下:

$$\text{2}^-\text{O}_3\text{S}-\!\!\!\!\bigcirc\!\!\!\!-\text{N}(\text{H})-\!\!\!\!\bigcirc \longrightarrow$$

二苯胺磺酸盐(无色)

$$^-\text{O}_3\text{S}-\!\!\!\!\bigcirc\!\!\!\!-\text{N}(\text{H})-\!\!\!\!\bigcirc\!\!\!\!-\!\!\!\!\bigcirc\!\!\!\!-\text{N}(\text{H})-\!\!\!\!\bigcirc\!\!\!\!-\text{SO}_3^- + 2\text{H}^+ + 2e^-$$

二苯联苯胺磺酸(无色)

$$\rightleftharpoons\ ^-\text{O}_3\text{S}-\!\!\!\!\bigcirc\!\!\!\!-\text{N}(\text{H}^+)=\!\!\!\!\bigcirc\!\!\!\!=\!\!\!\!\bigcirc\!\!\!\!=\text{N}(\text{H}^+)-\!\!\!\!\bigcirc\!\!\!\!-\text{SO}_3^- + 2e^-$$

二苯联苯胺磺酸紫(紫色)

二苯胺磺酸钠是 $K_2Cr_2O_7$ 滴定 Fe^{2+} 的常用指示剂。滴定过程中二苯胺磺酸钠由无色变为紫红色,指示滴定终点。

2. 邻二氮菲亚铁

邻二氮菲亦称邻菲罗啉,它与 Fe^{2+} 生成深红色的配离子,而与 Fe^{3+} 形成的配离子呈现淡蓝色。这两种配离子之间的氧化还原半反应为

$$\text{Fe}(C_{12}H_8N_2)_3^{3+} + e^- \rightleftharpoons \text{Fe}(C_{12}H_8N_2)_3^{2+}$$

淡蓝色　　　　　　　　红色

$[H^+] = 1\ \text{mol} \cdot L^{-1}$ 时,$\varphi^{\ominus'} = 1.06\ \text{V}$。

由于指示剂的条件电极电位较高,所以特别适用于以强氧化剂(如 Ce^{4+})作滴定剂时的指示剂。例如,在 $1\ \text{mol} \cdot L^{-1}\ H_2SO_4$ 溶液中,用 Ce^{4+} 滴定 Fe^{2+} 时化学计量点的电极电位为 1.06 V,滴定突跃范围为 0.86~1.26 V,选用邻二氮菲亚铁($\varphi^{\ominus'} = 1.06\ \text{V}$)是最合适的指示剂。如选用二苯胺磺酸钠($\varphi^{\ominus'} = 0.84\ \text{V}$),终点将提前到达,终点误差将大于 0.1%。但若在反应液中加入 H_3PO_4,由于 Fe^{3+} 可与 PO_4^{3-} 形成稳定配离子,使 Fe^{3+}/Fe^{2+} 电对的条件电极电位降低,这时便可采用二苯胺磺酸钠作指示剂。

如前所述,一般用于氧化还原滴定的反应其完全程度都较高,因而化学计量点附近的电极电位突跃范围较大,同时又有多种不同的指示剂可供选择。因此,氧化还原滴定的终点误差一般并不大,在此就不作介绍了。

6.2.3　氧化还原滴定的预处理

在氧化还原滴定中,有时需将待测组分氧化为高价态后用还原剂滴定,或者将待测组分还原为低价态后用氧化剂滴定。这种在滴定前通过氧化还原反应使待测组分转变成一定价态的过程称为预氧化或预还原。由于还原滴定剂不稳定,易被空气氧化,所以在氧化还原滴定法中,滴定剂大多是氧化剂,故常对待测组分作预还原处理。

预处理时所用的预氧化剂或预还原剂应符合下列要求:

(1) 反应速率快。

(2) 定量地氧化或还原待测组分。

(3) 反应具有一定的选择性。例如,测定钛铁矿中铁的含量时,若用金属 Zn($\varphi^{\ominus} =$

-0.76 V)作预还原剂,则不仅还原 Fe^{3+},也还原 Ti^{4+}($\varphi_{Ti^{4+}/Ti^{3+}}^{\ominus'}$ = 0.10 V),用 $K_2Cr_2O_7$ 滴定时滴定的是二者的总量。若选用 $SnCl_2$ 作还原剂,则仅还原 Fe^{3+},反应的选择性较高。

(4) 加入的过量预氧化剂或预还原剂要易于除去。除去的方法有以下几种:

① 加热分解。如 $(NH_4)_2S_2O_8$、H_2O_2 可通过加热煮沸分解除去。

② 过滤。如 $BiNO_3$ 不溶于水,可过滤除去。

③ 利用化学反应。如 $HgCl_2$ 可除去过量的 $SnCl_2$,其反应为

$$SnCl_2 + 2HgCl_2 =\!\!=\!\!= SnCl_4 + Hg_2Cl_2 \downarrow$$

生成的 Hg_2Cl_2 沉淀一般不被滴定剂氧化,不必过滤除去。

预处理时常用的预氧化剂和预还原剂分别列于表 6.3 和表 6.4 中。在分析试样时,可根据实际情况选择使用。

表 6.3 预处理时常用的预氧化剂

预氧化剂	反应条件	主要应用	过量预氧化剂除去的方法
$(NH_4)_2S_2O_8$	酸性(HNO_3 或 H_2SO_4)介质,$AgNO_3$ 作催化剂	$Mn^{2+} \longrightarrow MnO_4^-$ $Ce^{3+} \longrightarrow Ce^{4+}$ $Cr^{3+} \longrightarrow Cr_2O_7^{2-}$ $VO^{2+} \longrightarrow VO_3^-$	煮沸分解
$NaBiO_3$	室温,HNO_3 或 H_2SO_4 介质	$Mn^{2+} \longrightarrow MnO_4^-$ $Ce^{3+} \longrightarrow Ce^{4+}$	过滤
H_2O_2	NaOH 介质 HCO_3^- 介质 碱性介质	$Cr^{3+} \longrightarrow CrO_4^{2-}$ $Co^{2+} \longrightarrow Co^{3+}$ $Mn^{2+} \longrightarrow Mn^{4+}$	煮沸分解(加入少量 Ni^{2+} 或 I^- 可加速分解)
Na_2O_2	熔融	$Fe(CrO_2)_2 \longrightarrow CrO_4^-$	碱性溶液中煮沸
Cl_2、Br_2	酸性或中性	$I^- \longrightarrow IO_3^-$	煮沸或通空气气流
$HClO_4$	浓、热的 $HClO_4$	$Cr^{3+} \longrightarrow Cr_2O_7^{2-}$ $VO^{2+} \longrightarrow VO_3^-$	迅速冷却至室温,用水稀释

表 6.4 预处理时常用的预还原剂

预还原剂	反应条件	主要应用	过量预还原剂除去的方法
$SnCl_2$	酸性、加热	$Fe^{3+} \longrightarrow Fe^{2+}$ $As(V) \longrightarrow As(III)$ $Mo(VI) \longrightarrow Mo(V)$	加 $HgCl_2$ 氧化

预还原剂	反应条件	主要应用	过量预还原剂除去的方法
锌汞齐还原柱	H_2SO_4 介质	$Fe^{3+} \longrightarrow Fe^{2+}$ $Cr^{3+} \longrightarrow Cr^{2+}$ $Ti(Ⅳ) \longrightarrow Ti(Ⅲ)$ $V(Ⅴ) \longrightarrow V(Ⅱ)$ $Mo(Ⅵ) \longrightarrow Mo(Ⅲ)$	
SO_2	室温,H_2SO_4 介质($1\ mol·L^{-1}$),SCN^-催化,加热	$Fe^{3+} \longrightarrow Fe^{2+}$ $As(Ⅴ) \longrightarrow As(Ⅲ)$ $Sb(Ⅴ) \longrightarrow Sb(Ⅲ)$ $Cu(Ⅱ) \longrightarrow Cu(Ⅰ)$	煮沸或通 CO_2 气流
Zn、Al	酸性	$Sn(Ⅳ) \longrightarrow Sn(Ⅱ)$ $Ti(Ⅳ) \longrightarrow Ti(Ⅲ)$	过滤或加酸溶解
$TiCl_3$	酸性	$Fe^{3+} \longrightarrow Fe^{2+}$	水稀释,Cu^{2+}催化空气氧化

6.2.4 氧化还原滴定结果的计算

氧化还原滴定中涉及的化学反应比较复杂,通常根据反应前后某物质得失电子数确定基本单元,按等物质的量反应规则进行计算较为方便。

例 6.6 计算在 $1\ mol·L^{-1}$ HCl 溶液中用 Fe^{3+} 溶液滴定 Sn^{2+} 溶液的化学计量点电极电位及电位滴定突跃范围。已知 $\varphi^{\ominus'}_{Fe^{3+}/Fe^{2+}} = 0.68\ V$,$\varphi^{\ominus'}_{Sn^{4+}/Sn^{2+}} = 0.14\ V$。

解 氧化还原滴定反应为

$$2Fe^{3+} + Sn^{2+} \Longrightarrow 2Fe^{2+} + Sn^{4+}$$

所涉及的两个氧化还原半反应为

$$Fe^{3+} + e^- \Longrightarrow Fe^{2+}$$

$$Sn^{4+} + 2e^- \Longrightarrow Sn^{2+}$$

$$\varphi_{sp} = \frac{z_1 \varphi^{\ominus'}_{Fe^{3+}/Fe^{2+}} + z_2 \varphi^{\ominus'}_{Sn^{4+}/Sn^{2+}}}{z_1 + z_2} = \frac{1 \times 0.68\ V + 2 \times 0.14\ V}{1 + 2} = 0.32\ V$$

$$\varphi_{前0.1\%} = \varphi^{\ominus'}_{Sn^{4+}/Sn^{2+}} + \frac{0.059\ V \times 3}{z_2} = 0.14\ V + \frac{0.059\ V \times 3}{2} = 0.23\ V$$

$$\varphi_{后0.1\%} = \varphi^{\ominus'}_{Fe^{3+}/Fe^{2+}} - \frac{0.059\ V \times 3}{z_1} = 0.68\ V - \frac{0.059\ V \times 3}{1} = 0.50\ V$$

例 6.7 试剂厂生产 $FeCl_3·6H_2O$ 试剂,国家规定二级品含量不低于 99.0%,三级品含量不少于 98.0%。为了检验质量,称取 0.5000 g 试样,溶于水,加 3 mL 浓盐酸和 2 g KI,最后用 $0.1000\ mol·L^{-1}$ $Na_2S_2O_3$ 标准溶液滴定,用去 18.17 mL。问该试剂属于哪一级?

解 有关反应式为

$$2Fe^{3+} + I^- \Longrightarrow 2Fe^{2+} + I_2$$

$$I_2 + I^- \Longrightarrow I_3^-$$

$$I_3^- + 2S_2O_3^{2-} \Longrightarrow 3I^- + S_4O_6^{2-}$$

计量关系为
$$2FeCl_3 \cdot 6H_2O \sim 2Fe^{3+} \sim I_3^- \sim 2S_2O_3^{2-}$$

$$w_{FeCl_3 \cdot 6H_2O} = \frac{0.1000 \text{ mol} \cdot L^{-1} \times 18.17 \text{ mL} \times \dfrac{270.30 \text{ g} \cdot \text{mol}^{-1}}{1000}}{0.5000 \text{ g}} \times 100\%$$

$$= 98.2\% \quad (\text{属于三级品})$$

例 6.8 若 0.5000 g 铬铁矿试样,经 Na_2O_2 熔融后使其中的 Cr^{3+} 氧化为 $Cr_2O_7^{2-}$。然后加入 10 mL 3 mol·L^{-1} H_2SO_4 溶液及 50.00 mL 0.1200 mol·L^{-1} 硫酸亚铁铵溶液处理,过量的 Fe^{2+} 需 15.05 mL $K_2Cr_2O_7$ (1 mL $K_2Cr_2O_7$ 相当于 0.006000 g Fe)溶液氧化,问试样中铬的质量分数为多少?若以 Cr_2O_3 表示时,又为多少?

解 有关反应式为

$$Cr_2O_7^{2-} + 6Fe^{2+} + 14H^+ \Longrightarrow 2Cr^{3+} + 6Fe^{3+} + 7H_2O$$

计量关系为
$$2Cr \sim Cr_2O_7^{2-} \sim 6Fe^{2+}$$

$$w_{Cr} = \frac{\left(0.1200 \text{ mol} \cdot L^{-1} \times 50.00 \text{ mL} - 15.05 \text{ mL} \times 0.006000 \text{ g} \cdot \text{mL}^{-1} \times \dfrac{1000}{55.85 \text{ g} \cdot \text{mol}^{-1}}\right) \times \dfrac{2}{6} \times \dfrac{52.00 \text{ g} \cdot \text{mol}^{-1}}{1000}}{0.5000 \text{ g}} \times 100\%$$

$$= 15.19\%$$

则
$$w_{Cr_2O_3} = w_{Cr} \times \frac{M_{Cr_2O_3}}{2M_{Cr}} = 15.19\% \times \frac{151.99}{2 \times 52.00} = 22.20\%$$

例 6.9 移取一定量的乙二醇($C_2H_6O_2$)试液,用 50.00 mL KIO_4 溶液处理,待反应完全后,将混合液用碱调至 pH = 8.0,加入过量 KI,释放出的 I_2 以 0.05000 mol·L^{-1} Na_3AsO_3 溶液滴定至终点时,用去 14.00 mL。另取 50.00 mL KIO_4 溶液,pH = 8.0 时加入过量 KI,释放出的 I_2 以 0.05000 mol·L^{-1} Na_3AsO_3 溶液滴定至终点时,用去 40.00 mL。问试液中含乙二醇多少毫克?

解 有关反应式为

$$CH_2OHCH_2OH + IO_4^- \Longrightarrow 2HCHO + IO_3^- + H_2O$$

$$IO_4^- + 2I^- + H_2O \Longrightarrow IO_3^- + I_2 + 2OH^-$$

$$I_2 + HAsO_3^{2-} + H_2O \Longrightarrow 2I^- + HAsO_4^{2-} + 2H^+$$

计量关系为
$$乙二醇 \sim IO_4^- \sim I_2 \sim AsO_3^{3-}$$

$$m_{乙二醇} = (40.00 \text{ mL} \times 0.05000 \text{ mol} \cdot L^{-1} - 14.00 \text{ mL} \times 0.05000 \text{ mol} \cdot L^{-1}) \times 62.05 \text{ g} \cdot \text{mol}^{-1}$$

$$= 80.67 \text{ mg}$$

6.3 常用的氧化还原滴定法

氧化还原滴定法一般根据所采用的滴定剂进行分类。在氧化还原滴定法中以氧化剂作为滴定剂的方法居多,如高锰酸钾法、重铬酸钾法、溴酸钾法、硫酸铈法、碘量法等。以还原剂作为滴定剂的方法较少,主要是由于多数还原剂易受空气中氧气的影响而不稳定,常用的滴定剂有硫代硫酸钠、硫酸亚铁等。下面介绍常用的几种氧化还原滴定法。

6.3.1 高锰酸钾法

一、概述

高锰酸钾是一种强氧化剂,它的氧化能力和还原产物与溶液的酸度有关,在不同酸度下还原产物不同。在强酸性介质中,MnO_4^-被还原为Mn^{2+}:

$$MnO_4^- + 8H^+ + 5e^- \Longrightarrow Mn^{2+} + 4H_2O \qquad \varphi_{MnO_4^-/Mn^{2+}}^{\ominus} = 1.51 \text{ V}$$

可以测定$C_2O_4^{2-}$、Fe^{2+}、H_2O_2、As(Ⅲ)、NO_2^-等还原性物质。

在弱酸性、中性、弱碱性介质中,MnO_4^-被还原为MnO_2:

$$MnO_4^- + 2H_2O + 3e^- \Longrightarrow MnO_2 + 4OH^- \qquad \varphi_{MnO_4^-/MnO_2}^{\ominus} = 0.59 \text{ V}$$

可以测定S^{2-}、$S_2O_3^{2-}$、HCOOH等。

在强碱性介质中,MnO_4^-被还原为MnO_4^{2-}:

$$MnO_4^- + e^- \Longrightarrow MnO_4^{2-} \qquad \varphi_{MnO_4^-/MnO_4^{2-}}^{\ominus} = 0.56 \text{ V}$$

可测定许多有机化合物,如甲酸、甲醇、甘油、苯酚、甲醛、葡萄糖等。

高锰酸钾法的优点是它的氧化能力强,可以直接或间接地测定多种无机物和有机物,应用广泛。$KMnO_4$本身有颜色,$KMnO_4$作为滴定剂时可不必外加指示剂,这也是高锰酸钾法简单方便之处。但高锰酸钾法的主要缺点是溶液不够稳定,不宜长期保存,使用时需要标定。另外,高锰酸钾的氧化能力强,可以和许多还原性物质发生作用,干扰比较大。

二、高锰酸钾标准溶液的配制和标定

市售的$KMnO_4$试剂中常含有少量的MnO_2和其他杂质,纯度不够。同时,由于$KMnO_4$氧化能力强,容易同蒸馏水中微量的有机物、空气中的尘埃等还原性物质作用而改变其浓度,因此不能直接用$KMnO_4$试剂配制标准溶液,通常先配制成近似浓度的溶液,然后再进行标定。

为了配制浓度稳定的$KMnO_4$溶液,可称取稍多于理论量的$KMnO_4$,溶于一定体积的蒸馏水中,将溶液加热至沸并保持微沸 1 h,然后放置 2~3 天,使溶液中还原性物质完全氧化,用微孔玻璃漏斗过滤后储存于棕色瓶中,置于暗处,使用时标定。

标定$KMnO_4$溶液的基准物质是还原剂,有$Na_2C_2O_4$、As_2O_3、$H_2C_2O_4 \cdot 2H_2O$、纯铁丝等。最常用的是$Na_2C_2O_4$,它很容易制得纯品,稳定,不含结晶水。使用前在 105~110 ℃下烘干 2 h,于干燥器中保存。标定反应为

$$2MnO_4^- + 5C_2O_4^{2-} + 16H^+ \Longrightarrow 2Mn^{2+} + 10CO_2\uparrow + 8H_2O$$

在室温下该反应速率较慢,为使反应定量且迅速完成,必须注意控制反应条件。

1. 温度

加热可使反应加快进行,滴定时应控制温度在 70~85 ℃,温度也不能太高,超过 90 ℃部分草酸分解,使标定结果偏高:

$$H_2C_2O_4 \Longrightarrow CO_2\uparrow + CO\uparrow + H_2O$$

2. 酸度

标定是在 H_2SO_4 介质中进行的,应当避免引入 Cl^-,防止诱导反应发生。酸度应控制适宜,开始滴定时约为 $1\ mol \cdot L^{-1}$,酸度过低时 $KMnO_4$ 会部分被还原为 MnO_2,酸度过高则会促进 $H_2C_2O_4$ 分解。

3. 滴定速度

由于 MnO_4^- 与 $C_2O_4^{2-}$ 的反应速率较慢,开始滴定时一定要慢慢地滴加 $KMnO_4$,否则加入的 $KMnO_4$ 未与 $C_2O_4^{2-}$ 反应就会在热的酸性溶液中分解,导致标定结果偏低:

$$4MnO_4^- + 12H^+ = 4Mn^{2+} + 5O_2\uparrow + 6H_2O$$

4. 催化剂

滴定开始时加入的 $KMnO_4$ 红色褪去很慢,说明它与 $C_2O_4^{2-}$ 的反应速率慢,但加入几滴之后反应速率就加快了,这是由于反应生成的 Mn^{2+} 催化了标定反应的进行。如果在滴定之前向溶液中加入少量 $MnSO_4$,那么在滴定的初始阶段能够以较快的速率进行。

5. 滴定终点

终点是由稍过量的 $KMnO_4$ 溶液产生的粉红色来确定的,由于空气中存在一些还原性物质和灰尘,它们都能使 $KMnO_4$ 褪色,所以滴定到达终点后放置一会儿红色就会褪去。因此,如果出现红色后放置 $0.5 \sim 1\ min$ 不褪色,即认为到达滴定终点。

三、滴定方式和测定示例

根据待测物质的性质可采取不同的滴定方式,用高锰酸钾法可测定许多物质。

1. 直接滴定法——H_2O_2 的测定

高锰酸钾氧化能力很强,能直接滴定许多还原性物质,如 Fe^{2+}、$As(Ⅲ)$、$Sb(Ⅲ)$、$C_2O_4^{2-}$、NO_2^- 和 H_2O_2 等。

以 H_2O_2 的测定为例,在强酸性介质中,H_2O_2 能被 $KMnO_4$ 定量氧化,并释放 O_2。其反应为

$$2MnO_4^- + 5H_2O_2 + 6H^+ = 5O_2\uparrow + 2Mn^{2+} + 8H_2O$$

此反应在室温下即可顺利进行,滴定开始时反应较慢,随着 Mn^{2+} 的生成,反应速率加快,也可先加入少量 Mn^{2+} 作催化剂。

碱金属和碱土金属的过氧化物,可采用同样的方法进行测定。

2. 间接滴定法——Ca^{2+} 的测定

采取间接滴定法可以测定某些无变价的金属离子。由于 MnO_4^- 可与 $C_2O_4^{2-}$ 定量反应,凡是能与 $C_2O_4^{2-}$ 形成沉淀的金属离子,如 Ca^{2+}、Th^{4+} 等都可用间接滴定法测定。先使金属离子形成草酸盐沉淀析出来,经过过滤、洗涤,再用酸将草酸盐沉淀溶解,然后用高锰酸钾标准溶液滴定 $C_2O_4^{2-}$,进而计算出金属离子的含量。

3. 返滴定法——MnO_2 和有机物的测定

有些氧化性物质不能用 $KMnO_4$ 直接滴定,可先加入一定量过量的还原剂(如亚铁盐、草酸盐等),待还原后,再在酸性条件下用 $KMnO_4$ 标准溶液返滴剩余的还原剂。例如软锰矿中

MnO_2 的测定,在 H_2SO_4 存在下加入过量的 $Na_2C_2O_4$ 标准溶液,加热,使反应进行完全:

$$MnO_2 + C_2O_4^{2-} + 4H^+ == Mn^{2+} + 2CO_2\uparrow + 2H_2O$$

然后用 $KMnO_4$ 标准溶液返滴过量的草酸,即可计算出 MnO_2 的含量。

在强碱性介质中测定有机物也多采用返滴定法。例如甘油的测定,将过量的 $KMnO_4$ 标准溶液加入含甘油试样的碱性溶液中,反应按下式进行:

$$\underset{\underset{HO\ \ \ OH\ \ \ OH}{|\ \ \ \ \ |\ \ \ \ \ |}}{H_2C-CH-CH_2} + 14MnO_4^- + 20OH^- == 3CO_3^{2-} + 14MnO_4^{2-} + 14H_2O$$

反应完成后将溶液酸化,MnO_4^{2-} 发生歧化反应:

$$3MnO_4^{2-} + 4H^+ == 2MnO_4^- + MnO_2 + 2H_2O$$

加入过量 $FeSO_4$ 标准溶液,将所有高价锰离子全部还原为 Mn^{2+},再用 $KMnO_4$ 溶液滴定过量的 Fe^{2+}。$HCOOH$、CH_3OH 等有机物都可以在碱性介质中用类似的方法进行测定。

6.3.2 重铬酸钾法

一、概述

重铬酸钾是一种常用的氧化剂,在酸性溶液中被还原成 Cr^{3+}。重铬酸钾用作滴定剂有如下优点:

(1) $K_2Cr_2O_7$ 是基准物质,在 140~150 ℃ 干燥后,可直接称量配制标准溶液。

(2) $K_2Cr_2O_7$ 溶液非常稳定,可以长期密闭储存,浓度不变。

(3) $K_2Cr_2O_7$ 的氧化能力没有 $KMnO_4$ 强,在 HCl 浓度低于 3 $mol \cdot L^{-1}$ 时,$Cr_2O_7^{2-}$ 不氧化 Cl^-。因此,用 $K_2Cr_2O_7$ 滴定 Fe^{2+} 可以在 HCl 介质中进行。

在酸性介质中,橙色的 $K_2Cr_2O_7$ 的还原产物为绿色的 Cr^{3+},颜色变化难以观察,滴定中必须用指示剂确定滴定终点。常用的指示剂为二苯胺磺酸钠。

二、重铬酸钾法应用示例

1. 铁矿中铁含量的测定

重铬酸钾是较强的氧化剂:

$$Cr_2O_7^{2-} + 14H^+ + 6e^- == 2Cr^{3+} + 7H_2O \qquad \varphi^{\ominus} = 1.33 \text{ V}$$

在 0.5 $mol \cdot L^{-1}$ H_2SO_4 介质中 $\varphi^{\ominus\prime} = 1.08$ V。在氧化还原滴定法中重铬酸钾法是测定铁矿中铁含量的标准方法,滴定使用的指示剂是二苯胺磺酸钠。

将铁矿石处理成粉末状试样后,称取一定量试样,在沙浴上用 HCl 溶液分解,要避免沸腾防止 $FeCl_3$ 挥发损失。在热溶液中滴加 $SnCl_2$ 使 Fe^{3+} 还原为 Fe^{2+}。这里要特别注意的是,$SnCl_2$ 不可多加,只能稍微过量,可用甲基橙来指示,因为 Sn^{2+} 将 Fe^{3+} 还原后,甲基橙被还原为氢化甲基橙而褪色,表明 $SnCl_2$ 已过量。Sn^{2+} 还能继续使氢化甲基橙还原成 N,N-二甲基对苯二胺和对氨基苯磺酸钠,从而略微过量的 Sn^{2+} 也被除去,反应为

$$(CH_3)_2NC_6H_4N = NC_6H_4SO_3^- + Sn^{2+} + 2H^+ \longrightarrow (CH_3)_2NC_6H_4NH - NHC_6H_4SO_3^- + Sn^{4+}$$

$$(CH_3)_2NC_6H_4NH\text{—}NHC_6H_4SO_3^- + Sn^{2+} + 2H^+ \longrightarrow (CH_3)_2NC_6H_4NH_2 + NH_2C_6H_4SO_3^- + Sn^{4+}$$

由于这些反应不可逆,因此甲基橙的还原产物不消耗 $K_2Cr_2O_7$。用甲基橙除去过量的 $SnCl_2$,避免了经典方法中用 $HgCl_2$ 除去过量 $SnCl_2$ 时 Hg^{2+} 造成的环境污染,称为无汞定铁。还原 Fe^{3+} 的酸度最好在 3 $mol·L^{-1}$,酸度过高 $SnCl_2$ 先还原甲基橙,同时 Cl^- 也与 $K_2Cr_2O_7$ 反应而产生干扰,若酸度低于 2 $mol·L^{-1}$,则甲基橙褪色缓慢。

向还原后的溶液中加水稀释并立即用流水冷却,加入 $H_2SO_4\text{-}H_3PO_4$ 混合酸,以二苯胺磺酸钠为指示剂,用 $K_2Cr_2O_7$ 标准溶液滴定 Fe^{2+},溶液由浅绿色(Cr^{3+} 的颜色)变为紫红色,即为终点。滴定反应为

$$Cr_2O_7^{2-} + 6Fe^{2+} + 14H^+ \Longleftrightarrow 2Cr^{3+} + 6Fe^{3+} + 7H_2O$$

滴定前加 H_3PO_4 的目的有两个:一是降低 Fe^{3+}/Fe^{2+} 电对的条件电极电位,$K_2Cr_2O_7$ 滴定 Fe^{2+}(在 1 $mol·L^{-1}$ HCl 介质中)的滴定突跃范围为 0.9~1.0 V,二苯胺磺酸钠指示剂的变色点为 0.85 V,在滴定突跃范围之外,滴定误差会大于 0.1%,加入 H_3PO_4 与 Fe^{3+} 配位使电极电位降低至 $\varphi_{Fe^{3+}/Fe^{2+}}^{\ominus'} = 0.61$ V,滴定突跃范围扩大至 0.79~1.0 V,指示剂变色点落在滴定突跃范围内。另一个作用是 H_3PO_4 与 Fe^{3+} 配位后生成无色且稳定的 $Fe(HPO_4)_2^-$,消除了 Fe^{3+} 黄色对终点颜色的影响。

2. 化学耗氧量的测定

水中化学耗氧量简称 COD,是水质污染程度的主要指标之一,是水质分析的一项重要内容。废水中还原性物质大部分是有机化合物,人们常将 COD 作为水质是否受到有机化合物污染的依据。COD 是指在特定条件下用一种强氧化剂定量地氧化水中还原性物质时所消耗氧化剂的量,以质量浓度 ρ_{O_2} 表示,单位为毫克每升($mg·L^{-1}$)。水中还原性无机物和低相对分子质量的直链有机化合物大部分都能被 $K_2Cr_2O_7$ 氧化,由此可测得水中的化学耗氧量。对于工业废水,我国规定用重铬酸钾法进行测定,其方法如下:将水样用 H_2SO_4 酸化,以硫酸银为催化剂,加入一定量过量的 $K_2Cr_2O_7$ 标准溶液,反应完成后以邻二氮菲为指示剂,用 Fe^{2+} 标准溶液滴定剩余的 $K_2Cr_2O_7$。测定水样的同时,按同样步骤作空白试验,根据水样和空白消耗 Fe^{2+} 标准溶液的差值,计算水样的化学耗氧量。

6.3.3 碘量法

一、概述

碘量法是利用 I_2 的氧化性或 I^- 的还原性来进行测定的方法。由于固体 I_2 在水中的溶解度很小(0.00133 $mol·L^{-1}$),且易挥发,故通常将 I_2 溶解在 KI 溶液中,此时 I_2 在溶液中以 I_3^- 形式存在,即

$$I_2 + I^- \Longleftrightarrow I_3^-$$

为方便起见,一般将 I_3^- 简写为 I_2。

用 I_3^- 滴定时的半反应为

$$I_3^- + 2e^- \rightleftharpoons 3I^- \qquad \varphi^\ominus = 0.545 \text{ V}$$

从 I_3^-/I^- 电对的电极电位大小来看，I_2 是较弱的氧化剂，能与较强的还原剂作用；而 I^- 是中等强度的还原剂，能与许多氧化剂反应。因此，碘量法一般分为直接碘量法和间接碘量法。

1. 直接碘量法

直接碘量法是指用 I_2 标准溶液，在酸性或中性溶液中，直接滴定较强的还原性物质，如 S^{2-}、$S_2O_3^{2-}$、SO_3^{2-}、Sn(Ⅱ)、Sb(Ⅲ)、As(Ⅲ)、维生素 C 等。

由于 I_2 氧化能力较弱，能氧化的物质有限，而且直接碘量法不能在 pH>9 的碱性介质中进行，否则会发生歧化反应：

$$3I_2 + 6OH^- \rightleftharpoons IO_3^- + 5I^- + 3H_2O$$

从而使分析结果产生误差，所以直接碘量法的应用受到较大的限制。

2. 间接碘量法

间接碘量法是指利用 I^- 的还原作用，与待测的氧化性物质反应生成 I_2，然后用 $Na_2S_2O_3$ 标准溶液滴定析出的 I_2，从而间接地测定氧化性物质，如 Cu^{2+}、Fe^{3+}、MnO_4^-、CrO_4^{2-}、$Cr_2O_7^{2-}$、IO_3^-、BrO_3^-、AsO_4^{3-}、H_2O_2、ClO^-、SbO_4^{3-} 等。间接碘量法应用比直接碘量法应用广泛。

碘量法用淀粉作指示剂，灵敏度高，I_2 浓度为 1×10^{-5} mol·L^{-1} 即显蓝色。当溶液呈现蓝色(直接碘量法)或蓝色消失(间接碘量法)即为终点。

碘量法的主要误差来源有两个，一个是 I_2 的挥发，另一个是 I^- 被空气中的 O_2 氧化。为减小误差，必须采取适当的措施。

防止 I_2 挥发的方法：配制 I_2 溶液时一般加入过量的 KI，使 I_2 形成 I_3^-，减少其挥发。溶液温度不宜过高，析出碘的反应最好在带塞的碘瓶中进行，滴定时不要剧烈摇动。

防止 I^- 被空气中的 O_2 氧化的方法：I^- 被空气氧化的反应随光照和酸度的增高而加快。因此，应将析出 I_2 的反应瓶置于暗处放置，滴定前调节好酸度。此外，Cu^{2+}、NO_2^- 等杂质会催化空气中的 O_2 氧化 I^-，应事先除去这些杂质。

二、标准溶液的配制和标定

碘量法中经常使用 $Na_2S_2O_3$ 和 I_2 两种标准溶液。

1. $Na_2S_2O_3$ 标准溶液的配制和标定

$Na_2S_2O_3 \cdot 5H_2O$ 固体易风化失去结晶水，并含有少量 SO_3^{2-}、S^{2-}、S 等杂质，因此不能直接配制成标准溶液。$Na_2S_2O_3$ 溶液也不稳定，容易被细菌分解，与水中的 CO_2、空气中的 O_2 作用：

$$S_2O_3^{2-} \xrightarrow{\text{细菌}} SO_3^{2-} + S\downarrow$$

$$S_2O_3^{2-} + CO_2 + H_2O \rightleftharpoons HSO_3^- + HCO_3^- + S\downarrow$$

$$2S_2O_3^{2-} + O_2 \rightleftharpoons 2SO_4^{2-} + 2S\downarrow$$

因此，配制 $Na_2S_2O_3$ 溶液时，需要用新煮沸并冷却的蒸馏水，目的是除去水中溶解的

CO_2 和 O_2，并杀灭细菌；还需加入少量 Na_2CO_3 使溶液呈弱碱性以抑制细菌生长。配好的溶液应储存于棕色瓶中，放置暗处以防光照分解。$Na_2S_2O_3$ 溶液不易长期使用，过一段时间应该重新进行标定，如发现溶液变得浑浊表示有 S 析出，应弃去重新配制。

标定 $Na_2S_2O_3$ 的基准物质有 $K_2Cr_2O_7$、KIO_3 等，通常采用置换滴定法标定 $Na_2S_2O_3$ 溶液的浓度。以 $K_2Cr_2O_7$ 为例，称取一定量的 $K_2Cr_2O_7$，在酸性介质中使其先与过量 KI 作用：

$$Cr_2O_7^{2-} + 6I^- + 14H^+ = 2Cr^{3+} + 3I_2 + 7H_2O$$

生成的 I_2 用 $Na_2S_2O_3$ 溶液滴定，以淀粉为指示剂，终点由深蓝色变为亮绿色（Cr^{3+} 的颜色）：

$$I_2 + 2S_2O_3^{2-} = 2I^- + S_4O_6^{2-}$$

$Cr_2O_7^{2-}$ 与 I^- 的反应速率较慢，必须提高酸度并加过量 KI，即增加反应物浓度以提高反应速率。但酸度高 I^- 易被空气中 O_2 氧化为 I_2，一般以控制溶液的 $[H^+]$ 为 $0.2\sim0.4\ mol\cdot L^{-1}$ 为宜，并在暗处放置 5 min，使反应完全。

用 $Na_2S_2O_3$ 滴定前需先用蒸馏水稀释，一方面可降低酸度以防止过量 I^- 被空气中的 O_2 氧化，另一方面可使 Cr^{3+} 的绿色变浅，从而不干扰终点观察。淀粉指示剂要在接近终点时加入，如果加得太早，碘-淀粉吸附化合物会吸附部分 I_2，使终点提前。滴至绿黄色 $[I_3^-$（黄色）和 Cr^{3+}（绿色）]时，表示 I_2 已很少了，临近终点，此时便可加入淀粉指示剂。如果滴定至终点后溶液迅速变蓝，表示 $K_2Cr_2O_7$ 与 KI 反应未定量完成，应该重做实验。

若用 KIO_3 作基准物质来标定，只需稍过量的酸，KIO_3 与 KI 即可迅速反应，不必放置，可立即反应。这样空气中的 O_2 氧化 I^- 的机会也很少。KIO_3 与 KI 的反应式为

$$IO_3^- + 5I^- + 6H^+ = 3I_2 + 3H_2O$$

2. I_2 标准溶液的配制和标定

用升华的方法很容易制得纯 I_2，但由于其挥发性极强，在称量的过程中就会有损失，不能直接配制标准溶液。由于 I_2 在水中的溶解度极小，配制溶液时要先将一定量的 I_2 溶于 KI 的浓溶液中，配成较浓的溶液，然后根据所需浓度稀释至一定体积，于棕色瓶中保存，避光和防止受热，且不得与橡胶等有机物接触。

标定 I_2 溶液浓度的基准物质是 As_2O_3，也可以用已知浓度的 $Na_2S_2O_3$ 标准溶液来标定。As_2O_3 难溶于水，但可溶于碱溶液中：

$$As_2O_3 + 6OH^- = 2AsO_3^{3-} + 3H_2O$$

在 pH 为 8～9 时，AsO_3^{3-} 与 I_2 定量反应：

$$I_2 + AsO_3^{3-} + H_2O = AsO_4^{3-} + 2I^- + 2H^+$$

进行标定时应先酸化溶液，再加 $NaHCO_3$ 调节 pH 为 8，在酸性介质中，AsO_4^{3-} 氧化 I^- 为 I_2。As_2O_3 是剧毒物质，俗称砒霜，使用时要小心。

三、碘量法应用示例

1. 钢铁中硫的测定——直接碘量法

将钢样与金属锡（作助熔剂）置于磁舟中，放于 1300 ℃ 管式炉内通 O_2 燃烧，使试样中的

硫转化为 SO_2，用水吸收 SO_2，再用碘标准溶液滴定，以淀粉为指示剂，溶液呈蓝色即为终点。其反应如下：

$$S+O_2 = SO_2$$

$$SO_2+H_2O = H_2SO_3$$

$$H_2SO_3+I_2+H_2O = SO_4^{2-}+4H^++2I^-$$

2. 铜合金中铜的测定——间接碘量法

碘量法测定铜是基于 Cu^{2+} 与过量 KI 反应定量析出 I_2，然后用 $Na_2S_2O_3$ 标准溶液滴定生成的 I_2。以淀粉为指示剂，反应为

$$2Cu^{2+}+4I^- = 2CuI\downarrow +I_2$$

$$I_2+2S_2O_3^{2-} = 2I^-+S_4O_6^{2-}$$

$Na_2S_2O_3$ 滴定 I_2 的反应必须在弱酸性介质中进行，在强酸性介质中，I^- 易被空气中的 O_2 氧化成 I_2：

$$4I^-+4H^++O_2 = 2I_2+2H_2O$$

$Na_2S_2O_3$ 也会分解：

$$S_2O_3^{2-}+2H^+ = SO_2\uparrow +S\downarrow +H_2O$$

在碱性介质中，I_2 会发生歧化反应，I_2 与 $S_2O_3^{2-}$ 也会发生副反应：

$$S_2O_3^{2-}+4I_2+10OH^- = 2SO_4^{2-}+8I^-+5H_2O$$

测定 Cu^{2+} 时溶液的酸度应控制在 pH 为 3.5～4.0，可用 NH_4HF_2 来控制，一方面起到缓冲剂的作用，另一方面 F^- 可与 Fe^{3+} 配位，消除杂质 Fe^{3+} 对 Cu^{2+} 测定的干扰。

析出 I_2 的反应生成了 CuI 沉淀，该沉淀能吸附一部分 I_2，导致结果偏低。因此，在接近终点时加入 KSCN，使 CuI 沉淀转化为溶解度更小的 CuSCN 沉淀。该沉淀吸附 I_2 的倾向小，终点变化明显，但 KSCN 不能过早加入，因为它能还原 I_2，使结果偏低。

测定铜合金中的铜时，先称取铜合金试样，加盐酸及 H_2O_2 加热溶解，要使过量 H_2O_2 完全分解掉。加 NH_4HF_2 溶液，调节 pH 为 3.5～4.0，再加入过量 KI 溶液，然后用 $Na_2S_2O_3$ 标准溶液滴定至淡黄色。加入淀粉指示剂，溶液呈深蓝色，继续滴定至浅粉紫色。加入 KSCN 溶液，溶液立刻变为蓝色，继续用 $Na_2S_2O_3$ 标准溶液滴定至蓝色消失即为终点。

6.3.4 其他氧化还原滴定法

一、溴酸钾法

溴酸钾是一种强氧化剂（$\varphi^{\ominus}_{BrO_3^-/Br^-}=1.44$ V），容易提纯，在 180 ℃烘干后可直接配制标准溶液。在酸性溶液中，可以直接滴定一些还原性物质，如 As(Ⅲ)、Sb(Ⅲ)、Sn^{2+} 和 Tl^+ 等。例如，测定矿石中锑的含量，可将矿样溶解，将 Sb^{5+} 还原为 Sb^{3+}，在 HCl 溶液中以甲基橙为指示剂，用 $KBrO_3$ 标准溶液滴定至溶液有微过量的 $KBrO_3$ 时，甲基橙被氧化褪色而指示终点。反

应为
$$3Sb^{3+}+BrO_3^-+6H^+ \Longrightarrow 3Sb^{5+}+Br^-+3H_2O$$

在实际应用上,溴酸钾法主要用于测定有机化合物,在称量 $KBrO_3$ 配制标准溶液时,加入过量的 KBr 于其中,配成 $KBrO_3$-KBr 标准溶液。在测定有机化合物时,将此标准溶液加到酸性试液中,这时 $KBrO_3$ 与 KBr 发生如下反应:

$$BrO_3^-+5Br^-+6H^+ \Longrightarrow 3Br_2+3H_2O$$

生成的 Br_2 会立即与有机化合物作用。$KBrO_3$-KBr 标准溶液很稳定,只有在酸化时才发生上述反应,这就解决了溴水由于不稳定而不适合于配制标准溶液作滴定剂的问题。利用溴的取代作用,可以测定酚类及芳香胺有机化合物;利用加成反应可以测定有机化合物的不饱和度。溴与有机化合物反应的速率较慢,必须加入过量的试剂,反应完成后,过量的 Br_2 用碘量法测定:

$$Br_2+2I^- \Longrightarrow 2Br^-+I_2$$
$$I_2+2S_2O_3^{2-} \Longrightarrow 2I^-+S_4O_6^{2-}$$

因此,溴酸钾法一般与碘量法配合使用。

二、硫酸铈法(铈量法)

硫酸铈 $Ce(SO_4)_2$ 是强氧化剂,在酸性溶液中,其氧化还原半反应为

$$Ce^{4+}+e^- \Longrightarrow Ce^{3+} \qquad \varphi^\ominus = 1.61 \text{ V}$$

可以看出,其氧化性与 $KMnO_4$ 差不多,凡是能用 $KMnO_4$ 滴定的物质一般都可以用铈量法测定。

铈量法的优点是可以用纯的硫酸铈 $[Ce(SO_4)_2 \cdot 2(NH_4)_2SO_4 \cdot 2H_2O]$ 直接配制标准溶液,溶液稳定,放置较长时间或加热煮沸也不易分解。Ce^{4+} 还原为 Ce^{3+} 时反应简单,副反应少,能在较浓的 HCl 溶液中直接滴定 Fe^{2+},这些都比高锰酸钾法优越。由于 Ce^{4+} 极易水解生成碱式盐沉淀,配制 Ce^{4+} 溶液必须加酸,滴定也必须在强酸溶液中进行。还要注意,Ce^{4+} 与一些还原剂的反应速率不够快,由于铈盐较贵,因此铈量法在实际应用中受到一定限制。

习 题

1. 计算下列反应的平衡常数。

(1) $I_2+5Br_2+6H_2O \Longrightarrow 2IO_3^-+10Br^-+12H^+$ $\quad \varphi^\ominus_{Br_2/Br^-}=1.087 \text{ V}, \varphi^\ominus_{IO_3^-/I_2}=1.20 \text{ V}$;

(2) $Cr^{2+}+Fe \Longrightarrow Cr+Fe^{2+}$ $\quad \varphi^\ominus_{Cr^{2+}/Cr}=-0.91 \text{ V}, \varphi^\ominus_{Fe^{2+}/Fe}=-0.440 \text{ V}$;

(3) $Mg+Cl_2 \Longrightarrow Mg^{2+}+2Cl^-$ $\quad \varphi^\ominus_{Cl_2/Cl^-}=1.359 \text{ V}, \varphi^\ominus_{Mg^{2+}/Mg}=-2.37 \text{ V}$;

(4) $5MnO_2+4H^+ \Longrightarrow 2MnO_4^-+3Mn^{2+}+2H_2O$ $\quad \varphi^\ominus_{MnO_2/Mn^{2+}}=1.23 \text{ V}, \varphi^\ominus_{MnO_4^-/MnO_2}=1.695 \text{ V}$;

(5) $Ag^+ + 2S_2O_3^{2-} \rightleftharpoons Ag(S_2O_3)_2^{3-}$　　$\varphi^\ominus_{Ag^+/Ag} = 0.799$ V, $\varphi^\ominus_{Ag(S_2O_3)_2^{3-}/Ag} = 0.017$ V;

(6) $CuI \rightleftharpoons Cu^+ + I^-$　　$\varphi^\ominus_{CuI/Cu} = 0.185$ V, $\varphi^\ominus_{Cu^+/Cu} = 0.518$ V。

2. 已知半反应 $VO_2^+ + 2H^+ + e^- \rightleftharpoons VO^{2+} + 2H_2O$ 的标准电极电位 $\varphi^\ominus = 1.00$ V, 计算下列 pH 溶液中电对 VO_2^+/VO^{2+} 的条件电位 $\varphi^{\ominus\prime}$。

(1) pH = 1.00;　　　(2) pH = 2.00。

3. 在含有未配位 EDTA 浓度为 0.10 mol·L^{-1}, pH = 3.00 的溶液中, 计算电对 Fe^{3+}/Fe^{2+} 的条件电位 $\varphi^{\ominus\prime}$。

4. 计算以 0.1 mol·L^{-1} V(V) 的 HCl 溶液滴定 20.00 mL 0.05 mol·L^{-1} Sn(II) 的 HCl 溶液, 当 V 溶液的加入量为 5.00 mL、19.98 mL、20.00 mL、20.02 mL 时, 电极电位各为多少? 滴定反应为 $SnCl_4^{2-} + 2VO_2^+ + 4H^+ + 2Cl^- \rightleftharpoons SnCl_6^{2-} + 2VO^{2+} + 2H_2O$; $\varphi^\ominus_{Sn(IV)/Sn(III)} = 0.14$ V, $\varphi^\ominus_{V(V)/V(IV)} = 1.00$ V。

5. 计算下列各滴定体系的化学计量点电位, 假定所有的滴定体系中始终保持 $[H^+] = 0.2$ mol·L^{-1}。

被测物浓度/(mol·L^{-1})　　　　滴定剂浓度/(mol·L^{-1})

(1) $Fe^{3+}(0.0400)$　　　　　　$Sn^{2+}(0.0500)$

(2) $U^{4+}(0.0200)$　　　　　　$Tl^{3+}(0.0500)$ ($\varphi^\ominus_{Tl^{3+}/Tl^+} = 1.26$ V)

(3) $HNO_2(0.0200)$　　　　　　$KMnO_4(0.0200)$

(4) $HAsO_2(0.0200)$　　　　　　$Br_2(aq)(0.0500)$

(5) $Sn^{2+}(0.0200)$　　　　　　$H_3AsO_4(0.0500)$

6. 用 0.00987 mol·L^{-1} $KMnO_4$ 溶液滴定 25.00 mL 含有 UO_2^+ 和 Fe^{2+} 混合物的 1 mol·L^{-1} $HClO_4$ 溶液。

(1) 按滴定反应的顺序写出两个反应式;

(2) 若两个终点所消耗的 $KMnO_4$ 溶液体积分别为 12.73 mL 和 31.21 mL, 计算未知液中 UO_2^+ 和 Fe^{2+} 的浓度;

(3) 假定 $[H^+]$ 保持为 1 mol·L^{-1} 不变, 计算加入滴定剂体积为 $\dfrac{V_1}{2}$、V_1、$V_1 + \dfrac{V_2}{2}$、V_2、$V_2 + 1.00$ mL 时体系的电位。V_1 和 V_2 分别表示第一和第二化学计量点时所消耗滴定剂的体积。

7. 用 0.100 mol·L^{-1} $Na_2S_2O_3$ 溶液滴定 20.00 mL 0.0500 mol·L^{-1} I_2 溶液(含 1.0 mol·L^{-1} KI), 计算滴定至 50%、100%、150% 时体系的电位。

8. 计算 pH = 8.0 时, As(V)/As(III) 电对的条件电极电位(忽略离子强度的影响), 并从计算结果判断以下反应的方向:

$$H_3AsO_4 + 2H^+ + 3I^- \rightleftharpoons HAsO_2 + I_3^- + 2H_2O$$

9. 取甘油的水溶液 100.0 mg, 加入 50.00 mL 含 0.0837 mol·L^{-1} Ce^{4+} 的 4.0 mol·L^{-1} $HClO_4$ 溶液, 在 60 ℃下处理 15 min, 使甘油氧化至甲酸, 过量的 Ce^{4+} 用 0.04480 mol·L^{-1} Fe^{2+} 溶液滴定, 消耗 12.11 mL, 计算原未知液中甘油的含量。

10. 将 2.761 g 含镧的试样制成溶液后, 加入过量 KIO_3 溶液, 使 La^{3+} 以 $La(IO_3)_3$ 形式沉淀, 沉淀经过滤并洗涤后, 用酸溶解, 加入过量的 KI 溶液, 反应生成的 I_2 用 0.05152 mol·L^{-1} $Na_2S_2O_3$

溶液滴定,消耗 6.42 mL,计算试样中 $La_2(SO_4)_3$ 的含量。

11. 取 1.000 g 含 KI 和 KBr 的试样,溶解于水中并稀释至 200.0 mL,从其中取 50.00 mL,在中性介质中用 Br_2 处理,以使 I^- 变成 IO_3^-,过量的 Br_2 用沸腾法除去。再加入过量的 KI 溶液,酸化后,生成的 I_2 用 0.05000 mol·L^{-1} $Na_2S_2O_3$ 溶液滴定,消耗 40.80 mL。另取 50.00 mL 上述稀释溶液,用 $K_2Cr_2O_7$ 强酸性溶液氧化,释放出来的 I_2 和 Br_2 被蒸馏出来,并收集在较浓的 KI 溶液中,再用 $Na_2S_2O_3$ 溶液滴定,消耗 29.80 mL,计算原试样中 KI 和 KBr 的含量。

12. 将 3.21 L 空气通过 150 ℃ 的 I_2O_5,发生如下反应:
$$I_2O_5 + 5CO = 5CO_2 + I_2$$
生成的 I_2 升华出来并吸收于 KI 溶液中,滴定 I_2 时耗去 7.76 mL 0.002210 mol·L^{-1} $Na_2S_2O_3$ 溶液。计算空气中 CO 的含量(用 mg·L^{-1} 表示)。

13. 称取 1.000 g 含 $NaIO_3$ 和 $NaIO_4$ 的混合试样,溶解后定容于 250 mL 容量瓶中。准确移取 50.00 mL 试液,用硼砂将试液调至弱碱性,加入过量的 KI,此时 IO_4^- 被还原为 IO_3^-(IO_3^- 不氧化 I^-),释放出的 I_2 用 0.04000 mol·L^{-1} $Na_2S_2O_3$ 溶液滴定至终点时,消耗 20.00 mL。另移取 25.00 mL 试液,用 HCl 溶液调节溶液至酸性,加入过量 KI,释放出的 I_2 用 0.04000 mol·L^{-1} $Na_2S_2O_3$ 溶液滴定,消耗 50.00 mL。计算混合试样中 $NaIO_3$ 和 $NaIO_4$ 的质量分数。

14. 用高锰酸钾法测定软锰矿中 MnO_2 的质量分数,是基于下述反应:
$$MnO_2 + C_2O_4^{2-} + 4H^+ = Mn^{2+} + 2CO_2 + 2H_2O$$
过量的 $Na_2C_2O_4$ 用 $KMnO_4$ 标准溶液返滴定。现有 0.3000 g 矿样,加入 0.5000 g $Na_2C_2O_4$ 及硫酸,加热使反应完全,然后用 0.01964 mol·L^{-1} $KMnO_4$ 溶液返滴,用去 16.50 mL,计算矿样中 MnO_2 的质量分数。

15. 称取 0.7000 g 硫脲试样,溶解后在容量瓶中稀释至 250 mL。移取 25.00 mL 试液,需要 15.00 mL 0.008333 mol·L^{-1} $KBrO_3$ 溶液与其定量反应,反应式如下:
$$3CS(NH_2)_2 + 4BrO_3^- + 3H_2O = 3CO(NH_2)_2 + 3SO_4^{2-} + 4Br^- + 6H^+$$
计算试样中硫脲的质量分数。

第 7 章

重量分析法和沉淀滴定法

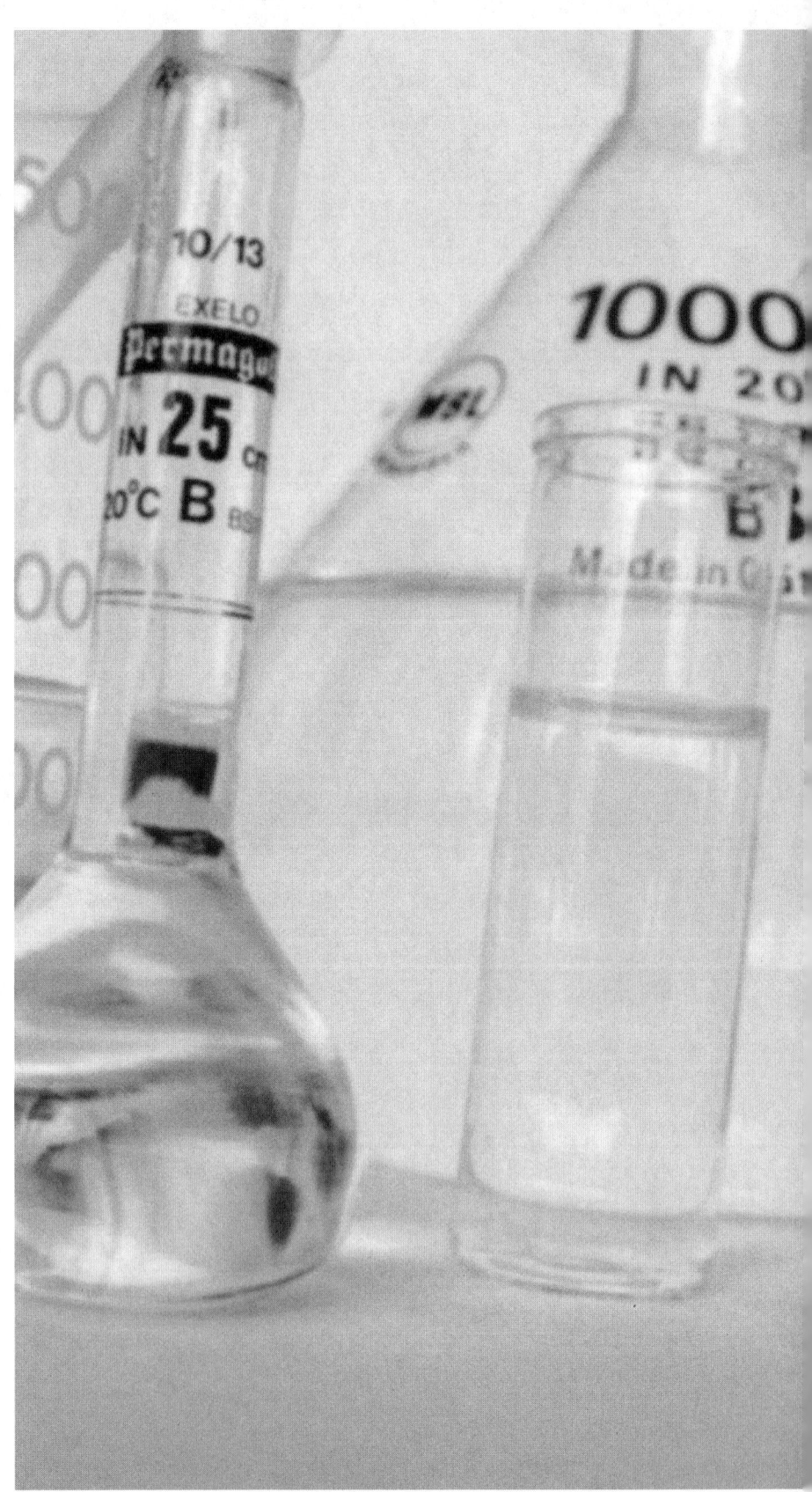

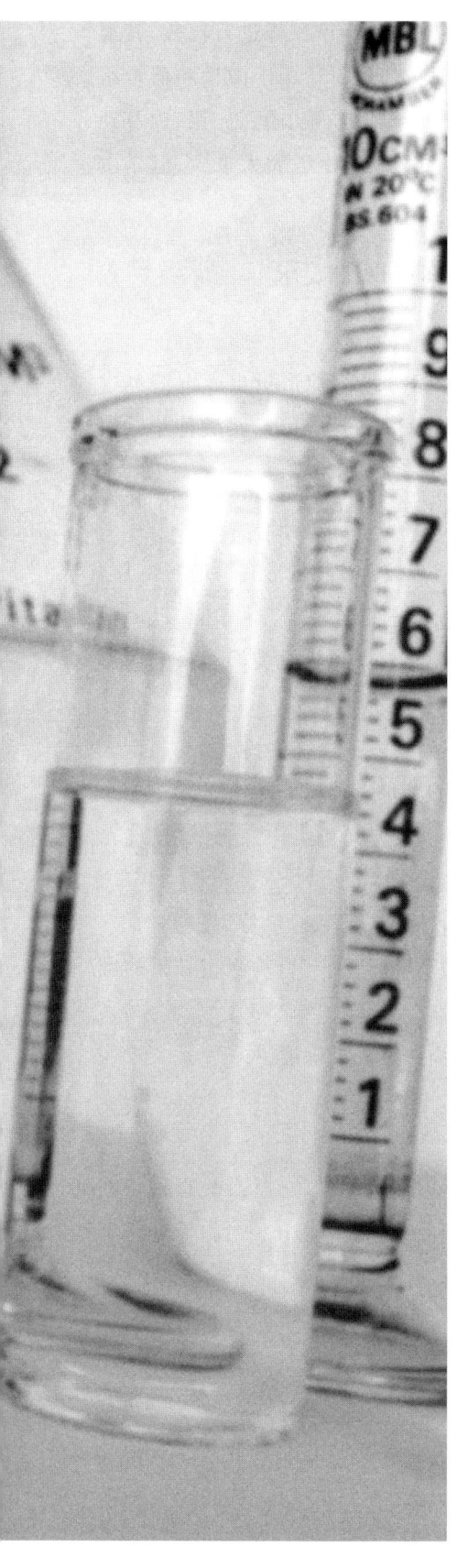

7.1 重量分析法概述

重量分析法是先用适当的方法将试样中待测组分与其他组分分离,然后称量,由称得的质量计算待测组分的含量。重量分析法是化学分析中最经典、最基本的方法。

7.1.1 重量分析法的分类和特点

根据待测组分与试样中其他组分分离方法的不同,重量分析法可分为沉淀法、挥发法和电解法三类,其中以沉淀法最为常用。

一、沉淀法

沉淀法是利用沉淀反应使待测组分以难溶化合物的形式沉淀出来,再使之转化为称量形称量,由称得的质量计算出待测组分的含量。沉淀一般经过过滤、洗涤、烘干或灼烧转变为组成恒定的、用于称量的称量形。沉淀形和称量形可能相同,也可能不同。例如,用硫酸钡重量法测定试样中 Ba^{2+} 的含量时,其沉淀形与称量形都是 $BaSO_4$,此时沉淀形与称量形相同;用 $MgNH_4PO_4$ 重量法测定试样中 Mg^{2+} 的含量时,沉淀形为 $MgNH_4PO_4 \cdot 6H_2O$,灼烧后所得称量形为 $Mg_2P_2O_7$,这时沉淀形与称量形就不同。

二、挥发法

挥发法又叫汽化法,利用物质的挥发性质,通过加热或其他方法使待测组分从试样中挥发逸出,然后根据试样质量的减轻计算待测组分的含量;或者选择适当的吸收剂将逸出组分吸收,然后根据吸收剂增加的质量计算该组分的含量。例如,测定试样中湿存水或结晶水时,可将试样加热烘干至恒重,试样减轻的质量即水分质量。或者当该组分逸出时,选择适当的吸收剂将其吸收,然后根据吸收剂质量的增加计算该组分的含量。

三、电解法

利用电解的方法使被测金属离子在电极上还原析出,然后在天平上称量,电极增加的质量即为被测金属质量。

重量分析法直接通过称量得到分析结果,不需要与基准物质或标准试样进行比较,其准确度较高,相对误差一般为 0.1%~0.2%。缺点是操作烦琐、费时,不适用于微量和痕量组分的测定,因此限制了重量分析法的应用。但对于某些常量元素如硅、硫、磷、钨、钼、镍及几种稀有元素的精确测定仍采用重量分析法。虽然近年来有关文献报道已大为减少,但是由于它准确度高,在国家标准中仍有不少是使用重量分析法的。

7.1.2 沉淀重量法的分析过程及对沉淀形和称量形的要求

一、沉淀重量法的分析过程

试样分解制成溶液后,通过加入适当的沉淀剂,使待测组分以沉淀形析出。沉淀经过滤、洗涤、在适当温度下烘干或灼烧,转变为组成恒定的、用于称量的称量形,然后称量。根据称量形的化学式计算试样中待测组分的含量。其过程可以表示如下:

$$试样溶液+沉淀剂 \longrightarrow 沉淀形 \xrightarrow{过滤、洗涤、烘干(灼烧)} 称量形$$

为了保证测定有足够的准确度并便于操作,沉淀重量法对沉淀形和称量形有一定的要求。

二、沉淀重量法对沉淀形的要求

(1) 沉淀的溶解度要足够小,这样才能使待测组分沉淀完全,不致因沉淀溶解损失而影响测定的准确度。

(2) 沉淀形要便于过滤和洗涤。

(3) 沉淀的纯度要高,尽量避免混进杂质,以获得准确的结果。

(4) 沉淀应易于转化为称量形。

三、沉淀重量法对称量形的要求

(1) 称量形必须有确定的化学组成,否则无法计算分析结果。

(2) 称量形必须稳定,不受空气中水分、CO_2 和 O_2 等的影响,否则将影响测定结果的准确度。

(3) 称量形的摩尔质量要大,这样可减小称量误差,提高测定的准确度。

7.1.3 沉淀重量法结果的计算

在沉淀重量法中,多数情况下沉淀的称量形与待测组分的形式不同,这就需要将称得的称量形的质量换算成待测组分的质量。

一、换算因数

待测组分的摩尔质量与称量形的摩尔质量之比是常数,称为换算因数,常用 F 表示。换算因数可根据有关化学式求得,见表 7.1。

二、结果的计算

由称得的称量形质量 m、换算因数 F 及所称试样质量 m_s,即可求出待测组分的质量分数 w_x:

$$w_x = \frac{m_x}{m_s} \times 100\% = \frac{m \cdot F}{m_s} \times 100\%$$

表 7.1　根据化学式计算换算因数

待测组分	称量形	换算因数 F
Ba	$BaSO_4$	$M_{Ba}/M_{BaSO_4} = 0.5884$
Fe	Fe_2O_3	$2M_{Fe}/M_{Fe_2O_3} = 0.6994$
Al_2O_3	$Al(C_9H_6NO)_3$	$M_{Al_2O_3}/2M_{Al(C_9H_6NO)_3} = 0.1110$
MgO	$Mg_2P_2O_7$	$2M_{MgO}/M_{Mg_2P_2O_7} = 0.3622$

例 7.1　称取 0.3815 g 某试样，用 $MgNH_4PO_4$ 沉淀重量法测定其中镁的含量，得 $Mg_2P_2O_7$ 0.6538 g，求 w_{MgO}。

解

$$w_{MgO} = \frac{m_{MgO}}{m_s} \times 100\% = \frac{m_{Mg_2P_2O_7} \cdot F}{m_s} \times 100\%$$

$$= \frac{m_{Mg_2P_2O_7} \cdot \dfrac{2M_{MgO}}{M_{Mg_2P_2O_7}}}{m_s} \times 100\%$$

$$= \frac{0.6538 \times \dfrac{2 \times 40.304}{222.55}}{0.3815} \times 100\%$$

$$= 62.07\%$$

例 7.2　沉淀重量法测铝时，称取 0.4883 g 含铝试样，溶解后用 8-羟基喹啉沉淀，烘干后称得 $Al(C_9H_6NO)_3$ 0.3516 g。计算试样中 w_{Al}。

解

$$w_{Al} = \frac{m_{Al} \cdot F}{m_s} \times 100\% = \frac{m_{Al(C_9H_6NO)_3} \cdot \dfrac{M_{Al}}{M_{Al(C_9H_6NO)_3}}}{m_s} \times 100\%$$

$$= \frac{0.3516 \times \dfrac{26.982}{459.44}}{0.4883} \times 100\%$$

$$= 4.23\%$$

7.2　沉淀的溶解度及其影响因素

沉淀的溶解损失是沉淀重量法误差的主要来源之一。沉淀重量法要求沉淀反应进行完全，一般可根据溶解度的大小来衡量。通常要求待测组分在溶液中的残留量不超过 0.1 mg，即小于分析天平的称量误差。实际上很多沉淀在纯水中的溶解度都大于此值。因此，必须了解各种影响沉淀溶解度的因素，以便控制好沉淀条件，降低溶解损失，使其达到上述要求。

7.2.1　溶解度、溶度积和条件溶度积

难溶化合物 MA 在水溶液中达到平衡时，有下列的平衡关系：

$$\text{MA(固)} \rightleftharpoons \text{MA(水)} \rightleftharpoons \text{M}^+ + \text{A}^-$$

其中 MA(水)可以是不带电荷的分子 MA,也可以是离子对 M^+A^-,根据 MA(固)和 MA(水)之间的平衡,得到

$$\frac{a_{\text{MA(水)}}}{a_{\text{MA(固)}}} = s^0$$

因纯固体物质的活度等于 1,溶液中分子的活度系数 γ_{MA} 近似为 1,则

$$s^0 = a_{\text{MA(水)}} = \gamma_{\text{MA}}[\text{MA}]_水 = [\text{MA}]_水$$

$[\text{MA}]_水$ 在一定温度下为一常数,等于 s^0,称为该物质的固有溶解度或分子溶解度。若溶液中不存在其他平衡,则固体 MA 的溶解度 s 等于固有溶解度和离子 M^+(或 A^-)浓度之和,即

$$s = s^0 + [\text{M}^+] = s^0 + [\text{A}^-] \tag{7.1}$$

对大多数电解质来说,s^0 都较小,而且大多未被测定,故一般计算中往往忽略 s^0。但有的化合物的 s^0 相当大,例如 25 ℃ CaSO_4 在水中的固有溶解度为 1.8×10^{-3} mol·L^{-1},而按 CaSO_4 的溶度积(9.1×10^{-6})计算,其溶解度为 3.0×10^{-3} mol·L^{-1},这说明溶液中有大量 CaSO_4 分子存在。

根据难溶化合物 MA 在水溶液中的平衡关系,得到

$$K = \frac{a_{\text{M}^+} \cdot a_{\text{A}^-}}{a_{\text{MA(水)}}} = \frac{a_{\text{M}^+} \cdot a_{\text{A}^-}}{s^0}$$

故

$$K_{sp}^0 = a_{\text{M}^+} \cdot a_{\text{A}^-} = K s^0 \tag{7.2}$$

K_{sp}^0 为该难溶化合物的活度积常数,简称活度积,它仅随温度变化。若引入活度系数 γ,则会得到用浓度表示的溶度积常数 K_{sp},简称溶度积。

$$K_{sp} = [\text{M}^+][\text{A}^-] = \frac{a_{\text{M}^+}}{\gamma_{\text{M}^+}} \cdot \frac{a_{\text{A}^-}}{\gamma_{\text{A}^-}} = \frac{K_{sp}^0}{\gamma_{\text{M}^+} \cdot \gamma_{\text{A}^-}} \tag{7.3}$$

K_{sp} 与溶液中离子强度有关。

由于难溶化合物的溶解度一般都很小,当溶液中的离子强度不大时,通常不考虑离子强度的影响;但在溶液中有强电解质存在时,离子强度较大,则应考虑离子强度的影响,从相应的活度系数 γ 及 K_{sp}^0 计算出该条件下的 K_{sp},此时 K_{sp} 与 K_{sp}^0 可能相差较大,采用溶度积进行计算才符合实际情况。附录表 9 列出了部分微溶化合物的活度积和溶度积常数。

实际上,溶液中除了形成沉淀的主反应外,还可能存在多种副反应。如组成沉淀的金属离子发生水解作用,或与配体发生配位反应;组成沉淀的阴离子发生质子化反应等(为了便于书写,以下忽略离子的电荷):

$$\begin{array}{c}
\text{MA(固)} \rightleftharpoons \text{M} + \text{A} \\
\quad\quad\quad\quad\text{OH} \swarrow\ \downarrow\text{L} \quad \downarrow\text{H} \\
\quad\quad\quad\quad\text{MOH} \quad \text{ML} \quad \text{HA} \\
\quad\quad\quad\quad\vdots \quad\quad \vdots \quad\quad \vdots
\end{array}$$

此时溶液中金属离子总浓度用[M']表示：

$$[M'] = [M] + [ML] + [ML_2] + \cdots + [MOH] + [MOH_2] + \cdots$$

沉淀剂总浓度用[A']表示：

$$[A'] = [A] + [HA] + [H_2A] + \cdots$$

引入相关副反应系数 α_M、α_A，则

$$K'_{sp} = [M'][A'] = [M]\alpha_M \cdot [A]\alpha_A = K_{sp} \cdot \alpha_M \cdot \alpha_A \tag{7.4}$$

K'_{sp} 称为条件溶度积，表示沉淀溶解达到平衡时，组成沉淀的各种离子的所有型体总浓度的乘积。一般情况下，副反应系数 $\alpha_M > 1$，$\alpha_A > 1$，所以 $K'_{sp} > K_{sp}$，即副反应的发生使溶度积增大，此时溶解度：

$$s = [M'] = [A'] = \sqrt{K'_{sp}} \tag{7.5}$$

对于 MA_2 型沉淀，忽略固有溶解度，沉淀平衡为

$$MA_2(固) \rightleftharpoons M + 2A$$

溶度积

$$K_{sp} = [M^+][A^-]^2$$

若有副反应，则

$$K'_{sp} = [M'][A']^2 = [M]\alpha_M \cdot [A]^2\alpha_A^2 = K_{sp} \cdot \alpha_M \cdot \alpha_A^2$$

溶解度

$$s = [M'] = \frac{1}{2}[A'] = \sqrt[3]{\frac{K'_{sp}}{4}} \tag{7.6}$$

7.2.2 影响沉淀溶解度的因素

影响沉淀溶解度的因素很多，如同离子效应、盐效应、酸效应、配位效应等。此外，温度、溶剂、沉淀颗粒的大小对溶解度也有影响。下面分别加以讨论。

一、同离子效应

组成沉淀的离子称为构晶离子，当沉淀反应达到平衡后，如果向溶液中加入过量的含某一构晶离子的试剂，则沉淀的溶解度减小，这一现象就是同离子效应。

例如，25 ℃时，$BaSO_4$ 在水中的溶解度为

$$s = [Ba^{2+}] = [SO_4^{2-}] = \sqrt{K_{sp}} = \sqrt{1.1 \times 10^{-10}} \text{ mol} \cdot L^{-1} = 1.1 \times 10^{-5} \text{ mol} \cdot L^{-1}$$

假定沉淀体系的体积为 200 mL，则 $BaSO_4$ 的溶解损失为

$$1.1 \times 10^{-5} \text{ mol} \cdot L^{-1} \times 200 \text{ mL} \times 233.4 \text{ g} \cdot \text{mol}^{-1} = 0.5 \text{ mg}$$

此时溶解损失大于分析天平的称量误差 0.1 mg，故沉淀不完全，如果加入过量沉淀剂，使沉淀后溶液中 SO_4^{2-} 浓度为 0.1 mol·L^{-1}，则此时 $BaSO_4$ 的溶解度为

$$s = [Ba^{2+}] = \frac{K_{sp}}{[SO_4^{2-}]} = \frac{1.1 \times 10^{-10}}{0.1} \text{mol} \cdot L^{-1} = 1.1 \times 10^{-9} \text{ mol} \cdot L^{-1}$$

$BaSO_4$ 的溶解度由原来的 1.1×10^{-5} mol·L^{-1} 降低到 1.1×10^{-9} mol·L^{-1}，减小了 10000 倍，同样

体积,则溶解损失为

$$1.1\times10^{-9}\ mol\cdot L^{-1}\times200\ mL\times233.4\ g\cdot mol^{-1}=5\times10^{-5}\ mg$$

故沉淀很完全。

利用同离子效应,加入过量的沉淀剂是降低沉淀溶解度的有效方法,但若沉淀剂加入过多,反而由于盐效应、配位效应等副反应使沉淀的溶解度增加。一般沉淀剂过量50%~100%为宜;对于非挥发性沉淀剂,一般则过量20%~30%为宜。

二、盐效应

当溶液中有强电解质存在时,随着电解质浓度及所带电荷数的增大,溶液中离子强度也随之增大,使得沉淀的溶解度增大,这种现象叫盐效应。

对于沉淀平衡 $MA(固) \rightleftharpoons M^+ + A^-$

考虑离子强度的影响则有

$$s = \sqrt{K_{sp}} = \sqrt{\frac{K_{sp}^0}{\gamma_{M^+}\cdot\gamma_{A^-}}}$$

一般情况下,活度系数 γ_{M^+}、γ_{A^-} 都小于1,因此,对同一体系考虑离子强度时,沉淀的溶解度要比不考虑离子强度时大。

例7.3 考虑盐效应,计算 $BaSO_4$ 在 $0.1\ mol\cdot L^{-1}\ NH_4Cl$ 溶液中的溶解度。

解 $I = \frac{1}{2}(c_{NH_4^+}\cdot z^2 + c_{Cl^-}\cdot z^2)$

$\quad = \frac{1}{2}(0.1\ mol\cdot L^{-1}\times 1^2 + 0.1\ mol\cdot L^{-1}\times 1^2) = 0.1\ mol\cdot L^{-1}$

查表得 $\mathring{a}_{Ba^{2+}} = 0.5$,$\mathring{a}_{SO_4^{2-}} = 0.4$,$\gamma_{Ba^{2+}} = 0.38$,$\gamma_{SO_4^{2-}} = 0.355$,则

$$s = \sqrt{K_{sp,BaSO_4}} = \sqrt{\frac{K_{sp,BaSO_4}^0}{\gamma_{Ba^{2+}}\cdot\gamma_{SO_4^{2-}}}}$$

$$= \sqrt{\frac{1.1\times 10^{-10}}{0.38\times 0.355}}\ mol\cdot L^{-1} = 2.9\times 10^{-5}\ mol\cdot L^{-1}$$

表7.2 列出了 $PbSO_4$ 在不同浓度 Na_2SO_4 溶液中溶解度。可以看出,溶液中有少量 Na_2SO_4 时,同离子效应使 $PbSO_4$ 的溶解度大大降低,当 Na_2SO_4 浓度增加时,盐效应又使溶解度有所增加。因此,利用同离子效应降低沉淀溶解度时,应考虑盐效应的影响,即沉淀剂不能过量太多,否则将使沉淀溶解度增大。

表7.2 $PbSO_4$ 在不同浓度 Na_2SO_4 溶液中的溶解度

$c_{Na_2SO_4}/(mol\cdot L^{-1})$	0	0.001	0.01	0.02	0.04	0.1	0.2	0.35
$s_{PbSO_4}/(mmol\cdot L^{-1})$	0.15	0.024	0.016	0.014	0.013	0.016	0.019	0.023

盐效应并不是增大溶解度的主要因素,一般不予考虑,只有当离子强度很大,且沉淀的溶解度本来就比较大时,才需要考虑盐效应。

三、酸效应

溶液酸度对沉淀溶解度的影响称为酸效应,不少沉淀是弱酸盐,当酸度较高时,将使沉淀溶解平衡向生成弱酸方向移动,从而增加沉淀的溶解度。

以 CaC_2O_4 为例,其溶解平衡关系为

$$CaC_2O_4 \rightleftharpoons Ca^{2+} + C_2O_4^{2-}$$
$$\downarrow H^+$$
$$HC_2O_4^-$$
$$H_2C_2O_4$$

若知道平衡时溶液的 pH,就可以计算酸效应系数 $\alpha_{C_2O_4(H)}$,得到条件溶度积,从而计算溶解度。

例 7.4 计算 CaC_2O_4 在(1)纯水中;(2) pH = 4.0 的缓冲溶液中;(3) pH = 4.0,草酸总浓度为 0.1 mol·L^{-1} 的溶液中的溶解度。已知 CaC_2O_4 的 $K_{sp} = 2.0 \times 10^{-9}$;$H_2C_2O_4$ 的 $pK_{a_1} = 1.22$,$pK_{a_2} = 4.19$。

解 (1) 在纯水中

$$s = [Ca^{2+}] = [C_2O_4^{2-}] = \sqrt{K_{sp}} = 4.5 \times 10^{-5} \text{ mol·L}^{-1}$$

(2) 在 pH = 4.0 的缓冲溶液中

$$\alpha_{C_2O_4^{2-}(H)} = 1 + \beta_1^H [H^+] + \beta_2^H [H^+]^2 = 1 + \frac{[H^+]}{K_{a_2}} + \frac{[H^+]^2}{K_{a_1} \cdot K_{a_2}}$$

$$= 1 + 10^{4.19} \times 10^{-4} + 10^{5.41} \times 10^{-8} = 2.55$$

$$K'_{sp} = K_{sp} \cdot \alpha_{C_2O_4^{2-}(H)} = 2.0 \times 10^{-9} \times 2.55 = 5.1 \times 10^{-9}$$

$$s = [Ca^{2+}] = [C_2O_4^{2-'}] = \sqrt{K'_{sp}} = 7.1 \times 10^{-5} \text{ mol·L}^{-1}$$

(3) 在 pH = 4.0,$c_{H_2C_2O_4} = 0.1$ mol·L^{-1} 的溶液中,既有酸效应,又有同离子效应。

$$\alpha_{C_2O_4^{2-}(H)} = 1 + \beta_1^H [H^+] + \beta_2^H [H^+]^2 = 2.55$$

$$K'_{sp} = K_{sp} \cdot \alpha_{C_2O_4^{2-}(H)} = 5.1 \times 10^{-9}$$

此时沉淀剂过量,则

$$[Ca^{2+}] = s$$

$$[C_2O_4^{2-'}] = 0.1 \text{ mol·L}^{-1} + s \approx 0.1 \text{ mol·L}^{-1}$$

$$s = [Ca^{2+}] = \frac{K'_{sp}}{[C_2O_4^{2-'}]} = \frac{5.1 \times 10^{-9}}{0.1} \text{ mol·L}^{-1} = 5.1 \times 10^{-8} \text{ mol·L}^{-1}$$

例 7.5 考虑 S^{2-} 的水解,计算 CuS 在纯水中的溶解度。已知 CuS 的 $K_{sp} = 10^{-35.2}$;H_2S 的 $pK_{a_1} = 6.88$,$pK_{a_2} = 14.15$。

解 CuS 在水中按下式解离:

$$CuS \rightleftharpoons Cu^{2+} + S^{2-}$$

CuS 溶解出来的 S^{2-} 在水中有下列平衡关系:

$$S^{2-} + H_2O \rightleftharpoons HS^- + OH^-$$

$$HS^- + H_2O \rightleftharpoons H_2S + OH^-$$

由于 CuS 的溶解度很小,S^{2-} 水解产生的 OH^- 很少,可忽略不计,溶液的 pH 就是水的 pH,即 pH ≈ 7。此时

$$\alpha_{S(H)} = 1 + \beta_1^H [H^+] + \beta_2^H [H^+]^2$$

$$= 1 + 10^{14.15-7.0} + 10^{6.88+14.15-14.0} = 10^{7.4}$$

此酸效应很大。溶液中的 $[S^{2-}]$ 远小于溶解度,此时

$$s = [S^{2-}] + [HS^-] + [H_2S] = [S^{2-'}] = [Cu^{2+}]$$

而

$$[S^{2-\prime}][Cu^{2+}] = s^2 = K'_{sp}$$

故

$$s = \sqrt{K'_{sp}} = \sqrt{K_{sp} \cdot \alpha_{S(H)}}$$

$$= \sqrt{10^{-35.2+7.4}} \text{ mol} \cdot \text{L}^{-1} = 1.3 \times 10^{-14} \text{ mol} \cdot \text{L}^{-1}$$

当弱酸盐沉淀的弱酸根碱性较强时,其在纯水中溶解度的计算要考虑酸效应影响问题。若沉淀的溶解度很小,溶解的弱酸根水解所产生的 OH^- 很少,基本不影响溶液的 pH,可按 pH = 7 进行计算;若沉淀的溶解度较大,而弱酸根离子的碱性又较强时,弱酸根水解所产生的 OH^- 浓度可按 $[OH^-] = s$ 进行近似处理,例如 MnS 在纯水中溶解度的计算,可如此处理。

酸效应对于不同类型沉淀的影响程度不同。对于强酸盐沉淀如 AgCl 等,在酸性溶液中进行沉淀,溶液的酸度对沉淀影响不大;而对于弱酸盐沉淀如 $CaCO_3$、CaC_2O_4 等,应在较低酸度下进行沉淀,否则沉淀不完全;对于本身是弱酸的沉淀,如硅酸($SiO_2 \cdot nH_2O$)等,易溶于碱,则应在强酸介质中进行沉淀。

四、配位效应

若溶液中存在能与沉淀的构晶离子生成可溶性配位化合物的配体,则会使沉淀溶解平衡向溶解方向移动,从而增加沉淀的溶解度,甚至使沉淀完全溶解,这种现象称为配位效应。配体的浓度越大,生成的配位化合物越稳定,沉淀的溶解度越大。

例 7.6 计算 AgBr 在 $0.1 \text{ mol} \cdot \text{L}^{-1}$ 氨水中的溶解度。已知 AgBr 的 $K_{sp} = 10^{-12.30}$;$Ag(NH_3)_2^+$ 的 $\beta_1 = 10^{3.24}$,$\beta_2 = 10^{7.05}$。

解 此时溶液中的平衡关系如下:

$$\text{AgBr} \rightleftharpoons \text{Ag}^+ + \text{Br}^-$$
$$\downarrow \text{NH}_3$$
$$\text{Ag(NH}_3)^+$$
$$\text{Ag(NH}_3)_2^+$$
$$\alpha_{\text{Ag(NH}_3)}$$

$$\alpha_{\text{Ag(NH}_3)} = 1 + \beta_1[\text{NH}_3] + \beta_2[\text{NH}_3]^2 = 1 + 10^{3.24} \times 0.1 + 10^{7.05} \times 0.1^2 = 10^{5.05}$$

$$K'_{sp} = K_{sp} \cdot \alpha_{\text{Ag(NH}_3)} = 10^{-12.30} \times 10^{5.05} = 10^{-7.25}$$

$$s = [\text{Ag}^{+\prime}] = [\text{Br}^-] = \sqrt{K'_{sp}} = 2.37 \times 10^{-4} \text{ mol} \cdot \text{L}^{-1}$$

例 7.7 计算 $BaSO_4$ 在 pH = 10.0 的 $0.01 \text{ mol} \cdot \text{L}^{-1}$ EDTA 溶液中的溶解度。已知 $BaSO_4$ 的 $K_{sp} = 10^{-9.96}$,$\lg K_{\text{BaY}} = 7.86$,$\lg \alpha_{\text{Y(H)}} = 0.45$。

解 此时存在如下平衡关系:

$$\text{BaSO}_4 \rightleftharpoons \text{Ba}^{2+} + \text{SO}_4^{2-}$$
$$\downarrow \text{Y} \xrightarrow{\text{H}} \alpha_{\text{Y(H)}}$$
$$\alpha_{\text{Ba(Y)}}$$

由于 pH = 10.0 时 BaY 的条件稳定常数比较大,故

$$s = [\text{SO}_4^{2-}] = [\text{Ba}^{2+\prime}] = [\text{Ba}^{2+}] + [\text{BaY}] \approx [\text{BaY}]$$

$$s = \sqrt{K'_{sp}} = \sqrt{K_{sp} \alpha_{\text{Ba(Y)}}}$$

$$\alpha_{\text{Ba(Y)}} = 1 + K_{\text{BaY}}[\text{Y}] = 1 + K_{\text{BaY}} \frac{[\text{Y}']}{\alpha_{\text{Y(H)}}} = 1 + 10^{7.86} \times \frac{0.01 - s}{\alpha_{\text{Y(H)}}}$$

$$= 1+10^{7.86} \times \frac{0.01-s}{10^{0.45}} = 10^{7.41} \times (0.01-s)$$

$$s = \sqrt{10^{-9.96} \times 10^{7.41} \times (0.01-s)}$$

$$s^2 + 10^{-2.55}s - 10^{-4.55} = 0$$

$$s = 4.1 \times 10^{-3} \text{ mol} \cdot \text{L}^{-1}$$

有些沉淀剂本身就是配体,当沉淀剂过量时,既有同离子效应,又有配位效应,此时沉淀的溶解度是增加还是减少,要视沉淀剂浓度而定。例如,Cl^- 既是 Ag^+ 的沉淀剂,又是 Ag^+ 的配体,在过量的 Cl^- 存在下,沉淀 $AgCl$ 就是这种情况,如图 7.1 所示。Cl^- 既和 Ag^+ 生成沉淀,又与 Ag^+ 生成 $AgCl$、$AgCl_2^-$、$AgCl_3^{2-}$、$AgCl_4^{3-}$ 配位化合物,溶液中存在如下平衡:

$$AgCl \rightleftharpoons Ag^+ + Cl^-$$
$$\Big| Cl^-$$
$$\alpha_{Ag(Cl)}$$

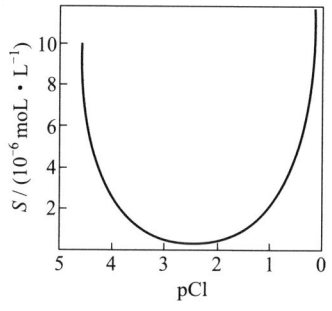

图 7.1 AgCl 沉淀的溶解度与 pCl 的关系

沉淀的溶解度为

$$s = [Ag^+] + [AgCl] + [AgCl_2^-] + [AgCl_3^{2-}] + [AgCl_4^{3-}]$$
$$= [Ag^+](1 + \beta_1[Cl^-] + \beta_2[Cl^-]^2 + \beta_3[Cl^-]^3 + \beta_4[Cl^-]^4)$$
$$= K_{sp}\left(\frac{1}{[Cl^-]} + \beta_1 + \beta_2[Cl^-] + \beta_3[Cl^-]^2 + \beta_4[Cl^-]^3\right)$$

在 $[Cl^-]$ 不大时,等式右侧后两项可以省略。溶解度为最小值时 $[Cl^-]$ 可由上式的一阶导数等于零求得,即

$$\frac{ds}{d[Cl^-]} = K_{sp}\left(-\frac{1}{[Cl^-]^2} + \beta_2\right) = 0$$

$$[Cl^-] = \frac{1}{\sqrt{\beta_2}} = 10^{-2.52} \text{ mol} \cdot \text{L}^{-1} = 3.02 \times 10^{-3} \text{ mol} \cdot \text{L}^{-1}$$

这时溶解度的最小值为

$$s_{\text{最小}} = 10^{-9.75} \times \left(\frac{1}{10^{-2.52}} + 10^{3.04} + 10^{5.04-2.52}\right) \text{ mol} \cdot \text{L}^{-1} = 10^{-6.5} \text{ mol} \cdot \text{L}^{-1}$$

当 $[Cl^-]$ 小于 3.02×10^{-3} mol·L^{-1} 时,同离子效应起主导作用,溶解度减小;当 $[Cl^-]$ 大于 3.02×10^{-3} mol·L^{-1} 时,配位效应起主导作用,溶解度增大;当两者相等时,AgCl 的溶解度最小。

五、其他影响因素

1. 温度

沉淀的溶解反应绝大多数是吸热反应,因此,沉淀的溶解度一般随温度的升高而增大。但对于不同类型的沉淀,其影响的程度也不相同。如果沉淀的溶解度非常小,或温度对溶度的影响很小,一般可采用热过滤和热洗涤。原因是热溶液使过滤和洗涤的速度加快,而且杂质的溶解度也增大,更易洗去。但对于一些在热溶液中溶解度较大的沉淀,过滤和洗涤一般在室温下进行。

2. 溶剂

大多数无机盐沉淀是离子型晶体,它们在水中的溶解度比在有机溶剂中的要大。若向水溶液中加入一些能与水混溶的有机溶剂,如乙醇、丙酮,可显著降低沉淀的溶解度。但由有机沉淀剂生成的沉淀,其在有机溶剂中的溶解度一般比在水中的溶解度要大。

3. 形成胶体溶液

进行沉淀反应时,特别是对于无定形沉淀,如果条件控制不好,往往形成胶体溶液,甚至已凝聚的胶状沉淀还会因"胶溶"作用而重新分散在溶液中。在胶体溶液中,胶体微粒很小,过滤时极易穿过滤纸而引起损失。对这类沉淀应采用加入电解质或加热的方法破坏胶体,使胶体微粒凝聚,然后再进行过滤。

4. 沉淀颗粒大小

对同一种沉淀,颗粒越小溶解度越大。例如,晶粒直径为 0.01 μm 的 $SrSO_4$,其溶解度是直径为 0.05 μm 的 $SrSO_4$ 溶解度的 1.5 倍左右。这是因为小颗粒比大颗粒有更多的边、角和表面,处于这些位置的离子受晶体内离子的吸引力小,又受溶剂分子的作用,易进入溶液中,溶解度就大。

因此,在沉淀形成后,常通过陈化作用,即将沉淀与母液一起放置一段时间,使小晶粒溶解,大晶粒长大,以减小沉淀的溶解度,便于过滤和洗涤。

7.3 沉淀的形成

7.3.1 沉淀的类型

沉淀按其物理性质不同,可粗略地分为两类。一类是晶形沉淀,如 $BaSO_4$;一类是无定形沉淀,如 $Fe_2O_3 \cdot nH_2O$、$Al_2O_3 \cdot nH_2O$;而介于两者之间的是凝乳状沉淀,如 AgCl。它们之间的主要差别是沉淀颗粒大小不同。晶形沉淀的颗粒直径为 0.1~1 μm;无定形沉淀的颗粒直径一般小于 0.02 μm;凝乳状沉淀的颗粒大小介于两者之间。晶形沉淀是由较大沉淀颗粒组成的,内部排列较规则,结构紧密,所以整个沉淀所占的体积是比较小的。无定形沉淀是由微小沉淀颗粒组成的,其内部离子排列杂乱无章,并含有大量数目不定的水分子,所以是疏松的絮状沉淀,整个沉淀体积庞大。

生成的沉淀属于哪种类型,首先取决于沉淀的性质,其次与沉淀形成的条件及沉淀后的处理也有密切关系。沉淀重量分析中总是希望能获得颗粒大、便于过滤和洗涤并且纯度较高的晶形沉淀。因此,了解各种类型沉淀的沉淀过程以及如何控制沉淀条件对沉淀重量分析是很重要的。

7.3.2 沉淀的形成过程

沉淀的形成是一个复杂的过程,目前有关这方面的理论大都是定性解释或经验性描述,这里只作简单介绍。沉淀的形成一般要经过晶核的形成和晶核的成长两个过程,其大致形成过程如下:

```
构晶离子  均相成核                    聚集     无定形沉淀
                  → 晶核 →成长→ 沉淀微粒
固体微粒  异相成核                  定向排列   晶形沉淀
```

一、晶核的形成过程

晶核的形成有两种方式:均相成核和异相成核。均相成核是指构晶离子在过饱和溶液中,通过静电作用而缔合起来自发地形成晶核。晶核一般由 4~8 个构晶离子组成。例如,$BaSO_4$ 的晶核由 8 个构晶离子,即 4 个离子对组成。对于不同的沉淀,其组成晶核的离子数目不一样。异相成核是指溶液中混有的大量固体微粒,在沉淀过程中起着晶种的作用,构晶离子借助这些晶种形成晶核的过程。在进行沉淀的介质和容器中不可避免地存在大量肉眼看不见的固体微粒。例如,1 g 纯化学试剂中含有不少于 10^{10} 个不溶微粒;即使烧杯用蒸气处理,也常黏附针状微粒。这些固体微粒在沉淀反应进行时起着晶种的作用,构晶离子被吸附在微粒表面而形成晶核。在进行沉淀时,异相成核作用总是存在的。当溶液过饱和度较低时,异相成核作用容易发生而均相成核作用不易发生。在这种情况下,晶核主要来自异相成核作用;当溶液过饱和度较高时,构晶离子本身也形成晶核,溶液中既有均相成核又有异相成核,并且随着过饱和度的增大,均相成核更加显著。

冯·韦曼(Von Weimarn)研究了沉淀颗粒大小与沉淀速率之间的关系,提出一个经验公式,指出沉淀的分散度(晶核形成速率)与溶液的相对过饱和度成正比:

$$\text{分散度} = K \cdot \frac{Q-s}{s} \tag{7.7}$$

式中,Q 表示加入沉淀剂瞬间溶质的总浓度;s 为开始沉淀时沉淀物质的溶解度;$Q-s$ 为沉淀开始瞬间的过饱和度;$\frac{Q-s}{s}$ 为沉淀开始瞬间的相对过饱和度;K 为常数,它与沉淀的性质、介质及温度等有关。溶液的相对过饱和度越大,分散度越大,则晶核形成速率越快,晶核数就越多,得到的是小颗粒沉淀。反之,溶液的相对过饱和度越小,分散度也越小,晶核形成速率越慢,形成的晶核数目就越少,则得到的是大颗粒沉淀。

不同的沉淀,形成均相成核作用时所需的相对过饱和度不同。溶液的相对过饱和度越大,越易引起均相成核作用。实验表明,各种沉淀都有一个能大批地自发产生晶核的相对过饱和极限值,称为临界值。$BaSO_4$ 沉淀时,其晶核数目与溶液浓度的关系如图 7.2 所示。

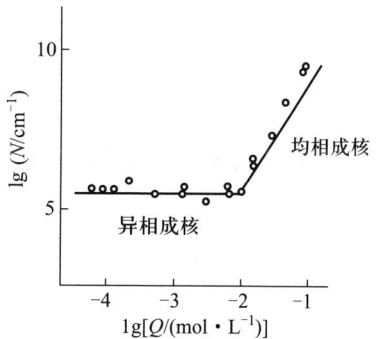

图 7.2 晶核数目与溶液浓度的关系

由图 7.2 可以看出,当溶液中 $BaSO_4$ 的瞬时浓度小于 $0.01\ mol\cdot L^{-1}$ 时,晶核数目 N 与浓度无关。此时溶液中含有的固体微粒数就是晶核的数目,故主要为异相成核作用,晶核数目基本不变。当 $BaSO_4$ 的瞬时浓度大于 $0.01\ mol\cdot L^{-1}$ 时,晶核数目 N 随浓度的增大而急剧上升,这是由均相成核作用引起的。曲线上的转折点处 Q 与 s 的比值 $\dfrac{Q}{s}$ 即为临界值,由图 7.2 可求得沉淀 $BaSO_4$ 的 $\dfrac{Q}{s} \approx \dfrac{0.01}{10^{-5}} = 1000$。

沉淀的临界值越大,表明该沉淀越不易均相成核。控制相对过饱和度在临界值以下,沉淀则以异相成核为主,晶核数目基本不变,能得到大颗粒沉淀;若超过临界值后,均相成核占优势,晶核数目随溶液浓度的增加而急剧上升,导致生成大量细小的晶体。不同的沉淀有不同的临界值,这是由沉淀的性质所决定的。例如,$BaSO_4$ 的临界值为 1000,$CaC_2O_4\cdot H_2O$ 的临界值为 31,$AgCl$ 的临界值仅为 5.5。因此,在通常情况下,$AgCl$ 的均相成核作用比较显著,生成的是凝乳状沉淀,而 $BaSO_4$ 生成的是晶形沉淀。

二、晶核的成长过程

溶液中有了晶核以后,过饱和的溶质就可以在晶核上沉积出来,晶核便逐渐成长为沉淀微粒。沉淀颗粒的大小是由晶核形成速率和晶核成长速率的相对大小所决定的。如果晶核形成的速率比晶核成长的速率慢,则形成的沉淀颗粒数较少而颗粒较大,且能定向地排列成为晶形沉淀;反之,如果晶核形成的速率比晶核成长的速率快得多,形成的大量晶核来不及按一定方向排列,只能聚集起来得到细小的无定形沉淀。

晶核形成的速率和晶核成长的速率都同瞬时溶质的浓度 Q 有关。Q 较小时,晶核形成的速率相对来说要慢;Q 增大时,两种速率都会增大,但晶核形成的速率增大得更快,当 Q 高于一定值后,晶核形成的速率将超过晶核成长速率。

在沉淀过程中,首先形成晶核。随之,溶液中的构晶离子向晶核表面扩散,并沉积在晶核上,使晶核逐渐长大,到一定程度就成为沉淀微粒。这种沉淀微粒有聚集为更大的聚集体的倾向。同时构晶离子又具有按一定的晶格排列而形成更大晶粒的倾向。前者是聚集过程,后者是定向过程。聚集速率主要与溶液的相对过饱和度有关,相对过饱和度越大,聚集速率也越大。定向速率主要与物质的性质有关,极性较强的物质一般具有较大的定向速率。如果聚集速率快,定向速率慢,则得到无定形沉淀;如果聚集速率慢,定向速率快,则得到晶形沉淀。

7.4 影响沉淀纯度的因素及沉淀的后处理

沉淀重量法中希望得到纯净的沉淀,但实际上纯净是相对的,当沉淀从溶液中析出时,不可避免地或多或少地夹带着溶液中的其他组分。为此必须了解沉淀生成过程中混入杂质的各种原因,找出减少杂质混入的方法,提高分析结果的准确度。

7.4.1 共沉淀现象

在一定条件下,当一种沉淀从溶液中析出时,溶液中某些组分在该条件下是不能单独析出沉淀的,但它却被主要沉淀载带下来而混杂于该沉淀之中,这种现象称为共沉淀。共沉淀作用使沉淀被沾污,这是沉淀重量法中误差的主要来源之一。例如,沉淀 $BaSO_4$ 时,可溶盐 Na_2SO_4 或 $BaCl_2$ 被 $BaSO_4$ 沉淀载带下来。共沉淀现象主要有以下三类。

一、表面吸附共沉淀

在沉淀中,构晶离子是按一定规律排列的,处在沉淀内部的构晶离子分别同其上、下、左、右、前、后 6 个带相反电荷的构晶离子相连接,各个方向所受到的吸引力是均衡的,整个沉淀内部处于静电平衡状态。但在沉淀表面的构晶离子最多只同 5 个带相反电荷的构晶离子相连接,受到的吸引力不均衡,由于静电引力作用,表面上的离子就具有吸引溶液中带相反电荷离子的能力。首先被沉淀表面吸附的离子是溶液中过量的构晶离子,组成初级吸附层。例如,用 NaCl 沉淀 $AgNO_3$ 时,生成 AgCl 沉淀,如果溶液中 NaCl 过量,则沉淀表面首先吸附的是 Cl^-,故沉淀表面带有负电荷。为了保持电中性,初级吸附层外还要吸附带相反电荷的 Na^+ 作为抗衡离子,这层称为次级吸附层。初级吸附层与次级吸附层共同组成了包围沉淀颗粒表面的双电层,从而使电荷达到平衡,即沉淀表面双电层中正、负离子的总电荷数相等,如图 7.3 所示。双电层能随沉淀一起沉降,从而沾污沉淀。这种由沉淀表面吸附所引起的杂质共沉淀现象称为表面吸附共沉淀。

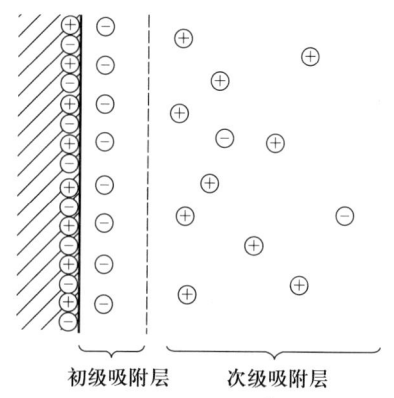

图 7.3 AgCl 沉淀表面的双电层示意图

抗衡离子的吸附有以下规律:

(1) 优先吸附那些与构晶离子生成溶解度或解离度最小的化合物的离子。例如,溶液中 Ba^{2+} 过量,$BaSO_4$ 沉淀表面初级吸附层由 Ba^{2+} 构成的,若溶液中存在 Cl^- 及 NO_3^-,则次级吸附层中的抗衡离子主要是 NO_3^-,因为 $Ba(NO_3)_2$ 的溶解度要比 $BaCl_2$ 的小。如果 SO_4^{2-} 过量,$BaSO_4$ 沉淀表面吸附的是 SO_4^{2-},若溶液中存在 Ca^{2+} 及 Hg^{2+},则次级吸附层中的抗衡离子主要是 Ca^{2+},因为 $CaSO_4$ 的溶解度比 $HgSO_4$ 的小。

(2) 离子浓度越大越易被吸附。

(3) 电荷数高的离子优先被吸附。

此外,沉淀表面吸附杂质的量还与下列因素有关:

(1) 沉淀的总表面积。对相同质量的沉淀,颗粒越小,比表面积越大,吸附的杂质越多。晶形沉淀的颗粒大,比表面积小,表面吸附杂质少;而无定形沉淀的颗粒小,比表面积大,则表面吸附严重。

(2) 温度。吸附作用是一个放热过程,因此溶液温度升高,吸附杂质的量则减少。

表面吸附共沉淀发生在沉淀的表面,所以洗涤沉淀是减少吸附杂质的有效方法。若沉淀剂是挥发性的,则应尽量用含沉淀剂的水洗涤沉淀。例如,$BaSO_4$沉淀(测定钡)就是用含H_2SO_4的水溶液洗涤的。一些易发生胶溶的凝乳状沉淀和胶状沉淀,一般用电解质的水溶液洗涤。洗涤液的成分,应视沉淀的具体性质而定。

二、生成混晶或固溶体

如果溶液中杂质离子的半径与构晶离子的半径相近,所形成的晶体结构相似时,则杂质离子容易代替构晶离子而形成混晶。例如,$BaSO_4$和$PbSO_4$、$BaSO_4$和$BaCrO_4$、$AgCl$和$AgBr$等都容易形成混晶。$BaSO_4$和$KMnO_4$的化学式都为ABO_4型,容易形成固溶体。一旦形成了混晶或固溶体,沉淀将受到严重沾污,由于杂质进入沉淀内部,不能用洗涤的办法除去,陈化也不起作用。在沉淀重量分析中,如果有这类杂质存在,应在沉淀前将其分离除去。

三、吸留或包藏

在沉淀过程中,如果沉淀生成太快,在沉淀过程中吸附在沉淀表面上的杂质还来不及离开沉淀表面就被随后生成的沉淀所覆盖,杂质或母液就会被包藏在沉淀内部。这种因为吸附而留在沉淀内部的共沉淀现象称为吸留或包藏。吸留的程度也符合吸附规律。因为吸留所载带下来的杂质处于沉淀内部,不能用洗涤的方法除去,所以吸留往往是造成晶形沉淀沾污的主要原因。它可以通过陈化的方法予以减小。吸留严重者,则需重新进行沉淀。

7.4.2 后沉淀

溶液中某组分析出沉淀后,另一种本来难于析出沉淀的物质,或在此条件下形成稳定的过饱和溶液而不能单独沉淀的物质,在该沉淀表面上继续析出沉淀的现象称为后沉淀现象。后沉淀的量随放置的时间延长而增多。例如,于$0.01\ mol·L^{-1}\ Zn^{2+}$的$0.15\ mol·L^{-1}\ HCl$溶液中,通入$H_2S$,由此所形成的过饱和溶液,析出$ZnS$沉淀的速率极慢,即使放置一个月,也没有沉淀生成。但当此溶液中有其他硫化物沉淀时,则可加速ZnS的析出。例如,于上述溶液中加入Cu^{2+},通入H_2S后,CuS沉淀首先析出,沉淀为黑色。当沉淀放置一段时间后,便不断有白色ZnS在CuS的表面上析出。这可能是由于CuS沉淀的吸附作用使其从溶液中吸附了S^{2-},而使其表面S^{2-}浓度大大增加,此时对ZnS来讲,此处的相对过饱和度显著增大,从而导致析出沉淀;也可能是CuS沉淀表面吸附S^{2-}后,使$[S^{2-}][Zn^{2+}]>K_{sp,ZnS}$,在$CuS$沉淀的表面上就会析出$ZnS$沉淀。用草酸盐分离$Ca^{2+}$和$Mg^{2+}$时,也会产生后沉淀现象。在$CaC_2O_4$表面上有$MgC_2O_4$析出,特别是长时间加热、放置后,后沉淀量会明显增多。

后沉淀引入杂质的量往往比共沉淀还要多,且随着沉淀放置时间延长而增多。避免或减少后沉淀的主要方法是缩短陈化的时间。

7.4.3 沉淀沾污对分析结果的影响

在沉淀重量法中,共沉淀或后沉淀现象对分析结果的影响程度,视具体情况不同而不同,即看沾污杂质的性质和量大小,可能引起正误差,也可能引起负误差,还可能没有误差。

例如,用 $BaSO_4$ 重量法测定 Ba^{2+} 时,如果沉淀中包藏了 $BaCl_2$,由于 $BaCl_2$ 摩尔质量小于 $BaSO_4$ 的摩尔质量而使沉淀质量减少,引起负误差;若测定的是 SO_4^{2-},$BaSO_4$ 沉淀吸附了 $BaCl_2$,这部分 $BaCl_2$ 作为杂质,使沉淀的质量增加,引起正误差;若 $BaSO_4$ 沉淀中包藏了 H_2SO_4,灼烧后能完全除去,对 Ba^{2+} 的测定则无影响,而对 S 或 SO_4^{2-} 的测定就引起负误差。

7.4.4 沉淀的后处理

一、沉淀的过滤与洗涤

沉淀定量生成后经过滤器(铺有滤纸的玻璃漏斗、熔砂漏斗等)与母液分开的过程称为过滤。需要灼烧的沉淀应用无灰滤纸(定量滤纸),在玻璃漏斗中过滤。一般非晶形沉淀,如 $Fe(OH)_3$、$Al(OH)_3$,选用疏松的快速滤纸,否则速度太慢,难以过滤;细晶形沉淀,如 $BaSO_4$,选用致密的慢速滤纸,以防穿滤;粗晶形沉淀,如 $MgNH_4PO_4 \cdot 6H_2O$,选用较致密的中速滤纸。

洗涤沉淀的目的是为了洗去沉淀表面吸附的杂质和混杂的母液,洗涤时要选择合适的洗涤液,尽量减小沉淀的溶解损失或避免胶溶。对洗涤液的要求:洗涤液不与沉淀反应,不与母液中任何组分反应生成沉淀,灼烧时易除去,后续分析中不产生干扰。

一般对于溶解度很小且不易形成胶体的沉淀,可用蒸馏水洗涤。

对于溶解度较小但水洗易形成胶体、发生胶溶的沉淀,应用稀的易挥发的电解质水溶液如 NH_4Cl、NH_4NO_3 洗涤。例如,AgCl 沉淀溶解度较小,洗涤时主要是防止其胶溶,则可用 $0.01\sim0.02\ mol\cdot L^{-1}$ HNO_3 溶液作为洗涤液。又如,洗涤 $Fe(OH)_3$ 沉淀时,为防止其胶溶,应选择 NH_4NO_3 溶液洗涤而非 NH_4Cl 溶液,这是因为 NH_4Cl 所引入的 Cl^- 会使沉淀在灼烧时产生 $FeCl_3$ 而挥发损失。

对于溶解度较大的晶形沉淀,洗涤中要防止溶解损失,可选用稀的沉淀剂洗涤,并且洗涤液在烘干或灼烧时易挥发或分解而被除去。如 $BaSO_4$ 沉淀,可用稀的沉淀剂 H_2SO_4 来洗涤;CaC_2O_4 可用 $(NH_4)_2C_2O_4$ 的稀溶液($0.1\%\sim0.2\%$)洗涤。

在沉淀的过滤和洗涤操作中,为提高洗涤效率,除净杂质,减少溶解损失,常采用倾泻法,即将上层清液先转入过滤器而让沉淀尽可能地保留在原烧杯中。并用适当少的洗涤液,分多次洗涤。

二、沉淀的烘干与灼烧

沉淀的烘干与灼烧是为了除去沉淀中的水分和洗涤液中的挥发性物质,使沉淀转化为称量形。烘干或灼烧的办法、温度和时间要根据沉淀的性质而定。

有些沉淀有固定的组成,只要在合适的温度下烘干,除去水分即可获得称量形;有些沉淀虽有固定的组成,但沉淀内部含有包藏水或表面有吸附水,不能烘干除去,必须置于恒重的坩埚中高温灼烧至恒重除去,如 $BaSO_4$ 沉淀,灼烧至恒重后获得的称量形仍为 $BaSO_4$;有些沉淀没有固定的组成,需经过灼烧使之转变为称量形。

7.5 沉淀条件的选择

在沉淀重量法中,为了获得纯净、易于过滤和洗涤、溶解度小的沉淀,应当根据不同的沉淀类型,选择适当的沉淀条件。

7.5.1 晶形沉淀

晶形沉淀颗粒大,表面吸附少,易于过滤和洗涤,因此,一方面希望获得较大颗粒的沉淀,另一方面希望减少杂质的包藏,则需要在沉淀过程中控制较小的相对过饱和度。下面以 $BaSO_4$ 沉淀为例来说明具体的沉淀条件。

(1) 沉淀应在比较稀的溶液中进行,沉淀剂也需稀释。稀释可以减小溶质的浓度,以降低过饱和度,使均相成核不显著,聚集速率慢,容易得到较大颗粒的沉淀。同时,在比较稀的溶液中,杂质的浓度也减小,因而共沉淀的量也减少,有利于得到纯净的沉淀。

(2) 沉淀应在热溶液中进行。热溶液可以增加沉淀的溶解度,从而降低溶液的相对过饱和度,有利于得到大颗粒的沉淀。同时温度升高可以减少杂质的吸附量;并且还可以增加离子的扩散速率,有助于沉淀颗粒的成长。在热溶液中析出沉淀,应冷却至室温后再过滤,以减小沉淀溶解的损失。

(3) 沉淀剂应在不断搅拌下缓慢地滴加到溶液中。搅拌可以防止沉淀剂的局部过浓现象,降低溶液的相对过饱和度,避免生成大量的晶核,有利于获得大颗粒的沉淀。

(4) 沉淀在酸性介质中进行。为了增大沉淀过程中 $BaSO_4$ 的溶解度,以减小相对过饱和度,应在沉淀前向溶液中加入适量的盐酸使溶液呈酸性。至于由于酸效应而引起的溶解度增大所造成的损失,可以通过在沉淀后期加入过量沉淀剂来补偿。

(5) 陈化。沉淀完全后,将沉淀和母液一起放置一段时间,这一过程称为陈化。在陈化过程中,小颗粒沉淀逐渐溶解,大颗粒沉淀进一步长大。因为小晶粒比大晶粒溶解度大。在同一溶液中,对大晶粒为饱和溶液时,对小晶粒则为未饱和溶液,因此,小晶粒逐渐溶解。陈化过程可以使不完整的晶粒转化为较为完整的晶粒。陈化作用还可使沉淀更为纯净,这是因为大晶粒的比表面积小,吸附杂质少;另一方面小晶粒溶解时,原来沉淀吸留或包藏的杂质重新进入溶液中,因此提高了沉淀的纯度。

总之经过陈化后,可以得到比较完整、纯净、溶解度较小的沉淀。但是,当有混晶共沉淀作用发生时,陈化并不能显著提高沉淀的纯度。如果有后沉淀现象发生,反而使沉淀的纯度降低。因此是否进行陈化,应当根据沉淀的类型和性质而定。

加热和搅拌可以缩短陈化时间,$BaSO_4$ 沉淀可以在微沸的水浴中陈化 1~2 h,而在室温下陈化则需放置过夜。

7.5.2 无定形沉淀

无定形沉淀如 $Fe_2O_3 \cdot nH_2O$ 和 $Al_2O_3 \cdot nH_2O$ 的溶解度一般都很小,在生成沉淀过程中,很难控制较小的相对过饱和度,而且无定形沉淀含水量大,体积大,吸附杂质多,不易过滤和洗涤,甚至容易形成胶体溶液而无法沉淀出来。因此,对于这类沉淀,重要的是设法破坏胶体,防止胶溶和加速沉淀微粒的凝聚,以使其聚集紧密,体积小,便于过滤。同时应尽量减少对杂质的吸附,使沉淀纯净。为此,必须采取下述措施。

(1) 沉淀过程应在较浓的溶液中进行。在较浓的溶液中进行沉淀,其含水量少,体积小,结构也比较紧密,沉淀微粒也容易凝聚。但在浓溶液中杂质的浓度也相应提高了,增加了杂质被吸附的可能性。因此,在沉淀反应完毕后,应立即加入大量热水稀释,充分搅拌,使沉淀吸附的大部分杂质解吸,从而减小杂质吸附量。

(2) 沉淀过程应在热溶液中进行。在热溶液中离子的水化程度小,有利于得到含水量少、体积小、结构紧密的沉淀。同时热溶液有利于防止胶体溶液的生成,使沉淀微粒凝聚,而且还可以减少对杂质的吸附。

(3) 沉淀过程要在大量电解质存在下进行。电解质能中和胶体微粒的电荷,有利于胶体微粒的凝聚、沉降。电解质通常采用灼烧时易挥发的铵盐,如 NH_4NO_3、NH_4Cl 等。过滤沉淀时为防止胶溶,不能用纯水洗涤沉淀,应当用稀的、易挥发的、热的电解质溶液洗涤沉淀。

(4) 不必陈化。沉淀完毕后,立即趁热过滤。若进行陈化,沉淀将逐渐失去水分,变得更黏结,使已吸附的杂质难以除去。趁热过滤还可以加快过滤速度,大大缩短过滤洗涤时间。

7.5.3 均匀沉淀法

在进行沉淀反应时,尽管沉淀剂是在不断搅拌下缓慢地加到溶液中去的,但沉淀剂在溶液中的局部过浓现象仍很难避免。而均匀沉淀法可解决这一问题。均匀沉淀法通过一种缓慢的化学反应,使沉淀剂在溶液中缓慢地、均匀地产生,从而使沉淀在溶液中缓慢地、均匀地形成。析出的沉淀颗粒大,纯度高,便于过滤和洗涤。

例如,水泥分析中 Fe^{3+}、Al^{3+} 与 Ca^{2+}、Mg^{2+} 的分离,就是向溶液中加入尿素,加热溶液。由于尿素水解产生 NH_3,溶液的 pH 逐渐升高,使 $Fe_2O_3 \cdot nH_2O$ 和 $Al_2O_3 \cdot nH_2O$ 沉淀均匀而缓慢地形成:

$$CO(NH_2)_2 + H_2O \xrightarrow{\triangle} CO_2 \uparrow + 2NH_3$$

温度升高,尿素的水解速率加快,因此,可以通过控制温度来控制溶液 pH 升高速度,即控制 $[OH^-]$ 增加的速度,使 $Fe_2O_3 \cdot nH_2O$ 和 $Al_2O_3 \cdot nH_2O$ 沉淀均匀而缓慢地析出。

应该指出,均匀沉淀法对于生成混晶及后沉淀无法避免。并且均匀沉淀法需要长时间加热,易在器壁上沉积一层致密的沉淀,且难以取下,往往需要用溶剂溶解后再沉淀。

7.6 有机沉淀剂

前面讨论了利用无机沉淀剂进行沉淀时的反应条件和应注意的事项。总的看来,无机沉淀剂的选择性较差,形成的沉淀溶解度较大,吸附的杂质较多。有机沉淀剂则具有较好的选择性,沉淀的溶解度也较小。因此,对于有机沉淀剂的研究早已广泛进行。

7.6.1 有机沉淀剂的特点

有机沉淀剂与无机沉淀剂相比,一般具有下列优点:

(1) 试剂种类多,性质各异,有些试剂选择性较高,便于选用。
(2) 沉淀的溶解度一般很小,有利于待测物质沉淀完全。
(3) 沉淀对无机杂质吸附能力小,易于获得纯净的沉淀。
(4) 沉淀的称量形摩尔质量大,有利于减小称量时的相对误差,提高分析的准确度。
(5) 用有机沉淀剂得到的沉淀组成恒定,经烘干后即可称量,简化了重量分析操作。

由于有机沉淀剂具有上述特点,因此在分析化学中得到广泛应用。但有机沉淀剂也存在一些缺点:

(1) 沉淀剂本身在水中的溶解度往往很小,易引起沉淀的沾污。
(2) 有些沉淀组成不固定或在烘干时发生分解,仍需灼烧后称量。
(3) 有些沉淀由于不易被水浸润,所以漂浮在溶液表面或黏附于器皿上,使操作较为困难。

7.6.2 有机沉淀剂的分类

按其作用原理,有机沉淀剂大致可分为两大类:生成螯合物的沉淀剂和生成离子缔合物的沉淀剂。

一、生成螯合物的沉淀剂

这类沉淀剂必须具有两种基团:一种是酸性基团,如—OH、—COOH、—SH、—SO$_3$H、$\diagdown$NOH 等,这些基团中的 H 可被金属离子置换;另一种是碱性基团,如—NH$_2$、$\diagdown$NH、$\diagdown$N—、$\diagdown$CO、$\diagdown$CS 等,这些基团中的 N、O、S 具有未被共用的电子对,可以与金属离子形成配位键。通过酸性基团和碱性基团的共同作用,螯合沉淀剂与金属离子反应生成螯合物沉淀。常用的螯合沉淀剂有如下三种:

1. 8-羟基喹啉

8-羟基喹啉与 Mg^{2+} 的反应为

$$Mg(H_2O)_6^{2+} + 2\,\text{(8-羟基喹啉)} \rightleftharpoons \text{[Mg(8-羟基喹啉)}_2(H_2O)_2\text{]} + 2H^+ + 4H_2O$$

生成的 8-羟基喹啉镁螯合物沉淀的摩尔质量大,在水中溶解度小,由于它不带电荷,所以不易吸附其他离子,沉淀比较纯净。

8-羟基喹啉的选择性较差,在弱酸或弱碱溶液中,几乎能与除碱金属外的所有金属离子生成沉淀。通过控制溶液酸度和加入适当的掩蔽剂可以提高选择性。例如,在醋酸溶液中,Al^{3+} 能定量地被沉淀,而 Mg^{2+} 不沉淀;用 KCN、EDTA 掩蔽 Cu^{2+}、Fe^{3+} 等离子后,可在氨性溶液中沉淀 Al^{3+}。另外,目前已合成的一些选择性较高的 8-羟基喹啉衍生物,如 2-甲基-8-羟基喹啉,可在 pH=5.5 的醋酸缓冲溶液中沉淀 Zn^{2+},pH=9 时沉淀 Mg^{2+},而 Al^{3+} 不生成沉淀。

2. 丁二酮肟

丁二酮肟与 Ni^{2+} 的反应:

$$Ni^{2+} + 2\begin{array}{c}H_3C-C=NOH\\|\\H_3C-C=NOH\end{array} \rightleftharpoons \begin{array}{c}\text{螯合物结构}\end{array} + 2H^+$$

在氨性溶液中,Ni^{2+} 与丁二酮肟生成鲜红色的螯合物沉淀,在此条件下 Fe^{2+}、Al^{3+}、Cr^{3+} 等生成含水氧化物沉淀,干扰测定,可加入酒石酸或柠檬酸进行掩蔽。丁二酮肟是测定镍的选择性较高的优良试剂,生成的沉淀组成恒定,烘干后即可称量,重量分析法测定镍多用此法。

丁二酮肟具有较高的选择性,它只能与 Ni^{2+}、Pd^{2+}、Pt^{2+}、Fe^{2+}、Bi^{3+} 生成沉淀,而与 Co^{2+}、Cu^{2+}、Zn^{2+} 等金属离子生成可溶性的配位化合物,在酒石酸存在时,Bi^{3+} 不沉淀。

3. N-苯甲酰-N-苯基羟胺(NBPHA)

NBPHA 又称钽试剂,它可以与 Al^{3+}、Fe^{3+}、Cu^{2+}、Be^{2+}、Mo(Ⅵ)、U(Ⅵ)、La^{3+} 等形成螯合物,并可以在 110 ℃烘干后直接称量。在弱酸性或中性溶液中,其选择性差,能与很多金属离子生成沉淀;在较强的酸性溶液中,可以沉淀的离子较少,配合使用掩蔽剂可以提高选择性。例如,在 0.5 mol·L^{-1} H_2SO_4 溶液中,加入 EDTA 和 H_2O_2 可以掩蔽 Ti(Ⅳ),则 NBPHA 可沉淀 Nb(Ⅴ)、Ta(Ⅴ);在 pH=1 的 HF、H_2SO_4 溶液中,可在 Ti(Ⅳ)、Zr(Ⅳ)、Nb(Ⅴ)存在下沉淀 Ta(Ⅴ);在 0.1 mol·L^{-1} HCl 溶液中,可以定量地沉淀 Zr(Ⅳ)、W(Ⅵ)、Sn(Ⅳ)、Nb(Ⅴ)和 Ta(Ⅴ)等。

一般来说,螯合物沉淀的溶解度都很小,组成恒定,常易溶于某些溶剂中,即能被该有机溶剂萃取,所以有机沉淀剂往往又是萃取剂。

二、生成离子缔合物的沉淀剂

有些有机沉淀剂在水溶液中能解离出大体积的离子,这些离子能与带相反电荷的待测离子通过静电引力结合成溶解度很小的离子缔合物沉淀。

例如,氯化四苯砷$(C_6H_5)_4AsCl$ 在水溶液中以 $(C_6H_5)_4As^+$ 及 Cl^- 形式存在,当溶液中含有某些含氧酸根或金属的配阴离子存在时,则体积庞大的有机阳离子与体积庞大的阴离子结合,析出离子缔合物沉淀:

$$(C_6H_5)_4As^+ + MnO_4^- \rightleftharpoons (C_6H_5)_4AsMnO_4 \downarrow$$

同样体积庞大的四苯硼酸钠$[NaB(C_6H_5)_4]$是测定K^+的优良试剂：

$$B(C_6H_5)_4^- + K^+ \rightleftharpoons KB(C_6H_5)_4 \downarrow$$

沉淀组成恒定,可在105~120 ℃烘干后直接称量。四苯硼酸钠还可与NH_4^+、Tl^+、Ag^+、Rb^+、Cs^+等阳离子生成离子缔合物沉淀。干扰离子除NH_4^+外均不常见,而NH_4^+很容易预先除去。

7.7 沉淀滴定法

沉淀滴定法是以沉淀反应为基础的滴定分析方法。形成沉淀的反应虽然很多,但能用于滴定分析的却很少。其原因是很多沉淀的组成不固定;在沉淀过程中易吸附构晶离子,易发生共沉淀现象;有些沉淀溶解度较大,反应不够完全;很多沉淀反应速率慢,易形成过饱和溶液;缺少合适的指示剂,等等。沉淀滴定法中有实际应用价值、应用最多的主要是银量法。反应如下：

$$Ag^+ + X^- \rightleftharpoons AgX \downarrow$$

主要用于测定Cl^-、Br^-、I^-、SCN^-、Ag^+等,多数情况下是以$AgNO_3$溶液为滴定剂,因此称为银量法。

7.7.1 滴定曲线

银量法的滴定曲线是以滴定过程中溶液中银离子浓度的负对数(pAg)或阴离子浓度的负对数(pX)为纵坐标,以滴定分数或滴入的滴定剂体积为横坐标绘制的曲线。

以0.1000 mol·L^{-1} $AgNO_3$标准溶液滴定20.00 mL 0.1000 mol·L^{-1} NaCl溶液为例,计算滴定过程中Ag^+浓度的变化,并绘制滴定曲线。

滴定反应 $\qquad Ag^+ + Cl^- \rightleftharpoons AgCl \downarrow$

此反应的平衡常数 $\qquad K = (K_{sp})^{-1} = 1.8 \times 10^{10}$

(1) 化学计量点前：用溶液中剩余的Cl^-浓度来计算Ag^+的浓度。

加入15.00 mL $AgNO_3$溶液时：

$$[Cl^-] = \frac{0.1000 \text{ mol·L}^{-1} \times 20.00 \text{ mL} - 0.1000 \text{ mol·L}^{-1} \times 15.00 \text{ mL}}{20.00 \text{ mL} + 15.00 \text{ mL}}$$

$$= 10^{-1.85} \text{ mol·L}^{-1}$$

故 $\qquad [Ag^+] = \dfrac{K_{sp}}{[Cl^-]} = \dfrac{1.8 \times 10^{-10}}{10^{-1.85}} \text{ mol·L}^{-1} = 10^{-7.89} \text{ mol·L}^{-1}$

$$pAg = 7.89$$

加入19.98 mL $AgNO_3$溶液时,这时溶液中剩余的Cl^-很少,应考虑AgCl溶解产生的Cl^-：

$$[Cl^-] = \frac{0.1000 \text{ mol·L}^{-1} \times 20.00 \text{ mL} - 0.1000 \text{ mol·L}^{-1} \times 19.98 \text{ mL}}{20.00 \text{ mL} + 19.98 \text{ mL}} + \frac{K_{sp}}{[Cl^-]}$$

整理得 $\quad\quad\quad\quad\quad [Cl^-]^2 - 10^{-4.30}[Cl^-] - 1.8 \times 10^{-10} = 0$

解得 $\quad\quad\quad\quad\quad [Cl^-] = 10^{-4.27}\ mol \cdot L^{-1}$

故 $\quad\quad [Ag^+] = \dfrac{K_{sp}}{[Cl^-]} = \dfrac{1.8 \times 10^{-10}}{10^{-4.27}}\ mol \cdot L^{-1} = 10^{-5.47}\ mol \cdot L^{-1}$

$$pAg = 5.47$$

（2）滴定至化学计量点时：

$$[Ag^+] = [Cl^-] = \sqrt{K_{sp}} = \sqrt{1.8 \times 10^{-10}}\ mol \cdot L^{-1} = 10^{-4.87}\ mol \cdot L^{-1}$$

$$pAg = 4.87$$

（3）化学计量点后：此时 Ag^+ 过量，在化学计量点附近要考虑 AgCl 的溶解。

加入 20.02 mL $AgNO_3$ 溶液，这时过量的 Ag^+ 很少，应考虑 AgCl 溶解产生的 Ag^+：

$$[Ag^+] = \dfrac{0.1000\ mol \cdot L^{-1} \times 20.02\ mL - 0.1000\ mol \cdot L^{-1} \times 20.00\ mL}{20.02\ mL + 20.00\ mL} + \dfrac{K_{sp}}{[Ag^+]}$$

求得 $\quad\quad\quad\quad\quad [Ag^+] = 10^{-4.27}\ mol \cdot L^{-1}$

$$pAg = 4.27$$

加入 25.00 mL $AgNO_3$ 溶液时：

$$[Ag^+] = \dfrac{0.1000\ mol \cdot L^{-1} \times 25.00\ mL - 0.1000\ mol \cdot L^{-1} \times 20.00\ mL}{25.00\ mL + 20.00\ mL}$$

$$= 10^{-1.95}\ mol \cdot L^{-1}$$

$$pAg = 1.95$$

表 7.3 列出了不同滴定分数时的 pCl 和 pAg 值，其滴定曲线如图 7.4 所示。

表 7.3 $c_{Ag^+}^0 = c_{Cl^-}^0 = 0.1000\ mol \cdot L^{-1}$ 时不同滴定分数时的 pCl 和 pAg 值

滴入 $AgNO_3$ 溶液的体积/mL	滴定分数/%	pCl	pAg
0.00	0.0	1.00	8.74
5.00	25.0	1.22	8.52
10.00	50.0	1.47	8.27
15.00	75.0	1.85	7.89
18.00	90.0	2.28	7.46
19.80	99.0	3.30	6.44
19.98	99.9	4.27	5.47
20.00	100.0	4.87	4.87
20.02	100.1	5.47	4.27
20.20	101.0	6.44	3.30
22.00	110.0	7.42	2.32
25.00	125.0	7.79	1.95
30.00	150.0	8.05	1.69
35.00	175.0	8.18	1.56
40.00	200.0	8.27	1.47

从图 7.4 看出,滴定曲线与强酸强碱的滴定曲线相似,在化学计量点前后是完全对称的。滴定突跃的大小由待测溶液的浓度和所生成沉淀的溶度积决定。待测溶液的浓度越大,沉淀的溶度积越小,则沉淀滴定的突跃范围越大。

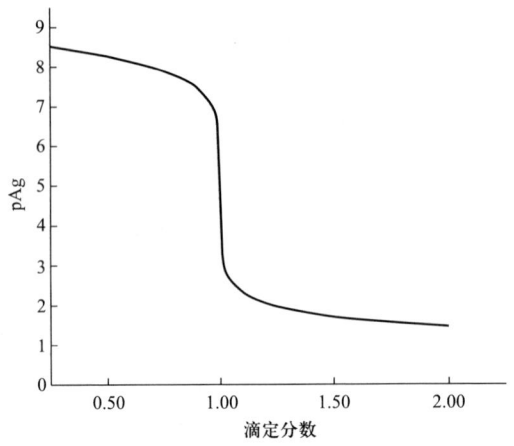

图 7.4　0.1000 mol·L^{-1} AgNO$_3$ 溶液滴定同浓度 NaCl 溶液的滴定曲线

根据所使用的指示剂不同,并且按发明人的名字来命名,银量法分为三种方法:莫尔法、福尔哈德法、法扬司法。下面分别加以介绍。

7.7.2　莫尔法

一、原理

莫尔(Mohr)法是以 AgNO$_3$ 为滴定剂,以 K$_2$CrO$_4$ 为指示剂,在中性或弱碱性介质中直接滴定 Cl$^-$ 或 Br$^-$ 的方法。莫尔法测定 Cl$^-$,滴定反应和指示剂的反应分别为

$$Ag^+ + Cl^- \rightleftharpoons AgCl \downarrow (白色) \quad K_{sp} = 1.8 \times 10^{-10}$$

$$2Ag^+ + CrO_4^{2-} \rightleftharpoons Ag_2CrO_4 \downarrow (砖红色) \quad K_{sp} = 1.12 \times 10^{-12}$$

根据溶度积原理,在试液中加入 AgNO$_3$ 溶液后先生成卤化银沉淀,随着 AgNO$_3$ 溶液的不断加入,[Ag$^+$]不断增大,[Cl$^-$]越来越小,直至稍过量的 Ag$^+$ 与 CrO$_4^{2-}$ 反应,生成砖红色 Ag$_2$CrO$_4$ 沉淀,从而指示滴定终点。

二、滴定条件

应用莫尔法要注意以下几个问题:

1. 酸度

以 K$_2$CrO$_4$ 作指示剂,滴定应当在中性或弱碱性介质中进行。若在酸性介质中,CrO$_4^{2-}$ 与 H$^+$ 发生副反应形成 HCrO$_4^-$(H$_2$CrO$_4$ 的 pK_{a_2} = 6.50),CrO$_4^{2-}$ 浓度就会降低,使终点拖后甚至不生成 Ag$_2$CrO$_4$ 沉淀。为此,溶液的 pH 必须大于 6.5。若碱性较强,pH 大于 10.5,则 Ag$^+$ 与 OH$^-$ 反应生成 AgOH,进一步分解为黑色的 Ag$_2$O 沉淀,使滴定不能定量进行,反应如下:

$$2Ag^+ + 2OH^- \rightleftharpoons 2AgOH \longrightarrow Ag_2O\downarrow(黑色) + H_2O$$

因此,莫尔法要求的酸度范围是 pH=6.5~10.5。

若溶液中有铵盐存在,pH 较大时会有相当数量的 NH_3 生成,而 NH_3 能与 Ag^+ 生成 $Ag(NH_3)^+$ 和 $Ag(NH_3)_2^+$,从而影响滴定反应的定量进行。所以,有 NH_4^+ 存在时,pH 应控制在 6.5~7.2。

2. 指示剂用量

莫尔法指示剂的作用原理是在化学计量点附近生成 Ag_2CrO_4 沉淀,因此,$[CrO_4^{2-}]$ 必须要达到一定浓度。

在化学计量点:

$$[Ag^+] = \sqrt{K_{sp,AgCl}} = \sqrt{1.8\times10^{-10}} \text{ mol}\cdot\text{L}^{-1} = 1.3\times10^{-5} \text{ mol}\cdot\text{L}^{-1}$$

生成 Ag_2CrO_4 沉淀要求的 $[CrO_4^{2-}]$ 为

$$[CrO_4^{2-}] = \frac{K_{sp,Ag_2CrO_4}}{[Ag^+]^2} = \frac{1.12\times10^{-12}}{(1.3\times10^{-5})^2} \text{ mol}\cdot\text{L}^{-1} = 6.6\times10^{-3} \text{ mol}\cdot\text{L}^{-1}$$

$[CrO_4^{2-}]$ 应大于 0.0066 $\text{mol}\cdot\text{L}^{-1}$,但 K_2CrO_4 浓度过大时黄色很深,会影响终点的观察。通常 K_2CrO_4 浓度控制在 0.005 $\text{mol}\cdot\text{L}^{-1}$,那么化学计量点之后,$AgNO_3$ 稍过量就会出现砖红色 Ag_2CrO_4 沉淀,通过计算可知,误差小于 0.1%。

3. 干扰

凡是与 Ag^+ 或 CrO_4^{2-} 能生成沉淀的离子都干扰滴定,如 Ba^{2+}、Pb^{2+}、Hg^{2+} 等可与 CrO_4^{2-} 形成有色沉淀;PO_4^{3-}、AsO_4^{3-}、S^{2-}、SO_3^{2-}、CO_3^{2-}、$C_2O_4^{2-}$ 等与 Ag^+ 生成沉淀,都不能在溶液中存在;Fe^{3+}、Al^{3+}、Bi^{3+} 和 Sn^{4+} 等在中性或弱碱性溶液中易发生水解反应,干扰测定,应预先分离。这些都使莫尔法的应用受到限制。

4. 其他注意事项

莫尔法不适合测定 I^- 和 SCN^-,因为 AgI、AgSCN 强烈吸附 I^- 和 SCN^-,即使剧烈摇动也无法使之释放出来,使终点过早出现,且终点变化不明显,对分析结果影响较大。

三、硝酸银标准溶液

$AgNO_3$ 试剂可以得到纯品,能够直接配制成标准溶液,但是由于银量法测定中使用的指示剂各不相同,为了与测定方法一致以消除系统误差,故不直接配制标准溶液,而常采用标定的方法来确定其浓度。配制 $AgNO_3$ 溶液的水应不含 Cl^-,配好的溶液置于棕色瓶中避光保存($AgNO_3$ 溶液见光分解)。

标定 $AgNO_3$ 溶液的基准物质是 NaCl,由于它易吸水,使用前要在 500~600 ℃下干燥除去吸附水,然后置于干燥器中保存。

7.7.3 福尔哈德法

在酸性介质中,以铁铵矾 $NH_4Fe(SO_4)_2$ 为指示剂,用 NH_4SCN(或 KSCN)标准溶液为滴

定剂滴定 Ag^+ 的方法称为福尔哈德(Volhard)法。如果测定 Ag^+，可采取直接滴定法；如果测定卤素和 SCN^-，则采用返滴定法。

一、直接滴定法

在酸性介质中，以 $NH_4Fe(SO_4)_2$ 为指示剂，用 NH_4SCN 标准溶液直接滴定 Ag^+，生成白色 AgSCN 沉淀。在 Ag^+ 被沉淀完全后，稍过量的 SCN^- 与 Fe^{3+} 配位生成红色配位化合物，指示终点到达。反应如下：

$$Ag^+ + SCN^- \rightleftharpoons AgSCN\downarrow（白色）\quad K_{sp} = 1.0 \times 10^{-12}$$

$$SCN^- + Fe^{3+} \rightleftharpoons FeSCN^{2+}（红色）\quad K = 138$$

应用福尔哈德法要注意以下几个问题：

1. 酸度

滴定要在酸性介质中进行，通常控制 $[H^+]$ 为 $0.1 \sim 1\ mol \cdot L^{-1}$，酸度低时 Fe^{3+} 易水解，形成颜色较深的各级羟基配位化合物，影响观察终点，若酸度更低时会形成氢氧化铁沉淀。

2. 指示剂用量

指示剂 $NH_4Fe(SO_4)_2$ 的用量会影响滴定终点的观察，影响测定的准确度。能够观察到 $FeSCN^{2+}$ 红色的最低浓度是 $6 \times 10^{-6}\ mol \cdot L^{-1}$，那么若在化学计量点时溶液刚好呈现红色，$Fe^{3+}$ 的浓度应为

$$[Fe^{3+}] = \frac{[FeSCN^{2+}]}{K[SCN^-]} = \frac{[FeSCN^{2+}]}{K\sqrt{K_{sp,AgSCN}}} = \frac{6 \times 10^{-6}}{138 \times \sqrt{1.0 \times 10^{-12}}}\ mol \cdot L^{-1} = 0.04\ mol \cdot L^{-1}$$

这么大的 $[Fe^{3+}]$ 会使溶液呈很深的黄色，对观察终点不利，通常控制 $[Fe^{3+}] = 0.015\ mol \cdot L^{-1}$，在化学计量点后稍过量 NH_4SCN 即可使溶液显红色。由此引起的误差计算如下：

看到溶液呈红色时，$[FeSCN^{2+}] = 6 \times 10^{-6}\ mol \cdot L^{-1}$，此时溶液 $[SCN^-]$ 为

$$[SCN^-] = \frac{[FeSCN^+]}{K[Fe^{3+}]} = \frac{6 \times 10^{-6}}{138 \times 0.015}\ mol \cdot L^{-1} = 2.9 \times 10^{-6}\ mol \cdot L^{-1}$$

AgSCN 沉淀平衡产生的 SCN^- 浓度为

$$[Ag^+] = \frac{K_{sp}}{[SCN^-]} = \frac{1.0 \times 10^{-12}}{2.9 \times 10^{-6}}\ mol \cdot L^{-1} = 3.4 \times 10^{-7}\ mol \cdot L^{-1}$$

生成 $FeSCN^{2+}$ 消耗 $6 \times 10^{-6}\ mol \cdot L^{-1}$ 的 SCN^-，故过量 SCN^- 浓度为

$$2.9 \times 10^{-6}\ mol \cdot L^{-1} - 3.4 \times 10^{-7}\ mol \cdot L^{-1} + 6 \times 10^{-6}\ mol \cdot L^{-1} = 8.6 \times 10^{-6}\ mol \cdot L^{-1}$$

若 Ag^+ 与 NH_4SCN 的初始浓度均为 $0.1\ mol \cdot L^{-1}$，则滴定误差为

$$E_t = \frac{8.6 \times 10^{-6}}{0.05} \times 100\% = 0.02\%$$

因此，过量 SCN^- 引起的误差可忽略不计。

3. 其他注意事项

由于 AgSCN 的强烈吸附作用，在滴定过程中沉淀表面会吸附 Ag^+，从而使滴定终点过早出现，使结果偏低，因此，滴定过程中要用力摇动溶液，使吸附的 Ag^+ 尽量减少。

二、返滴定法

测定卤素离子时,先在酸性溶液中加入一定量过量的 $AgNO_3$ 标准溶液,使 AgX 沉淀,然后以铁铵矾为指示剂,用 NH_4SCN 标准溶液滴定过量的 $AgNO_3$,进而计算出卤素离子的含量。

应注意的问题:

(1) 福尔哈德返滴定法测定 Cl^- 时会遇到一些问题,Cl^- 与先加入的 $AgNO_3$ 形成 AgCl 沉淀,过量的 $AgNO_3$ 再与滴定剂 NH_4SCN 形成 AgSCN 沉淀,但是 AgCl 的溶解度比 AgSCN 的溶解度大,在化学计量点附近加入的 NH_4SCN 将与 AgCl 发生沉淀转化反应:

$$AgCl + SCN^- \rightleftharpoons AgSCN + Cl^-$$

虽然转化反应缓慢地进行,但是当溶液显现 $FeSCN^{2+}$ 红色后,摇动溶液红色就会褪去,在得到持久的红色时,SCN^- 已过量太多,将引起较大的误差。因此,在测定 Cl^- 时,要采取措施防止 AgCl 沉淀的转化。可先将 AgCl 沉淀滤去,然后再用 SCN^- 进行滴定;或者在 AgCl 沉淀生成后,加入有机溶剂硝基苯或二氯乙烷等,用力摇动,使有机溶剂将 AgCl 沉淀包住,形成一颗颗圆珠,这样 AgCl 就不会再转化了,此法方便,但硝基苯有毒。

(2) 在测定 Br^-、I^-、SCN^- 时,不会发生上述沉淀转化现象,这是由于 AgBr、AgI 溶解度均较 AgSCN 溶解度小。但在测定 I^- 时,指示剂要在加入过量 $AgNO_3$ 溶液之后才能加入,否则 Fe^{3+} 会氧化 I^- 而造成误差。

(3) 福尔哈德法在酸性介质中滴定是它的优点,也是此法能广泛使用的原因。因为在酸性介质中弱酸盐阴离子 PO_4^{3-}、AsO_4^{3-}、CrO_4^{2-}、CO_3^{2-}、$C_2O_4^{2-}$ 等均不与 Ag^+ 形成沉淀,不干扰卤素测定,但是能与 SCN^- 作用的强氧化剂以及 Cu^{2+}、Hg^{2+} 等干扰测定,需预先除去。用福尔哈德法可测定有机卤化物中的卤素。

三、NH_4SCN 标准溶液

NH_4SCN 试剂的纯度不够高,不符合基准物质的要求,不能直接配制标准溶液。可采用标定好的 $AgNO_3$ 标准溶液来标定 NH_4SCN 溶液,在酸性介质中以铁铵矾为指示剂。

7.7.4 法扬司法

用吸附指示剂指示滴定终点的银量法称为法扬司(Fajans)法。

吸附指示剂的作用原理是,带正电荷的 AgX 沉淀胶粒吸附指示剂的阴离子从而使颜色改变。吸附指示剂大多是有机弱酸 HIn,在一定 pH 条件下以阴离子 In^- 型体存在,它们若吸附在卤化银沉淀胶粒的表面,由于结构变化而发生颜色的变化,从而指示终点。

AgX 是凝乳状沉淀,它选择地吸附溶液中的离子,首先是构晶离子。例如,用 $AgNO_3$ 滴定 Cl^- 时,以荧光黄(HFI)作为指示剂,在化学计量点前,溶液中有过量的 Cl^- 存在,AgCl 沉淀胶粒表面吸附 Cl^-,使沉淀表面带负电荷,而不会吸附指示剂阴离子 FI^-,溶液呈现 FI^- 的黄绿色。在化学计量点后,即当 $AgNO_3$ 稍过量时,AgCl 沉淀胶粒吸附 Ag^+ 而带正电

荷,继而吸附 FI⁻ 而显粉红色,溶液由黄绿色变为粉红色即指示终点到达。此过程示意如下:

Cl⁻过量时　　AgCl·Cl⁻ + FI⁻（黄绿色）

Ag⁺过量时　　AgCl·Ag⁺ + FI⁻ ⟶ AgCl·Ag⁺·FI⁻（粉红色）

应用法扬司法要注意以下几个问题:

(1) 酸度:使用吸附指示剂时要考虑酸度,吸附指示剂荧光黄、二氯荧光黄、曙红等都是有机弱酸 HIn,指示剂显色的机理是在终点时 AgX 沉淀胶粒吸附指示剂阴离子 In⁻,若使其以阴离子 In⁻ 型体存在,溶液的 pH 必须大于各自相应的 pK_a 值。所以,法扬司法滴定的酸度由选用的指示剂的 pK_a 值决定。但 pH 都不能大于 10,否则会形成黑色 Ag_2O 沉淀。例如,荧光黄的 pK_a=7,以荧光黄作指示剂时,溶液的 pH 应为 7~10。几种常用吸附指示剂的适宜 pH 范围见表 7.4。

(2) 指示剂的吸附能力要适当。卤化银沉淀对指示剂的吸附能力应小于对待测离子的吸附,否则指示剂的变色将提前,造成负误差。指示剂之间的吸附能力也有较大差别,卤离子及指示剂的吸附能力的顺序为

I⁻ > SCN⁻ > Br⁻ > 曙红 > Cl⁻ > 荧光黄

因此,曙红可作为测定 Br⁻、I⁻ 的指示剂,而不能作为测定 Cl⁻ 的指示剂,测定 Cl⁻ 应选荧光黄为指示剂。

(3) 由于吸附指示剂是因被吸附在沉淀表面而变色,为了使终点的颜色变化更为明显,应使 AgX 沉淀的比表面积大些。为此,在滴定过程中常加入糊精等保护胶体,防止 AgX 沉淀的凝聚。

(4) 卤化银沉淀应避免被光照射,光照很容易使卤化银还原为金属银而使沉淀变黑,影响终点观察。

(5) 被滴定的溶液浓度不能太低,若浓度太低,生成的沉淀很少,终点指示剂变色不易观察。例如,以荧光黄作指示剂,用 $AgNO_3$ 滴定 Cl⁻ 时,Cl⁻ 的浓度要求在 0.005 mol·L⁻¹ 以上,而滴定 Br⁻、I⁻、SCN⁻ 时灵敏度较高,浓度低至 0.001 mol·L⁻¹ 时仍可准确滴定。

几种常用的吸附指示剂列于表 7.4。

表 7.4　几种常用的吸附指示剂

指示剂	颜色变化	适宜 pH 范围	被测离子	滴定剂
荧光黄	黄绿-粉红	7~10	Cl⁻、Br⁻、I⁻、SCN⁻	Ag⁺
二氯荧光黄	黄绿-红	4~10	Cl⁻、Br⁻、I⁻	Ag⁺
曙红	粉红-红紫	2~10	Br⁻、I⁻、SCN⁻	Ag⁺
甲基紫	红-紫	酸性溶液	Ag⁺	Cl⁻
罗丹明 6G	橙红-红紫	酸性溶液	Ag⁺	Br⁻

习 题

1. 计算 AgI 在下列溶液中的溶解度。

（1）纯水中；

（2）0.01 mol·L^{-1} AgNO$_3$ 溶液中；

（3）0.02 mol·L^{-1} KI 溶液中；

（4）1.0 mol·L^{-1} 氨水中。

2. 计算 CaF$_2$ 在下列溶液中的溶解度。

（1）0.01 mol·L^{-1} HCl 溶液中（忽略沉淀溶解所消耗的酸）；

（2）0.01 mol·L^{-1} CaCl$_2$ 溶液中。

3. 计算 PbSO$_4$ 在纯水中及在 1.0 mol·L^{-1} HCl 溶液中的溶解度（不考虑盐效应，Pb-Cl 配位化合物的 $\lg\beta_1=1.2$，$\lg\beta_2=0.6$，$\lg\beta_3=1.2$）。

4. 计算 ZnS 在 pH=10.0 的氨性溶液中的溶解度。溶液达到平衡时，溶液中 [NH$_3$] = 0.10 mol·L^{-1}。

5. 计算 Ag$_2$S 在 [H$^+$] = 0.1 mol·L^{-1} 的饱和硫化氢溶液（$c_{\text{H}_2\text{S}}=0.1$ mol·L^{-1}）中的溶解度。

6. 考虑 S^{2-} 的水解，计算下列硫化物在纯水中的溶解度。

（1）CuS；　　（2）Cu$_2$S；　　（3）MnS；　　（4）Tl$_2$S（$K_{sp}=5\times10^{-21}$）。

7. 在 100 mL 溶液中，[NH$_3$] = 0.2 mol·L^{-1}，[NH$_4^+$] = 0.1 mol·L^{-1}，问最多能溶解 Ag$_2$S 多少克？

8. 计算 AgI 在 0.01 mol·L^{-1} Na$_2$S$_2$O$_3$ 和 0.01 mol·L^{-1} KI 混合溶液中的溶解度。

9. 在 pH=2.0 的含有 0.01 mol·L^{-1} EDTA 及 0.10 mol·L^{-1} HF 的溶液中，加入 CaCl$_2$ 使溶液中的 $c_{\text{Ca}^{2+}}=0.10$ mol·L^{-1} 时，不考虑体积变化，问：

（1）EDTA 的存在对生成 CaF$_2$ 沉淀有无影响？

（2）能否产生 CaF$_2$ 沉淀？

10. 计算 CaC$_2$O$_4$ 分别在纯水中及在 pH=5.0、草酸总浓度为 0.05 mol·L^{-1} 溶液中的溶解度。

11. 考虑盐效应，计算 BaSO$_4$ 在下列溶液中的溶解度。

（1）0.1 mol·L^{-1} NaCl 溶液中；

（2）0.1 mol·L^{-1} BaCl$_2$ 溶液中。

12. 计算 BaSO$_4$ 在下列溶液中的溶解度。

（1）在纯水中；

（2）考虑同离子效应，含有 0.10 mol·L^{-1} SO$_4^{2-}$ 溶液中；

（3）考虑酸效应，2.0 mol·L^{-1} HCl 溶液中；

(4) 考虑配位效应,pH = 8.0 的 0.010 mol·L^{-1} EDTA 溶液中。

13. 试计算 $BaSO_4$ 分别在纯水中和在 pH=3.0、EDTA 浓度为 $1.0×10^{-2}$ mol·L^{-1} 条件下的溶解度,比较它们之间有无差异,为什么?

14. $MgNH_4PO_4$ 饱和溶液的 pH 为 9.70,Mg^{2+} 浓度为 $5.60×10^{-4}$ mol·L^{-1},求 $MgNH_4PO_4$ 的溶度积常数。

15. 若使 0.002 mol 固体 AgCl 完全溶解在 100 mL 氨水中,那么 NH_3 的最终浓度必须是多少?

16. 将 0.1 mol·L^{-1} $Ag(NH_3)_2^+$ 的 1 mol·L^{-1} NH_3 溶液,与 1.0 mol·L^{-1} KCl 溶液等体积混合时,有无 AgCl 沉淀生成?

17. 考虑 CO_3^{2-} 的水解作用,计算 $CdCO_3$ 在纯水中的溶解度和平衡时溶液的 pH。

18. 用重量分析法测定硫酸盐含量时,若发生下列情况,那么对测定结果有何影响?

(1) 母液中存在过量酸;

(2) NO_3^- 共沉淀;

(3) 沉淀吸附 Na_2SO_4;

(4) 在滤纸灰化完全之前,灼烧沉淀的温度过高。

19. 计算下列换算因数。

(1) 称量形 $PbCrO_4$,测定 PbO;

(2) 称量形 $Mg_2P_2O_7$,测定 P_2O_5;

(3) 称量形 $(NH_4)_3PO_4·12MoO_3$,测定 P_2O_5;

(4) 称量形 SiO_2,测定 Si;

(5) 称量形 $Al(C_9H_6ON)_3$,测定 Al_2O_3。

20. 假定泻盐试样为化学纯 $MgSO_4·7H_2O$,称取 0.8000 g 试样,将镁沉淀为 $MgNH_4PO_4$,灼烧成 $Mg_2P_2O_7$,得 0.3900 g,试问该试样是否符合已知的化学式?原因何在?

21. 有一煤试样,含硫约 6%,现将硫转化为 $BaSO_4$,以重量分析法测定硫的含量。已知称取 1.5 g 试样,沉淀时需过量沉淀剂 50%。计算需加入 1 mol·L^{-1} $BaCl_2$ 溶液共多少毫升?

22. 在空气中灼烧 MnO_2,使其定量地转化为 Mn_3O_4。今有一软锰矿,其组成如下:MnO_2 约 80%、SiO_2 约 15%、H_2O 约 5%。现将试样在空气中灼烧至恒重,试计算灼烧后的试样中 Mn 的质量分数。

23. 沉淀滴定法测定下列物质中的 Cl$^-$ 时,选何种指示剂?

(1) NH_4Cl;   (2) $BaCl_2$;

(3) $FeCl_3$;   (4) $CaCl_2$;

(5) $NaCl+Na_3PO_4$;   (6) $NaCl+Na_2SO_4$。

24. 沉淀滴定法测定下列物质时,选何种指示剂?

(1) KI;   (2) Ag_2SO_4;

(3) $NaBr+Na_3AsO_4$;   (4) $KI+Na_3PO_4$。

25. 在下列情况下,测定结果是偏高、偏低、还是无影响?为什么?

(1) 在 pH=4 的条件下,用莫尔法测定 Cl$^-$;

（2）在 pH=9 的 NH_4Cl 溶液中，用莫尔法测定 Cl^-；

（3）用福尔哈德法测定 Cl^-，加入过量的 $AgNO_3$ 溶液后，直接用 NH_4SCN 标准溶液滴定；

（4）用福尔哈德法测定 Br^-，加入过量的 $AgNO_3$ 溶液后，直接用 NH_4SCN 标准溶液滴定；

（5）用法扬司法测定 Cl^-，曙红作指示剂；

（6）用法扬司法测定 I^-，曙红作指示剂。

26. 称取 1.1374 g 只含 NaCl 和 KCl 的试样，溶于水后将 Cl^- 沉淀成 AgCl，得到沉淀 2.3744 g，求试样中 NaCl 的含量。

第 8 章

吸光光度法

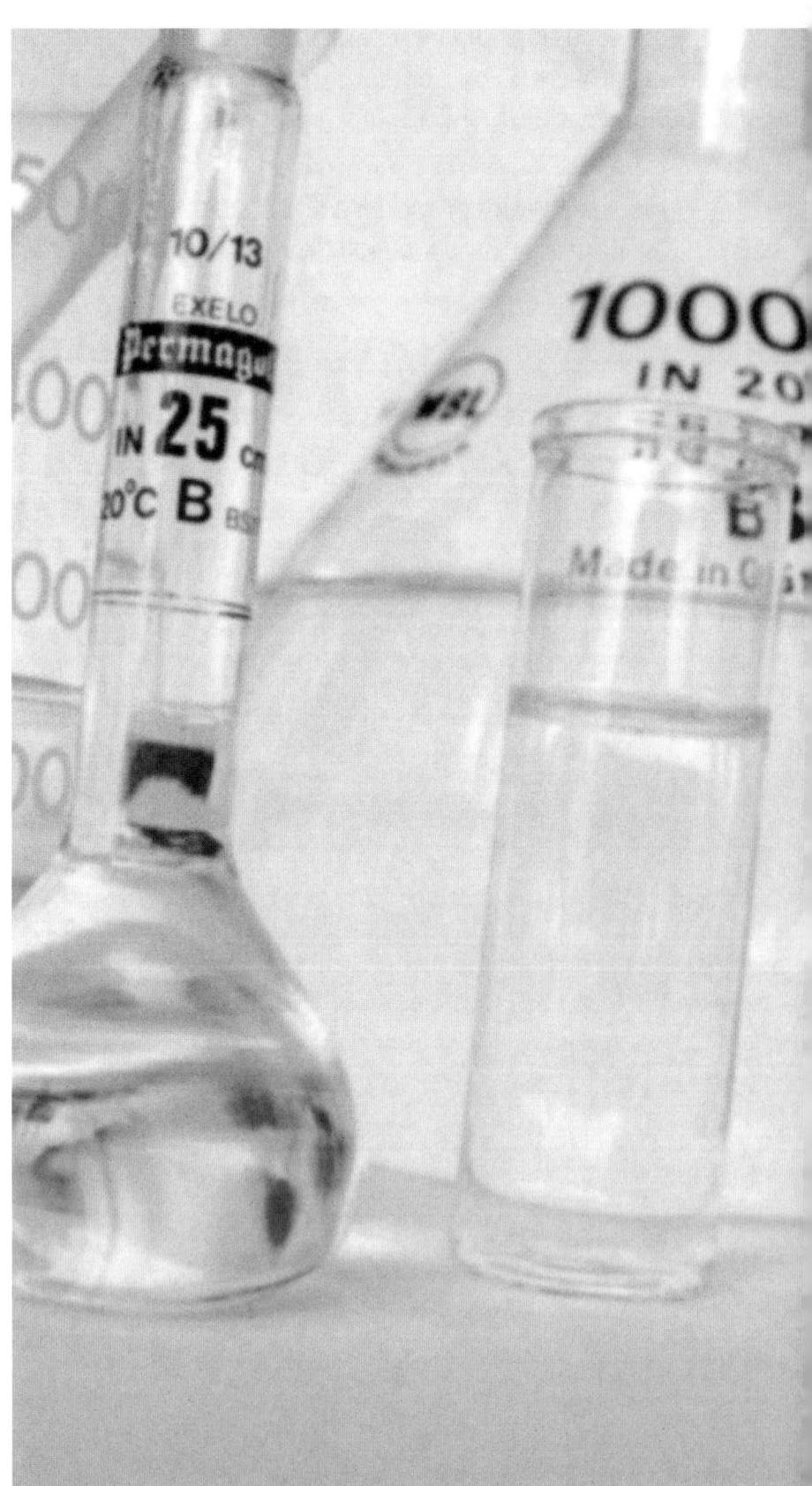

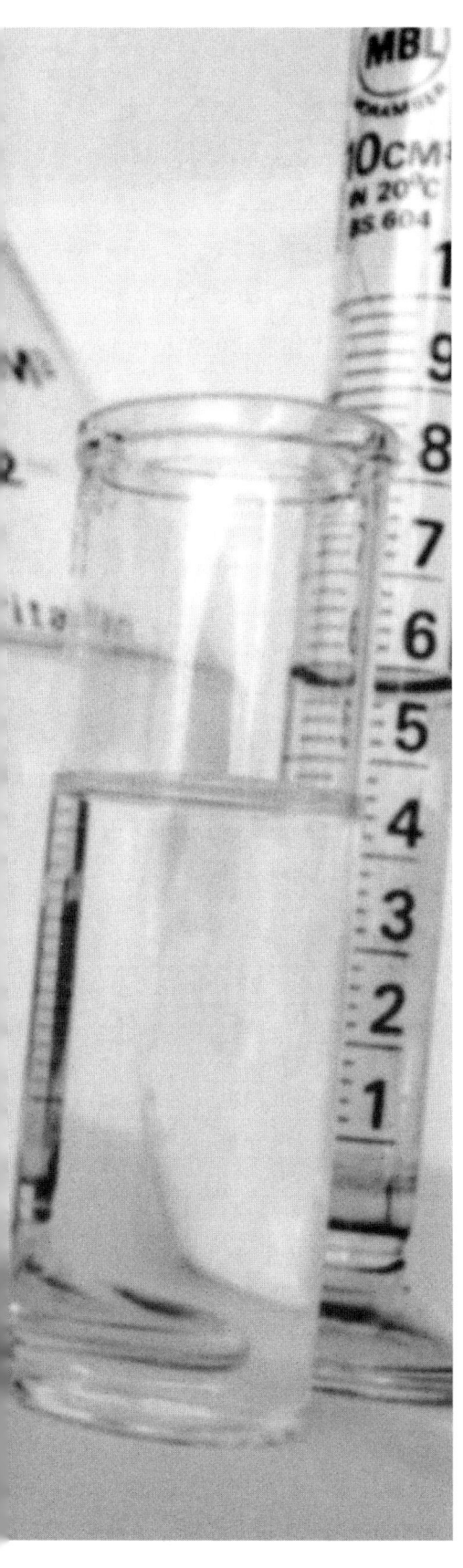

基于物质对光的选择性吸收而建立的分析方法称为吸光光度法,又称分光光度法,包括比色法、紫外-可见吸光光度法等。本章重点介绍可见光区的吸光光度法。

许多物质具有颜色,如 $KMnO_4$ 水溶液呈紫色,Fe^{2+} 与邻二氮菲生成的配位化合物的水溶液呈橙红色。这些有色溶液颜色的深浅与该物质的浓度有关,浓度越大,颜色越深。用比较颜色深浅来测定物质浓度的方法称为比色分析法。使用分光光度计进行比色分析的方法称为吸光光度法。

吸光光度法所测量的是物质对光的吸收程度,属于仪器分析法,主要用于微量组分的测定。与化学分析法相比,吸光光度法主要有以下特点:

(1) 灵敏度高。测定下限可达 $10^{-5} \sim 10^{-6}\ mol \cdot L^{-1}$。

(2) 仪器设备简单、价格便宜,操作简便、快速。一般只需经过显色和测定吸光度就可得到结果。

(3) 准确度较高。一般吸光光度法的相对误差为 2%~5%,若使用精密仪器,误差可降至 1%~2%,完全能够满足微量组分的测定要求。

(4) 应用广泛。它既可应用于定性分析,又可应用于定量分析;既可以测定绝大多数无机离子,又可以测定许多有机化合物;既能用于低含量组分的测定,还能用于含量较高组分的测定(差示吸光光度法或光度滴定法);既能用于测定试样中的单一组分,又能进行试样中多组分的测定;还可测定配位化合物的组成、稳定常数和酸的解离常数等。吸光光度法在生物、医药、环境、食品、化工等领域有着广泛的应用。

8.1 吸光光度法基本原理

8.1.1 物质对光的选择性吸收

一、光的基本性质

光是一种电磁波,一般用波长或频率来描述不同的光,人的眼睛能看到的光称为可见光,它只是电磁波中很小的一段波段。如按波长或频率排列,可得如图 8.1 所示的电磁波谱。

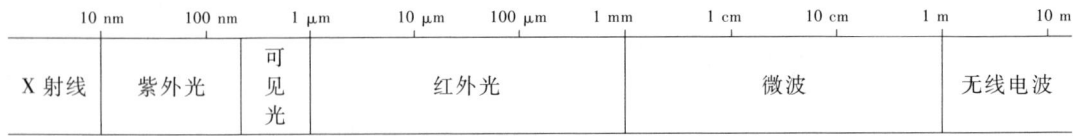

图 8.1　电磁波谱

通常将波长为 10~400 nm 的光称为紫外光(远紫外、近紫外),波长为 400~750 nm 的光称为可见光,波长为 750 nm~1 mm 的光称为红外光。在可见光区,不同波长的光呈现出不同的颜色。

单一波长的光称为单色光,由不同波长的光组成的光称为复合光。白光是复合光,是各种不同颜色的可见光的复合光。当一束白光通过棱镜后就会色散成红、橙、黄、绿、青、蓝、紫等颜色的光。反之,这些不同颜色的光按照一定的强度比例混合后又形成白光。进一步研究表明,只需将两种适当颜色的光按一定的强度比例混合就可形成白光,它们称为互补色光。即能组成白光的两种单色光称为互补色光。日光、白炽灯光都是复合光。

当一束白光通过一溶液时,若各种颜色的光都透过,则溶液是透明无色的;若各种颜色的光都吸收,则溶液为黑色的。当一束白光通过一有色溶液时,一些波长的光被溶液选择性吸收,另一些波长的光则透过,因此溶液呈现出透过光的颜色,溶液吸收的光与透过光为互补色光。例如,$CuSO_4$ 溶液因吸收了白光中的黄光而呈蓝色,黄色与蓝色即为互补色;$KMnO_4$ 溶液因吸收了白光中的黄绿色光而呈紫红色。表 8.1 列出了物质颜色与吸收光颜色的关系。

表 8.1　物质颜色与吸收光颜色的关系

物质颜色 (透射光)	吸　收　光	
	颜色	波长/nm
黄绿	紫	400~450
黄	蓝	450~480
橙	绿蓝	480~490
红	蓝绿	490~500
红紫	绿	500~560
紫	黄绿	560~580
蓝	黄	580~610
绿蓝	橙	610~650
蓝绿	红	650~750

二、物质对光的选择性吸收及吸收曲线(吸收光谱)

以上简单说明了物质呈现的颜色是物质对不同波长的光选择性吸收的结果。如果测量某溶液对不同波长单色光的吸收程度,以波长为横坐标,吸光度为纵坐标作图,可得一条曲线,称为吸收曲线或吸收光谱曲线,它能更形象地描述物质对不同波长光的吸收情况。图 8.2 所示为不同浓度 $KMnO_4$ 溶液的吸收曲线,曲线峰值处有最大吸收,与它对应的波长称为最大吸收波长,用 λ_{max}($\lambda_{最大}$)表示。从图 8.2 可见,$KMnO_4$ 溶液选择性地吸收了波长在 525 nm 附近的绿色光,而对其互补色光(400 nm 附近的紫红色光)几乎不吸收,所以 $KMnO_4$ 溶液呈紫红色。$KMnO_4$ 溶液吸收曲线的最大吸收波长为 λ_{max} = 525 nm。浓度不同时,吸收曲线形状相同,最大吸收波

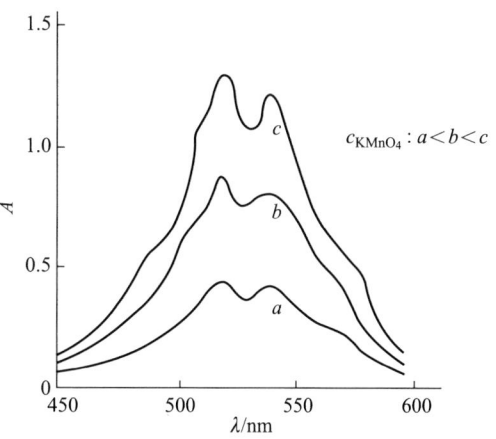

图 8.2 不同浓度 $KMnO_4$ 溶液的吸收曲线

长不变,即同种物质有相似的吸收曲线和相同的最大吸收波长,这是定性分析的依据;浓度越大吸光度越大,溶液颜色也越深,故可以根据吸光度的大小,比较溶液的浓度,这是定量分析的依据。若在最大吸收波长处测定吸光度,则灵敏度最高。因此,吸收曲线是吸光光度法中选择测定波长的重要依据。

吸收曲线的形状与物质内部结构有关,在此作简要说明。当一束光照射到某物质时,组成该物质的分子、原子或离子与光子发生碰撞,光子的能量则转移到分子、原子或离子上,使这些粒子由最低能态(基态)跃迁到较高能态(激发态),此作用称为物质对光的吸收。被激发的粒子约在 10^{-8} s 后又回到基态,并以热或荧光等形式释放出能量。分子、原子或离子具有不连续的量子化能级,只有当照射光光子的能量($h\nu$)等于被照射物质粒子的基态和激发态的能量差才能发生吸收。不同的物质粒子,由于结构不同而具有不同的量子能级,其能量差也不同。因此,物质对光的吸收具有选择性。

8.1.2 光吸收的基本定律

一、朗伯-比尔定律

朗伯(Lambert)和比尔(Beer)先后在 1760 年和 1852 年提出了光的吸收程度与吸收层厚度及吸光物质浓度之间的定量关系,二者结合称为朗伯-比尔定律,是光吸收的基本定律。

当一束平行的单色光垂直照射于某一均匀、非散射的吸收介质时,光的一部分被吸收,一部分透过溶液。设入射的单色光强度为 I_0,吸收光强度为 I_a,透过光强度为 I_t(一般也可用 I 表示),则

$$I_0 = I_a + I_t$$

透过光强度 I_t 与入射光强度 I_0 之比称为透光率或透射比,用 T 表示:

$$T = \frac{I_t}{I_0} \tag{8.1}$$

溶液的透光率越大,表示它对光的吸收越小;透光率越小,表示它对光的吸收越大。

$\lg\dfrac{I_0}{I_t}$ 称为吸光度,用 A 表示,它与透光率的关系为

$$A = \lg\dfrac{I_0}{I_t} = \lg\dfrac{1}{T} \tag{8.2}$$

吸光度 A 越大,表示物质对光的吸收越强烈。

如图 8.3 所示,当一束强度为 I_0 的平行单色光垂直照射到吸收层厚度为 b 的液层时,由于 I_0 被溶液中吸光质点(分子或离子)部分吸收,通过吸光物质后强度减弱为 I_t。如将吸收层分为无限小的相等薄层 db,其截面积为 S,则每一薄层的体积为 Sdb,其中吸光质点数为 dn,而且每个吸光质点都有一个可以俘获光子的截面。设 dn 个吸光质点可俘获光子的总截面积为 dS,那么光子在此截面内被俘获的概率为 $\dfrac{dS}{S}$。

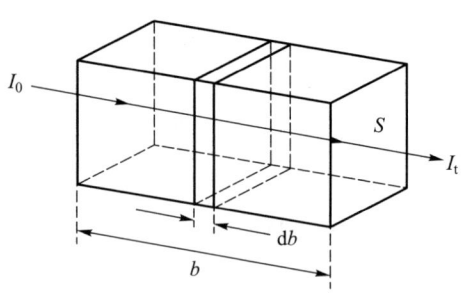

图 8.3 光通过吸光物质示意图

另一方面,照射到这一截面的光强度为 I_b,在此截面内被吸收的光强度为 dI_b,则 $-\dfrac{dI_b}{I_b}$ 按统计平均也等于俘获概率,负号表示光强度因被吸收而减弱。故

$$-\dfrac{dI_b}{I_b} = \dfrac{dS}{S}$$

因为 dS 是在此截面内各吸光质点俘获面积之和,它必定与此截面中所含吸光质点的数目 dn 成正比,即

$$dS = kdn$$

式中,k 为比例常数。合并以上两式得

$$-\dfrac{dI_b}{I_b} = \dfrac{kdn}{S}$$

将上式积分,可求得吸收层厚度为 b,截面积为 S,吸光质点数为 n 的吸光物质的吸收概率,即

$$-\int_{I_0}^{I_t}\dfrac{dI_b}{I_b} = \int_0^n \dfrac{kdn}{S}$$

$$-\ln\dfrac{I_t}{I_0} = \dfrac{kn}{S}$$

或

$$\lg\dfrac{I_0}{I_t} = \dfrac{kn}{2.303S} \tag{8.3}$$

如截面积 S 用溶液体积 V 及溶液层厚度 b 表示,则

$$S = \dfrac{V}{b}$$

溶液吸光质点的浓度用物质的量浓度 c 表示，即

$$c = \frac{n}{6.02 \times 10^{23} V}$$

代入式(8.3)，合并常数项得

$$\lg \frac{I_0}{I_t} = \varepsilon b c$$

即
$$A = \varepsilon b c \tag{8.4}$$

式(8.4)是朗伯-比尔定律的数学表达式。其物理意义是，当一束平行单色光垂直通过某一均匀非散射的吸光物质的溶液时，其吸光度与吸光物质的浓度及吸收层厚度成正比。这是吸光光度法进行定量分析的理论依据。式中比例常数 ε 称为摩尔吸收系数，它与吸光物质的性质、入射光波长及温度等因素有关。

二、光度分析的灵敏度

1. 摩尔吸收系数

摩尔吸收系数的物理意义是，当吸光物质浓度为 $1 \text{ mol}\cdot\text{L}^{-1}$，液层厚度为 1 cm，一定波长的光通过时的吸光度。朗伯-比尔定律一般适用于浓度较低的溶液，所以在光度分析的实际工作中，不能直接取 $1 \text{ mol}\cdot\text{L}^{-1}$ 这样高浓度的溶液去测定 ε，而是在适宜的低浓度时测定其吸光度 A，然后由 $\varepsilon = \dfrac{A}{bc}$ 计算而求得 ε。

例 8.1 有一含铁质量浓度为 $2.5 \text{ mg}\cdot\text{L}^{-1}$ 的溶液，以邻二氮菲吸光光度法测定铁，用 1 cm 吸收池，在 508 nm 处测得吸光度为 0.500，计算摩尔吸收系数。

解
$$c_{\text{Fe}^{2+}} = \frac{2.5 \times 10^{-3} \text{ g}\cdot\text{L}^{-1}}{55.85 \text{ g}\cdot\text{mol}^{-1}} = 4.5 \times 10^{-5} \text{ mol}\cdot\text{L}^{-1}$$

$$\varepsilon = \frac{A}{bc} = \frac{0.500}{1 \times 4.5 \times 10^{-5}} \text{ L}\cdot\text{mol}^{-1}\cdot\text{cm}^{-1} = 1.1 \times 10^4 \text{ L}\cdot\text{mol}^{-1}\cdot\text{cm}^{-1}$$

摩尔吸收系数 ε 的单位为 $\text{L}\cdot\text{mol}^{-1}\cdot\text{cm}^{-1}$。$\varepsilon$ 值与入射光波长有关，因此表示 ε 时要注明所用入射光的波长。ε 越大，表示吸光质点对某波长的光吸收能力越强，测定的灵敏度越高。最大吸收波长 $\lambda_{\max}$ 下的摩尔吸收系数 $\varepsilon_{\max}$ 是一个重要的特征参数，它反映了该吸光物质吸光能力可能达到的最高程度。一般认为 $\varepsilon_{\max} > 10^4 \text{ L}\cdot\text{mol}^{-1}\cdot\text{cm}^{-1}$ 的方法是较灵敏的，通过增大吸光分子的有效截面积和电子跃迁概率，目前已有极少数显色反应的 ε 达到 10^6 数量级。

浓度 c 应该是有色配位化合物（ML_n）的浓度，一般以待测金属离子总浓度 c_M 来代替 ML_n。但由于配位化合物的解离，通常测得的为表观摩尔吸收系数。配位化合物的稳定性较高时，表观摩尔吸收系数接近真实摩尔吸收系数。

2. 桑德尔(Sandell)灵敏度指数

吸光光度法的灵敏度除用 ε 表示外，有时也用桑德尔灵敏度指数 S 来表示，即当仪器的检测极限为 $A = 0.001$ 时，单位截面积光程内能检测出的吸光物质的最低含量，以 $\mu\text{g}\cdot\text{cm}^{-2}$ 表

示。S 与 ε 的关系推导如下：

$$A = 0.001 = \varepsilon bc$$

则

$$cb = \frac{0.001}{\varepsilon}$$

式中 cb 为单位截面积光程内吸光物质的物质的量，若 cb 再乘以吸光物质的摩尔质量 M，就是单位截面光程内吸光物质的质量，即 S，因此

$$S = \frac{cb}{1000} \times M \times 10^6$$

$$= cbM \times 10^3 = \frac{0.001}{\varepsilon} \times M \times 10^3$$

$$= \frac{M}{\varepsilon} \quad (\mu\text{g} \cdot \text{cm}^{-2}) \tag{8.5}$$

例 8.2 用邻二氮菲测定铁时，在 508 nm 处，$\varepsilon = 1.1 \times 10^4 \ \text{L} \cdot \text{mol}^{-1} \cdot \text{cm}^{-1}$，求桑德尔灵敏度指数。

解

$$S = \frac{M}{\varepsilon} = \frac{55.85 \ \text{g} \cdot \text{mol}^{-1}}{1.1 \times 10^4 \ \text{L} \cdot \text{mol}^{-1} \cdot \text{cm}^{-1}} = 0.0051 \ \mu\text{g} \cdot \text{cm}^{-2}$$

摩尔吸收系数越大，桑德尔灵敏度指数越小，反应灵敏度越高。这对于用不同试剂测定同一种物质是完全正确的。而在比较测定不同物质的灵敏度时，用 ε 要慎重。

例 8.3 采用双硫腙萃取光度法测定 Cu^{2+} 时，$\varepsilon = 4.5 \times 10^4 \ \text{L} \cdot \text{mol}^{-1} \cdot \text{cm}^{-1}$，测定 Pb^{2+} 时，$\varepsilon = 6.8 \times 10^4 \ \text{L} \cdot \text{mol}^{-1} \cdot \text{cm}^{-1}$，计算它们的桑德尔灵敏度指数。

解

Cu^{2+}：
$$S = \frac{63.55 \ \text{g} \cdot \text{mol}^{-1}}{4.5 \times 10^4 \ \text{L} \cdot \text{mol}^{-1} \cdot \text{cm}^{-1}} = 0.0014 \ \mu\text{g} \cdot \text{cm}^{-2}$$

Pb^{2+}：
$$S = \frac{207.2 \ \text{g} \cdot \text{mol}^{-1}}{6.8 \times 10^4 \ \text{L} \cdot \text{mol}^{-1} \cdot \text{cm}^{-1}} = 0.0030 \ \mu\text{g} \cdot \text{cm}^{-2}$$

可以看出，换算后摩尔吸收系数小的铜有较高的灵敏度。

3. 比吸光度

比吸光度是指吸光物质质量浓度为 $1 \ \text{mg} \cdot \text{L}^{-1}$ 或 $1 \ \mu\text{g} \cdot \text{mL}^{-1}$ 时，在 $\lambda_{\max}$ 下，光程为 1 cm 时的吸光度，通常以 a 表示。比吸光度越大，反应灵敏度越高。a 与 ε、S 的关系为

$$c = \frac{1 \times 10^{-3} \ \text{g} \cdot \text{L}^{-1}}{M}$$

$$a = \varepsilon \times 1 \times c = \frac{\varepsilon}{M \times 1000}$$

$$a = \frac{1}{S \times 1000}$$

三、吸光度的加和性

在多组分体系中，如果各组分的吸光质点之间没有相互作用，而且都对同一波长的光有吸收作用，这时总的吸光度等于各组分吸光度之和，即

$$A = A_1 + A_2 + \cdots + A_n$$
$$= \varepsilon_1 b c_1 + \varepsilon_2 b c_2 + \cdots + \varepsilon_n b c_n \tag{8.6}$$

这一规律称为吸光度的加和性,可应用于多组分的同时测定。

四、标准曲线的绘制

根据朗伯-比尔定律,当吸收池厚度保持不变时,吸光度与吸光物质的浓度成正比,这是吸光光度法定量分析的基础。标准曲线绘制的具体方法:在一定条件下配制一系列具有不同浓度的标准溶液(称标准系列),然后在确定的测量波长和选择的实验条件下,分别测量系列标准溶液的吸光度,以吸光度为纵坐标,标准溶液浓度为横坐标作图,得到一条通过原点的直线,称为标准曲线(或工作曲线),如图 8.4 所示。当要对某待测溶液的浓度 c_x 进行定量测定时,只需在相同条件下测定待测溶液的吸光度 A_x,就可以在标准曲线上直接查得 c_x,如图 8.4 所示,或通过线性回归方程求得试液的浓度 c_x。

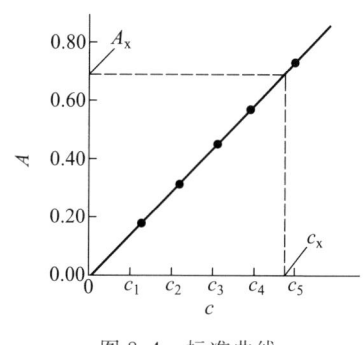

图 8.4 标准曲线

8.2 吸光光度法的方法和仪器

8.2.1 吸光光度法的方法

一、目视比色法

凭借眼睛观察比较溶液颜色深浅,以确定有色物质含量的方法称为目视比色法。常用的目视比色法是标准系列法,即在一套由相同材料制成的大小形状相同的比色管中分别加入一系列不同量的标准溶液,将一定量待测试液置于另一比色管中,在相同的实验条件下,再分别加入等量的显色剂和其他试剂,并稀释至相同体积,待反应达到平衡后,从管口垂直向下观察,比较待测试液与标准溶液颜色的深度。若待测试液与标准系列中某溶液的颜色深度相同,则两者浓度相等;若待测试液颜色介于相邻两个标准溶液之间,则取其算术平均值作为待测试液的浓度。目视比色法不需要仪器,操作简便,且以复合光为入射光,对于某些不符合朗伯-比尔定律的体系仍可使用,但准确度较差。

二、光电比色法

使用光电比色计测定溶液的吸光度而进行定量分析的方法称为光电比色法。光电比色法与吸光光度法都以朗伯-比尔定律为理论基础,区别在于光电比色法使用滤光片获得单色光,用光电池接收光信号,而分光光度法使用性能更好的单色器(棱镜或光栅)和检测器。

三、吸光光度法

使用分光光度计测定溶液的吸光度而进行定量分析的方法称为吸光光度法。分光光度计使用棱镜或光栅等单色器获得单色光,可获得纯度较高的单色光,大大提高了测量的准确度和灵敏度。

8.2.2 分光光度计

分光光度计的种类和型号虽然众多,但基本构造都相同,都由光源、单色器、吸收池、检测器和显示系统五部分组成,如图 8.5 所示。由光源发出的复合光经单色器分解为单色光后,照射到吸收池上,一部分入射光被试样溶液吸收,一部分光透射出去,照射到检测器上被检测。下面对分光光度计的主要部件进行简单介绍。

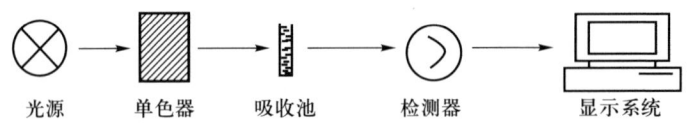

图 8.5　分光光度计基本构造图

一、光源

在仪器工作的波长范围内,要求光源应能提供具有足够发射强度、稳定且波长连续变化的复合光。在可见光区测量时,一般使用钨丝灯为光源,发出的连续光谱,波长为 400～1000 nm。必须使用稳压电源才能使光源强度不变。在紫外光区测量时常使用氢灯或氘灯,产生 160～350 nm 的连续光谱作为光源。

二、单色器

将光源发出的连续复合光分解为单色光的装置,称为单色器。朗伯-比尔定律只适用于单色光,因此需要由单色器(分光系统)将复合光分解为单色光。分光光度计的单色器通常由入射狭缝、准直镜、色散元件、聚焦镜和出射狭缝组成,常用的色散元件有棱镜和光栅。比色计使用滤光片作为单色器获得单色光。

1. 棱镜

棱镜是根据物质的折射率与光的波长有关这一性质制成的。当光以一定角度照射到棱镜上时,在棱镜的两界面上发生折射而色散(分开)。由于不同波长的光在棱镜中的折射率不同而被分开,如图 8.6 所示。使用棱镜可以获得纯度较高的单色光(半宽度 5～10 nm)。色散后的光被聚焦在一个微微弯曲并带有出射狭缝的表面上,移动棱镜或出射狭缝的位置,就可使所需波长的光通过狭缝照射到试液上。棱镜的色散能力通常以角色散率描述,单色光的纯度取决于棱镜的角色散率和出射狭缝的宽度。

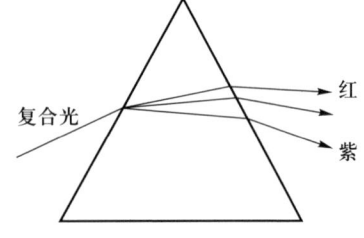

图 8.6　棱镜的色散作用

棱镜有玻璃棱镜和石英棱镜两种,玻璃棱镜的色散波段一般在 400～1000 nm,适用于可见光分光光度计;石英棱镜的色散波段一般在 185～4000 nm,适用于紫外-可见光分光光度计。

2. 光栅

光栅是利用光的衍射和干涉原理将复合光色散为不同波长单色光的。通过在抛光金属表面刻划大量平行线而制成光栅,通常每毫米刻几十到上百条线甚至更多,光栅刻线数越多,分辨率越高。当由狭缝射来的光射至刻线部分时,光散射掉,射至未刻线部分的光有规则反射,起到单个光源的作用。各反射光束间的干涉引起色散,使反射光色散为单色光。同棱镜相比,光栅具有分辨率高、工作波长范围宽的优点,一般用在较高档的仪器中。

3. 滤光片

常用的滤光片由有色玻璃片制成,利用颜色互补原理,只允许和与其颜色相同的光通过,即滤光片的颜色与待测试液的颜色互为互补色。滤光片得到的是近似的单色光。如将一块绿色玻璃滤光片用在分光光度计上,测定不同波长的透光率,然后以透光率为纵坐标,波长为横坐标作图,则得到透光曲线,如图 8.7 所示。其最大透过光波长为 520 nm。邻近的其他波长的光也有不同程度的透光率。因此,滤光片并不能得到真正的单色光,而是一个波段的光。单色光的"纯度"一般以"半宽度"表示,即最大透光率值的一半处曲线的宽度(图 8.7 中,以 CD 距离表示)。半宽度越窄,单色性越好。玻璃滤光片半宽度大于 30 nm。此外,还有一类利用光的干涉作用而产生相当窄的谱带的干涉滤光片,得到的透过光,其半宽度可小到 10 nm。

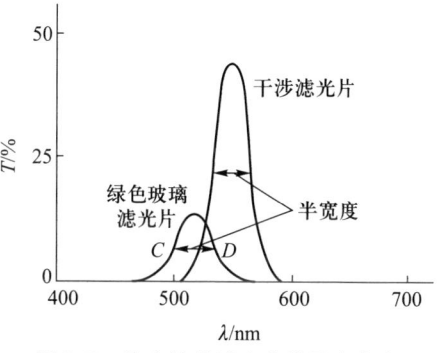

图 8.7 滤光片的透光曲线及半宽度

三、吸收池

吸收池也称比色皿,由无色透明、耐腐蚀的光学玻璃或石英制成,用于盛装参比溶液和待测试液。在可见光区测定时使用玻璃吸收池,在紫外光区测定时使用石英吸收池。在测定时要使用同一规格中透光率彼此相差小于 0.5% 的吸收池,以减小测量误差;吸收池要保持清洁,尤其不要磨损它的光学面,以免造成其光学性质的不一致。

四、检测器

检测器是将所接收到的光经光电效应转换成与照射光强度成正比的光电流信号进行测量的光电转换器件。常用的检测器有光电池、光电管和光电倍增管。

1. 光电池

常用的光电池是硒光电池,硒光电池对光的响应范围为 300~800 nm,尤其对 500~600 nm 的光最为灵敏。硒光电池具有结构简单、价格便宜、不需外接电源等特点,但其内阻小、电流不易放大,故常用于光电比色计和低档的分光光度计中。光电池受到强光照射或长时间连续使用时,光电流会逐渐下降,此现象称为光电池的"疲劳"现象,这时应暂停使用,将其放置暗处使其恢复原有灵敏度。

2. 光电管

光电管是由一个阴极和一个阳极组成的真空(或充少量惰性气体)二极管,阴极为表面镀有光敏材料的金属半圆筒,阳极为金属镍片。由于阴极材料光敏性能不同,分为红敏和紫敏两种。红敏光电管是在阴极表面涂银和氧化铯,适用波长范围为 625～1000 nm;紫敏光电管在阴极表面涂锑和铯,适用波长范围为 200～625 nm。当光线射至阴极时,能够发射电子,在光电管两极加上电压,发射出的电子就流向阳极而产生电流,电流的大小决定于照射光的强度。与硒光电池比较,光电管具有灵敏度高、光敏范围宽、不易疲劳等优点。

3. 光电倍增管

光电倍增管是加上多级倍增电极(打拿极)的光电管,同时具有光电转换和电流放大的功能。其外壳由光学玻璃或石英制成,内部为真空状态。一个光子经打拿极多次倍增后可产生 10^6～10^{10} 个光电子,灵敏度比光电管高 200 多倍,适用波长范围为 160～700 nm,广泛应用于中、高档的分光光度计中。

五、显示系统

比色计或简易的分光光度计多采用检流计、微安表、电位计、数字显示记录仪等把放大的信号以吸光度 A 或透光率 T 的方式显示或记录下来。现代的分光光度计一般将电信号经 A/D 转换,由计算机直接采集数字信号,得到吸光度 A 或透光率 T。

8.2.3 分光光度计的类型

分光光度计按光路设计可分为单光束分光光度计、双光束分光光度计和双波长分光光度计三种基本类型。

一、单光束分光光度计

单光束分光光度计的光路示意图如图 8.5 所示。光源发出的光经单色器分光后得到一束平行单色光,轮流通过参比池和试样池,进行吸光度的测定。单光束分光光度计结构简单、价格便宜,适合于固定测定波长的定量分析。国产 721 型、722 型和 751 型分光光度计等均属此类型。

二、双光束分光光度计

双光束分光光度计的光路示意图如图 8.8 所示。经单色器分光后的单色光通过切光器 1 分成两束,一束通过试样池,一束通过参比池,用切光器 2 使两束光交替进入检测器。由于切光器旋转速度较快,对透过参比和试液的光强 I_0 和 I_t 的测量几乎同时进行,所以双光束光度计可消除光源和检测器不稳定的影响。国产 710 型、740 型和岛津 UV-240 型分光光度计等均属此类型。双波长分光光度计见 8.5.6 节。

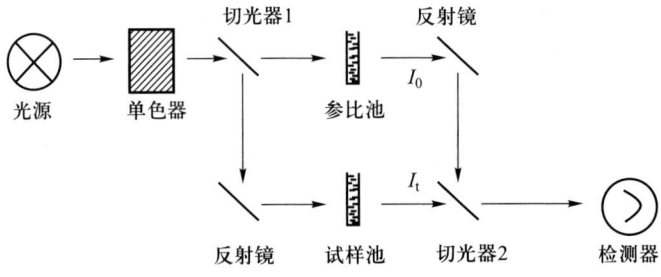

图 8.8 双光束分光光度计的光路示意图

8.3 显色反应与显色条件的选择

8.3.1 显色反应和显色剂

待测组分有颜色是可见光吸光光度法测定的必要条件。一般有色金属水合离子的摩尔吸收系数都很小,不能用吸光光度法直接测定。在进行比色或光度分析时,首先选择适当的试剂,利用显色反应将待测组分转变成有色化合物,然后进行测定。将待测组分转变为有色化合物的反应称为显色反应。这是吸光光度法测定无机离子的常用方法。与待测组分形成有色化合物的试剂称为显色剂。

一、显色反应

显色反应可分为两大类,即配位反应和氧化还原反应,其中配位反应是最主要的显色反应。待测组分常可与多种显色剂反应,生成不同的有色化合物,但它们的灵敏度、选择性等性质是不同的,因此,对于显色反应一般要满足下列要求:

(1) 选择性好。干扰少,或容易被消除。

(2) 灵敏度高。有色化合物的摩尔吸收系数应满足 $\varepsilon > 10^4 \ \text{L} \cdot \text{mol}^{-1} \cdot \text{cm}^{-1}$。

(3) 有色化合物组成要恒定,符合一定的化学式。对于形成不同配比的配位反应,必须注意控制实验条件,使其生成组成一定的配位化合物,以免引起误差。

(4) 有色化合物化学性质要稳定,不分解。至少保证在测量过程中溶液的吸光度不变,即要求有色化合物不受日光照射、空气中的氧和二氧化碳等外界环境因素及溶液中其他化学因素的影响。

(5) 对比度要大。有色化合物与显色剂之间的颜色差别要大,即两者的最大吸收波长之差 $\Delta\lambda$(称为对比度或反衬度)要大,一般要求 $\Delta\lambda > 60 \ \text{nm}$,即 $\Delta\lambda = \lambda_{\max}^{\text{ML}_n} - \lambda_{\max}^{\text{L}} > 60 \ \text{nm}$,否则对测定有干扰。

(6) 显色条件易于控制。这样才可保证测定结果的准确度和重现性。

二、显色剂

吸光光度分析中应用的显色剂有无机显色剂和有机显色剂两大类。多数无机显色剂与金属离子形成的配位化合物稳定性差,灵敏度和选择性都不高,故应用较少。其中性能较好,目前还有实用价值的有硫氰酸盐(测铁、钼、钨、铌)、钼酸铵(测硅、磷、钒)、氨水(测铜、钴、镍)和过氧化氢(测钛、钒、铌)等。

有机显色剂在吸光光度分析中应用较多,其与金属离子形成稳定的、具有特殊颜色的螯合物,灵敏度和选择性都较高。有些有色螯合物易溶于有机溶剂,可进行萃取吸光光度分析,进一步提高测定的灵敏度和选择性。有机显色剂分子中一般含有生色团和助色团。所谓生色团,是指某些含有不饱和键的基团,如 N=N、C=O、N=O、C=N、C=C 等,这些基团中的 π 电子被激发时所需能量较小,波长 200 nm 以上的光就可使其激发,故往往可以吸收可见光而表现出颜色。助色团是指某些含孤电子对的基团,如—NH_2、—OH、—Cl、—Br等,这些基团中的孤电子对与生色团上的不饱和键发生共轭作用,影响生色团对光的吸收,使颜色加深。有机显色剂种类繁多,应用较为广泛的有邻二氮菲(测 Fe^{2+},λ_{max} = 508 nm,ε_{max} = $1.1×10^4$ $L·mol^{-1}·cm^{-1}$)、丁二酮肟(测 Ni^{2+},λ_{max} = 470 nm,ε_{max} = $1.3×10^4$ $L·mol^{-1}·cm^{-1}$)、磺基水杨酸(测 Fe^{3+},λ_{max} = 520 nm,ε_{max} = $1.6×10^3$ $L·mol^{-1}·cm^{-1}$)、偶氮胂Ⅲ[测 U(Ⅳ),λ_{max} = 670 nm,ε_{max} = $1.2×10^5$ $L·mol^{-1}·cm^{-1}$]、铬天青 S(测 Al^{3+},λ_{max} = 530 nm,ε_{max} = $5.9×10^4$ $L·mol^{-1}·cm^{-1}$)等。

三、多元配位化合物显色体系

近年来,形成多元配位化合物的显色反应在吸光光度分析中发展较快。多元配位化合物是指由三种或三种以上不同组分参与反应形成的配位化合物。其中应用较多的是三元配位化合物体系,包括由一种金属离子与两种配体组成的混配化合物体系、金属离子-配体-表面活性剂体系、金属配阴离子(配阳离子)与带相反电荷离子形成的离子缔合物体系等。由于多元配位化合物分子结构上的特点,其在选择性、灵敏度、稳定性等方面优于简单的二元配位化合物,因此近年来在光度分析中得到了迅速发展和广泛应用。

8.3.2 显色反应条件的选择

吸光光度法测定的是显色反应达平衡后溶液的吸光度,因此了解影响显色反应的因素是十分必要的,这样才能控制适当条件,使反应完全和稳定。下面讨论显色反应条件的选择。

一、显色剂浓度

显色反应可表示为

$$M + nL \rightleftharpoons ML_n$$

为了使显色反应尽可能地进行完全,需使 M 充分地转变为有色化合物 ML_n,一般需要加入过量显色剂。但显色剂不是越多越好,对于有些显色反应,显色剂加入过多,反而引起副反应,对测定不利。在实际工作中通常根据实验结果来确定显色剂的用量。具体方法是固定待测离子的浓度及其他条件,只改变显色剂的加入量,在最大吸收波长下测定吸光度。以吸光度(A)对显色剂浓度(c_L)作 A-c_L 曲线。通常可能出现如图 8.9 所示的三种情况,其中(a)的情况是最常见的。

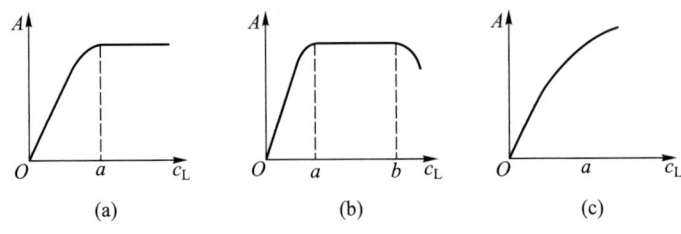

图 8.9 吸光度与显色剂浓度的关系

(1) 如图 8.9(a) 所示,随着显色剂浓度的增加,吸光度不断增大,当显色剂浓度增加至一定值时,吸光度不再增大,曲线上出现平台区。这表明显色剂浓度已经足够了,考虑到金属离子浓度的可能变化,可在平台区选择一适宜的显色剂浓度进行测定。

(2) 如图 8.9(b) 所示,随着显色剂浓度的增加,吸光度不断增大,当显色剂浓度增加至一定值时,吸光度不再增大,曲线上出现较窄的平台区,但显色剂浓度进一步增加时,吸光度反而下降。这种情况下必须严格控制 c_L 的大小在 a 和 b 之间。例如,硫氰酸盐与钼的反应:

$$Mo(SCN)_3^{2+} \rightleftharpoons Mo(SCN)_5 \rightleftharpoons Mo(SCN)_6^-$$

浅红   橙红   浅红

SCN^- 浓度太低或太高,生成配位数低或高的配位化合物,吸光度都降低。因此,要严格控制显色剂的用量。

(3) 如图 8.9(c) 所示,随着显色剂浓度的增加,吸光度不断增大,始终无平台区出现。如 SCN^- 测定 Fe^{3+} 的反应就是这种情况,随着 SCN^- 浓度增加,生成逐级配位化合物,$Fe(SCN)_n^{3-n}$,$n=1,2,\cdots,6$,溶液的颜色逐渐加深。在这种情况下,必须严格控制显色剂浓度(过量、固定),才能准确测定。

二、溶液的酸度

对显色反应而言,溶液酸度是最重要的条件。溶液酸度对显色反应的影响可用下式表示:

$$\begin{array}{ccccc} M & + & nL & \rightleftharpoons & ML_n \\ \Big| OH & & \Big| H & & \Big| OH \quad \Big| H \\ \alpha_{M(OH)} & & \alpha_{L(H)} & & \alpha_{ML_n(OH)} \quad \alpha_{ML_n(H)} \end{array}$$

即酸度不同,待测金属离子 M、显色剂 L 及有色配位化合物 ML_n 都有可能发生副反应,会影响显色反应的完全程度及有色配位化合物的组成、颜色和稳定性等。

1. 影响显色剂浓度和颜色

大多数有机显色剂是有机弱酸,因此酸度的变化,会引起酸效应系数 $\alpha_{L(H)}$ 的变化,从而影响显色剂的平衡浓度,进而影响显色反应的完全程度;另一方面有机显色剂兼有酸碱指示剂的性质,在不同酸度下有不同的颜色(对应不同的型体),由于与金属离子配位显色的往往只是显色剂的某种型体,因此酸度的变化还会影响显色剂与配位化合物之间颜色的对比度,以致对测定的灵敏度和准确性产生影响。

2. 影响金属离子 M 的存在状态

在低酸度条件下,大多数金属离子会因水解而生成各种类型的氢氧基配位化合物,甚至析出沉淀,使显色反应的完全程度降低。

3. 影响配位化合物 ML_n 的组成、颜色和稳定性

某些形成逐级配位化合物的显色反应,酸度不同,将生成配比不同的配位化合物,其颜色也不同。例如,Fe^{3+} 与磺基水杨酸的显色反应如下:

pH	组成	颜色
1.8~2.5	1∶1	紫红色
4~8	1∶2	棕褐色
8~11.5	1∶3	黄色

因此,测定时应严格控制溶液的酸度。

金属离子与显色剂反应的适宜酸度范围,是通过实验来确定的。其方法是固定金属离子与显色剂浓度,改变溶液的 pH,在 λ_{max} 处测定其吸光度,作出吸光度与 pH 关系曲线,选择曲线吸光度最大且恒定的酸度区间对应的 pH 作为测定条件。

三、温度

显色反应一般在室温下进行,但有的反应的反应速率很慢,则需要加热以加速反应,使其进行完全。当温度较高时有些有色物质又容易分解,因此,对不同的反应,应通过实验确定各自的反应温度范围。

四、时间

绝大多数显色反应需要经一定时间才能完成。时间的长短又与温度有关。有些有色物质在放置时,受空气氧化或光作用,颜色会减弱。因此,必须通过实验,作出一定温度下的吸光度与时间的关系曲线,找出适宜的显色时间。

五、溶剂

向水溶液中加入有机溶剂会使水的介电常数减小,从而使有色配位化合物的解离度降低,显色反应的灵敏度提高。如以硫氰酸盐测定钴时,产物 $Co(SCN)_4^{2-}$ 在水溶液中大部分解离,几乎无色,如果加入等体积丙酮,则丙酮层呈现配位化合物的天蓝色。有时加入有机溶剂可以加快反应速率。如氰代磺酚 S 光度测定铌时,在水溶液中反应完全需数小时,加入丙酮后,只需 30 min 反应就可进行完全。

六、共存离子的影响

在吸光光度分析中,如果共存离子本身有颜色,或与显色剂生成的有色配位化合物在测量条件下有吸收,则使吸光度增加,产生正误差;如果共存离子与待测组分或显色剂生成无色配位化合物,则会降低待测组分或显色剂的浓度,从而影响显色反应的完全程度;有时在显色条件下,干扰组分水解,析出沉淀,使溶液混浊,使吸光度测量无法进行。为此要消除共存离子的干扰,可以采用下列方法:

1. 控制酸度

利用控制酸度的方法提高反应的选择性。如用双硫腙测定 Hg^{2+} 时, Cu^{2+}、Pb^{2+}、Co^{2+}、Ni^{2+}、Cd^{2+} 等均可发生反应,但如果在 $0.5\ mol·L^{-1}\ H_2SO_4$ 介质中进行,则上述离子不再与双硫腙反应,从而消除干扰。

2. 加入适当的掩蔽剂

选取的掩蔽剂应不与待测组分作用,掩蔽剂及它与干扰组分形成的配位化合物颜色应不干扰待测组分的测定。采用配位掩蔽剂或氧化还原掩蔽剂消除干扰是常用的有效方法,广泛应用于光度分析中。

3. 选择适当的波长

如 $KMnO_4$ 的 λ_{max} 为 525 nm,如测定 $KMnO_4$ 溶液中有 $K_2Cr_2O_7$ 存在,由于 $K_2Cr_2O_7$ 在 525 nm 也有吸收,因此选择 $\lambda = 545$ nm 测定 $KMnO_4$,$K_2Cr_2O_7$ 就不干扰了。

4. 选择合适的参比溶液

通过选择合适的参比溶液来消除显色剂和一些有色共存离子的干扰。例如,以铬天青 S 为显色剂测定 Al^{3+} 时,共存的 Ni^{2+} 和 Cr^{3+} 等离子也会显色,干扰测定。此时可取一份试液加入适量的 F^-,使 Al^{3+} 形成 AlF_6^{3-} 配离子而不再显色,然后按正常实验测定步骤加入显色剂及其他试剂,以此溶液作为参比,来消除 Ni^{2+} 和 Cr^{3+} 对测定的干扰。

5. 分离干扰离子

在上述方法都不宜采用时,可采用适当的分离方法,如沉淀、离子交换或溶剂萃取等分离方法除去干扰离子。其中,萃取分离法使用较多,并可直接在有机相中显色,这种方法称为萃取光度法。

8.4 吸光光度法的准确度及测量条件的选择

8.4.1 影响准确度的因素

一、对朗伯-比尔定律的偏离

根据朗伯-比尔定律,当一定波长和强度的入射光通过光程一定的吸光溶液时,吸光度与溶液浓度成正比。绘制的标准曲线是一条直线。但在实际工作中,特别是在浓度较高时,则会出现工作曲线不呈直线的情况,如图 8.10 所示。这种现象称为对朗伯-比尔定律的偏离。若在标准曲线弯曲部分进行测定,将引入较大的误差。引起偏离朗伯-比尔定律的主要原因如下:

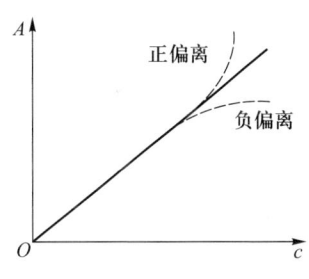

图 8.10 标准曲线的偏离

1. 非单色光引起的偏离

严格讲,朗伯-比尔定律只适于单色光,但由于受单色器分光能力的限制,以及出射狭缝要有一定的宽度以保证足够的光强的原因,目前各种分光光度计并不能提供真正的单色光,而是具有一定波长范围的光带组成的复合光。由于物质对不同波长的光吸收程度不同,因此会引起对朗伯-比尔定律的偏离。

现假设入射光仅由 λ_1 和 λ_2 两种波长的光组成,在这两种波长下朗伯-比尔定律是适用的。对波长为 λ_1 的光,吸光度为 A_1,则

$$A_1 = \lg \frac{I_{01}}{I_1} \qquad I_1 = I_{01} \times 10^{-\varepsilon_1 bc}$$

对波长为 λ_2 的光,吸光度为 A_2,则

$$A_2 = \lg \frac{I_{02}}{I_2} \qquad I_2 = I_{02} \times 10^{-\varepsilon_2 bc}$$

入射光强度为 $I_{01}+I_{02}$,透过光强度为 I_1+I_2,因此吸光度为

$$A = \lg \frac{I_{01}+I_{02}}{I_1+I_2} = \lg \frac{I_{01}+I_{02}}{I_{01} \times 10^{-\varepsilon_1 bc}+I_{02} \times 10^{-\varepsilon_2 bc}}$$

当 λ_1 和 λ_2 相差很小时,可近似认为 $\varepsilon_1 = \varepsilon_2 = \varepsilon$,则入射光为单色光,此时

$$A = \lg \frac{I_{01}+I_{02}}{(I_{01}+I_{02}) \times 10^{-\varepsilon bc}} = \varepsilon bc$$

即总吸光度与浓度服从朗伯-比尔定律,A 与 c 呈线性关系。如果 λ_1 和 λ_2 相差较大,则 $\varepsilon_1 \neq \varepsilon_2$,$A$ 与 c 不呈线性关系。ε_1 与 ε_2 相差越大,A 与 c 间线性关系的偏离越大。

实验表明,若选用一束吸光度随波长变化不大的复合光作入射光来进行测定,所引起的偏离较小,工作曲线基本上为直线。在实际工作中总是选取吸光物质的最大吸收波长的光作为入射光,这不仅可取得最大灵敏度,而且由于吸收曲线在此处有一个较小的平台区(吸光度随波长变化较小),ε 变化很小,可得到较好的线性关系。

2. 溶液中吸光质点的存在状态引起的偏离

朗伯-比尔定律适用于均匀的非散射体系。若溶液是胶体溶液、乳浊液、悬浮液等非均匀体系,当入射光通过该溶液时,除了一部分被吸收外,还有一部分因散射而损失,造成透光率减小,实测的吸光度增大。此时该吸光物质的浓度越大,对光的散射现象越严重,实测吸光度偏高得越多,从而使标准曲线的上部偏离直线向吸光度轴弯曲,即对朗伯-比尔定律产生正偏离。

朗伯-比尔定律通常适用于稀溶液。当溶液的浓度较大(通常大于 $0.01\ mol \cdot L^{-1}$)时,由于吸收质点间的距离小,致使每个质点都可影响其邻近质点的电荷分布,吸光质点的相互作用直接影响了它的吸光能力。相互作用的程度随浓度增大而增大。

3. 化学反应引起的偏离

吸光质点常因条件的变化而形成新的化合物或改变原来吸光质点的浓度。例如,吸光物质的解离、缔合、配位化合物的逐级形成、互变异构及溶剂的相互作用等,都会导致偏离朗伯-比尔定律。

(1) 解离　显色剂多为有机弱酸碱,其酸式、碱式对光的吸收性质不同。当溶液的酸度改变时,其解离度不同,对光的吸收程度也不同,这就造成溶液的吸光度发生改变。

(2) 配位化合物的逐级形成　有些显色剂与金属离子形成的是逐级配位化合物,并且各级配位化合物对光的吸收性质不同,这就要求测定时要严格控制显色剂的用量及实验条件,以免生成不同配比的配位化合物,对测定结果准确度造成影响。

（3）其他反应 例如，$K_2Cr_2O_7$ 在水溶液中存在如下平衡：

$$Cr_2O_7^{2-} + H_2O \rightleftharpoons 2CrO_4^{2-} + 2H^+$$

　　　　　橙色　　　　　　　黄色
　　　$\lambda_{max} = 350$ nm　　$\lambda_{max} = 375$ nm

若稀释溶液或降低溶液酸度，平衡向右移动，$Cr_2O_7^{2-}$ 浓度减小而 CrO_4^{2-} 浓度增大。吸收质点发生变化，必然引起 $K_2Cr_2O_7$ 工作曲线因偏离朗伯-比尔定律而发生弯曲。如果在高酸度时测定，则六价铬全部以 $Cr_2O_7^{2-}$ 形式存在，就不会引起偏离。

二、仪器测量误差

在吸光光度分析中，除各种化学因素引起的误差外，还有因仪器测量不准确、精度不够引起的误差。用任何光度计进行测量都有一定的误差，如光源和检测器的不稳定性、吸收池透光率不一致、透光率或吸光度标尺刻度不准确等。其中透光率刻度误差和读数误差是引起仪器测量误差的主要指标，现在着重讨论测量误差对结果准确度的影响。

一般分光光度计透光率读数误差 ΔT 为 $\pm 0.005 \sim \pm 0.01$。由于透光率 T 与待测组分浓度是负对数关系，因此相同的 ΔT 在不同浓度时引起的浓度误差 Δc 是不一样的。由图 8.11 可以看出，当待测溶液浓度（c_1）较低时，由 ΔT 引起的浓度的绝对误差 Δc_1 是小的，但 c_1 也很小，所以相对误差 $\dfrac{\Delta c_1}{c_1}$ 却较大；当待测溶液浓度（c_2）较大时，由相同 ΔT 引起的浓度绝对误差 Δc_2 也很大，但 c_2 也很大，因此它的相对误差 $\dfrac{\Delta c_2}{c_2}$ 仍较大；只有待测溶液浓度

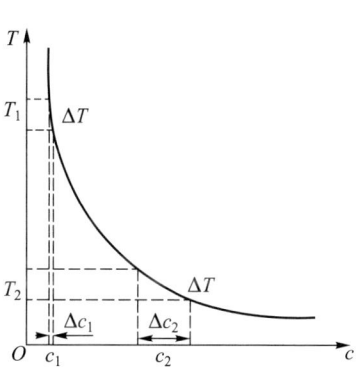

图 8.11 透光率与浓度的关系曲线

在适当范围内，即透光率在一定范围内，由仪器测量误差 ΔT 引起的浓度相对误差 $\dfrac{\Delta c}{c}$ 才比较小。

究竟透光率在什么范围内才具有较小的浓度测量误差？可通过下面推导求出：

$$A = -\lg T = \varepsilon bc$$

将上式微分，得

$$-d\lg T = -0.434\ d\ln T = -\frac{0.434}{T}dT = \varepsilon b\ dc$$

将上两式相除，得

$$\frac{dc}{c} = \frac{0.434}{T\lg T}dT \tag{8.7}$$

可见，浓度测量的相对误差 $\dfrac{dc}{c}$ 不仅与透光率测量误差（ΔT）有关，而且与透光率本身大小有关。在大多数分光光度计中，透光率测量误差的大小是一个定值，不随透光率改变而变化。

式(8.7)以有限值表示,可写作

$$\frac{\Delta c}{c} = \frac{\Delta A}{A} = \frac{0.434}{T \lg T} \Delta T \tag{8.8}$$

假定 ΔT 为 ± 0.005 和 ± 0.01,代入式(8.8)即可计算出不同仪器读数误差和不同透光率时浓度测量的相对误差,结果列于表 8.2 中。$\Delta T = \pm 0.01$ 时,以 $\frac{\Delta c}{c}$ 对 T 及 A 作图,得图 8.12。

表 8.2　不同透光率(或吸光度)时的浓度测量的相对误差

透光率 T	吸光度 A	浓度测量的相对误差 ($\left|\frac{\Delta c}{c}\right| \times 100\%$)	
		$\Delta T = \pm 0.005$	$\Delta T = \pm 0.01$
0.95	0.022	10.26	20.52
0.90	0.045	5.28	10.56
0.80	0.097	2.80	5.60
0.75	0.125	2.32	4.64
0.70	0.155	2.01	4.02
0.60	0.222	1.63	3.26
0.50	0.301	1.44	2.88
0.40	0.398	1.36	2.73
0.30	0.523	1.39	2.77
0.20	0.699	1.56	3.11
0.10	1.00	2.17	4.34
0.05	1.301	3.34	6.68

由图 8.12 可以看出,浓度测量的相对误差大小和透光率范围有关。当透光率趋于 0 或 100% 时,$\frac{\Delta c}{c}$ 急剧增大。那么 T 的值多大时 $\frac{\Delta c}{c}$ 最小呢?由式(8.8)可知,当 $T \lg T$ 为极大时,$\frac{\Delta c}{c}$ 值最小,即

$$\frac{\mathrm{d}(T \lg T)}{\mathrm{d}T} = 0$$

$$\frac{\mathrm{d}(T \lg T)}{\mathrm{d}T} = 0.434 + \lg T = 0$$

$$-\lg T = A = 0.434$$

$$T = 0.368$$

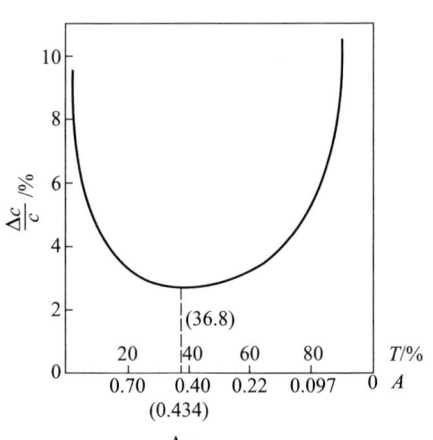

图 8.12　$\frac{\Delta c}{c}$-T(或 A)的关系

即当 $T = 36.8\%$ 或 $A = 0.434$ 时,$\frac{\Delta c}{c}$ 值最小。此时

$$\frac{\Delta c}{c} = 2.72 \ \Delta T$$

如果 $\Delta T = 0.01$，则 $\dfrac{\Delta c}{c} = 2.72\%$；如果 $\Delta T = 0.005$，则 $\dfrac{\Delta c}{c} = 1.36\%$。

在测量中，如果分光光度计的读数误差为0.01，那么若要使测量结果的相对误差小于5%，则应该在透光率为10%~75%（即吸光度为0.10~1.0）的范围内进行测定。

在上述讨论中，假定透光率测量误差 ΔT 是一个定值，与透光率无关，被认为是由仪器刻度读数误差决定的。在实际工作中，应使测定在适宜的吸光度范围内进行。根据朗伯-比尔定律，可以改变吸收池厚度或待测溶液浓度，使透光率或吸光度在适宜范围内。现在较高档的分光光度计使用光电倍增管作为检测器，可减小仪器的测量误差，使可用透光率或吸光度范围扩大，并可保证浓度测量结果的相对误差小于5%。

8.4.2 测量条件的选择

吸光光度分析中，在显色反应和显色条件确定之后，为了保证测定的灵敏度和准确度，还需从仪器的角度出发，选择适当的测量条件。

一、选择适当的测量波长

根据吸光物质的吸收曲线，一般选择最大吸收波长为测量波长，这称为"最大吸收原则"。这样不仅灵敏度高，而且在此处吸收光谱有一较小的平台区，能够减少或消除由非单色光引起的对朗伯-比尔定律的偏离，准确度好。若在最大吸收波长处存在干扰，则应根据"吸收最大，干扰最小"的原则选择测量波长。

二、吸光度范围的控制

前面已经讨论了吸光度控制在0.1~1.0范围内，测量的准确度较高。因此，实际工作中常通过调节待测溶液的浓度，选用适当厚度的吸收池使试样溶液的吸光度落入此范围。

三、参比溶液的选择

参比溶液（又称空白溶液）用来调节分光光度计的透光率为100%（吸光度为零），以消除由于吸收池和溶液中某些共存物质对光的吸收、反射或散射所造成的误差。实际工作中，标准溶液和待测溶液的吸光度都是相对于参比溶液测得的。因此，选择合适的参比溶液是很重要的。

（1）当试样溶液、显色剂及所用的其他试剂均无色（即在测定波长处均无吸收）时，可选用蒸馏水作参比溶液，称为溶剂空白。

（2）若显色剂或其他试剂有颜色（即对入射光有吸收）而试样溶液无色时，可选用不加试样的溶液为参比溶液，称为试剂空白。

（3）若待测试样溶液有颜色，而显色剂及其他试剂均无色，可选用不加显色剂的待测试样溶液作参比溶液，称为试样空白。

（4）若显色剂和试样溶液均有颜色，选择参比溶液时应包括显色剂和试样溶液，但应阻止显色反应的发生，如可在一份试样溶液中加入适当的掩蔽剂，将待测组分掩蔽起来，使之不再与显色剂作用，然后将显色剂和其他试剂按试样溶液测定方法加入，以此作为参比溶液来消除显色剂和一些共存组分的干扰。这样的参比溶液称为褪色空白。

8.5 吸光光度法的应用

吸光光度法主要用于微量组分的测定,也能用于多组分和常量组分的测定及配位化合物组成、酸碱的解离常数等的研究,因此,吸光光度法在分析化学中有广泛的应用。下面作简要介绍。

8.5.1 单组分的测定

实际工作中应用最多的一种方法是标准曲线法。即配制一系列不同浓度待测物质的标准溶液于体积相同的容量瓶中,加入适量的显色剂和其他试剂,在所选择的最佳显色反应条件下使其显色完全,稀释定容,同时配制相应的参比溶液。然后在所选择的最佳测量条件下分别测量其吸光度,绘制 A-c 标准曲线。最后在相同的条件下测量未知试样的吸光度 A_x,在标准曲线上找出 A_x 所对应的浓度 c_x,或通过线性回归方程求得试液的浓度。

例如,微量铁的测定常采用邻二氮菲作为显色剂,在 pH 3~8 的柠檬酸盐介质中 Fe^{2+} 与邻二氮菲形成配比为 1∶3 的橙红色配位化合物,最大吸收波长 λ_{max} = 508 nm,ε = 1.1×10^4 L·mol^{-1}·cm^{-1}。该法的灵敏度和选择性较好,配位化合物稳定,干扰少。若测定 Fe^{3+} 或总铁的量,应先加入盐酸羟胺将 Fe^{3+} 还原为 Fe^{2+} 后测量。

8.5.2 多组分的测定

根据吸光度的加和性,即总吸光度等于各个组分吸光度相加的总和,在同一试液中不进行分离可进行多组分同时测定。例如,试液中含有 x、y 两种组分,加入显色剂后同时生成有色配位化合物,它们的吸收光谱可能有如下三种情况。

(1) 两种组分的吸收光谱完全不相重叠或重叠很少,即两种组分互不干扰,见图 8.13(a)。可分别选择各自的最大吸收波长 λ_1 和 λ_2 为测量波长,按照单组分情况分别测量 x 和 y 的吸光度 $A_{\lambda_1}^x$ 和 $A_{\lambda_2}^y$,即可求得各组分的浓度。

(2) 组分 x 对组分 y 的测定有干扰,组分 y 对组分 x 的测定无干扰,见图 8.13(b)。可先在 λ_1 处测量组分 x 的吸光度 $A_{\lambda_1}^x$,再在 λ_2 处测量总吸光度 $A_{\lambda_2}^{x+y}$,并分别用已知浓度的 x 及 y 纯溶液,在 λ_1 和 λ_2 处测量两组分的摩尔吸收系数。则有

$$\begin{cases} A_{\lambda_1}^x = \varepsilon_{\lambda_1}^x b c_x \\ A_{\lambda_2}^{x+y} = \varepsilon_{\lambda_2}^x b c_x + \varepsilon_{\lambda_2}^y b c_y \end{cases}$$

即可求得两组分的浓度 c_x 和 c_y。

(3) 两种组分的吸收光谱相互重叠,即互相干扰,见图 8.13(c)。只要它们符合朗伯-比尔定律,就可以用解联立方程的方法处理。先分别用已知浓度的 x 及 y 纯溶液,在 λ_1 和

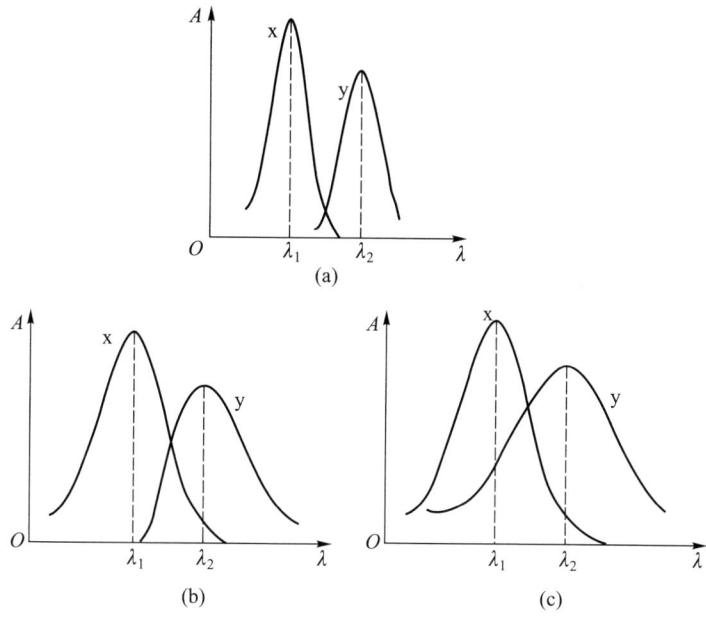

图 8.13 两种组分的吸收光谱

λ_2 处测量两组分的摩尔吸收系数。然后在这两个波长处测量混合溶液的吸光度 $A_{\lambda_1}^{x+y}$ 和 $A_{\lambda_2}^{x+y}$，由吸光度的加和性得联立方程：

$$\begin{cases} A_{\lambda_1}^{x+y} = \varepsilon_{\lambda_1}^{x} bc_x + \varepsilon_{\lambda_1}^{y} bc_y \\ A_{\lambda_2}^{x+y} = \varepsilon_{\lambda_2}^{x} bc_x + \varepsilon_{\lambda_2}^{y} bc_y \end{cases}$$

式中，c_x、c_y 分别为 x 和 y 的浓度，$\varepsilon_{\lambda_1}^{x}$、$\varepsilon_{\lambda_1}^{y}$ 分别为 x 和 y 在 λ_1 处的摩尔吸收系数，$\varepsilon_{\lambda_2}^{x}$、$\varepsilon_{\lambda_2}^{y}$ 分别为 x 和 y 在 λ_2 处的摩尔吸收系数。

如果溶液中存在几种组分，原则上都可以应用此方法建立联立方程求解，但计算工作量大，可使用计算机处理测量结果，以提高效率和准确度。

8.5.3 示差分光光度法

一、基本原理

吸光光度法一般只适于微量组分的测定，当待测组分含量较高或较低时，测得的吸光度超出了准确测量的读数范围，此时即使不偏离了朗伯-比尔定律，也会引起较大的测量误差。采用示差分光光度法可以解决这一问题。常用的示差分光光度法有高浓度示差分光光度法、低浓度示差分光光度法、精密示差分光光度法等，其中高浓度示差分光光度法应用最为广泛。下面主要讨论高浓度示差分光光度法。

示差分光光度法与普通分光光度法的主要区别在于所采用的参比溶液不同。高浓度示差分光光度法不以不含待测组分的空白溶液为参比溶液，而是以一个与待测溶液组成相同而浓度稍低的标准溶液为参比溶液。当待测溶液浓度为 c_x 时，使用浓度为 c_s（稍低于 c_x）的标准溶液作参比溶液，调节仪器透光率读数为 100%，然后测量待测溶液的吸光度 A_r，A_r 称为相对吸光度，对应的透光率 T_r 称为相对透光率。当用普通分光光度法以纯溶剂作参比溶液时，测得待测溶液（c_x）及标准溶液（c_s）的吸光度分别为 A_x 和 A_s，对应的透光率为 T_x 和 T_s，根据朗伯-比尔定律：

$$A_x = -\lg T_x = \varepsilon b c_x, \quad A_s = -\lg T_s = \varepsilon b c_s$$
$$A_r = A_x - A_s = \varepsilon b (c_x - c_s) = \varepsilon b \Delta c \tag{8.9}$$

相应的示差分光光度法的相对透光率 $T_r = \dfrac{T_x}{T_s} = 10^{-A_r}$。

式（8.9）表明，A_r 与 Δc 成正比，A_r 与 Δc 作图得到线性关系。这就是示差分光光度法定量测定的基础，根据测得的 A_r，从工作曲线上求得 Δc，由 $c_x = c_s + \Delta c$ 即可求得待测溶液浓度 c_x。

用示差分光光度法测定高浓度的待测溶液，准确度比普通分光光度法高。假设在普通分光光度法中（以空白为参比），浓度为 c_s 的标准溶液的透光率 T_s 为 10%，浓度为 c_x 的待测溶液的透光率 T_x 为 4%，在示差分光光度法中用浓度为 c_s 的标准溶液作参比，调节其透光率为 100%，实际上就是将仪器透光率标尺扩大了 10 倍，如图 8.14 所示，此时浓度为 c_x 的待测溶液的透光率 T_r 为 40%，此读数落入测量误差最小的范围内，从而提高了 Δc 测量的准确度，那么计算出的 c_x 的准确度也提高了。

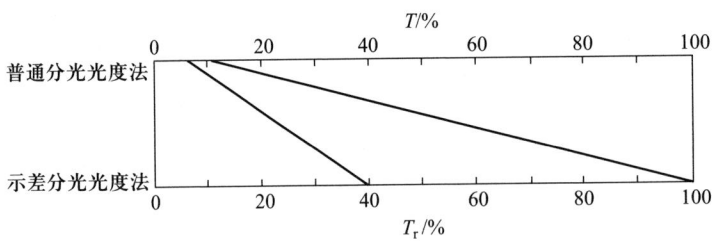

图 8.14　示差分光光度法示意图

在示差分光光度法中，即使 Δc 很小，如果测量误差为 $\mathrm{d}c$，而 $\dfrac{\mathrm{d}c}{\Delta c}$ 会相当大，但最后测量结果的相对误差为 $\dfrac{\mathrm{d}c}{c_s + \Delta c}$，$c_s$ 比 c_x 稍低，因此相对于 Δc 是相当大和准确的，$\dfrac{\mathrm{d}c}{c_s + \Delta c}$ 是很小的，所以测量结果的准确度大大提高。一般示差分光光度法的测量误差可降至 0.5% 以下。

二、测量误差

示差分光光度法的测量误差公式可推导如下：

$$A_r = -\lg T_r = \varepsilon b \Delta c$$

微分得

$$-\dfrac{0.434}{T_r} \mathrm{d} T_r = \varepsilon b \Delta c$$

又

$$A_x = -\lg T_x = \varepsilon b c_x$$

两式相除得

$$\dfrac{\Delta c}{c_x} = \dfrac{0.434 \, \mathrm{d} T_r}{T_r \cdot \lg T_x}$$

或写成

$$\frac{\Delta c}{c_x} = \frac{0.434 \, dT_r}{T_r \cdot \lg(T_r \cdot T_s)} \quad \left(因 T_r = \frac{T_x}{T_s}\right)$$

$$\frac{\Delta c}{c_x} = \frac{0.434 \, \Delta T_r}{T_r \cdot \lg(T_r \cdot T_s)} \tag{8.10}$$

而普通吸光光度法的测量误差为 $\dfrac{\Delta c}{c_x} = \dfrac{0.434 \, \Delta T}{T_x \cdot \lg T_x}$。

比较可见,由于 T_r 比 T_x 大得多,所以用示差分光光度法测量浓度的相对误差比用普通分光光度法测量浓度的相对误差要小得多,测量结果的准确度相应提高。

8.5.4 弱酸(碱)解离常数的测定

分析化学中所使用的指示剂或显色剂大多是有机弱酸或弱碱,可利用共轭酸碱对光具有不同吸收的性质,用吸光光度法测定酸(碱)的解离常数。现以一元弱酸 HA 为例说明。HA 按下式解离:

$$HA \rightleftharpoons H^+ + A^-$$

平衡时

$$\frac{[H^+][A^-]}{[HA]} = K_a$$

$$c_{HA} = [HA] + [A^-] = c_{HA} \cdot \delta_{HA} + c_{HA} \cdot \delta_{A^-}$$

配制一系列总浓度(c_{HA})相等,pH 不同的 HA 溶液,用酸度计测定各溶液的 pH。在某一确定的波长处,酸式(HA)或碱式(A^-)均有吸收,用 1 cm 比色皿测量各溶液的吸光度 A。根据吸光度的加和性,有

$$\begin{aligned}
A &= A_{HA} + A_{A^-} = \varepsilon_{HA}[HA] + \varepsilon_{A^-}[A^-] \\
&= \varepsilon_{HA} \cdot c_{HA} \cdot \delta_{HA} + \varepsilon_{A^-} \cdot c_{HA} \cdot \delta_{A^-} \\
&= \varepsilon_{HA} \cdot \frac{c_{HA} \cdot [H^+]}{[H^+] + K_a} + \varepsilon_{A^-} \cdot \frac{c_{HA} \cdot K_a}{[H^+] + K_a}
\end{aligned} \tag{8.11}$$

在高酸度时,弱酸全部以酸式形式存在(即 $[HA] = c$),测得的吸光度为 A_{HA},则

$$A_{HA} = \varepsilon_{HA} \cdot c_{HA}$$

$$\varepsilon_{HA} = \frac{A_{HA}}{c_{HA}} \tag{8.12}$$

在低酸度时,弱酸全部以碱式形式存在(即 $[A^-] = c$),则

$$A_{A^-} = \varepsilon_{A^-} \cdot c_{HA}$$

$$\varepsilon_{A^-} = \frac{A_{A^-}}{c_{HA}} \tag{8.13}$$

将式(8.12)、式(8.13)代入式(8.11)得

$$A = \frac{A_{HA}[H^+] + A_A K_a}{K_a + [H^+]}$$

整理得

$$K_a = \frac{A_{HA}-A}{A-A_{A^-}}[H^+] \tag{8.14}$$

或

$$pK_a = pH + \lg\frac{A-A_{A^-}}{A_{HA}-A} \tag{8.15}$$

式(8.15)就是吸光光度法测定一元弱酸解离常数的基本公式。只要测出 A_{HA}、A_{A^-} 及 pH 就可以算出 K_a 值。从 n 个不同 pH 的溶液,可以测得 n 个 K_a 值,最后取其平均值。

也可由图解法求 pK_a 值。将式(8.15)改写为

$$\lg\frac{A_{HA}-A}{A-A_{A^-}} = -pK_a + pH$$

以 $\lg\frac{A_{HA}-A}{A-A_{A^-}}$ 对 pH 作图,当 $\lg\frac{A_{HA}-A}{A-A_{A^-}}=0$,此时直线与 pH 轴交点的 pH 即为 pK_a,如图 8.15 所示。

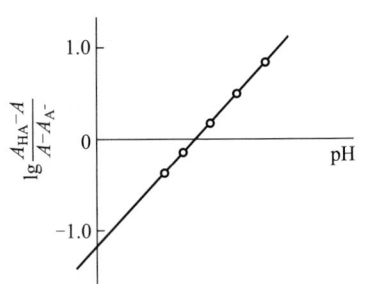

图 8.15 图解法求 pK_a 值

例 8.4 在下列不同 pH 的缓冲溶液中,甲基橙的浓度均为 2.0×10^{-4} mol·L^{-1},$b=1$ cm,在 520 nm 处测得吸光度如下:

pH	0.88	1.17	2.99	3.14	3.95	4.85	5.50
A	0.890	0.890	0.692	0.552	0.385	0.260	0.260

试计算甲基橙的 pK_a。

解 $A_{HA}=0.890$ $A_{A^-}=0.260$

$$pK_a = pH + \lg\frac{A-A_{A^-}}{A_{HA}-A}$$

$$(pK_a)_1 = 2.99 + \lg\frac{0.692-0.260}{0.890-0.692} = 3.33$$

$$(pK_a)_2 = 3.41 + \lg\frac{0.552-0.260}{0.890-0.552} = 3.35$$

$$(pK_a)_3 = 3.95 + \lg\frac{0.385-0.260}{0.890-0.385} = 3.34$$

$$\overline{pK_a} = 3.34$$

8.5.5 配位化合物组成及稳定常数的测定

吸光光度法是测定配位化合物组成及稳定常数的最常用的方法。测定方法较多,下面仅介绍常用的两种方法。

一、摩尔比法

摩尔比法(又称饱和法)是根据配位反应中金属离子被显色剂所饱和的原则来测定配位化合物组成及稳定常数的。设在一定条件下,金属离子与配体(显色剂)的反应为

$$M + nL \rightleftharpoons ML_n$$

固定金属离子浓度 c_M，不断改变显色剂浓度 c_L，配制一系列 $\dfrac{c_L}{c_M}$ 不同的溶液，其他条件不变，在有色配位化合物最大吸收波长 λ_{max} 处测定各溶液的吸光度，以吸光度 A 对 $\dfrac{c_L}{c_M}$ 作图（图 8.16）。由图可见，当 $\dfrac{c_L}{c_M} < n$ 时，配体加入量少于化学计量，即 M 没有完全转化为 ML_n，随 c_L 的不断增加，溶液吸光度不断增加，曲线处于斜线阶段，因此 A 与 $\dfrac{c_L}{c_M}$ 呈线性关系。即

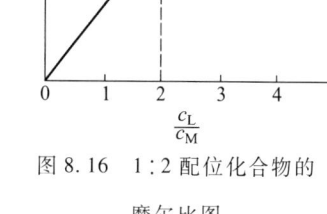

图 8.16　1∶2 配位化合物的摩尔比图

$$A = \varepsilon b \frac{c_L}{n}$$

当 $\dfrac{c_L}{c_M} > n$ 时，金属离子几乎全部生成配位化合物，吸光度不再改变。即 $A = \varepsilon b c_M$。两条直线的延长线交点为转折点，转折点所对应的横坐标 $\dfrac{c_L}{c_M}$ 的比值为 n，则配位化合物的配比为 $1:n$，配位化合物组成为 ML_n。图 8.16 中转折点不敏锐，是由于配位化合物的部分解离造成的，故实测的吸光度要低一些。

配位化合物越稳定，转折点越明显，反之则不明显，这时可用外推法求得两直线的交点。故摩尔比法适用于稳定性较高的配位化合物，尤其适用于配比高的配位化合物组成的测定。

摩尔比法也可用于测定配位化合物的稳定常数。由物料平衡：

$$c_M = [M] + [ML_n] \qquad 得\ [M] = c_M - [ML_n]$$
$$c_L = [L] + n[ML_n] \qquad 得\ [L] = c_L - n[ML_n]$$

假定金属离子与配体在测定波长处均无吸收，则

$$A = \varepsilon b [ML_n]$$

由于

$$K_稳 = \frac{[ML_n]}{[M][L]^n}$$

代入得

$$K_稳 = \frac{\dfrac{A}{\varepsilon b}}{\left(c_M - \dfrac{A}{\varepsilon b}\right)\left(c_L - n\dfrac{A}{\varepsilon b}\right)^n} \tag{8.16}$$

由于 ε 已知，代入转折处的吸光度就可求出稳定常数。

二、等物质的量连续变化法

此法是在保持 $c_M + c_L$ 为定值的条件下，改变 c_M 与 c_L 的相对比例，配制一系列溶液，在配位化合物最大吸收波长处测得一组吸光度。以吸光度为纵坐标，$\dfrac{c_M}{c}$ 为横坐标作图，得等物质

的量连续变化法曲线(图 8.17)。当 A 值达最大时,ML_n 浓度最大,两曲线外推的交点所对应的 $\dfrac{c_M}{c}$ 比值即配位化合物的组成比。图 8.17(a)最大吸光度所对应的 $\dfrac{c_M}{c}=0.5$,即 $c_M:c_L=1:1$,配位化合物组成 ML,图 8.17(b)最大吸光度所对应的 $\dfrac{c_M}{c}=0.33$,即 $\dfrac{c_M}{c_L}=\dfrac{0.33}{0.67}$,配位化合物组成为 ML_2。等物质的量连续变化法适用于稳定性较高、配比低的配位化合物组成的测定。

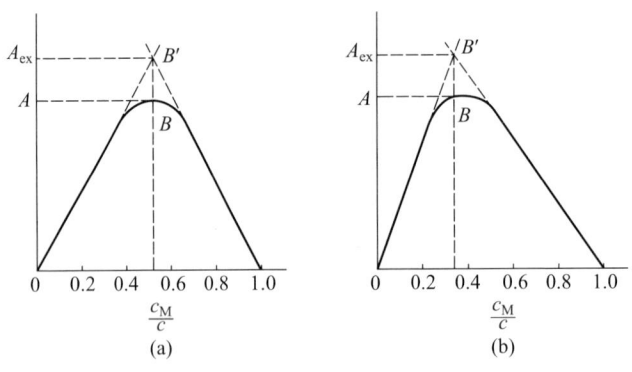

图 8.17 等物质的量连续变化法曲线

图 8.17 中吸光度最高点为 B,这是由于配位化合物部分解离所致。用外推法延长两线交于 B' 处,所对应的吸光度为 A_{ex},由此可测定配位化合物的稳定常数。具体推导如下:

由物料平衡:

$$c_M=[M]+[ML_n] \quad 即 \quad [M]=c_M-[ML_n]$$
$$c_L=[L]+n[ML_n] \quad 即 \quad [L]=c_L-n[ML_n]$$

B' 所对应的吸光度 A_{ex} 为配位化合物完全不解离时的吸光度,则

$$[ML_n]_{ex}=c_M$$
$$A_{ex}=\varepsilon b[ML_n]_{ex}=\varepsilon b c_M$$
$$\frac{A}{A_{ex}}=\frac{\varepsilon b[ML_n]}{\varepsilon b c_M}$$

得

$$[ML_n]=\frac{A}{A_{ex}}c_M$$

由于

$$K_{稳}=\frac{[ML_n]}{[M][L]^n}$$

代入得

$$K_{稳}=\frac{\dfrac{A}{A_{ex}}c_M}{\left(c_M-\dfrac{A}{A_{ex}}c_M\right)\left(c_L-n\dfrac{A}{A_{ex}}c_M\right)^n}$$

$$K_{稳} = \frac{\dfrac{A}{A_{ex}}}{\left(1 - \dfrac{A}{A_{ex}}\right)\left(c_L - n\dfrac{A}{A_{ex}}c_M\right)^n} \tag{8.17}$$

8.5.6 双波长分光光度法

图 8.18 所示为双波长分光光度计光路示意图。从光源发射出的光分成两束,分别经过两个单色器,得到两束不同波长的单色光。借助切光器,这两束光以一定的频率交替照到装有试液的吸收池上,然后由检测器显示出试液在波长 λ_1 和 λ_2 处的透光率差值 ΔT 或吸光度差值 ΔA。

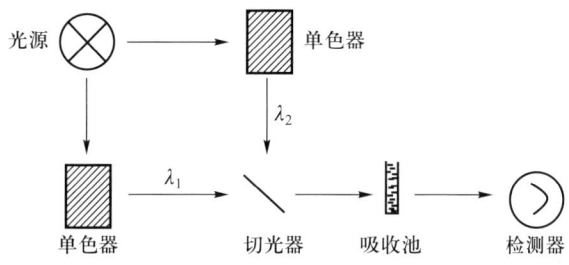

图 8.18 双波长分光光度计光路示意图

由于
$$A_{\lambda_1} = \varepsilon_{\lambda_1} bc$$
$$A_{\lambda_2} = \varepsilon_{\lambda_2} bc$$

所以溶液对两波长的光的吸光度之差 ΔA 为

$$\Delta A = A_{\lambda_1} - A_{\lambda_2} = (\varepsilon_{\lambda_1} - \varepsilon_{\lambda_2})bc \tag{8.18}$$

可见,ΔA 与吸光物质浓度成正比。这是用双波长分光光度法进行定量分析的理论根据。由于只用一个吸收池,而且以试液本身对某一波长的光的吸光度为参比,因此,完全扣除了背景,即消除了溶液混浊、不同吸收池之间的差异所引起的测量误差,从而提高了测量的准确度。

双波长分光光度法特别适合于混合组分的定量测量。图 8.19 所示为 x、y 两组分的吸收曲线。测定组分 x 时,可选择 λ_2 为参比波长,λ_1 为测量波长。组分 y 在两个波长处的吸光度相等,即摩尔吸收系数相等。

对于 λ_1: $\quad A_{\lambda_1} = A_{\lambda_1}^x + A_{\lambda_1}^y$

对于 λ_2: $\quad A_{\lambda_2} = A_{\lambda_2}^x + A_{\lambda_2}^y$

由于双波长光度计测得的是 ΔA:

$$\Delta A = A_{\lambda_1} - A_{\lambda_2}$$

因为 $A_{\lambda_1}^y = A_{\lambda_2}^y$,所以

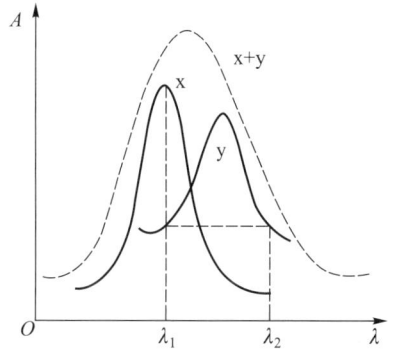

图 8.19 x、y 两组分的吸收曲线

$$\Delta A = A_{\lambda_1}^x - A_{\lambda_2}^x = (\varepsilon_{\lambda_1}^x - \varepsilon_{\lambda_2}^x)bc_x \tag{8.19}$$

可见，ΔA 与 c_x 成正比而与 c_y 无关，因此消除了 y 的干扰。

在实际工作中，通过用已知浓度的待测组分及干扰物质进行反复实验，以确定适宜的测量波长及参比波长，保证测量的准确度。

习　题

1. 在 1.00 cm 吸收池中测得某有色溶液的吸光度为 0.310，计算其透光率。若其他条件不变，只改变吸收池的厚度为 2.00 cm、3.00 cm，其透光率各是多少？

2. K_2CrO_4 碱性溶液在 372 nm 处有最大吸收。已知浓度为 3.00×10^{-5} mol·L^{-1} 的 K_2CrO_4 碱性溶液，于 1 cm 吸收池中，在 372 nm 处测得透光率为 71.6%。求：

（1）该溶液吸光度；

（2）K_2CrO_4 碱性溶液的摩尔吸收系数；

（3）当吸收池为 3 cm 时该溶液的透光率。

3. 有一浓度为 2.00×10^{-3} mol·L^{-1} 的有色溶液，在一定波长处，于 0.5 cm 吸收池中测得其吸光度为 0.300，如果在同一吸收波长处，于同样的吸收池中测得该物质的另一溶液的透光率为 20%，则此溶液的浓度为多少？

4. 在 pH=3 时，于 655 nm 处测得偶氮胂Ⅲ与镧的蓝色配位化合物的摩尔吸收系数为 4.50×10^4 L·mol^{-1}·cm^{-1}。如果在 25 mL 容量瓶中有 30 μg La^{3+}，用偶氮胂Ⅲ显色，用 2.0 cm 吸收池在 655 nm 处测量，其吸光度应为多少？

5. 浓度为 2.00×10^{-4} mol·L^{-1} 的 $KMnO_4$ 溶液，在 525 nm 处，用 1 cm 吸收池测得透光率为 51.0%，计算：

（1）如果溶液浓度增加一倍，在同一条件下，吸光度和透光率各为多少？

（2）同一条件下，若透光率为 65.0%，则对应的溶液的浓度是多少？

6. 称取某钢样 1.00 g 溶于酸中，将其中的 Mn 氧化成 MnO_4^-，准确配成 250 mL 溶液，测得其透光率为 40%，在同样条件下测得浓度为 1.00×10^{-3} mol·L^{-1} 的 $KMnO_4$ 标准溶液的透光率为 26%，计算钢样中 Mn 的质量分数。

7. 有一单色光，通过厚度为 1 cm 的有色溶液，其强度减弱 35%，若通过 2 cm 厚的相同溶液，其强度减弱多少？

8. 有 50.00 mL 含 5.0 μg Cd^{2+} 的溶液，用 10.0 mL 双硫腙-氯仿溶液萃取（萃取率 ≈ 100%）后，在 518 nm 处，用 1 cm 吸收池测得透光率为 44.5%。求摩尔吸收系数、桑德尔灵敏度和比吸光度。

9. 用丁二酮肟测定钢中镍的含量（其含量在 10% 以上）时，选取含量为 6.00% 的钢样制成参比溶液，另取一含镍为 11.00% 的标准试样，若将参比溶液、标准溶液和待测溶液在相同条件下进行测定,测得 A_x 和 $A_{标}$ 分别为 0.52 和 0.44,问待测试样中镍含量为多少?

10. 用普通吸光光度法测定 1.00×10^{-3} mol·L^{-1} 锌标准溶液和锌试样溶液,吸光度分别为 0.700 和 1.00,二者透光率相差多少?若用示差分光光度法,以 1.00×10^{-3} mol·L^{-1} 锌标准溶液作参比,试样溶液的吸光度为多少?此时二者的透光率相差多少?示差法的透光率之差比普通法大多少倍?

11. 某一含 Fe 溶液,在 $\lambda_{508\,nm}$ 处,用 1 cm 吸收池,用邻二氮菲分光光度法测定蒸馏水作参比,得透光率为 0.079。已知 $\varepsilon=1.1\times10^4$ L·mol^{-1}·cm^{-1}。若用示差分光光度法测定上述溶液,问需多大浓度的铁作参比溶液,才能使测量的相对误差最小?

12. Ti 和 V 与 H_2O_2 作用生成有色配位化合物,分别称取 5.00 mg 的纯金属,均用 $HClO_4$ 及 H_2O_2 处理,再稀释至 100 mL 作为标准溶液。另取 0.800 g 含 Ti 和 V 的合金,用同样方法处理。这三份溶液各用厚度为 1 cm 的吸收池在 410 nm 及 460 nm 处测定吸光度,得到如下数据:

溶 液	$A_{410\,nm}$	$A_{460\,nm}$
Ti	0.760	0.513
V	0.185	0.250
合金	0.800	0.690

计算合金中 Ti、V 的含量。

13. 今有 A、B 两种药物组成的复方制剂溶液。于 1 cm 吸收池中,分别在 295 nm 和 370 nm 处测得吸光度分别为 0.320 和 0.430。浓度为 0.01 mol·L^{-1} 的 A 对照品溶液,于 1 cm 吸收池中,在 295 nm 和 370 nm 处测得吸光度分别为 0.08 和 0.90;同样条件下,测得浓度为 0.01 mol·L^{-1} 的 B 对照品溶液的吸光度分别为 0.67 和 0.12。计算复方制剂中 A 和 B 的浓度(假设复方制剂其他试剂不干扰测定)。

14. 钴和镍与某显色剂的配位化合物有如下数据:

λ/nm	510	656
ε_{Co}/(L·mol^{-1}·cm^{-1})	3.64×10^4	1.24×10^3
ε_{Ni}/(L·mol^{-1}·cm^{-1})	5.52×10^3	1.75×10^4

将 0.376 g 土壤试样溶解后配成 50.00 mL 溶液,取 25.00 mL 溶液进行处理,以除去干扰物质,然后加入显色剂,将体积调至 50.00 mL。此溶液在 510 nm 处的吸光度为 0.467,在 656 nm 处的吸光度为 0.374,吸收池厚度为 1 cm。计算钴和镍在土壤中的含量(以 μg·g^{-1} 表示)。

15. 某一元弱酸的酸式型体在 475 nm 处有吸收,$\varepsilon=3.4\times10^4$ L·mol^{-1}·cm^{-1},而它的共轭碱在此波长处无吸收,在 pH=3.90 的缓冲溶液中,浓度为 2.72×10^{-5} mol·L^{-1} 的该弱酸溶液在 475 nm 处的吸光度为 0.261(用 1 cm 吸收池)。计算此弱酸的 K_a 值。

16. 某酸碱指示剂在水中存在下列平衡:

$$HIn \rightleftharpoons H^+ + In^-$$

红　　　黄

在 470 nm 处仅 In^- 有吸收。现配两份浓度相同而 pH 不同的指示剂溶液,于 470 nm 处,在同样条件下测量吸光度,得到 pH = 5.0 时,A = 0.240,pH = 5.6 时,A = 0.480,求该指示剂的理论变色点。

17. 配制一系列溶液,其中均含 2.00 mL $7.12×10^{-4}$ mol·L^{-1} 的铁(Ⅱ)溶液,加入不同体积的浓度为 $7.12×10^{-4}$ mol·L^{-1} 的邻二氮菲溶液,稀释至 25.00 mL 以后,用 1 cm 吸收池在 510 nm 处测得的吸光度如下:

邻二氮菲溶液体积/mL	吸光度 A	邻二氮菲溶液体积/mL	吸光度 A
2.00	0.240	6.00	0.700
3.00	0.360	8.00	0.720
4.00	0.480	10.00	0.720
5.00	0.593	12.00	0.720

(1) 判断该化合物的组成;

(2) 确定该化合物的稳定常数。

18. 称取 0.2160 g $NH_4Fe(SO_4)_2·12H_2O$,溶解后,定容至 500 mL,作为标准溶液,用磺基水杨酸法测定铁。根据下列数据,绘制标准曲线。

标准铁溶液的体积/mL	0.00	2.00	4.00	6.00	8.00	10.00
吸光度 A	0.000	0.165	0.320	0.480	0.630	0.790

将某 5.00 mL 待测试液稀释至 250 mL,取 2.00 mL 此稀释液,在相同条件下测得吸光度 A 为 0.500,求试液中铁含量(以 mg·mL^{-1} 表示)。

第 9 章

分析化学中常用的分离和富集方法

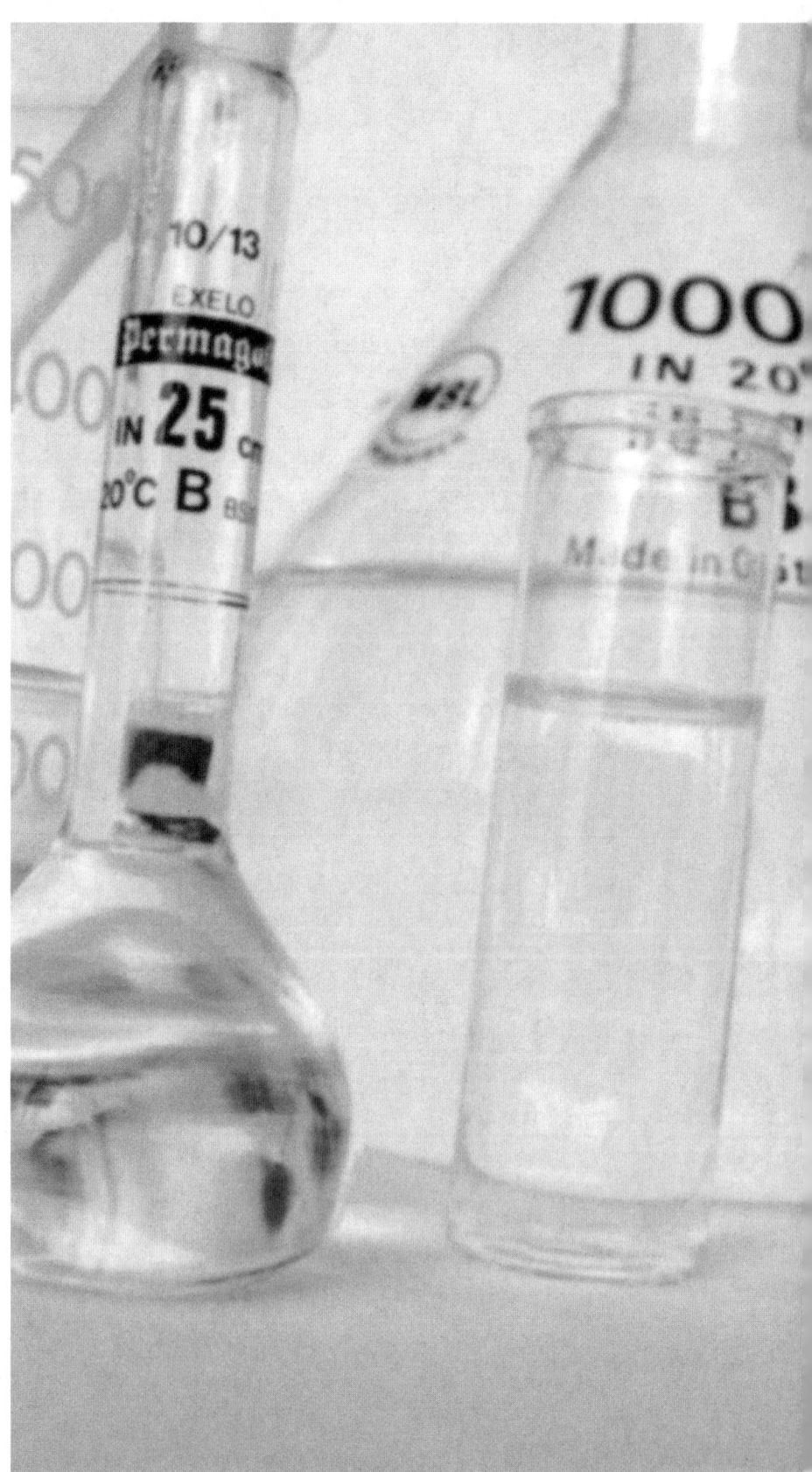

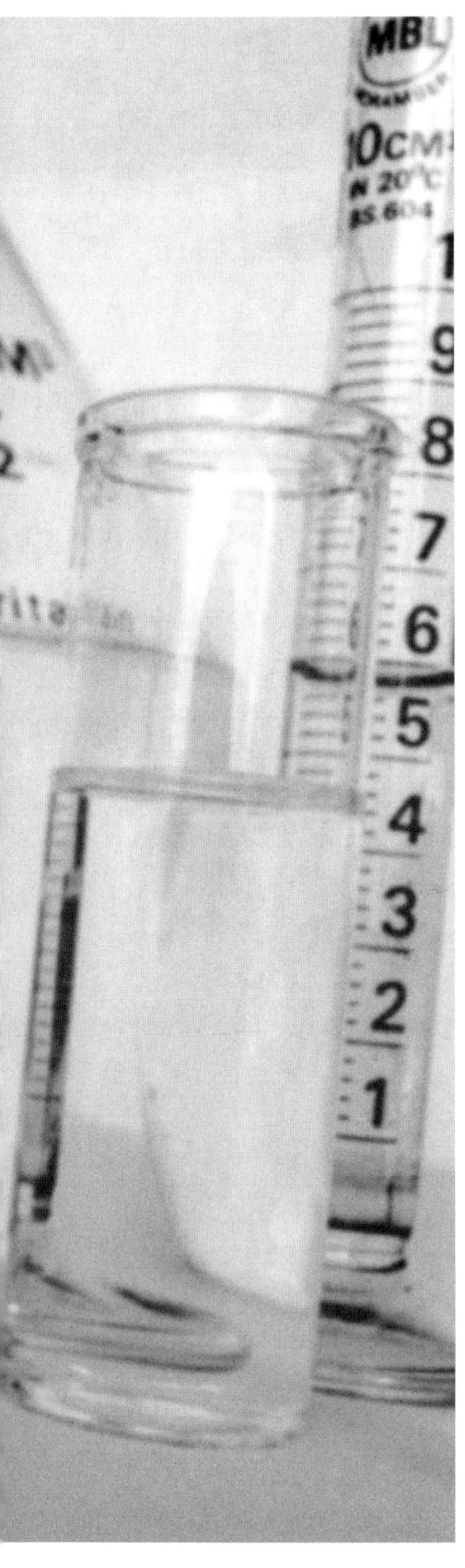

9.1 概述

在实际工作中,由于试样的组成通常比较复杂,在测定某一组分时往往会受到其他共存组分的干扰,因此,必须选择适当的方法消除干扰。最简单的方法是加入合适的掩蔽剂,将干扰组分掩蔽掉,但在很多情况下使用这种方法还不能完全消除干扰,或找不到合适的掩蔽剂,这就需要在测定前将待测组分和干扰组分分离,然后采用合适的方法进行测定。当待测组分含量极低而现有测定方法的灵敏度又不够高时,可在分离的同时将待测组分富集起来,然后再进行测定。

在分析中对分离的要求是分离要完全,即干扰组分减少至不干扰待测组分的测定;待测组分在分离过程中的损失要小至可忽略不计,常用回收率来衡量待测组分的损失程度:

$$\text{回收率} = \frac{\text{分离后测得的待测组分质量}}{\text{试样原来所含待测组分质量}} \times 100\%$$

回收率要求越高越好,但是在实际分离过程中,待测组分难免会有损失。在实际工作中,对回收率的要求随待测组分的含量不同而不同,一般情况下,含量大于 1% 的组分,回收率应大于 99.9%;含量为 0.01%~1% 的组分,回收率应大于 99%;含量低于 0.01% 的痕量组分,回收率应为 90%~95%,有时甚至更低一些也是允许的。在实际工作中,一般采用标准物质加入法测定回收率。

常用的分离方法有沉淀分离法、溶剂萃取分离法、离子交换分离法、色谱分离法、挥发和蒸馏分离法等。

9.2 沉淀分离法

沉淀分离法是依据物质溶解度不同而进行分离的方法,是一种经典的分离方法。下面介绍几种常用的沉淀分离法。

9.2.1 无机物沉淀分离

用于无机物沉淀分离的沉淀剂很多。对于无机物阳离子,可使其形成氢氧化物、硫化物、卤化物、硫酸盐、碳酸盐等,从而达到分离的目的。

一、氢氧化物沉淀分离

大多数金属离子都能与溶液中的 OH^- 生成氢氧化物沉淀,沉淀的生成与溶度积(K_{sp})和 pH 有关,因此,可以通过控制溶液酸度的方法使某些金属离子相互分离。常用的沉淀剂有以下几种。

1. 氢氧化钠

NaOH 是强碱,可用于两性元素离子(如 Al^{3+}、Ga^{3+}、Zn^{2+}、Be^{2+} 等)与非两性元素离子(如 Cu^{2+}、Hg^{2+}、Fe^{3+}、Co^{2+}、Ni^{2+} 等)的分离。两性元素以含氧酸阴离子形态留于溶液中,非两性元素生成氢氧化物沉淀。

2. 氨水

在铵盐存在下,加入沉淀剂氨水,调节溶液的 pH 为 8~9,可使高价金属离子(如 Fe^{3+}、Al^{3+}、Cr^{3+}、Th^{4+})等生成沉淀,从而与大多数一、二价金属离子(如碱土金属离子、ⅠB、ⅡB族金属离子)及能与氨形成配位化合物的二价过渡金属离子(如 Cu^{2+}、Co^{2+}、Ni^{2+} 等)分离。

氨水沉淀分离法中常加入 NH_4Cl 等铵盐,其作用如下:构成 pH 为 8~9 的缓冲溶液,防止 $Mg(OH)_2$ 沉淀的生成;大量 NH_4^+ 作为抗衡离子,减少氢氧化物对其他金属离子的吸附;电解质的大量存在,促进胶状沉淀的凝聚。

3. 有机碱

六亚甲基四胺、吡啶、苯胺、苯肼等有机碱与其共轭酸组成缓冲溶液,可调节和控制溶液的酸度,使某些金属离子生成氢氧化物沉淀,以达到沉淀分离的目的。

例如,将六亚甲基四胺加入酸性溶液中,与生成的六亚甲基四胺盐构成 pH 为 5~6 的缓冲溶液,常用于 Fe^{3+}、Al^{3+}、$Ti(Ⅳ)$、$Th(Ⅳ)$ 与 Mn^{2+}、Co^{2+}、Ni^{2+}、Cu^{2+}、Zn^{2+}、Cd^{2+} 等的分离,其中 Mn^{2+} 由于空气的氧化作用分离不够完全。

4. ZnO 悬浊液

ZnO 在水中有如下平衡:

$$ZnO + H_2O \rightleftharpoons Zn(OH)_2 \rightleftharpoons Zn^{2+} + 2OH^-$$

根据溶度积原理:

$$[Zn^{2+}][OH^-]^2 = K_{sp}$$

$$[OH^-] = \sqrt{\frac{K_{sp,Zn(OH)_2}}{[Zn^{2+}]}}$$

$[OH^-]$ 与 $[Zn^{2+}]$ 的平方根成反比,当 ZnO 悬浊液加入酸性溶液中,ZnO 溶解使 $[Zn^{2+}]$ 达一定值时,溶液的 pH 就为一定值。例如,$[Zn^{2+}] = 0.10\ mol \cdot L^{-1}$ 时,则

$$[\text{OH}^-] = \sqrt{\frac{K_{sp,\text{Zn(OH)}_2}}{[\text{Zn}^{2+}]}} = \sqrt{\frac{1.2\times10^{-17}}{0.10}}\ \text{mol}\cdot\text{L}^{-1} = 1.1\times10^{-8}\ \text{mol}\cdot\text{L}^{-1}$$

$$\text{pH} \approx 6$$

因此,利用 ZnO 悬浊液可以控制 pH≈6,使一部分氢氧化物沉淀,从而达到分离的目的。此法的优点是溶液为微酸性,三价金属离子沉淀完全而二价金属离子不沉淀。

二、硫化物沉淀分离

能形成硫化物沉淀的金属离子约有 40 种,硫化物沉淀分离与氢氧化物沉淀分离相似,根据各种金属硫化物的溶度积相差比较大的特点,通过控制溶液的酸度来控制硫离子浓度,而使金属离子相互分离。常用的沉淀剂是 H_2S,溶液中$[S^{2-}]$与$[H^+]$之间存在如下关系:

$$[S^{2-}] = \frac{c_{H_2S}}{\alpha_{S(H)}}$$

在酸性溶液中,可简化为

$$[S^{2-}] = \frac{c_{H_2S}}{[H^+]^2}K_{a_1}K_{a_2}$$

在常温常压下,H_2S 饱和溶液的浓度大约为 $0.1\ \text{mol}\cdot\text{L}^{-1}$,所以

$$[S^{2-}] \propto \frac{1}{[H^+]^2}$$

因此,可通过控制溶液的酸度来调节$[S^{2-}]$,以达到分离目的。

硫化物大多数是胶状沉淀,共沉淀现象比较严重,往往还存在后沉淀现象,通常分离效果并不理想,但对于分离和除去某些重金属离子,还是有效的。

9.2.2 有机沉淀剂沉淀分离

与无机沉淀剂相比,有机沉淀剂的选择性和灵敏度较高,共沉淀不严重,沉淀晶形好,得到了迅速发展。常用的有机沉淀剂有 8-羟基喹啉(C_9H_7ON)、草酸($H_2C_2O_4$)、铜试剂(二乙基二硫代氨基甲酸钠)、铜铁试剂(N-亚硝基苯基羟胺)等。

8-羟基喹啉是具有弱酸弱碱性的两性试剂,在作沉淀剂使用时,主要依据羟基的成盐作用。除碱金属外,其他的金属离子几乎都能与 8-羟基喹啉定量生成沉淀。各种金属离子生成沉淀的 pH 各不相同,因此,可以通过控制溶液的酸度达到分离金属离子的目的。例如,在 pH=5.0 的 $HAc-Ac^-$ 溶液中,Al^{3+}、Fe^{3+} 等能定量沉淀,而 Be^{2+}、Mg^{2+}、Ca^{2+}、Sr^{2+}、Ba^{2+} 等留于溶液中。草酸可用于 Ca^{2+}、Sr^{2+}、Ba^{2+}、Th^{4+}、稀土离子等与 Fe^{3+}、Al^{3+}、Zr^{4+}、$Nb(V)$、$Ta(V)$ 等的分离。铜试剂常用于沉淀重金属离子,以及 Al^{3+}、稀土离子和碱土金属离子等的分离。铜铁试剂可用于 Fe^{3+}、Ti^{4+}、$V(V)$ 等与 Al^{3+}、Cr^{3+}、Co^{2+}、Ni^{2+} 等的分离。

9.2.3 共沉淀分离法

利用共沉淀现象来进行分离和富集的方法叫做共沉淀分离法。在重量分析法中,共沉淀现象是一种消极因素。但在微(痕)量组分的测定中,可以利用共沉淀现象来分离和富集

微(痕)量组分。向试样溶液中加入沉淀剂,当沉淀剂本身或沉淀剂与其他辅助试剂所生成的沉淀从溶液中析出时,这些作为载体的沉淀物通过表面吸附、混晶等作用,使微(痕)量组分定量地共沉淀下来,分离收集后再将沉淀溶解在少量溶剂中,以达到分离和富集的目的。共沉淀分离富集一方面要求欲富集的微(痕)量组分回收率高,另一方面要求共沉淀载体不干扰待富集组分的测定。由于溶液中的常量组分不可能用共沉淀分离法达到较高的回收率,因此,共沉淀分离法的对象是溶液中的微(痕)量组分。所使用的共沉淀剂主要是无机共沉淀剂和有机共沉淀剂。

难溶的氢氧化物和硫化物是常用的无机共沉淀剂,由于这些沉淀的比表面积大,吸附能力强,故有利于微(痕)量组分的共沉淀。例如,用 PbS 作载体可将 1000 L 海水中仅 1 μg Au 富集起来。这种利用表面吸附进行的共沉淀选择性往往不够高。

利用混晶进行共沉淀的选择性较吸附共沉淀要高。例如,对于 $BaSO_4$-$RaSO_4$ 混晶,利用 $BaSO_4$ 作载体可以使 Ra 富集,常见的这类混晶还有 $BaSO_4$-$PbSO_4$、$MgNH_4PO_4$-$MgNH_4AsO_4$、$ZnHg(SCN)_4$-$CuHg(SCN)_4$ 等。

有机共沉淀剂的实际应用较多,特点是选择性高、分离效果好,且共沉淀剂可经灼烧挥发除去,不干扰微量组分的测定。有机共沉淀剂一般以下述三种方式进行共沉淀分离。

一、利用生成离子缔合物

一些相对分子质量较大的有机化合物,如甲基紫、孔雀绿、品红及亚甲基蓝等,它们在酸性溶液中带正电荷,当遇到以配阴离子形式存在的金属配离子时,则生成难溶的离子缔合物。

例如,在含微量 Zn^{2+} 的弱酸性溶液中,加入大量的 SCN^-,Zn^{2+} 则生成 $Zn(SCN)_4^{2-}$ 配阴离子,再加入甲基紫,在此条件下有机试剂质子化后带正电荷,$Zn(SCN)_4^{2-}$ 则与甲基紫阳离子缔合为难溶的三元配位化合物后,被 SCN^--甲基紫难溶化合物共沉淀下来。

二、利用胶体的凝聚作用

钨、铝、钽、硅等的含氧酸沉淀常不完全,有少量的含氧酸以带负电荷的胶体微粒留于溶液中,形成胶体溶液。可用辛可宁、丹宁、动物胶等将它们共沉淀下来。例如,在钨酸的胶体溶液中,加入辛可宁,后者在酸性溶液中带有正电荷,能与带负电荷的钨酸胶体凝聚而沉淀下来。此外,丹宁可凝聚铌、钽的含氧酸,动物胶可凝聚硅酸。

三、利用固体萃取剂

在含微量 Ni^{2+} 溶液中,丁二酮肟不能与其生成沉淀,若再加入与其结构相似的丁二酮肟二烷酯的乙醇溶液,由于丁二酮肟二烷酯难溶于水,则在水溶液中析出并将微量 Ni^{2+} 载带下来。这种共沉淀剂与待测组分和沉淀剂都不发生反应,因此,称为惰性共沉淀剂,此方法是利用固体萃取剂进行共沉淀的。

9.3 溶剂萃取分离法

液液萃取分离法又称为溶剂萃取分离法,是通过物质由一个液相(水相)转移到另一个基本不相混溶的液相(有机相)的传质过程来实现物质的提取、分离的方法。溶剂萃取分离法所需的仪器设备简单,操作方便,快速,分离效果好。

9.3.1 溶剂萃取分离法的基本原理

一、分配系数、分配比

在液液萃取中,用有机溶剂从水溶液中萃取溶质 A 时,A 在两相之间有一定的分配。如果溶质 A 在两相中存在的形式相同,当分配达到平衡时,在水相和有机相中的浓度分别为 $[A]_w$ 和 $[A]_o$,二者之比称为分配系数 K_D,即

$$K_D = \frac{[A]_o}{[A]_w} \tag{9.1}$$

分配系数只与物质的性质、溶剂的性质和温度有关,而与物质的浓度无关。式(9.1)称为分配定律。分配定律只适用于浓度较低的稀溶液,而且溶质在两相中均以单一的相同形式存在。

然而,实际上萃取体系较复杂,被萃取组分在溶液中可能伴随有解离、缔合和配位等反应发生。溶质 A 在两相中以多种形式存在,常把溶质在有机相中的各种存在形式的浓度总和 c_o 与水相中的各种存在形式的浓度总和 c_w 之比称为分配比,以 D 表示:

$$D = \frac{c_o}{c_w} = \frac{[A_1]_o + [A_2]_o + \cdots + [A_n]_o}{[A_1]_w + [A_2]_w + \cdots + [A_n]_w} \tag{9.2}$$

D 可视为表观分配系数。当溶质在两相中以相同的单一形式存在,而且溶液又较稀时,$K_D = D$。在复杂体系中,K_D 和 D 不相等。

例如,I_2 在水和四氯化碳两相间分配时,若 I^- 浓度较大,水相中有 I_2 和 I_3^- 两种形式,则

$$D = \frac{(c_{I_2})_o}{(c_{I_2})_w} = \frac{[I_2]_o}{[I_2]_w + [I_3^-]_w} = \frac{[I_2]_o}{[I_2]_w + \beta[I_2]_w[I^-]_w}$$

$$= \frac{[I_2]_o}{[I_2]_w(1+\beta[I^-]_w)} = K_D \frac{1}{1+\beta[I^-]_w} = \frac{K_D}{\alpha_{I_2(I^-)_w}}$$

式中,β 为反应 $I^- + I_2 \longrightarrow I_3^-$ 的形成常数。当 $[I^-]_w$ 高时,$D < K_D$。而当 $[I^-]_w$ 很小时,则 $D = K_D$。

如果溶质 A 是有机酸 HB,在水相中解离,这时

$$D = \frac{(c_{HB})_o}{(c_{HB})_w} = \frac{[HB]_o}{\dfrac{[HB]_w}{\delta_{HB}}} = K_D \cdot \delta_{HB} = K_D \cdot \frac{[H^+]_w}{[H^+]_w + K_a}$$

当 $[H^+]_w > K_a$ 时,$D = K_D$;$[H^+]_w < K_a$ 时,$D < K_D$。因此,萃取有机弱酸或弱碱时,要特别注意溶液的 pH。

溶质 A 在有机相中可能聚合,例如,醋酸在苯中部分聚合成二聚体,$2HAc \xrightleftharpoons{K} (HAc)_2$,这时

$$D = \frac{(c_{HAc})_o}{(c_{HAc})_w}$$

$$= \frac{[HAc]_o + 2[(HAc)_2]_o}{[HAc]_w + [Ac^-]_w}$$

$$= \frac{[HAc]_o + 2K[HAc]_o^2}{[HAc]_w \left(1 + \frac{K_a}{[H^+]_w}\right)}$$

$$= K_D \frac{[H^+]_w}{[H^+]_w + K_a}(1 + 2K \cdot [HAc]_o)$$

综上所述,分配比除与一些常数有关外,还与酸度、溶质的浓度等因素有关。分配比并不是一个常数。

二、萃取率

萃取的完全程度常用萃取率 E 表示。萃取率是溶质 A 被萃取到有机相中的百分数:

$$E = \frac{\text{被萃取物质在有机相中的总量}}{\text{被萃取物质的总量}} \times 100\% \tag{9.3}$$

被萃取物质 A 在有机相中的质量占其总质量的分数称为萃取分数,用 P_A 表示。被萃取物质 A 在水相中的质量占其总质量的分数称为残留分数,用 q_A 表示。V_o 和 V_w 分别为有机相和水相的体积,如果是一次萃取,令 $\frac{V_o}{V_w} = V_r$,V_r 称为相比,则

$$E = P_A \times 100\% = \frac{(m_A)_o}{(m_A)_o + (m_A)_w} \times 100\%$$

$$= \frac{(c_A)_o V_o}{(c_A)_o V_o + (c_A)_w V_w} \times 100\%$$

$$= \frac{DV_r}{DV_r + 1} \times 100\% \tag{9.4}$$

$$q_A = 1 - P_A = \frac{1}{DV_r + 1} \tag{9.5}$$

从式(9.4)可以看出,萃取率与被萃取物质在两相间的分配比 D 有关。D 越大,则萃取率越高。当 $V_o = V_w$ 时,若 $D = 1$,则 $E = 50\%$;若 $D = 10$,则 $E = 90.9\%$。

增加有机相的体积也有利于提高萃取率。但是,有机相体积过大,易造成待测组分在有机相中的浓度降低,不利于分离和测定。因此,当待测组分在萃取体系中的 D 不高时,一般采用多次或连续萃取的方法提高萃取率。

固定 V_r,进行 n 次萃取,m_n 为在水中的残留量,则

$$q_1 = q_A = \frac{m_1}{m_{\text{总}}}$$

$$q_2 = \frac{m_2}{m_{\text{总}}} = \frac{m_1 \cdot q_A}{m_{\text{总}}} = q_A^2 = q_1^2$$

得到
$$q_n = \frac{m_n}{m_{\text{总}}} = q_1^n = \left(\frac{1}{DV_r+1}\right)^n$$

因此，多次萃取的萃取率为

$$E = (1-q_n) \times 100\% = \left[1-\left(\frac{1}{DV_r+1}\right)^n\right] \times 100\% \tag{9.6}$$

例 9.1 有一组分 A 在 CCl_4 和水间分配，$D=10$，若 A 既不解离也不缔合，求用 20 mL CCl_4 经以下方式萃取 20 mL 0.1 mol·L^{-1} A 的水溶液的萃取率。

（1）20 mL CCl_4 一次萃取；

（2）每次 10 mL，分两次萃取；

（3）每次 5 mL，分四次萃取；

（4）每次 2 mL，分十次萃取。

解 （1）一次萃取，$V_r=1$，则

$$E = \frac{DV_r}{DV_r+1} \times 100\% = \frac{10 \times 1}{10 \times 1+1} \times 100\% = 90.91\%$$

（2）两次萃取，$V_r=\frac{1}{2}$，则

$$E = \left[1-\left(\frac{1}{DV_r+1}\right)^2\right] \times 100\% = \left[1-\left(\frac{1}{10 \times \frac{1}{2}+1}\right)^2\right] \times 100\% = 97.22\%$$

（3）四次萃取，$V_r=\frac{1}{4}$，则

$$E = \left[1-\left(\frac{1}{10 \times \frac{1}{4}+1}\right)^4\right] \times 100\% = 99.33\%$$

（4）十次萃取，$V_r=\frac{1}{10}$，则

$$E = \left[1-\left(\frac{1}{10 \times \frac{1}{10}+1}\right)^{10}\right] \times 100\% = 99.90\%$$

由例 9.1 可知，同样体积的萃取剂萃取次数越多萃取率越大，但是萃取率并不能达到百分之百，而只能达到一个极限值。而且，过多地增加萃取次数，会增加操作的工作量，影响工作效率。

三、溶剂萃取的类型

根据萃取过程中被萃取物质与萃取剂结合方式的不同，可将溶剂萃取分为螯合物萃取、离子缔合物萃取和溶剂化合物萃取三类。

1. 螯合物萃取

螯合物萃取体系被广泛用于金属离子的萃取，如 Ni^{2+} 与丁二酮肟、Cu^{2+} 与铜试剂、Hg^{2+} 与双硫腙等都是典型的螯合物萃取。

用螯合剂萃取水相中的金属离子时,若不考虑螯合剂在有机相中的聚合作用,存在如下平衡关系:

$$M^{n+}_{(w)} + nHL_{(o)} \rightleftharpoons ML_{n(o)} + nH^+_{(w)} \tag{9.7}$$

萃取平衡常数 K_{ex} 为

$$K_{ex} = \frac{[ML_n]_o [H^+]_w^n}{[M^{n+}]_w [HL]_o^n} \tag{9.8}$$

上述总的萃取平衡包括如下四个平衡关系:

```
有机相        nHL                    ML_n
─────────────────────────────────────────
水相      (1) ↕ K_{D,HL}
             nHL                 (4) ↕ K_{D,ML_n}
          (2) ↕ K_{a,HL}
                         β_n
            M^{n+} + nL^-  ⇌  ML_n
                +        (3)
              nH^+
```

平衡(1)

$$[HL]_o = K_{D,HL} \cdot [HL]_w \tag{a}$$

平衡(2)

$$[H^+]_w = \frac{K_{a,HL} \cdot [HL]_w}{[L]_w} \tag{b}$$

平衡(3)

$$[M^{n+}]_w = \frac{[ML_n]_w}{\beta_n [L]_w^n} \tag{c}$$

平衡(4)

$$[ML_n]_o = K_{D,ML_n} \cdot [ML_n]_w \tag{d}$$

将式(a)、式(b)、式(c)、式(d)代入萃取平衡常数公式中,则

$$K_{ex} = K_{D,ML_n} \cdot \beta_n \cdot \left(\frac{K_{a,HL}}{K_{D,HL}}\right)^n \tag{9.9}$$

若水相中只有游离的金属离子 M^{n+},有机相中只有螯合物 ML_n 一种型体,则

$$D = \frac{[ML_n]_o}{[M^{n+}]_w}$$

因此

$$K_{ex} = D \cdot \frac{[H^+]_w^n}{[HL]_o^n}$$

则

$$D = K_{ex} \cdot \frac{[HL]_o^n}{[H^+]_w^n} = K_{D,ML_n} \cdot \beta_n \cdot \left(\frac{K_{a,HL}}{K_{D,HL}}\right)^n \cdot \frac{[HL]_o^n}{[H^+]_w^n} \tag{9.10}$$

实际萃取时所涉及的平衡关系很复杂,如螯合剂在两相中的分配及在水相中的解离或质子化,金属离子和其他配体的副反应等。若只考虑水相中的 M^{n+} 与 L 的副反应和有机相中的 HL 与水相的副反应,条件萃取平衡常数 K'_{ex} 为

$$K'_{ex} = \frac{K_{ex}}{\alpha_M \alpha_{HL}^n} = \frac{[ML_n]_o [H^+]_w^n}{[M^{n+'}]_w [HL']_o^n} \tag{9.11}$$

当 $(c_{HL})_o \gg (c_M)_w$ 时,$[HL']_o \approx (c_{HL})_o$,则

$$K'_{ex} = \frac{[ML_n]_o [H^+]_w^n}{[M^{n+'}]_w (c_{HL})_o^n} = D \frac{[H^+]_w^n}{(c_{HL})_o^n} \tag{9.12}$$

则

$$D = \frac{K_{ex}(c_{HL})_o^n}{\alpha_M \alpha_{HL}^n [H^+]_w^n} \tag{9.13}$$

$$\lg D = \lg K_{ex} - \lg \alpha_M - n\lg \alpha_{HL} + n\lg(c_{HL})_o + n\text{pH} \tag{9.14}$$

由此可见,螯合物萃取的分配比与萃取常数、螯合剂在有机相的浓度的 n 次方成正比。因此,可通过选择 K_a 大的螯合剂、增大螯合剂浓度来提高萃取率。溶液 pH 是影响螯合物萃取的一个重要因素,分配比与水相中 $[H^+]^n$ 成反比,这里 n 是金属离子的电荷数,pH 每增加一个单位,D 就增大 10^n 倍。

2. 离子缔合物萃取

离子缔合物是指阴、阳离子通过静电引力相结合而成电中性的化合物。这类萃取剂在酸性溶液中形成阳离子,而被萃取的金属离子则以配阴离子形式存在,两者结合为电中性的离子缔合物,离子缔合物具有较高的疏水性,因此能被有机溶剂萃取。离子的体积越大,电荷越低,越容易形成疏水性离子缔合物。例如,在 HCl 溶液中用乙醚萃取三价铁离子时,乙醚与氢离子生成钅羊离子 $[(C_2H_5)_2OH^+]$,三价铁离子则与 Cl^- 形成配阴离子 $FeCl_4^-$ 后与钅羊离子缔合,形成疏水性离子缔合物,用有机溶剂即可将三价铁离子萃取到有机相中。

3. 溶剂化合物萃取

某些溶剂分子可以通过配位原子与金属离子键合,形成的疏水性溶剂化合物可溶于该有机溶剂中,从而被萃取,即溶剂化合物萃取。在这类萃取中,最重要的萃取剂是中性含磷化合物,通过氧原子上的孤电子对与金属离子形成配位键,成为溶剂化合物被萃取,其萃取官能团是 $\equiv P \rightarrow O$。如磷酸三丁酯(TBP)、三正辛基氧化膦(TOPO)等都属于这类萃取剂。例如,用磷酸三丁酯萃取 $FeCl_3$,由于 TBP 中 $\equiv P \rightarrow O$ 的氧原子具有很强的配位能力,它能取代 $FeCl_3$ 中的水分子,形成溶剂化合物而被 TBP 萃取:

$$Fe(H_2O)_3Cl_3 + 3TBP \rightleftharpoons FeCl_3 \cdot 3TBP + 3H_2O$$

除中性含磷萃取剂外,一些中性含氧醚、醇、酮等萃取剂,在弱酸性溶液中与中性金属盐类也可以形成溶剂化合物而被萃取。

9.3.2 溶剂萃取分离法的操作方式及其在分析化学中的应用

一、溶剂萃取分离法的操作方式

1. 间歇式萃取

间歇式萃取方式比较简单,是实验室中最常用的萃取方法。通常采用在分液漏斗中振荡的方法进行,一般在几分钟内即可达到萃取平衡。萃取过程包括振荡、分层、洗涤。间歇式萃取操作可以一次完成(单级萃取),也可以分多次萃取以提高萃取效率(多级萃取)。

2. 连续萃取

连续萃取是指萃取相连续地流过试样,直至试样中的待测组分被定量转移至萃取相中的萃取操作技术。这种方式相当于多个单级萃取的连续操作,可以使溶剂得到循环使用,用于待测组分分配比不高的情况,常用于植物中有效成分的提取及中药成分的提取。

二、溶剂萃取分离法在分析化学中的应用

溶剂萃取分离法在分析化学中有重要的用途,可以将待测组分分离、富集,从而提高分析方法的灵敏度。例如,用双硫腙法萃取测定工业废水中的 Hg^{2+} 时,由于废水中可能存在许多其他金属离子,往往也能与双硫腙配位而被同时萃取,从而干扰 Hg^{2+} 的测定。通过控制溶液的酸度可以实现萃取分离。图 9.1 是双硫腙-CCl_4 萃取几种金属离子的酸度曲线。可以看出,由于双硫腙与不同金属离子的配位稳定性不同,在不同的 pH 下,不同离子的萃取率不同。为了使 Hg^{2+} 与其他离子分离,pH 可以控制在 1 左右,此时,其他离子基本不被萃取,而 Hg^{2+} 则能够被萃取完全。

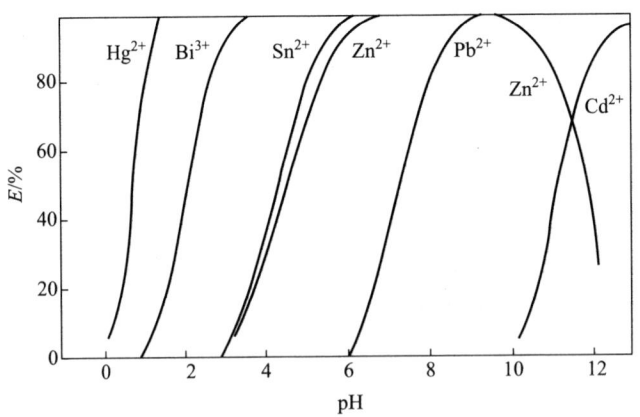

图 9.1 双硫腙-CCl_4 萃取几种金属离子的酸度曲线

9.4 离子交换分离法

离子交换分离法是利用离子交换剂与溶液中的离子之间发生交换作用而进行分离的方法。此法的分离效果好,不仅可用于带相反电荷的离子之间的分离,也能用于带相同电荷的离子间的分离和性质相近的离子间的分离,还可用于微量元素的富集和高纯物质的制备。

9.4.1 离子交换树脂的种类和性质

一、离子交换树脂的种类

目前应用较多的是有机离子交换树脂。离子交换树脂是一种高分子聚合物,具有网状结构,在网状结构的骨架上有许多可以与溶液中的离子起交换作用的基团,根据这些可交换离子基团或活性基团的性质,离子交换树脂可以分为阳离子交换树脂和阴离子交换树脂。

1. 阳离子交换树脂

这类树脂的离子交换基团呈酸性,酸性基团上的 H^+ 可以与溶液中的阳离子发生离子交换作用。根据活性基团酸性的强弱,阳离子交换树脂可分为强酸型和弱酸型两类。强酸型阳离子交换树脂含有的活性基团是磺酸基($—SO_3H$),在酸性、中性、碱性溶液中均能使用。弱酸型阳离子交换树脂含有的活性基团是羧基($—COOH$)或酚羟基($—OH$),由于活性基团的酸性弱,对 H^+ 的亲和力大,所以不能在酸性溶液中使用。

2. 阴离子交换树脂

这类树脂的离子交换基团呈碱性,碱性基团上的阴离子可以与溶液中的阴离子发生离子交换作用。根据活性基团碱性的强弱,阴离子交换树脂可分为强碱型和弱碱型两类。强碱型阴离子交换树脂含有的活性基团是季铵基$[—N(CH_3)_3^+]$,在酸性、中性、碱性溶液中均能使用。弱碱型阴离子交换树脂的活性基团是伯氨基($—NH_2$)、仲氨基$[—NH(CH_3)]$或叔氨基$[—N(CH_3)_2]$,对 OH^- 的亲和力大,所以不能在碱性溶液中使用。

二、离子交换树脂的性质

离子交换树脂是具有网状结构的高分子聚合物。例如,常用的聚苯乙烯磺酸型阳离子交换树脂是由苯乙烯与二乙烯苯聚合后经磺化制得的聚合物。如图 9.2 所示,树脂中有很多长的碳链,碳链之间通过苯环连接,组成了树脂的骨架,形成了伸缩性的网状结构。

1. 交联度

在上述离子交换树脂合成过程中,苯乙烯作为单体,二乙烯苯作为交联剂,树脂中含有二乙烯苯的质量分数称为树脂的交联度。交联度对树脂和溶液间的离子交换作用有着直接的影响,交联度大,网眼小,溶液中的离子难以进入树脂相,交换反应速率慢,但选择性高。反之,交联度小,网眼大,离子容易进出树脂相,交换反应速率快,但选择性低。交联度一般选择在 4%~14% 范围内。

2. 交换容量

离子交换树脂进行离子交换能力的大小用交换容量来表示。离子交换树脂的交换容量是指每克干树脂所能交换的离子的物质的量,取决于树脂网状结构内所含活性基团的数目。交换容量可由实验测定,一般为 $3 \sim 6 \text{ mmol} \cdot \text{g}^{-1}$。

3. 离子交换树脂的亲和力

离子交换树脂浸入含有待分离离子的溶液中,离子交换过程可表示为

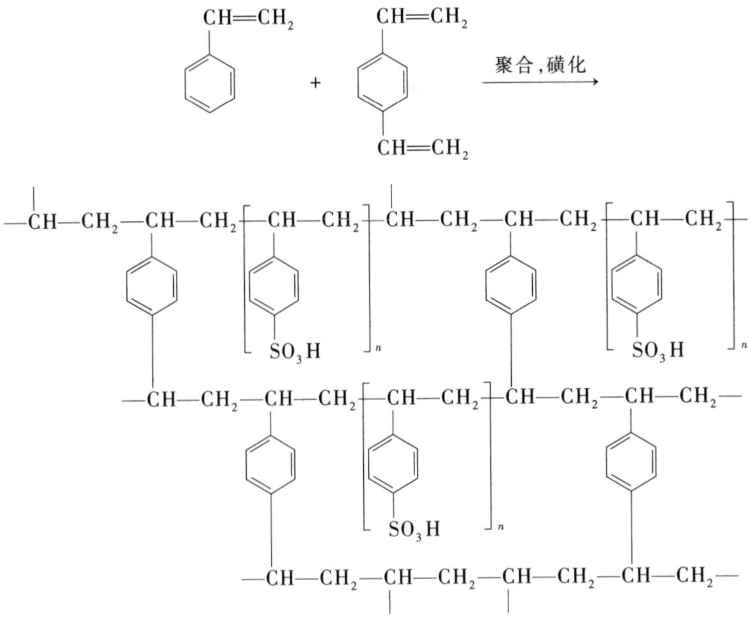

图 9.2 聚苯乙烯磺酸型阳离子交换树脂的网状结构示意图

$$nR\text{—}SO_3^-H^+ + M^{n+} \rightleftharpoons (R\text{—}SO_3^-)_n M^{n+} + nH^+ \tag{9.15}$$

$$mR\text{—}N(CH_3)_3^+OH^- + X^{m-} \rightleftharpoons [R\text{—}N(CH_3)_3^+]_m X^{m-} + mOH^- \tag{9.16}$$

离子交换树脂的亲和力体现了其对不同离子的选择性。当溶液中各种离子的浓度相同时，亲和力大的离子容易被交换上去，而亲和力小的离子不易被交换上去。离子交换树脂的亲和力与被交换离子的水合离子半径、电荷及离子的极化程度有关。水合离子半径越小，电荷越高，离子极化程度越大，则亲和力越大。在常温下，较稀溶液中，常见的离子交换树脂对离子的亲和力的顺序为

强酸型阳离子交换树脂：

$Li^+ < H^+ < Na^+ < NH_4^+ < K^+ < Ag^+ < Mg^{2+} < Zn^{2+} < Co^{2+} < Cu^{2+} < Cd^{2+} < Ni^{2+} < Ca^{2+} < Sr^{2+} < Pb^{2+} < Ba^{2+} < Al^{3+} < Th^{4+}$

强碱型阴离子交换树脂：

$F^- < OH^- < CH_3COO^- < HCOO^- < H_2PO_4^- < Cl^- < NO_2^- < CN^- < Br^- < C_2O_4^{2-} < NO_3^- < HSO_4^- < I^- < CrO_4^{2-} < SO_4^{2-} <$ 柠檬酸根离子

9.4.2 离子交换分离法的操作方式及应用

一、离子交换分离法的操作方式

在进行离子交换分离前，首先应根据不同的分析对象和要求，选择适当类型和粒度的离子交换树脂。一般商品离子交换树脂中含有少量的有机或无机杂质，使用前需处理。将离子交换树脂在水中浸泡 12 h 左右，对于强酸型阳离子交换树脂，用 2 mol·L^{-1} 盐酸浸泡除去杂质，再用水冲洗至中性。对于 OH$^-$ 型强碱型阴离子交换树脂，要依次用

1 mol·L^{-1} 盐酸、水、0.5 mol·L^{-1} NaOH 溶液和水处理。如果需要的是 Cl$^-$ 型离子交换树脂,最后再用盐酸和水处理。用水洗去残留在离子交换树脂中的酸或碱后,浸泡在水中备用。

离子交换分离操作通常在交换柱上进行,一般包括装柱、交换、洗脱、再生等步骤。实验室用交换柱一般用玻璃制成,用浸湿的玻璃棉塞住交换柱下端,以防止离子交换树脂流出。先向柱中装满水,将处理好的离子交换树脂连同少量水一起缓缓装入柱中,这样可防止离子交换树脂层中央有气泡。离子交换树脂层的高度通常约为柱高的 90%,应始终保持液体浸没离子交换树脂,防止离子交换树脂干裂和离子交换树脂层进入气体。

将欲分离的试液缓慢注入交换柱内,以一定的流速流经交换柱进行交换。若试液中有几种离子同时存在,则亲和力大的离子先被交换到交换柱上,亲和力小的离子后被交换。因此,混合离子通过交换柱后,每种离子依据其亲和力大小的顺序分别集中在交换柱的某一区域内。交换过程完成后,用洗涤液(一般为水)将离子交换树脂上层残留的试液及交换出来的离子洗出。

洗脱是交换过程的逆过程,即将交换到离子交换树脂上的离子用洗脱剂置换下来的过程。阳离子交换树脂常用盐酸、NaCl 溶液或 NH$_4$Cl 溶液,也可用配位剂作洗脱剂;阴离子交换树脂常用盐酸、NaCl 溶液或 NaOH 溶液作洗脱剂。例如,某种阳离子被交换到交换柱上后,可用盐酸淋洗,由于溶液中 H$^+$ 浓度大,最上层的该阳离子被 H$^+$ 置换下来,流向交换柱下层又与未交换的离子交换树脂进行交换,如此反复,使交换层向下推移。在洗脱过程中,开始的流出液中没有被交换上去的阳离子,随着盐酸的不断加入,流出液中该离子的浓度逐渐增加。当大部分阳离子流出后,其浓度将逐渐减小至检查不到该离子。

以流出液中该离子浓度为纵坐标,洗脱剂体积为横坐标作图,可得到如图 9.3 所示的洗脱曲线。根据洗脱曲线,可截取 $V_1 \sim V_2$ 这一段的流出液,从中测定该离子的含量。如果有几种离子同时交换在交换柱上,洗脱过程也就是分离过程。亲和力大的离子向下移动的速度慢,亲和力小的离子向下移动的速度快。因此,可以将它们逐个洗脱下来,达到分离目的。

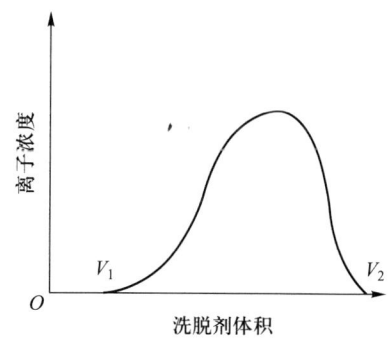

图 9.3 洗脱曲线

离子交换树脂的再生是指将交换柱内的离子交换树脂恢复到交换前的形式。有时洗脱过程就是离子交换树脂的再生过程。一般阳离子交换树脂可用 3 mol·L^{-1} 盐酸处理,将其转化成 H$^+$ 型;阴离子交换树脂可用 1 mol·L^{-1} NaOH 溶液处理,将其转化成 OH$^-$ 型。

二、离子交换分离法的应用

1. 水的净化

离子交换分离法可用来净化水中含有的可溶性盐类。将待净化的水依次通过强酸型阳离子交换树脂(H$^+$ 型)和强碱型阴离子交换树脂(OH$^-$ 型),水中的阳离子和阴离子便可被依次除去,由此可方便地得到不含可溶性盐类的去离子水。

2. 干扰组分的分离

离子交换分离法是分离干扰组分的有效方法。例如,用比色法测定钢铁中的 Al^{3+},大量铁离子的存在会对测量产生干扰。可将试样溶解后处理成 9 mol·L^{-1} HCl 溶液,此时 Fe^{3+} 以 $FeCl_4^-$ 形式存在。将试液流经 Cl^- 型强碱型阴离子交换树脂,$FeCl_4^-$ 配阴离子交换于交换柱上,而 Al^{3+} 存在于流出液中,即可加以测定。

3. 微量组分的富集

离子交换分离法不仅可以进行干扰组分的分离,还可以对微组分进行富集。例如,矿石中铂、钯的含量极微,一般要将其从试样中分离富集后才能进行准确测定。因此,可先将 Pt^{4+} 或 Pd^{2+} 处理成 $PtCl_6^{2-}$ 或 $PdCl_4^{2-}$ 的形式,然后使其流经装有 Cl^- 型强碱型阴离子交换树脂的微型离子交换柱,使 $PtCl_6^{2-}$ 或 $PdCl_4^{2-}$ 交换在交换柱上。取出树脂,高温灰化,再用王水溶解残渣,定容,用吸光光度法进行测定。

4. 阳离子间和阴离子间的分离

当几种不同的离子同时交换到交换柱上时,根据它们亲和力的不同,选用适合的洗脱剂,就能将它们逐个洗出而达到分离的目的。这种分离方法称为离子交换色谱分离法。此法既可分离不同性质的元素,又可分离性质相似的元素。例如,分离性质相似的 Na^+ 和 K^+ 两种离子时,将其中性溶液通过 H^+ 型强酸型阳离子交换树脂,它们被交换于交换柱上。然后用 0.1 mol·L^{-1} 盐酸洗脱,亲和力大小的顺序是 $K^+ > Na^+$,故 Na^+ 先被洗脱,然后 K^+ 被洗脱。根据洗脱曲线(图 9.4),收集不同体积间的流出液便可达到分离的目的。

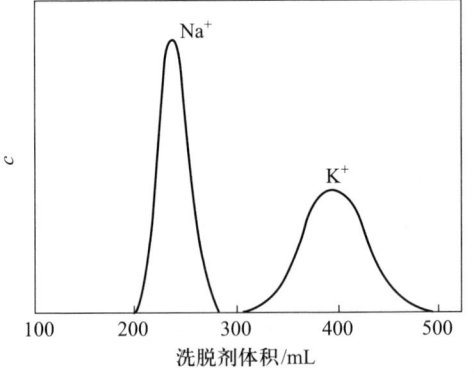

图 9.4 Na^+、K^+ 的洗脱曲线

9.5 色谱分离法

色谱分离法的简称色谱法,也称层析法或色层法,是基于被分离物质在两相(固定相和流动相)之间分配系数的差异而实现复杂试样中各组分分离的技术。色谱分离法的分离效率高,能将各种性质相似的物质彼此分离。

色谱分离法的工作原理如图 9.5 所示。流动相载带着溶质流过固定相的过程中,当固定相中含有与溶质 A 有亲和作用的位点时,会发生分配作用、离子交换作用、吸附作用等,将延迟 A 随流动相传输移动出柱体的速度。亲和作用越强的溶质就越迟流出色谱柱,亲和作用越弱的溶质就越早流出色谱柱,从而实现分离。

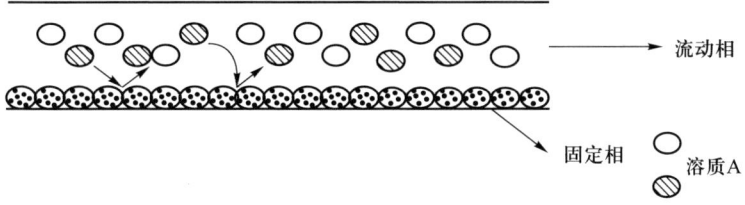

图 9.5 色谱分离法的工作原理

在色谱分离中,溶质在固定相和流动相中差速移动,它既可进入固定相,又可进入流动相,这个过程叫分配过程。分配过程进行的程度可用分配系数表示:

$$K_D = \frac{溶质在固定相中的浓度}{溶质在流动相中的浓度}$$

K_D 在低浓度和一定温度下是常数。

当固定相和流动相保持恒定时,K_D 的大小取决于溶质的性质。K_D 大,表明溶质与固定相分子间作用力大,则移动的速度就慢,也就是说该物质在固定相中保留的时间长,后被洗脱下来。K_D 小,表明溶质与固定相分子间作用力小,则移动的速度就快,也就是说该物质在固定相中保留的时间短,先被洗脱下来。混合物中各组分分配系数差异越大,越容易分离;反之则越难分离。因此,为了实现定量分离的目的,根据被分离物质的结构和性质,选择合适的固定相和流动相是色谱分离法的关键。

色谱分离法按其操作方法的不同可分为柱色谱法、纸色谱法和薄层色谱法等。下面分别简单介绍。

9.5.1 柱色谱法

柱色谱法是将载体和固定相(硅胶、Al_2O_3、纤维等)装于色谱柱中,分离在色谱柱上进行,操作过程一般分为装柱、上样、洗脱、后处理等步骤。柱色谱法中所用的固定相可分为吸附型、离子交换型、分配型等,其中以吸附型居多。选择的吸附剂应有足够大的吸附能力和较大的吸附面积;应不与有机溶剂和试样发生化学反应;应有均匀的颗粒和一定的粒度。硅胶和氧化铝是最常用的吸附型固定相。硅胶广泛用于烃、醇、酮、酯、酸、偶氮化合物等的分离;氧化铝可用于分离生物碱、挥发油、皂苷以及常见的酸性和碱性物质。

将载有固定相的载体装入色谱柱中,将试液引入色谱柱时,各个组分先集中在色谱柱上层。当加入洗脱剂时,试样在流动相带动下流经固定相,在两相间进行分配。分配系数 K_D 小的物质,因为不易进入固定相,故随流动相移动的速度快,K_D 大的物质随流动相移动的速度慢。因此用有机溶剂可将各组分按 K_D 的大小先后洗脱下来,达到分离目的。

在柱色谱法的洗脱操作过程中,洗脱剂对柱色谱的分离效果有很大的影响,一般需要根据"相似相溶"的原则选择洗脱剂。洗脱剂的选择与吸附剂吸附能力的强弱和被分离物质的极性有关。一般来说,用吸附能力小的吸附剂来分离极性强的物质时,选用极性大的有机溶剂;用吸附能力大的吸附剂来分离极性弱的物质时,选用极性小的有机溶剂。

9.5.2　纸色谱法

纸色谱法又称为纸层析法,是在滤纸上进行分离的方法。该法设备简单、操作方便,适用于微量组分和性质类似的组分的分离。

纸色谱法以滤纸上的纤维素为载体,以吸附于滤纸表面的水(质量可达滤纸质量的20%左右)为固定相,与水互不相溶的有机溶剂(展开剂)为流动相,如图9.6所示。

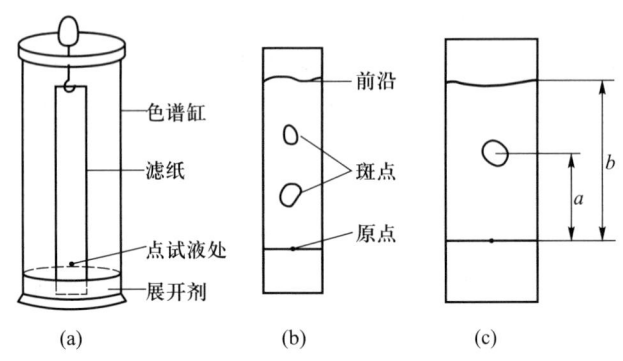

图 9.6　纸色谱法操作示意图

用毛细管将待分离的试液点在滤纸的原点位置上,晾干后,悬挂在密闭的色谱缸中,将滤纸下端浸入流动相中,但不要使点样点接触液面。流动相(溶剂)通过滤纸的毛细作用,慢慢沿着滤纸向上扩展,溶质在固定相和流动相之间进行反复分配。由于各种物质的分配比不同,随流动相移动的速度也不同。当溶剂上升至接近滤纸上部边缘时,取下滤纸,干燥。对有色物质可直接画出斑点轮廓,对无色物质可通过喷显色剂的方法显色,得到如图9.6(b)所示的色谱图。

各组分的分离情况一般用比移值 R_f 来衡量:

$$R_f = \frac{a}{b} \tag{9.17}$$

式中,a 为斑点中心到原点的距离(cm),b 为溶剂前沿到原点的距离(cm)。R_f 值一般为 0~1。各组分的 R_f 值相差越大,分离效果越好。一般 R_f 值只要差别在 0.02 以上就能彼此分离。

在一定条件下 R_f 是一个定值,因此可用 R_f 值定性鉴定各种物质。影响 R_f 值的因素较多,可用已知的标准试样做对照实验。

9.5.3　薄层色谱法

薄层色谱法是以铺在平面支撑物体(如载玻片)上的吸附剂薄层为固定相的色谱分离法。它是一种在柱色谱和纸色谱基础上建立起来的色谱分离法,其设备简单、分离速度快、效果好、灵敏度高。由于纸色谱和薄层色谱的固定相的形状都为平面,所以二者统称为平面色谱。

薄层色谱法中的固定相常用硅胶、活性氧化铝、纤维素等。将固定相均匀地涂在玻璃板上制成薄层板,将试样点在薄层板的一端离边缘一定距离处,晾干后,将薄层板放入存有适量展开剂(流动相)的色谱缸中。由于毛细作用,流动相沿着固定相薄层上行,遇到试样点,试样溶于流动相并在流动相和固定相之间进行吸附—解吸—吸附—解吸的多次分配,从而使试样中的各组分分离。各组分的分离情况也用比移值 R_f 衡量。与纸色谱一样,在一定条件下 R_f 值是一定的。因此,根据 R_f 值可以进行定性鉴定。影响 R_f 值的因素很多,要严格控制条件一致十分困难,因此文献上查得的 R_f 值只能作为参考。要进行定性检出,必须用已知的标准试样在同一块薄层板上做对照试验。

9.6 其他分离方法简介

除了前面几节中介绍的几种最常用的分离方法之外,近些年又出现了一些新的分离手段:如以涂有高分子固相液膜的石英纤维为萃取介质的非溶剂型固相微萃取分离法;利用超临界流体作萃取剂,在两相之间进行萃取分离的超临界流体萃取分离法;利用浸透了与水不相溶的有机溶剂的多孔聚四氟乙烯薄膜作为透析膜的液膜萃取分离法;以高压电场为驱动力,以毛细管为分离通道,由电位梯度及离子淌度的差别实现流体中各组分分离的毛细管电泳分离法;利用微波能强化溶剂萃取效率的特点进行的微波萃取分离法等。由于篇幅限制,本节只简单介绍几种分离方法,即固相微萃取法、基质固相分散萃取法、微波萃取分离法、浮选分离法、挥发和蒸馏分离法、膜分离法。

9.6.1 固相微萃取法

固相萃取是基于组分在固相萃取剂上的保留与洗脱而实现微(痕)量组分的分离与富集的方法。图 9.7 所示为固相萃取柱示意图。微粒状固相萃取剂置于柱形管中,两端用多孔筛板固定。固相萃取的操作程序:选择适宜的固相萃取柱,用缓冲溶液润湿固相萃取剂,由重力或压力(如注射器、泵)驱动试样溶液流过固相萃取柱,选用适宜溶剂洗涤除去干扰物,最后用洗脱剂洗脱待分离物质。由于固相萃取剂对待测组分具有选择性保留作用,待测组分被保留于固相萃取剂上,而其他不被保留的组分随溶液一起流出固相萃取柱。与液液萃取技术相比,固相萃取技术所用有机溶剂少,比较环保,且分离富集速度快,易于实现自动化。

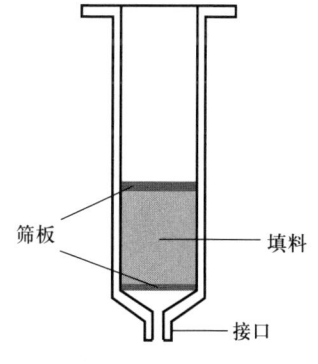

图 9.7 固相萃取柱示意图

固相微萃取是在固相萃取的基础上建立的一种集采样、富集、进样于一体的新型萃取技术。固相微萃取采用一种类似色谱进样器的装置,用一根涂渍多聚物固定相的熔融石英纤维从液/气态基质中萃取待测组分;然后将富集有待测组分的纤维直接转移到色谱仪中,通过一定的方式解吸附,然后进行分离分析。图 9.8 所示为固相微萃取装置示意图。

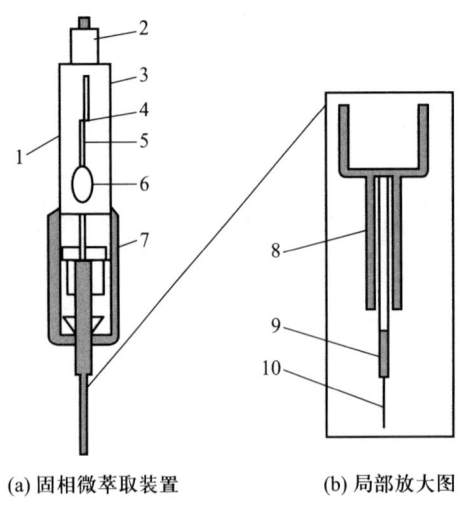

(a) 固相微萃取装置　　　(b) 局部放大图

图9.8　固相微萃取装置示意图

1—手柄；2—旋塞；3—外套；4—旋塞固定螺杆；5—Z形槽；6—连接器观察窗口；
7—可调节针头导轨标记；8—隔垫穿孔针头；9—纤维连接管；10—熔融石英纤维

因为固相微萃取在一个简单的过程中同时完成了采样、萃取和富集，而且不使用有机溶剂，所以受到广泛重视，应用于环境（包括水样、土壤、空气）、食品、医药、毒理学等领域的分析研究。

9.6.2　基质固相分散萃取法

基质固相分散萃取法是一种适合动物组织等有机试样处理的固相萃取法。该方法是将试样与被称为分散剂的固体吸附填料一起研磨，得到半干状态的混合物后，将其作为填料装柱。然后用不同的溶液淋洗，将各种待测物洗脱下来，收集洗脱出来的溶剂并进行浓缩或进一步净化，然后进行后续分析。目前最常用的分散剂是C18反相键合硅胶，此外，氧化铝、硅藻土、石墨化炭黑等也可以用作分散剂。

对于动物组织试样来说，采用基质固相分散萃取法可以避免组织匀浆、沉淀、离心、转溶、乳化等一系列步骤，不仅简化了试样的制备过程，而且避免了这些过程中待测物的损失。除了应用于动物组织外，基质固相分散萃取法还可以应用于植物试样的分析。在农药的多残留分析过程中，此法特别适合于进行一类化合物或单个化合物的分离。

9.6.3　微波萃取分离法

微波萃取分离法是利用微波加热的特性对物料中的目标成分进行选择性萃取的方法。微波萃取分离法包括试样粉碎、与溶剂混合、微波辐射、萃取液分离等步骤。微波萃取过程一般在特定的密闭容器中进行。由于微波加热利用分子极化或离子导电效应直接对物质进行加热，且由内及外的内部加热，因此热效率高、升温快速、均匀，大大缩短了萃取时间，提高了萃取效率。与常规的溶剂萃取分离法相比，微波萃取分离法具有萃取效率高、快速、所需溶剂少、污染小,以及回收率高的特点。微波萃取分离法已广泛用于植物、肉类食品及土壤中有机污染物的分析和有机金属化合形态的分析。

在微波萃取分离法中,萃取溶剂、试样的种类、含量、基体的水含量、微波能的强弱、微波照射时间等因素对萃取效率都有很大的影响。一般来说,极性试样采用极性溶剂,非极性试样采用非极性溶剂,常用的溶剂有甲醇、乙醇、异丙醇、丙酮、二氯甲烷、正己烷、苯等。另外,微波照射时间对萃取效率也有直接的影响。微波照射时间的加长有利于提高萃取率,但经过一段时间后,萃取率不再增加,而且照射时间过长会导致溶剂沸腾而损失试样。一般可以通过增加照射次数以提高萃取率。

9.6.4 浮选分离法

浮选分离法是指采用某种方式在水中通入大量微小气泡,在一定条件下使呈表面活性的待分离物质吸附在上升的气泡表面而浮于溶液表面,从而使某组分得以分离的方法,也称为气浮分离法。

这种分离方法的原理比较复杂,目前认为,浮选分离是由于表面活性剂在水溶液中易被吸附到气泡表面的气液界面上。它在气泡表面定向排列,其极性的一端向着水相,非极性的一端向着气相。表面活性剂的极性端与水相中的离子或极性分子通过物理或化学作用连接在一起,当通入气泡时,这些物质就随表面活性剂一起被气泡带至液面,从而达到分离的目的。由于浮选分离法的分离速度快、富集倍数高、操作简便,因而已被广泛用于环境治理、痕量组分的富集等。

9.6.5 挥发和蒸馏分离法

挥发和蒸馏分离法是利用物质的挥发性的差异进行分离的一种方法,可用于除去干扰组分,也可使待测组分定量挥发出来后再测定。在无机物中,具有挥发性的物质并不多,因此该法选择性较高。例如,As 的氢化物,Si 的氟化物,Ge、As、Sb、Sn 等的氯化物都具有挥发性,可以控制不同的馏出温度将它们蒸出。用适合的吸收液吸收,便可用适宜的方法进行测定。例如,测定水中或食品等试样中的微量砷时,先用锌粒和稀硫酸将试样中的砷还原成砷化氢,经挥发和收集后,可用比色法等进行测定。

挥发和蒸馏分离法在有机化合物的分离测定中应用很广,如 C、H、O、N、S 等元素的测定是有机化学中一种重要的分离方法。不管是无机物还是有机化合物中 N 的测定,都是将其中的 N 经一定处理后转化为 NH_4^+,然后在浓碱存在下将 NH_3 蒸出来并用酸吸收,最后测定。不少有机化合物是利用各自沸点的不同而得以分离和提纯的。

9.6.6 膜分离法

膜是指两相之间的不连续区间,对被分离物质有选择透过的能力。膜分离法是指借助膜的选择透过性能,在压力、浓度、电位差等的驱动下,使混合物中的一种或多种组分透过膜，从而实现对混合物的分离及对产品的提取、纯化、富集。按照物理状态分类，膜可以分为固膜、液膜、气膜，目前在大规模的膜分离工业应用中多数用的是固膜。

由于兼有分离、浓缩、纯化、精致的功能，膜分离法被公认为是20世纪末至21世纪中期最有发展前途的高新技术之一。该法已经广泛应用于化工、电子、轻工、纺织、冶金、食品等领域，并且已经使海水淡化、烧碱生产、乳品加工等多种传统工业生产面貌发生了根本性变化。另外，膜分离法还将在节能、生物医药、环境工程等领域发挥重要的作用。

习　题

1. 在 $0.1\ mol·L^{-1}$ $MgSO_4$ 溶液中含有杂质 $CuSO_4$，欲使 Cu^{2+} 沉淀为 $Cu(OH)_2$，并使 $[Cu^{2+}]$ 降至 $1×10^{-5}\ mol·L^{-1}$ 以下，但不使 $Mg(OH)_2$ 沉淀，pH 应控制在什么范围？

2. 一含有 $NiSO_4$ 和 $ZnSO_4$ 的溶液，它们的浓度均为 $0.10\ mol·L^{-1}$，在室温下通入 H_2S 至饱和，欲使 Ni^{2+} 与 Zn^{2+} 分离，控制的最高酸度为多少？当 ZnS 沉淀完全时 NiS 是否沉淀？

3. 有一弱酸 HA，$K_a=3×10^{-5}$，在有机相和水相间的分配系数 $K_D=30$。如果将 25 mL 该酸水溶液用 5 mL 有机溶剂萃取，计算在 pH=1.0 和 pH=5.0 时的萃取率。

4. 一物质 A 在用与水等体积的苯萃取时，一次萃取的萃取率为 90%，如用两倍于水体积的苯萃取时，其萃取率为多少？

5. 在一给定体系中，物质的分配比为 8，每次用 20% 溶液体积的有机溶剂进行多次萃取，总萃取率要达 99.9% 以上需萃取几次？

6. 在一定温度下，I_2 在 CCl_4 和水中的分配比为 80，对于含 0.015 g I_2 的 100 mL 水溶液，以 100 mL CCl_4 萃取一次，有多少克碘进入有机相？

7. 已知 Zn^{2+} 在双硫腙-$CHCl_3$ 和水中的分配比为 80，若以 50 mL 萃取剂分两次萃取含有 0.015 g Zn^{2+} 的 100 mL 水溶液，问水相中还有多少克 Zn^{2+}？

8. 如果最大重复萃取的次数 $n=5$，且有机相的总体积 $\sum V_o = V_w$，欲使总萃取率达 99.9% 以上，其溶质的分配比至少应为多少？

9. 物质 A 在有机相和水相间分配，其分配比为 0.1，物质 B 在相同条件下的分配比为 25：
(1) 求最佳分离的两相体积比 V_r；
(2) 如何提高 A 的纯度？

10. 称取 1.5 g H^+ 型阳离子交换树脂并做成交换柱，净化后用 NaCl 溶液冲洗，至甲基橙溶液呈橙色为止。收集流出液，以甲基橙为指示剂，以 $0.1000\ mol·L^{-1}$ NaOH 标准溶液滴定，用去 24.51 mL，计算该树脂的交换容量（$mmol·g^{-1}$）。

11. 将 Na_2HPO_4、NaH_2PO_4 和 H_3PO_4 各 2 mmol 溶于 20 mL 水中，将溶液加入 Na^+ 型阳离子交换树脂柱，再加入 120 mL 水通过柱子，求流出液的 pH。

12. 取 25.00 mL 含 $CaCl_2$ 和 HCl 的水溶液,用 0.0200 mol·L^{-1} NaOH 溶液滴定至 pH=7,消耗 24.62 mL;另取 10 mL 稀释到 50 mL,通过强碱型阴离子交换树脂,流出及洗涤液以相同 HCl 溶液滴定,消耗 30.00 mL,计算试样中 HCl 及 $CaCl_2$ 的浓度。

13. 含 0.2567 g KBr 和 NaCl 混合物的溶液,流过 H$^+$ 型离子交换树脂后,流出液需 34.56 mL 0.1023 mol·L^{-1} NaOH 溶液与之中和,计算混合物中 KBr 和 NaCl 的百分含量。

14. 将 0.2786 g 某碱金属的硝酸盐试剂溶于水后,让其流过 H$^+$ 型强酸型阳离子交换树脂,流出液以 0.1075 mol·L^{-1} NaOH 溶液滴定到终点,用去 23.85 mL,计算该盐的纯度(假定该盐的 M_w = 100)。

15. 用纸色谱法分离试液中的 Co^{2+}、Ni^{2+},已知 Co^{2+} 的 R_f = 0.49,Ni^{2+} 的 R_f = 0.01,欲使它们斑点中心间的距离为 3 cm,溶剂前沿与顶端相距最少 1 cm,问滤纸条最短应多长?

16. 用纸色谱法分离试液中的 Fe^{3+}、Co^{2+},若展开剂的前沿到原点的距离为 13 cm,而 Co^{2+} 的斑点中心到原点的距离为 5.2 cm,求 Co^{2+} 的比移值 R_f。

17. 查阅一篇近几年发表的固相微萃取法的相关论文,并作简要评价。

18. 简述膜分离法的原理。

附　　录

表 1　离子的体积参数 $\overset{\circ}{a}$ 值

$\overset{\circ}{a}$/nm	一　价
0.9	H^+
0.8	$(C_6H_5)_2CHCOO^-$, $(C_3H_7)_4N^+$
0.7	$OC_6H_2(NO_3)_3^-$, $(C_3H_7)_3NH^+$, $CH_3OC_6H_4COO^-$
0.6	Li^+, $C_6H_5COO^-$, $C_6H_4OHCOO^-$, $C_6H_4ClCOO^-$, $C_6H_5CH_2COO^-$, $CH_2\!=\!CHCH_2COO^-$, $(CH_3)_2CCHCOO^-$, $(C_2H_5)_4N^+$, $(C_3H_7)_2NH_2^+$
0.5	$CHCl_2COO^-$, CCl_3COO^-, $(C_2H_5)_3NH^+$, $(C_3H_7)NH_3^+$
0.4	Na^+, $CdCl^+$, ClO_2^-, IO_3^-, HCO_3^-, $H_2PO_4^-$, HSO_3^-, $H_2AsO_4^-$, $Co(NH_3)_4(NO_2)_2^+$, CH_3COO^-, CH_2ClCOO^-, $(CH_3)_4N^+$, $(C_2H_5)_2NH_2^+$, $NH_2CH_2COO^-$, $^+NH_3CH_2COOH$, $(CH_3)_3NH^+$, $C_2H_5NH_3^+$
0.3	OH^-, F^-, CNS^-, CNO^-, HS^-, ClO_3^-, ClO_4^-, BrO_3^-, IO_4^-, MnO_4^-, K^+, Cl^-, Br^-, I^-, CN^-, NO_2^-, NO_3^-, Rb^+, Cs^+, NH_4^+, Tl^+, Ag^+, $HCOO^-$, $H_2(citrate)^-$, $CH_3NH_3^+$, $(CH_3)_2NH_2^+$

$\overset{\circ}{a}$/nm	二　价
0.8	Mg^{2+}, Be^{2+}
0.7	$(CH_2)_5(COO)_2^{2-}$, $(CH_2)_6(COO)_2^{2-}$, $(Congo\ red)^{2-}$
0.6	Ca^{2+}, Cu^{2+}, Zn^{2+}, Sn^{2+}, Mn^{2+}, Fe^{2+}, Ni^{2+}, Co^{2+}, $C_6H_4(COO)_2^{2-}$, $H_2C(CH_2COO)_2^{2-}$, $(CH_2CH_2COO)_2^{2-}$
0.5	Sr^{2+}, Ba^{2+}, Ra^{2+}, Cd^{2+}, Hg^{2+}, S^{2-}, $S_2O_4^{2-}$, WO_4^{2-}, Pb^{2+}, CO_3^{2-}, SO_3^{2-}, MoO_4^{2-}, $Co(NH_3)_5Cl^{2+}$, $Fe(CN)_5NO^{2-}$, $H_2C(COO)_2^{2-}$, $(CH_2COO)_2^{2-}$, $(CHOHCOO)_2^{2-}$, $(COO)_2^{2-}$, $H(citrate)^{2-}$
0.4	Hg_2^{2+}, SO_4^{2-}, $S_2O_3^{2-}$, $S_2O_8^{2-}$, SeO_4^{2-}, CrO_4^{2-}, HPO_4^{2-}, $S_2O_6^{2-}$

$\overset{\circ}{a}$/nm	三　价
0.9	Al^{3+}, Fe^{3+}, Cr^{3+}, Sc^{3+}, Y^{3+}, La^{3+}, In^{3+}, Ce^{3+}, Pr^{3+}, Nd^{3+}, Sm^{3+}
0.6	$Co(ethylenediamine)_3^{3+}$
0.5	$citrate^{3-}$
0.4	PO_4^{3-}, $Fe(CN)_6^{3-}$, $Cr(NH_3)_6^{3+}$, $Co(NH_3)_6^{3+}$, $Co(NH_3)_5H_2O^{3+}$

续表

$\mathring{a}$/nm	四 价
1.1	$Th^{4+}, Zr^{4+}, Ce^{4+}, Sn^{4+}$
0.6	$Co(S_2O_3)(CN)_5^{4-}$
0.5	$Fe(CN)_6^{4-}$
0.9	$Co(S_2O_3)_2(CN)_4^{5-}$

注：citrate—柠檬酸根；Congo red—刚果红；ethylenediamine—乙二胺。

表2 水溶液中的离子活度系数（25 ℃）

$\mathring{a}$/nm	$I/(\text{mol}\cdot\text{L}^{-1})$						
	0.001	0.0025	0.005	0.01	0.025	0.05	0.1
一 价							
0.9	0.967	0.950	0.933	0.914	0.88	0.86	0.83
0.8	0.966	0.949	0.931	0.912	0.88	0.85	0.82
0.7	0.965	0.948	0.930	0.909	0.875	0.845	0.81
0.6	0.965	0.948	0.929	0.907	0.87	0.835	0.80
0.5	0.964	0.947	0.928	0.904	0.865	0.83	0.79
0.4	0.964	0.947	0.927	0.901	0.855	0.815	0.77
0.3	0.964	0.945	0.925	0.899	0.85	0.805	0.755
二 价							
0.8	0.872	0.813	0.755	0.69	0.595	0.52	0.45
0.7	0.872	0.812	0.753	0.685	0.58	0.50	0.425
0.6	0.870	0.809	0.749	0.675	0.57	0.485	0.405
0.5	0.868	0.805	0.744	0.67	0.555	0.465	0.38
0.4	0.867	0.803	0.740	0.660	0.545	0.445	0.355
三 价							
0.9	0.738	0.632	0.54	0.445	0.325	0.245	0.18
0.6	0.731	0.620	0.52	0.415	0.28	0.195	0.13
0.5	0.728	0.616	0.51	0.405	0.27	0.18	0.115
0.4	0.725	0.612	0.505	0.395	0.25	0.16	0.095
四 价							
1.1	0.588	0.455	0.35	0.255	0.155	0.10	0.065
0.6	0.575	0.43	0.315	0.21	0.105	0.055	0.027
0.5	0.57	0.425	0.31	0.20	0.10	0.048	0.021

注：表中所列数据由 Debye-Hückel 公式：

$$-\lg\gamma_i = 0.509 z^2 \frac{\sqrt{I}}{1+B\mathring{a}\sqrt{I}}$$

计算得到。其中 $B=3.28$；z 为离子电荷；I 为离子强度，$I=\frac{1}{2}\sum c_i z_i^2$；$\mathring{a}$ 为离子体积参数，单位为 nm。

表 3　弱酸、弱碱在水中的解离常数(25 ℃)

弱酸	化学式	分步	$I=0$ mol·L^{-1}		$I=0.1$ mol·L^{-1}	
			K_a	pK_a	K_a	pK_a
砷酸	H_3AsO_4	K_{a_1}	6.3×10^{-3}	2.20	8×10^{-3}	2.1
		K_{a_2}	1.0×10^{-7}	7.00	2×10^{-7}	6.7
		K_{a_3}	3.2×10^{-12}	11.50	6×10^{-12}	11.2
亚砷酸	$HAsO_2$		6.0×10^{-10}	9.22	8×10^{-10}	9.1
硼酸	H_3BO_3	K_{a_1}	5.8×10^{-10}	9.24		
		K_{a_2}	1.8×10^{-13}	12.74		
		K_{a_3}	1.58×10^{-14}	13.80		
碳酸	H_2CO_3	K_{a_1}	4.2×10^{-7}	6.38	5×10^{-7}	6.3
		K_{a_2}	5.6×10^{-11}	10.25	8×10^{-11}	10.1
氢氰酸	HCN		6.2×10^{-10}	9.21	6×10^{-10}	9.2
铬酸	H_2CrO_4	K_{a_1}	1.8×10^{-1}	0.74	2×10^{-1}	0.7
		K_{a_2}	3.2×10^{-7}	6.50	6×10^{-7}	6.2
氢氟酸	HF		6.6×10^{-4}	3.18	8.9×10^{-4}	3.05
亚硝酸	HNO_2		5.1×10^{-4}	3.29	6×10^{-4}	3.2
过氧化氢	H_2O_2		1.8×10^{-12}	11.75	3×10^{-12}	11.6
磷酸	H_3PO_4	K_{a_1}	7.6×10^{-3}	2.12	1×10^{-2}	2.0
		K_{a_2}	6.3×10^{-8}	7.20	1.3×10^{-7}	6.9
		K_{a_3}	4.4×10^{-13}	12.36	2×10^{-12}	11.7
氢硫酸	H_2S	K_{a_1}	1.3×10^{-7}	6.88	1.3×10^{-7}	6.9
		K_{a_2}	7.1×10^{-15}	14.15	3×10^{-13}	12.6
硫酸	H_2SO_4	K_{a_2}	1.0×10^{-2}	1.99	1.6×10^{-2}	1.8
亚硫酸	H_2SO_3	K_{a_1}	1.3×10^{-2}	1.90	1.6×10^{-2}	1.8
		K_{a_2}	6.3×10^{-8}	7.20	1.6×10^{-8}	6.8
甲酸	HCOOH		1.8×10^{-4}	3.74	2.2×10^{-4}	3.65
乙酸	CH_3COOH		1.8×10^{-5}	4.74	2.2×10^{-5}	4.65
丙酸	C_2H_5COOH		1.35×10^{-5}	4.87		
一氯乙酸	$CH_2ClCOOH$		1.4×10^{-3}	2.86	2×10^{-3}	2.7
二氯乙酸	$CHCl_2COOH$		5.0×10^{-2}	1.30	8×10^{-2}	1.1
氨基乙酸盐	$^+NH_3CH_2COOH$	K_{a_1}	4.5×10^{-3}	2.35	3×10^{-3}	2.5
		K_{a_2}	2.5×10^{-10}	9.60	2×10^{-10}	9.7
抗坏血酸	OCOC(OH)=C(OH)CH—CHOHCH$_2$OH	K_{a_1}	5.0×10^{-5}	4.30	8.9×10^{-5}	4.05
		K_{a_2}	1.5×10^{-10}	9.82	5×10^{-12}	11.3
乳酸	$CH_2CHOHCOOH$		1.4×10^{-4}	3.86	1.7×10^{-4}	3.76
苯甲酸	C_6H_5COOH		6.2×10^{-5}	4.21	8×10^{-5}	4.1
草酸	$H_2C_2O_4$	K_{a_1}	5.9×10^{-2}	1.22	8×10^{-2}	1.1
		K_{a_2}	6.4×10^{-5}	4.19	1×10^{-4}	4.0
对氨基苯磺酸	$H_2NC_6H_4SO_3H$	K_{a_1}	2.6×10^{-1}	0.58		
		K_{a_2}	7.6×10^{-4}	3.12		
D-酒石酸	COOHCH(OH)CH(OH)—COOH	K_{a_1}	9.1×10^{-4}	3.04	1.3×10^{-3}	2.9
		K_{a_2}	4.3×10^{-5}	4.37	8×10^{-5}	4.1

续表

弱酸	化 学 式	分步	$I=0$ mol·L^{-1}		$I=0.1$ mol·L^{-1}	
			K_a	pK_a	K_a	pK_a
邻苯二甲酸	C$_6$H$_4$(COOH)$_2$	K_{a_1}	1.1×10^{-3}	2.95	1.6×10^{-3}	2.8
		K_{a_2}	3.9×10^{-6}	5.41	8×10^{-6}	5.1
苯酚	C$_6$H$_5$OH		1.1×10^{-10}	9.95	1.6×10^{-10}	9.8
柠檬酸	HOOCCH$_2$C(OH)—	K_{a_1}	7.4×10^{-4}	3.13	1×10^{-3}	3.0
	(COOH)CH$_2$COOH	K_{a_2}	1.7×10^{-5}	4.76	4×10^{-5}	4.4
		K_{a_3}	4.0×10^{-7}	6.40	8×10^{-7}	6.1
乙二胺四乙酸	(HOOCCH$_2$)$_2$NCH$_2$—	K_{a_1}	1.3×10^{-1}	0.89	1.3×10^{-1}	0.89
	CH$_2$N(CH$_2$COOH)$_2$	K_{a_2}	2.5×10^{-2}	1.60	3×10^{-2}	1.6
		K_{a_3}	1.0×10^{-2}	2.00	8.5×10^{-3}	2.07
		K_{a_4}	2.14×10^{-3}	2.67	1.8×10^{-3}	2.75
		K_{a_5}	6.92×10^{-7}	6.16	5.8×10^{-7}	6.24
		K_{a_6}	5.5×10^{-11}	10.26	4.6×10^{-11}	10.34
氨水	NH$_3$		1.8×10^{-5}	4.74	2.3×10^{-5}	4.63
联氨	H$_2$NNH$_2$	K_{b_1}	3.0×10^{-6}	5.52	1.3×10^{-6}	5.9
		K_{b_2}	7.6×10^{-15}	14.12		
羟氨	NH$_2$OH		9.1×10^{-9}	8.04	1.6×10^{-8}	7.8
甲胺	CH$_3$NH$_2$		4.2×10^{-4}	3.38		
乙胺	C$_2$H$_5$NH$_2$		5.6×10^{-4}	3.25		
二甲胺	(CH$_3$)$_2$NH		1.2×10^{-4}	3.93		
二乙胺	(C$_2$H$_5$)$_2$NH		1.3×10^{-3}	2.89		
乙醇胺	HOCH$_2$CH$_2$NH$_2$		3.2×10^{-5}	4.50		
三乙醇胺	(HOCH$_2$CH$_2$)$_3$N		5.8×10^{-7}	6.24	1.3×10^{-8}	7.9
六亚甲基四胺	(CH$_2$)$_6$N$_4$		1.4×10^{-9}	8.85	1.8×10^{-9}	8.75
乙二胺	H$_2$NCH$_2$CH$_2$NH$_2$	K_{b_1}	8.5×10^{-5}	4.07		
		K_{b_2}	7.1×10^{-8}	7.15		
吡啶	C$_5$H$_5$N		1.7×10^{-9}	8.77	1.6×10^{-9}	8.79 ($I=0.5$)
苯胺	C$_6$H$_5$NH$_2$		4.2×10^{-10}	9.38	5×10^{-10}	9.3

表4 金属配位化合物的稳定常数

金属离子	I/(mol·L^{-1})	n	lgβ_n
氨			
Ag$^+$	0.5	1,2	3.24;7.05
Cd^{2+}	2	1,…,6	2.65;4.75;6.19;7.12;6.80;5.14
Co^{2+}	2	1,…,6	2.11;3.74;4.79;5.55;5.73;5.11
Cu$^+$	2	1,2	5.93;10.86
Cu^{2+}	2	1,…,5	4.31;7.98;11.02;13.32;12.86
Ni^{2+}	2	1,…,6	2.80;5.04;6.77;7.96;8.71;8.74
Zn^{2+}	2	1,…,4	2.37;4.81;7.31;9.46
氟			
Al^{3+}	0.5	1,…,6	6.15;11.15;15.00;17.75;19.36;19.84
Fe^{3+}	0.5	1,…,6	5.28;9.30;12.06;—;15.77;—

续表

金属离子	$I/(\text{mol}\cdot\text{L}^{-1})$	n	$\lg\beta_n$
氟			
Th^{4+}	0.5	1,2,3	7.65;13.46;17.97
TiO^{2+}	3	1,⋯,4	5.4;9.8;13.7;18.0
氯			
Ag^+	0	1,⋯,4	3.04;5.04;5.04;5.30
Hg^{2+}	0.5	1,⋯,4	6.74;13.22;14.07;15.07
碘			
Ag^+	0	1,2,3	6.58;11.74;13.68
Cd^{2+}	0	1,⋯,4	2.10;3.43;4.49;5.41
Hg^{2+}	0.5	1,⋯,4	12.87;23.82;27.60;29.83
氰			
Ag^+	0	1,⋯,4	—;21.1;21.7;20.6
Cd^{2+}	3	1,⋯,4	5.48;10.60;15.23;18.78
Co^{2+}		6	19.09
Cu^+	0	1,⋯,4	—;24.0;28.59;30.3
Fe^{2+}	0	6	35
Fe^{3+}	0	6	42
Hg^{2+}	0	4	41.4
Ni^{2+}	0.1	4	31.3
Zn^{2+}	0.1	4	16.7
硫代硫酸			
Ag^+	0	1,2,3	8.82;13.46;14.15
Cu^+	0.8	1,2,3	10.35;12.27;13.71
Hg^{2+}	0	1,⋯,4	—;29.86;32.26;33.61
乙酰丙酮			
Al^{3+}	0	1,2,3	8.60;15.5;21.30
Cu^{2+}	0	1,2	8.27;16.34
Fe^{3+}	0	1,2,3	11.4;22.1;26.7
Ni^{2+}	0	1,2,3	6.06;10.77;13.09
柠檬酸			
Al^{3+}	0.5	1	20.0
Cu^{2+}	0.5	1	18.0
Co^{2+}	0.5	1	12.5
Ni^{2+}	0.5	1	14.3
Pb^{2+}	0.5	1	12.3
Fe^{3+}	0.5	1	25.0
Zn^{2+}	0.5	1	11.4
磺基水杨酸			
Al^{3+}	0.1	1,2,3	13.20;22.83;28.89
Cd^{2+}	0.25	1,2	16.68;29.08
Fe^{3+}	0.25	1,2,3	14.64;25.18;32.12
硫脲			
Ag^+	0.1	3	13.1

续表

金属离子	I/(mol·L^{-1})	n	$\lg\beta_n$
硫脲			
Cu^{2+}	0.1	3,4	13;15.4
Bi^{3+}	0.1	6	11.9
Hg^{2+}	0.1	2,3,4	22.1;24.7;26.8
乙二胺			
Ag^+	0.1	1,2	4.70;7.70
Cd^{2+}	0.5	1,2,3	5.47;10.09;12.09
Co^{2+}	1	1,2,3	5.91;10.64;13.94
Cu^{2+}	1	1,2,3	10.67;20.00;21.0
Hg^{2+}	0.1	1,2	14.30;23.3
Ni^{2+}	1	1,2,3	7.52;13.80;18.06
Zn^{2+}	1	1,2,3	5.77;10.83;14.11

表5　EDTA 的 $\lg\alpha_{Y(H)}$

pH	$\lg\alpha_{Y(H)}$	pH	$\lg\alpha_{Y(H)}$	pH	$\lg\alpha_{Y(H)}$	pH	$\lg\alpha_{Y(H)}$	pH	$\lg\alpha_{Y(H)}$
0.0	23.64	2.5	11.90	5.0	6.45	7.5	2.78	10.0	0.45
0.1	23.06	2.6	11.62	5.1	6.26	7.6	2.68	10.1	0.39
0.2	22.47	2.7	11.35	5.2	6.07	7.7	2.57	10.2	0.33
0.3	21.89	2.8	11.09	5.3	5.88	7.8	2.47	10.3	0.28
0.4	21.32	2.9	10.84	5.4	5.69	7.9	2.37	10.4	0.24
0.5	20.75	3.0	10.60	5.5	5.51	8.0	2.27	10.5	0.20
0.6	20.18	3.1	10.37	5.6	5.33	8.1	2.17	10.6	0.16
0.7	19.62	3.2	10.14	5.7	5.15	8.2	2.07	10.7	0.13
0.8	19.08	3.3	9.92	5.8	4.98	8.3	1.97	10.8	0.11
0.9	18.54	3.4	9.70	5.9	4.81	8.4	1.87	10.9	0.09
1.0	18.01	3.5	9.48	6.0	4.65	8.5	1.77	11.0	0.07
1.1	17.49	3.6	9.27	6.1	4.49	8.6	1.67	11.1	0.06
1.2	16.98	3.7	9.06	6.2	4.34	8.7	1.57	11.2	0.05
1.3	16.49	3.8	8.85	6.3	4.20	8.8	1.48	11.3	0.04
1.4	16.02	3.9	8.65	6.4	4.06	8.9	1.38	11.4	0.03
1.5	15.55	4.0	8.44	6.5	3.92	9.0	1.28	11.5	0.02
1.6	15.11	4.1	8.24	6.6	3.79	9.1	1.19	11.6	0.02
1.7	14.68	4.2	8.04	6.7	3.67	9.2	1.10	11.7	0.02
1.8	14.27	4.3	7.84	6.8	3.55	9.3	1.01	11.8	0.01
1.9	13.88	4.4	7.64	6.9	3.43	9.4	0.92	11.9	0.01
2.0	13.51	4.5	7.44	7.0	3.32	9.5	0.83	12.0	0.01
2.1	13.16	4.6	7.24	7.1	3.21	9.6	0.75	12.1	0.01
2.2	12.82	4.7	7.04	7.2	3.10	9.7	0.67	12.2	0.005
2.3	12.50	4.8	6.84	7.3	2.99	9.8	0.59	13.0	0.0008
2.4	12.19	4.9	6.65	7.4	2.88	9.9	0.52	13.9	0.0001

表6 金属离子的 $\lg\alpha_{M(OH)}$

金属离子	I/mol·L^{-1}	pH													
		1	2	3	4	5	6	7	8	9	10	11	12	13	14
Ag	0.1										0.1	0.5	2.3	5.1	
Al	2				0.4	1.3	5.3	9.3	13.3	17.3	21.3	25.3	29.3	33.3	
Ba	0.1													0.1	0.5
Bi	3	0.1	0.5	1.4	2.4	3.4	4.4	5.4							
Ca	0.1													0.3	1.0
Cd	0.3									0.1	0.5	2.0	4.5	8.1	12.0
Ce	1~2	1.2	3.1	5.1	7.1	9.1	11.1	13.1							
Cu	0.1							0.2	0.8	1.7	2.7	3.7	4.7	5.7	
Fe(II)	1									0.1	0.6	1.5	2.5	3.5	4.5
Fe(III)	3			0.4	1.8	3.7	5.7	7.7	9.7	11.7	13.7	15.7	17.7	19.7	21.7
Hg	0.1			0.5	1.9	3.9	5.9	7.9	9.9	11.9	13.9	15.9	17.9	19.9	21.9
La	3									0.3	1.0	1.9	2.9	3.9	
Mg	0.1										0.1	0.5	1.3	2.3	
Ni	0.1								0.1	0.7	1.6				
Pb	0.1						0.1	0.5	1.4	2.7	4.7	7.4	10.4	13.4	
Th	1				0.2	0.8	1.7	2.7	3.7	4.7	5.7	6.7	7.7	8.7	9.7
Zn	0.1									0.2	2.4	5.4	8.5	11.8	15.5

表7 标准电极电位(18~25 ℃)

半 反 应	$\varphi^{\ominus}$/V
$O_3+2H^++2e^- \rightleftharpoons O_2+H_2O$	2.07
$S_2O_8^{2-}+2e^- \rightleftharpoons 2SO_4^{2-}$	2.01
$H_2O_2+2H^++2e^- \rightleftharpoons 2H_2O$	1.77
$MnO_4^-+4H^++3e^- \rightleftharpoons MnO_2(固)+2H_2O$	1.695
$HClO+H^++e^- \rightleftharpoons \frac{1}{2}Cl_2+H_2O$	1.63
$Ce^{4+}+e^- \rightleftharpoons Ce^{3+}$	1.61
$MnO_4^-+8H^++5e^- \rightleftharpoons Mn^{2+}+4H_2O$	1.51
$HClO+H^++2e^- \rightleftharpoons Cl^-+H_2O$	1.49
$ClO_3^-+6H^++5e^- \rightleftharpoons \frac{1}{2}Cl_2+3H_2O$	1.47
$PbO_2(固)+4H^++2e^- \rightleftharpoons Pb^{2+}+2H_2O$	1.455
$BrO_3^-+6H^++6e^- \rightleftharpoons Br^-+3H_2O$	1.44
$Cl_2(气)+2e^- \rightleftharpoons 2Cl^-$	1.3595
$Cr_2O_7^{2-}+14H^++6e^- \rightleftharpoons 2Cr^{3+}+7H_2O$	1.33
$MnO_2(固)+4H^++2e^- \rightleftharpoons Mn^{2+}+2H_2O$	1.23
$O_2(气)+4H^++4e^- \rightleftharpoons 2H_2O$	1.229
$IO_3^-+6H^++5e^- \rightleftharpoons \frac{1}{2}I_2+3H_2O$	1.20
$Br_2(水)+2e^- \rightleftharpoons 2Br^-$	1.087
$NO_2+H^++e^- \rightleftharpoons HNO_2$	1.07
$HNO_2+H^++e^- \rightleftharpoons NO(气)+H_2O$	1.00
$VO_2^++2H^++e^- \rightleftharpoons VO^{2+}+H_2O$	1.00

续表

半 反 应	$\varphi^{\ominus}/\text{V}$
$NO_3^- + 3H^+ + 2e^- \rightleftharpoons HNO_2 + H_2O$	0.94
$H_2O_2 + 2e^- \rightleftharpoons 2OH^-$	0.88
$Cu^{2+} + I^- + e^- \rightleftharpoons CuI(固)$	0.86
$Hg^{2+} + 2e^- \rightleftharpoons Hg$	0.845
$NO_3^- + 3H^+ + e^- \rightleftharpoons NO_2 + H_2O$	0.80
$Ag^+ + e^- \rightleftharpoons Ag$	0.7995
$Fe^{3+} + e^- \rightleftharpoons Fe^{2+}$	0.771
$O_2(气) + 2H^+ + 2e^- \rightleftharpoons H_2O_2$	0.682
$2HgCl_2 + 2e^- \rightleftharpoons Hg_2Cl_2(固) + 2Cl^-$	0.63
$MnO_4^- + 2H_2O + 3e^- \rightleftharpoons MnO_2(固) + 4OH^-$	0.588
$MnO_4^- + e^- \rightleftharpoons MnO_4^{2-}$	0.564
$H_3AsO_4 + 2H^+ + 2e^- \rightleftharpoons HAsO_2 + 2H_2O$	0.559
$I_3^- + 2e^- \rightleftharpoons 3I^-$	0.545
$I_2(固) + 2e^- \rightleftharpoons 2I^-$	0.5345
$Cu^+ + e^- \rightleftharpoons Cu$	0.518
$Fe(CN)_6^{3-} + e^- \rightleftharpoons Fe(CN)_6^{4-}$	0.36
$Cu^{2+} + 2e^- \rightleftharpoons Cu$	0.337
$Hg_2Cl_2(固) + 2e^- \rightleftharpoons 2Hg + 2Cl^-$	0.2676
$AgCl(固) + e^- \rightleftharpoons Ag + Cl^-$	0.2223
$Cu^{2+} + e^- \rightleftharpoons Cu^+$	0.159
$Sn^{4+} + 2e^- \rightleftharpoons Sn^{2+}$	0.154
$TiO^{2+} + 2H^+ + e^- \rightleftharpoons Ti^{3+} + H_2O$	0.1
$S_4O_6^{2-} + 2e^- \rightleftharpoons 2S_2O_3^{2-}$	0.08
$2H^+ + 2e^- \rightleftharpoons H_2$	0.000
$Pb^{2+} + 2e^- \rightleftharpoons Pb$	-0.126
$Sn^{2+} + 2e^- \rightleftharpoons Sn$	-0.136
$Ni^{2+} + 2e^- \rightleftharpoons Ni$	-0.246
$Co^{2+} + 2e^- \rightleftharpoons Co$	-0.277
$Fe^{2+} + 2e^- \rightleftharpoons Fe$	-0.440
$2CO_2 + 2H^+ + 2e^- \rightleftharpoons H_2C_2O_4$	-0.49
$Zn^{2+} + 2e^- \rightleftharpoons Zn$	-0.763
$2H_2O + 2e^- \rightleftharpoons H_2 + 2OH^-$	-0.828
$Al^{3+} + 3e^- \rightleftharpoons Al$	-1.66
$Mg^{2+} + 2e^- \rightleftharpoons Mg$	-2.37

表 8　某些氧化还原电对的条件电极电位

半 反 应	$\varphi^{\ominus'}/V$	介质浓度$/(mol \cdot L^{-1})$	
Ce(Ⅳ)$+e^-$ ⇌ Ce(Ⅲ)	1.74	$HClO_4$	1
	1.44	H_2SO_4	0.5
	1.28	HCl	1
$Co^{3+}+e^-$ ⇌ Co^{2+}	1.84	HNO_3	3
$Cr_2O_7^{2-}+14H^++6e^-$ ⇌ $2Cr^{3+}+7H_2O$	1.00	HCl	1
	1.05	HCl	2
	1.08	H_2SO_4	0.5
	1.15	H_2SO_4	4
	1.03	$HClO_4$	1
Fe(Ⅲ)$+e^-$ ⇌ Fe(Ⅱ)	0.767	$HClO_4$	1
	0.68	H_2SO_4	1
	0.68	HCl	1
	0.67	H_2SO_4	0.5
	0.44	H_3PO_4	0.3
$Fe(CN)_6^{3-}+e^-$ ⇌ $Fe(CN)_6^{4-}$	0.56	HCl	0.1
$I_3^-+2e^-$ ⇌ $3I^-$	0.72	$HClO_4$	1
	0.545	H_2SO_4	0.5
Sn(Ⅳ)$+2e^-$ ⇌ Sn(Ⅱ)	0.14	HCl	1
Ti(Ⅳ)$+e^-$ ⇌ Ti(Ⅲ)	-0.05	HCl	0.5
	-0.01	H_2SO_4	0.2
	0.15	H_2SO_4	5
	0.05	H_3PO_4	1

表 9　微溶化合物的溶度积(18~25 ℃)

微溶化合物	$I=0$ mol·L^{-1}		$I=0.1$ mol·L^{-1}	
	K_{sp}	pK_{sp}	K_{sp}	pK_{sp}
AgBr	5.0×10^{-13}	12.30	8.7×10^{-13}	12.06
Ag_2CO_3	8.1×10^{-12}	11.09	4×10^{-11}	10.4
AgCl	1.8×10^{-10}	9.75	3.2×10^{-10}	9.50
Ag_2CrO_4	2.0×10^{-12}	11.71	5×10^{-12}	11.3
AgOH	2.0×10^{-8}	7.71	3×10^{-8}	7.6
AgI	9.3×10^{-17}	16.03	1.48×10^{-16}	15.83
Ag_2S	2×10^{-49}	48.7	6×10^{-49}	48.2
AgSCN	1.0×10^{-12}	12.00	2×10^{-12}	11.7
$Al(OH)_3$ 无定形	1.3×10^{-33}	32.9	3×10^{-32}	31.6
$BaCO_3$	5.1×10^{-9}	8.29	3×10^{-8}	7.5
$BaCrO_4$	1.2×10^{-10}	9.93	8×10^{-10}	9.1
$BaSO_4$	1.1×10^{-10}	9.96	6×10^{-10}	9.2
$Ba(IO_3)_2$	1.51×10^{-9}	8.82	6×10^{-9}	8.2
BiOCl	1.8×10^{-31}	30.75		

续表

微溶化合物	$I=0$ mol·L^{-1}		$I=0.1$ mol·L^{-1}	
	K_{sp}	pK_{sp}	K_{sp}	pK_{sp}
CaCO$_3$	2.9×10^{-9}	8.54	3×10^{-8}	7.6
CaF$_2$	2.7×10^{-11}	10.57	1.6×10^{-10}	9.8
CaC$_2$O$_4$·H$_2$O	2.0×10^{-9}	8.70	1.6×10^{-8}	7.8
Ca$_3$(PO$_4$)$_2$	2.0×10^{-29}	28.70	1×10^{-23}	23
CaSO$_4$	9.1×10^{-6}	5.04	1.6×10^{-4}	3.8
Cd(OH)$_2$ 新析出	2.5×10^{-14}	13.60	6×10^{-14}	13.2
CdS	8×10^{-27}	26.1	5×10^{-26}	25.3
Co(OH)$_2$ 新析出	2×10^{-15}	14.7	4×10^{-15}	14.4
Co(OH)$_3$	2×10^{-44}	43.7	1.6×10^{-44}	43.8
α-CoS	4×10^{-21}	20.4	3×10^{-20}	19.6
β-CoS	2×10^{-25}	24.7	1.3×10^{-24}	23.9
Cr(OH)$_3$	6×10^{-31}	30.2		
CuI	1.1×10^{-12}	11.96	2×10^{-12}	11.7
Cu$_2$S	2×10^{-48}	47.7		
CuSCN	4.8×10^{-15}	14.32	2×10^{-13}	12.7
CuCO$_3$	1.4×10^{-10}	9.86	1.6×10^{-9}	8.8
Cu(OH)$_2$	2.2×10^{-20}	19.66	6×10^{-19}	18.2
CuS	6×10^{-36}	35.2	4×10^{-35}	34.4
Fe(OH)$_2$	8×10^{-16}	15.1	2×10^{-15}	14.7
FeS	6×10^{-18}	17.2	4×10^{-17}	16.4
Fe(OH)$_3$	4×10^{-38}	37.4		
Hg$_2$Cl$_2$	1.3×10^{-18}	17.88	6×10^{-18}	17.2
HgS 红色	4×10^{-53}	52.4		
HgS 黑色	2×10^{-52}	51.7	1×10^{-51}	51.0
MgNH$_4$PO$_4$	2×10^{-13}	12.7		
MgCO$_3$	3.5×10^{-8}	7.46		
Mg(OH)$_2$	1.8×10^{-11}	10.74	4×10^{-11}	10.4
MgC$_2$O$_4$	8.5×10^{-5}	4.07	5×10^{-4}	3.3
MnS 无定形	2×10^{-10}	9.7	1.6×10^{-9}	8.8
MnS 晶形	2.10^{-13}	12.7		
Ni(OH)$_2$ 新析出	2×10^{-15}	14.7	5×10^{-15}	14.3
α-NiS	3×10^{-19}	18.5		
β-NiS	1×10^{-24}	24.0		
γ-NiS	2×10^{-26}	25.7		
PbCl$_2$	1.6×10^{-5}	4.79	8×10^{-5}	4.1
PbCrO$_4$	2.8×10^{-13}	12.55		

微溶化合物	$I=0$ mol·L^{-1}		$I=0.1$ mol·L^{-1}	
	K_{sp}	pK_{sp}	K_{sp}	pK_{sp}
Pb(OH)$_2$	1.2×10^{-15}	14.93		
PbSO$_4$	1.6×10^{-8}	7.79	1×10^{-7}	7.0
PbS	8×10^{-28}	27.9	1.6×10^{-26}	25.8
Pb(IO$_3$)$_2$	2.6×10^{-13}	12.58	1.3×10^{-12}	11.9
PbI$_2$	7.1×10^{-9}	8.15		
TiO(OH)$_2$	1×10^{-29}	29.0		
Zn(OH)$_2$	1.2×10^{-17}	16.9		
ZnS	2×10^{-22}	21.7		

表 10　一些化合物的相对分子质量

化合物	相对分子质量	化合物	相对分子质量
AgBr	187.77	Fe$_3$O$_4$	231.54
AgCl	143.32	Fe(OH)$_3$	106.87
AgSCN	165.95	FeSO$_4$·7H$_2$O	278.01
Ag$_2$CrO$_4$	331.73	FeSO$_4$·(NH$_4$)$_2$SO$_4$·6H$_2$O	392.13
AgI	234.77	NaCN	49.007
AgNO$_3$	169.87	Na$_2$CO$_3$	105.99
Al$_2$O$_3$	101.96	Na$_2$CO$_3$·10H$_2$O	286.14
Al(OH)$_3$	78.00	Na$_2$C$_2$O$_4$	134.00
As$_2$O$_3$	197.84	CH$_3$COONa	82.034
BaCl$_2$	208.24	CH$_3$COONa·3H$_2$O	136.08
BaCl$_2$·2H$_2$O	244.27	NaCl	58.443
BaSO$_4$	233.39	NaHCO$_3$	84.007
Ba(IO$_3$)$_2$	487.14	NaH$_2$PO$_4$	119.977
BiOCl	260.43	NaH$_2$PO$_4$·2H$_2$O	156.007
CO$_2$	44.01	Na$_2$HPO$_4$	141.959
CaO	56.08	Na$_2$HPO$_4$·2H$_2$O	177.989
CaCO$_3$	100.09	Na$_2$HPO$_4$·12H$_2$O	358.141
CaC$_2$O$_4$	128.10	NaHSO$_3$	104.06
Ca$_3$(PO$_4$)$_2$	310.18	NaHSO$_4$	120.06
CuO	79.545	Na$_2$H$_2$Y·2H$_2$O	372.24
CuSO$_4$	159.60	NaNO$_2$	68.995
CuSO$_4$·5H$_2$O	249.68	NaNO$_3$	84.995
FeNH$_4$(SO$_4$)$_2$·12H$_2$O	482.18	Na$_2$O	61.979
FeO	71.846	Na$_2$O$_2$	77.978
Fe$_2$O$_3$	159.69	NaOH	39.997

续表

化 合 物	相对分子质量	化 合 物	相对分子质量
Na_3PO_4	163.94	$K_4Fe(CN)_6$	368.35
Na_2SO_3	126.04	$KHC_2O_4 \cdot H_2O$	146.14
Na_2SO_4	142.04	$KHC_2O_4 \cdot H_2C_2O_4 \cdot 2H_2O$	254.19
$Na_2S_2O_3$	158.10	$KHC_4H_4O_6$	188.18
$Na_2S_2O_3 \cdot 5H_2O$	248.17	KI	166.00
$PbCl_2$	278.10	$PbSO_4$	303.30
$Pb(CH_3COO)_2$	325.30	SO_3	80.06
$Pb(NO_3)_2$	331.20	SO_2	64.06
PbO	223.20	SiO_2	60.084
PbO_2	239.20	$SnCl_2$	189.60
H_3BO_3	61.83	$ZnCl_2$	136.29
$HCOOH$	46.026	$Zn(CH_3COO)_2$	183.47
CH_3COOH	60.052	$Zn(NO_3)_2$	189.39
H_2CO_3	62.025	ZnO	81.38
$H_2C_2O_4$	90.035	ZnS	97.44
$H_2C_2O_4 \cdot 2H_2O$	126.07	$ZnSO_4$	161.44
HCl	36.461	$ZnSO_4 \cdot 7H_2O$	287.54
HF	20.006	KIO_3	214.00
HNO_3	63.013	$KMnO_4$	158.03
HNO_2	47.013	$KHC_8H_4O_4$	204.223
H_2O	18.015	KH_2PO_4	136.086
H_2O_2	34.015	K_2HPO_4	174.176
H_3PO_4	97.995	KNO_3	101.10
H_2S	34.08	KNO_2	85.104
H_2SO_3	82.07	KOH	56.106
H_2SO_4	98.07	$MgCl_2$	95.211
Hg_2Cl_2	472.09	$MgCl_2 \cdot 6H_2O$	203.30
HgO	216.59	MgC_2O_4	112.33
$KAl(SO_4)_2 \cdot 12H_2O$	474.38	$MgNH_4PO_4$	137.32
KBr	119.00	MgO	40.304
$KBrO_3$	167.00	$Mg(OH)_2$	58.32
KCl	74.551	$Mg_2P_2O_7$	222.55
$KClO_3$	122.55	$MgSO_4 \cdot 7H_2O$	246.47
KCN	65.116	MnO	70.937
K_2CrO_4	194.19	MnO_2	86.937
$K_2Cr_2O_7$	294.18	NO	30.006
$K_3Fe(CN)_6$	329.25	NO_2	46.006

化合物	相对分子质量	化合物	相对分子质量
NH_3	17.03	NH_4HCO_3	79.055
CH_3COONH_4	77.083	NH_4NO_3	80.043
NH_4Cl	53.491	$(NH_4)_2HPO_4$	132.06
$(NH_4)_2CO_3$	96.086	$(NH_4)_2SO_4$	132.13
$(NH_4)_2C_2O_4$	124.10	$Na_2B_4O_7$	201.22
$(NH_4)_2C_2O_4 \cdot H_2O$	142.11	$Na_2B_4O_7 \cdot 10H_2O$	381.37
NH_4SCN	76.12	$NaBiO_3$	279.97

表 11 一些元素的相对原子质量

元素	符号	相对原子质量	元素	符号	相对原子质量	元素	符号	相对原子质量
银	Ag	107.8682	铪	Hf	178.49	铷	Rb	85.4678
铝	Al	26.98154	汞	Hg	200.59	铼	Re	186.207
氩	Ar	39.948	钬	Ho	164.9304	铑	Rh	102.9055
砷	As	74.9216	碘	I	126.9045	钌	Ru	101.07
金	Au	196.9665	铟	In	114.82	硫	S	32.06
硼	B	10.81	铱	Ir	192.22	锑	Sb	121.75
钡	Ba	137.33	钾	K	39.0983	钪	Sc	44.9559
铍	Be	9.01218	氪	Kr	83.80	硒	Se	78.96
铋	Bi	208.9804	镧	La	138.9055	硅	Si	28.0855
溴	Br	79.904	锂	Li	6.941	钐	Sm	150.36
碳	C	12.011	镥	Lu	174.967	锡	Sn	118.69
钙	Ca	40.08	镁	Mg	24.305	锶	Sr	87.62
镉	Cd	112.41	锰	Mn	54.9380	钽	Ta	180.9479
铈	Ce	140.12	钼	Mo	95.94	铽	Tb	158.9254
氯	Cl	35.453	氮	N	14.0067	碲	Te	127.60
钴	Co	58.9332	钠	Na	22.98977	钍	Th	232.0381
铬	Cr	51.996	铌	Nb	92.9064	钛	Ti	47.88
铯	Cs	132.9054	钕	Nd	144.24	铊	Tl	204.383
铜	Cu	63.546	氖	Ne	20.179	铥	Tm	168.9342
镝	Dy	162.50	镍	Ni	58.69	铀	U	238.0289
铒	Er	167.26	镎	Np	237.0482	钒	V	50.9415
铕	Eu	151.96	氧	O	15.9994	钨	W	183.85
氟	F	18.998403	锇	Os	190.2	氙	Xe	131.29
铁	Fe	55.847	磷	P	30.97376	钇	Y	88.9059
镓	Ga	69.72	铅	Pb	207.2	镱	Yb	173.04
钆	Gd	157.25	钯	Pd	106.42	锌	Zn	65.38
锗	Ge	72.59	镨	Pr	140.9077	锆	Zr	91.22
氢	H	1.00794	铂	Pt	195.08			
氦	He	4.00260	镭	Ra	226.0254			

主要参考书

郑重声明

高等教育出版社依法对本书享有专有出版权。任何未经许可的复制、销售行为均违反《中华人民共和国著作权法》，其行为人将承担相应的民事责任和行政责任；构成犯罪的，将被依法追究刑事责任。为了维护市场秩序，保护读者的合法权益，避免读者误用盗版书造成不良后果，我社将配合行政执法部门和司法机关对违法犯罪的单位和个人进行严厉打击。社会各界人士如发现上述侵权行为，希望及时举报，我社将奖励举报有功人员。

反盗版举报电话　　（010）58581999　58582371
反盗版举报邮箱　　dd@hep.com.cn
通信地址　　北京市西城区德外大街4号　高等教育出版社法律事务部
邮政编码　　100120

读者意见反馈

为收集对教材的意见建议，进一步完善教材编写并做好服务工作，读者可将对本教材的意见建议通过如下渠道反馈至我社。

咨询电话　　400-810-0598
反馈邮箱　　hepsci@pub.hep.cn
通信地址　　北京市朝阳区惠新东街4号富盛大厦1座
　　　　　　高等教育出版社理科事业部
邮政编码　　100029